질병 관리를 위한

임상영양학

CLINICAL  NUTRITION

2판

질병 관리를 위한

임상영양학

주은정·이경자·박은숙·유현희 지음

교문사

머리말

최근 평균 수명이 증가하면서 양질의 삶을 영위하고자 하는 욕구가 높아져 식생활에 대한 관심이 더욱 많아지고 있다. 국민건강영양조사에 의하면 우리나라 국민의 에너지 섭취 수준은 필요추정량과 비슷하나, 칼슘, 비타민 A, 리보플라빈, 비타민 C는 평균필요량 미만 섭취자의 비율이 높은 편이다. 한편, 한국인의 사망 원인은 암, 심장질환, 뇌혈관질환, 당뇨병, 간질환, 고혈압성 질환과 같은 식생활과 관련이 있는 질환이 점차 증가하는 추세이다. 따라서 질병을 예방하고 질병이 발생했을 때에 적절한 관리를 위해 올바른 식생활의 방향을 제시할 필요가 있다.

임상영양관리는 질병이나 상해의 치료를 목적으로 제공되는 일련의 체계적인 영양치료를 의미한다. 임상영양관리를 적절하게 하면 질병을 예방할 수 있고, 발생한 질병에 대하여는 치료 기간 단축, 합병증 발생을 줄일 수 있다.

이 책은 2012년 초판 발행 이후 2015년 한국인 영양소 섭취기준 개정에 맞추어 개정판을 발간하게 되었다. 변경된 영양소 섭취기준에 맞추어 자료를 바꾸고 아울러 영양 건강 관련 자료와 기준치도 최신 자료로 개정하였다.

이 책의 내용은 1장에서는 임상영양관리의 필요성과 영양관리과정, 2장에서는 병원식과 영양지원, 식단작성법에 대하여 구체적으로 기술하였다. 3장부터 14장까지는 각 질병에 따른 생리적 변화, 질병의 원인과 증상, 영양관리 원칙과 실생활에 활용할 수 있는 식사요법

으로 구성하였다. 그리고 각 장에는 '알아두기'와 '쉬어가기'를 두어 전문 지식을 이해하기 쉽게 제시하였다.

이 책은 식품영양학, 가정교육학, 간호학, 대체의학, 보건학, 조리학을 전공하는 학생과 질병을 예방하거나 치료하고자 하는 개인, 현장에서 활동하는 영양사와 보건의료전문인들에게 도움이 되도록 충실한 정보를 제공하고자 하였다. 식품영양학을 전공하고 대학에서 임상영양학과 식사요법을 강의하는 저자들은 본교재를 보다 체계적이며 이해하기 쉽게 만들기 위해 수년 동안 많은 시간을 함께 하였다.

앞으로 더 좋은 책으로 발전할 수 있도록 독자 여러분의 아낌없는 충고를 부탁드린다. 이 책의 개정 출간을 위해 정성을 다해 주신 교문사의 류제동 사장님과 편집부의 노고에 깊이 감사드린다.

2016년 8월

저자 일동

차 례

제4장

간 · 담낭 · 췌장질환 87

제5장

비만과 식사장애 115

제6장

당뇨병 153

제7장 심혈관계 질환 191

제8장 신장질환 223

제9장 빈 혈 259

제10장 선천성 대사 이상 275

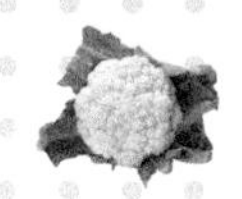

CLINICAL NUTRITION

제 1 장

임상영양의 개요

1. 임상영양관리의 필요성 * 2. 영양관리과정

한국인의 3대 사망 원인은 암(악성신생물), 심장질환, 뇌혈관질환으로서 식사와 관련된 질환이 증가하는 추세이므로 건강관리를 위하여 식생활의 올바른 방향을 제시할 필요가 있다. 임상영양관리란 임상영양사나 영양전문인에 의해 제공되는 일련의 체계적인 영양관리를 말하며, 국민영양관리법에서는 임상영양사를 국가 자격증으로 규정하고 있다.

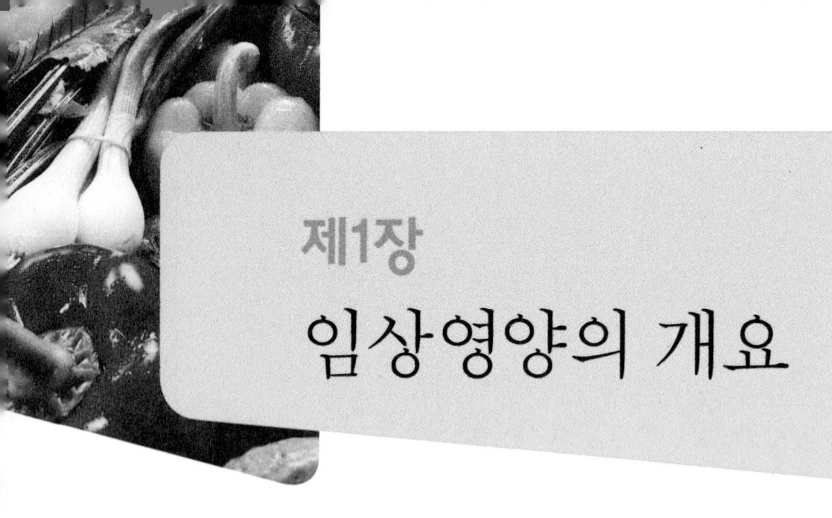

제1장
임상영양의 개요

1. 임상영양관리의 필요성

임상영양관리clinical nutrition는 질병이나 상해의 치료를 목적으로 임상영양사나 영양전문인에 의해 제공되는 일련의 체계적인 영양치료nutrition therapy를 의미한다.

한국인의 사망 원인은 식사와 관련된 질환이 점차 증가하는 추세이므로 질환의 발생을 예방하고 질환 발생 시 적절하게 관리하기 위하여 식생활의 올바른 방향을 제시할 필요가 있다.

1 한국인의 사망 원인

한국인의 주요 사망 원인은 1950~1960년대에는 결핵, 폐렴, 1970~1990년대에는 순환기계 질환, 악성신생물(암)이었으나, 2000년대에는 암이 사망 원인 1위를 차지하고 있다. 2014년 한국인의 10대 사망 원인에는 암, 심장질환, 뇌혈관질환, 폐렴, 당뇨병, 간질환, 고혈압성 질환과 같은 식생활 관련 질환이 포함되어 있다 그림 1-1.

2 한국인의 영양소 섭취 실태

2014년 국민건강영양조사 결과 한국인의 영양소 섭취기준에 대한 에너지 및 영양소 섭취 비율은 그림 1-2와 같다.

에너지 섭취량 한국인의 에너지 섭취량은 2001년 1,897 kcal였으며, 2014년 2,063 kcal로 증가하였다. 탄수화물 섭취량은 2001년 297.0 g에서 2014년 310.1 g으로 증가하였

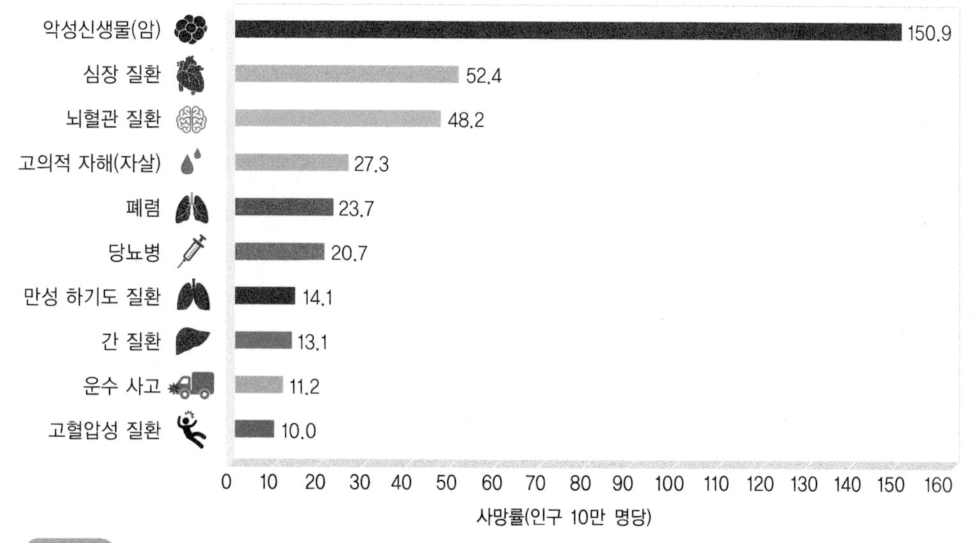

그림 1-1 한국인의 10대 사망 원인

자료 : 통계청(2015), 2014년 한국인 사망 원인 통계 결과

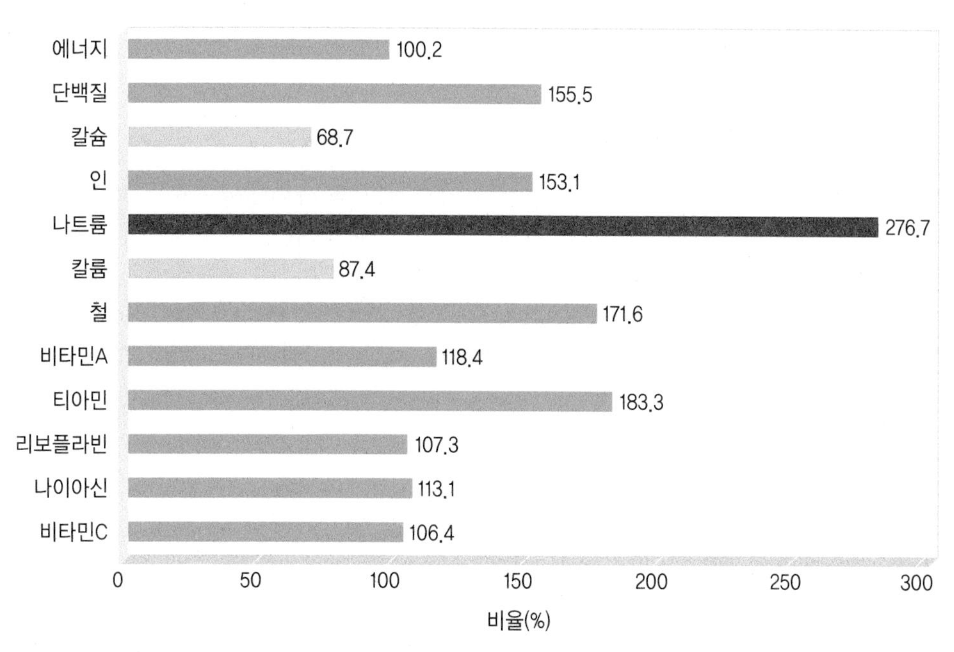

※ 2010 한국인 영양섭취기준(한국영양학회, 2010)을 기준으로 함. 에너지는 필요추정량, 나트륨 및 칼륨은 충분섭취량, 그 외 영양소는 권장섭취량을 기준으로 하였음.

그림 1-2 한국인 영양섭취기준에 대한 섭취비율

자료 : 보건복지부, 질병관리본부(2015), 2014 국민건강통계 I

고, 지질과 단백질 섭취량도 2001년 41.7 g, 70.9 g에서 2014년 47.9 g, 72.0 g으로 각각 증가하였다.

에너지 섭취 비율은 탄수화물 64.6%, 단백질 14.5%, 지질 20.9%로 나타났다. 에너지 필요추정량에 대한 에너지 섭취비율은 100.2%였으며, 남자는 105.3%, 여자는 95.1%였다.

영양소 섭취량　권장섭취량 대비 단백질 섭취 비율은 155.5%, 인은 153.1%였으며, 철, 비타민 A, 티아민, 리보플라빈, 니아신 섭취량은 권장섭취량의 107~183%를 섭취하였다. 그러나 칼슘 섭취량은 권장섭취량의 68.7%로 매우 낮았고, 칼륨은 충분섭취량의 87.4%를 섭취하였다. 나트륨은 충분섭취량의 276.7%로 약 3배를 섭취하였다.

영양 부족과 과잉　칼슘의 경우 평균필요량 미만 섭취자 분율은 71.2%이며, 비타민 C(56.4%), 비타민 A(44.3%), 리보플라빈(41.6%)의 평균필요량 미만 섭취자 분율이 높았다. 나트륨의 목표섭취량인 2,000 mg 이상 섭취자 분율(만 9세 이상)은 79.4%였다.

에너지 섭취량이 필요추정량의 125% 이상인 에너지 과잉 섭취자 분율은 21.7%였으며, 에너지 섭취량이 필요추정량의 125% 이상이면서 지방 섭취량이 에너지 적정비율을 초과한 대상자 분율(에너지/지질 과잉섭취자 분율)은 9.1%로 나타났다.

3 임상영양관리의 필요성

임상영양관리의 필요성은 개인 및 집단, 의료기관, 국가적 측면에서 찾을 수 있다 그림 1-3. 임상영양관리를 적절하게 하면 개인과 집단은 질병을 예방할 수 있고, 질병치료기

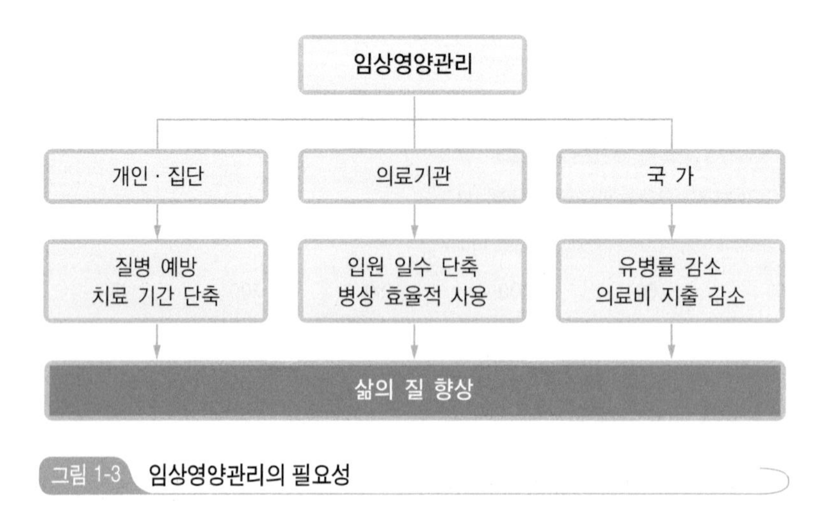

그림 1-3 임상영양관리의 필요성

간이 단축되며 합병증 발생률과 사망률이 줄어든다. 의료기관에서는 입원기간 단축으로 병상 회전율이 증가하여 의료시설을 효율적으로 활용할 수 있으며, 국가적인 측면에서는 질병 유병률이 감소하고 입원기간이 짧아져 의료비가 절감된다.

2. 영양관리과정

영양관리과정NCP : Nutrition Care Process은 미국영양사협회에서 임상영양관리와 관련된 업무의 전 과정을 표준화하여 보다 효과적으로 수행하도록 개발한 것이다.

영양관리과정NCP에서 환자(고객)는 개인뿐만 아니라 집단도 해당되며 가족, 간병인이 포함되어 있다. 영양관리과정은 영양판정, 영양진단, 영양중재, 영양모니터링 · 평가의 4단계로 이루어진다 그림 1-4.

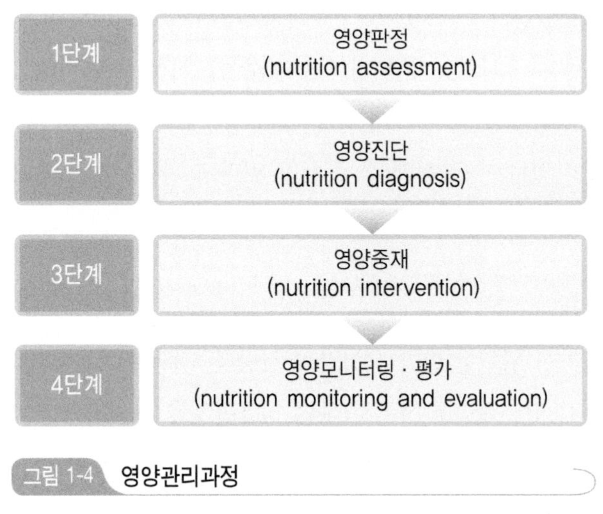

그림 1-4 영양관리과정

자료 : 대한영양사협회(2011), 국제임상영양 표준용어 지침서

1 영양판정

영양판정nutrition assessment은 영양과 관련된 문제와 그 원인을 파악하기 위해 필요한 정보를 수집, 확인하고 해석하는 것이다.

영양판정의 목적

- 적극적인 영양지원을 필요로 하는 환자를 파악한다.
- 개인별 영양상태를 유지하거나 회복시킨다.
- 적절한 영양치료방법을 결정한다.
- 시행된 영양치료에 대하여 모니터링 한다.

(1) 영양검색

영양검색nutrition screening은 영양 결핍이나 영양상 위험이 있는 사람을 신속하게 알아내기 위하여 실시한다. 영양검색은 영양사, 간호사, 의사가 실시하며, 영양검색지는 환자가 직접 작성할 수 있도록 만들기도 한다. 영양검색도구의 객관적인 지표는 신장, 체중, 체중 감소 등이며, 주관적인 지표는 식사 섭취량 감소, 식욕 등이다. 영양검색도구는 간단하면서도 비용이 저렴하고 타당성과 신뢰성이 있어야 한다. 입원 환자의 영양검색도구의 예는 그림 1-5와 같다.

영양검색 시스템은 국제의료기관 평가의 필수지표이며, 우리나라 의료기관 평가에서도 영양검색과 영양불량 환자 관리 항목이 평가되므로 대부분의 종합병원에서는 영양검색을 실시하고 있다. 영양검색 후 문제가 있다고 판단되는 사람에 대하여 영양판정을 실시한다.

(2) 영양판정

영양검색 결과 영양상 위험한 환자나 치료식 처방 환자에게는 보다 정확하게 영양상태를 파악하고 적절한 영양관리를 하기 위하여 영양판정을 실시한다. 영양판정은 임상영양 부문의 전문지식이 요구되며, 다양한 방법을 사용할 수 있다.

영양판정을 위한 영역은 다음과 같다.

식사력　식품과 영양소 섭취, 약물과 약용식물 보충제 사용, 지식과 신념, 식품과 영양 관련 자원 이용도, 신체활동, 영양적 측면을 알아본다. 식사 섭취 조사dietary method는 음식 섭취량이 영양소 요구량을 충족시키는지 알아보기 위하여 실시한다. 식사 섭취 조사방법에는 섭취영양소분석법NIA : Nutrient Intake Analysis, 식사기록법daily food record, 24시간회상법24 hour recall method, 식품 섭취빈도 조사법food frequency questionnaire 등이 있다.

생화학적 수치

1. □ Albumin≤2.9 g/dL

6. □ Albumin<3.5 g/dL

신체계측

신장____ 입원 시 체중______ 평상 시 체중____ 바람직한 체중____

BMI____ %바람직한 체중____ %체중손실률____

2. □ <80% 바람직한 체중

3. □ >10% 체중감소

7. □ 평상시 체중의 70~80%

8. □ 5~10% 체중 감소

식사 상황

4. □ TPN/PPN 또는 tube feeding

9. □ 식욕감소(1/2식사)

10. □ 저작과 연하곤란

11. □ >3일 이상 금식, dextrose/유동식

영양과 관련된 문제들

5. □ 영양불량 □ 패혈증
   □ 욕창 □ AIDS
   □ 연하곤란/신장식이/간장식이

12. □ 영양과 관련된 진단/문제점

13. □ serum cholesterol≥200 mg/dL

14. □ random glucose≥200 mg/dL

15. □ 여성 : BMI≥27 kg/m^2
    남성 : BMI≥28 kg/m^2

□ 현재 더 이상의 영양평가가 필요하지 않음

□ 영양사에 의한 영양평가가 필요함

□ 치료 1단계 □ 치료 2단계 □ 치료 3단계

□ 13~15번 항목에 해당사항이 있을 때는 의사의 지시하에 영양상담/교육이 권장됨

최근의 식사요법 : ____________________

조사자 : ____________________

날짜 : ____________________

그림 1-5 입원 환자의 영양검색도구

자료 : 박영숙 외(2011), 영양교육과 영양상담

생화학 및 의학적 검사 전해질, 혈당 등의 생화학적 자료, 위 배출 속도, 안정 시 대사율 등 의학적 검사를 실시하여 영양상태와 질병상태를 알 수 있다.

신체 계측 신장, 체중, 체질량지수, 성장률과 백분위수, 체중력 등이 포함된다. 체중 변화를 기록한 체중력은 건강상태를 측정하는 척도로 사용된다. 신체검사 소견, 근육이나 피하지방 손실, 삼킴 기능, 식욕과 감정을 알아본다.

병력과 사회력 개인의 과거력, 환자의 병력과 건강력, 처치와 대체 의학 활용, 사회력을 알아본다.

의학적 검사를 위한 검체(specimen)의 종류

- **혈액** : 혈청 또는 혈장, 적혈구, 백혈구
- **소변** : 중간에 나오는 소변을 채취
- **대변** : 여러 부위를 채취
- **조직** : 찰과나 생검을 통하여 채취
- **기타** : 타액, 손 · 발톱, 머리카락, 땀 등

환자용 체중계

체중을 정확하게 측정하기 위하여 환자의 상태에 맞는 체중계를 사용하여야 한다.

입식 체중계
(stand-on weight scale)

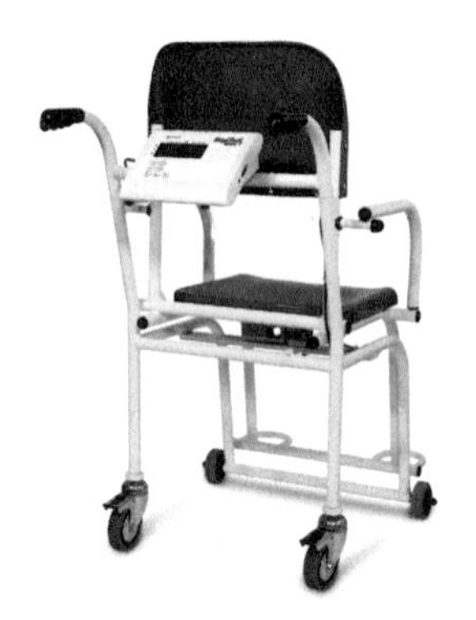

의자형 체중계
(chair weight scale)

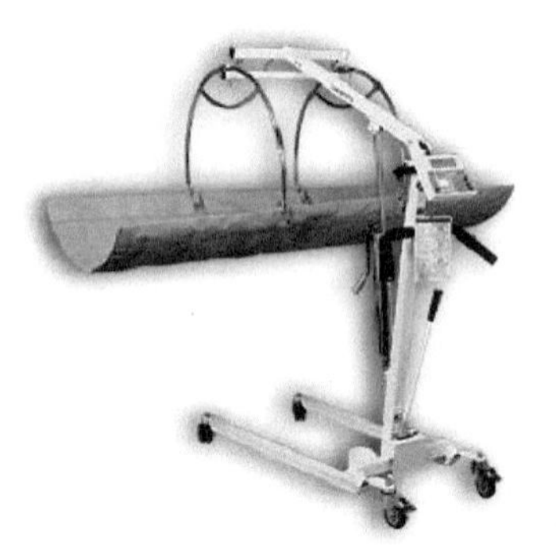

침상형 체중계
(in-bed weight scale)

자료 : http://www.ironcompany.com ; http://www.centralcarolinascale.com ; http://www.nationalscrubs.com

2 영양진단

영양진단은 영양중재를 통해 해결할 수 있거나 개선할 수 있는 영양문제를 규명하여 기술하는 것으로, 의학적인 진단과 다르다. 예를 들면, 의학적으로 당뇨병을 진단한다면, 영양진단에서는 불규칙한 탄수화물 섭취를 진단한다. 영양사는 영양판정에서 얻어진 자료를 토대로 표준진단용어를 사용하여 환자의 영양진단을 내린다.

영양진단을 실시한 후에는 영양진단문을 작성한다. 영양진단문은 'PES문'이라고도 하며, 문제P : Problem, 병인E : Etiology, 징후 또는 증상S : Symptom의 3가지 요소로 구성된다. 일반적인 영양진단문의 형식은 다음과 같다.

P (진단 또는 문제) 는 E (병인) 와 연관되어 있고 근거는 S (징후 · 증상) 이다.

영양진단문은 정확한 영양판정자료에 기초하여 환자의 영양문제를 명확하고 간결하게 작성하여야 한다. 영양관리과정에서는 영양진단을 위한 표준용어 및 정의를 정하고 있다. 영양진단문의 예는 표 1-1과 같다.

표 1-1 영양진단문의 예

진단 또는 문제 (P)	병인 (E)	징후 · 증상 (S)
지방 섭취 과다	패스트푸드의 잦은 섭취	햄버거, 샌드위치, 튀김류를 주 10회 이상 섭취하여 혈중 콜레스테롤이 230 mg/dL로 증가
에너지 섭취 과다	골절 회복 중 식이 섭취 변화 없이 활동량 제한	추정된 필요량보다 하루 500 kcal 초과 섭취하여 최근 3주간 2.3 kg의 체중 증가

자료 : 대한영양사협회(2011), 국제임상영양 표준용어 지침서

영양진단문이 갖추어야 할 요소

- 단순하고 명확하며 간결하여야 한다.
- 해당 환자 또는 그룹에 특이적이어야 한다.
- 환자의 한 가지 영양문제와 관련되어 있어야 한다.
- 병인과 명확하게 연관되어 있어야 한다.
- 신뢰할 수 있는 정확한 영양판정자료에 기초하여야 한다.

영양진단문은 가장 중요하고 시급하게 언급되어야 할 문제를 선정하여 작성한다. 특정 영양진단을 내리고 영양진단문PES을 작성할 때 영양사는 일련의 질문을 스스로에게 던져야 한다 표 1-2.

표 1-2 영양진단문 작성 시 비판적 사고가 요구되는 사항들

구분	비판적 사고
P (진단 또는 문제)	영양사는 개인, 그룹, 인구집단을 대상으로 처방한 영양진단을 해결하거나 개선할 수 있는가? 모든 조건이 똑같을 때 두 가지의 다른 영역에서 영양진단문(PES문)을 선택할 수 있다면, 영양사의 입장에서는 섭취와 관련한 영양진단을 우선 고려한다.
E (병인)	근본적인 원인이 되거나 가장 적합하다고 생각한 병인이 영양사가 영양중재할 수 있는 것인지를 평가한다. 영양사로서 병인을 유발하는 문제를 해결할 수 없다면, 영양사의 중재로 적어도 징후나 증상을 경감시킬 수 있는가?
S (징후 · 증상)	만약 문제가 해결되거나 향상된다면 징후나 증상을 측정할 수 있는가? 징후나 증상이 관찰(측정/변화를 평가) 가능하며 영양진단의 해결이나 개선 정도를 모니터하고 문서화할 수 있는 것인가?
영양진단문 (PES문) 전체	영양판정자료가 전형적인 원인, 징후, 증상과 함께 특정 영양진단을 뒷받침하는가?

자료 : 대한영양사협회(2011), 국제임상영양 표준용어 지침서

3 영양중재

영양중재는 각 개인의 필요에 적합한 영양처방을 계획하고 시행하여 환자의 영양문제를 해결하거나 개선하는 것이다. 영양중재 전략의 4개 영역은 다음과 같다.

식품 · 영양소 제공 식품과 영양소를 제공하는 개별화된 방법으로 식사, 간식, 경장 또는 정맥영양지원, 보충제 등이 포함된다.
영양교육 환자의 건강증진이나 유지를 위해 스스로 식품을 선택하고 식습관을 교정하며 관리하도록 지식을 가르치거나 기술을 교육 · 훈련시키는 정형화된 과정이다.
영양상담 상담자와 환자의 상호협동적인 관계를 통해 우선순위와 목표, 그리고 개별적인 실천계획을 설정하도록 도와 환자가 자기관리에 대한 책임감을 갖도록 하고, 환자 개인의 건강상태를 치유하거나 개선하도록 도와주는 과정이다.
영양관리 연계 영양 관련 문제의 치유나 관리를 도울 수 있는 다른 분야의 전문가나 기관, 대행기관에 의뢰하거나 협의하는 과정이다.

4 영양모니터링 · 평가

영양모니터링 · 평가는 영양관리의 진행 정도와 목표 또는 예상되는 결과를 달성했는지를 알아보는 과정이다. 영양판정 및 재판정을 통해 특정 영양관리지표의 변화를 측정하고 환자의 이전 상태 및 영양중재 목표 또는 참고 수치와 비교한다. 또한 영양사가 영양중재의 효과를 평가함에 있어서 보다 일관성을 가지고 효율적으로 평가하도록 한다. 영양모니터링 · 평가의 4개 영역은 다음과 같다.

식품 · 영양소와 관련된 식사력 결과물 식품과 영양소 섭취, 약물과 약용식물 보충제 사용, 지식, 신념, 식품과 영양 관련 자원 이용도, 신체활동, 영양적 측면에서의 삶의 질을 알아본다.
생화학적 자료, 의학적 검사와 처치 결과물 전해질, 혈당 등의 생화학적 자료, 위 배출 속도, 안정 시 대사율 등의 의학적 검사 결과를 알아본다.
신체 계측 결과물 신장, 체중, 체질량지수, 성장률과 백분위수, 체중력을 알아본다.
영양 관련 신체검사 자료 결과물 신체 관찰 시의 소견, 근육과 지방 소모, 삼킴 기능, 식욕과 그 영향을 알아본다.

쉬어가기

임상영양사

임상영양사는 2010년 9월 시행된 국민영양관리법에 근거하고 있다. 임상영양사의 업무는 영양문제 수집 · 분석 및 영양요구량 산정 등의 영양판정, 영양상담 및 교육, 영양관리상태 점검을 위한 영양모니터링 · 평가, 영양불량상태 개선을 위한 영양관리, 임상영양 자문 및 연구 등 질병의 예방과 관리를 위하여 질병별로 전문화된 업무를 수행하는 것이다.

임상영양사의 자격기준은 ① 임상영양사 교육과정 수료와 보건소 · 보건지소, 의료기관, 집단급식소 등 보건복지부 장관이 정하는 기관에서 3년 이상 영양사로서의 실무경력을 충족한 사람 또는 ② 외국의 임상영양사 자격이 있는 사람이며, 보건복지부 장관이 실시하는 임상영양사 자격시험에 합격하여야 한다. 임상영양사의 교육기간은 2년 이상으로 하며, 임상영양사교육을 신청할 수 있는 사람은 영양사 면허를 가진 사람으로 한다.

주요 용어

- **영양검색**(nutrition screening) : 영양 결핍이나 영양상 위험이 있는 사람을 신속하게 알아내기 위하여 영양사, 간호사, 의사가 실시하는 것으로 객관적인 지표는 신장, 체중, 체중 감소 등이며, 주관적인 지표는 식사 섭취량 감소, 식욕 등으로 이루어짐
- **영양관리과정**(NCP : Nutrition Care Process) : 미국영양사협회에서 임상영양관리와 관련된 업무의 전 과정을 표준화하여 보다 효과적으로 수행하도록 개발한 것으로 영양판정, 영양진단, 영양중재, 영양모니터링 · 평가의 4단계로 이루어짐
- **영양모니터링 · 평가**(nutrition monitoring and evaluation) : 영양관리의 진전 정도를 결정하고 목표 또는 예상되는 결과를 달성했는지를 알아보는 과정으로 식품 · 영양소와 관련된 식사력 결과물, 생화학적 자료, 의학적 검사와 처치 결과물, 신체 계측 결과물, 영양 관련 신체검사자료 결과물의 4개 영역이 있음
- **영양중재**(nutrition intervention) : 개인의 필요에 적합한 영양을 계획하고 시행하여 환자의 영양문제를 해결하거나 개선하는 것으로 식품 · 영양소 제공, 영양교육, 영양상담, 영양관리 연계로 이루어짐
- **영양진단**(nutrition diagnosis) : 영양중재를 통해 해결할 수 있거나 개선할 수 있는 영양문제를 규명하여 기술하는 것으로, 영양진단문을 작성함
- **영양판정**(nutrition assessment) : 영양과 관련된 문제와 원인을 파악하는 데 필요한 정보를 수집, 확인하고 해석하는 것
- **임상영양관리**(clinical nutrition) : 질병이나 상해의 치료를 목적으로 임상영양사나 영양전문인에 의해 제공되는 일련의 체계적인 영양치료(nutrition therapy)
- **임상영양사** : 국민영양관리법에 근거하여 영양판정, 영양상담 및 교육, 영양모니터링 · 평가, 영양관리, 임상영양 자문 및 연구 등 질병의 예방과 관리를 위하여 전문화된 업무를 수행하는 직업

CLINICAL NUTRITION

제 2 장

병원식 및 영양지원

1. 병원식의 종류 ✻ 2. 영양지원 ✻ 3. 식단작성법

병원식은 입원한 환자에게 제공하는 식사를 말한다. 대개의 환자에게는 정상적인 식사가 가능하지만 어떤 환자에게는 영양소의 조절이 필요하다. 한편, 심각한 질병이나 수술로 인해 영양불량의 위험이 있을 때에는 영양지원을 통해 적극적으로 영양을 공급해 준다. 식품교환표는 일상 식품을 영양소 구성이 비슷한 것끼리 나누어 묶은 표로서 식품분석표를 이용하지 않고서도 편리하게 식단을 작성할 수 있다.

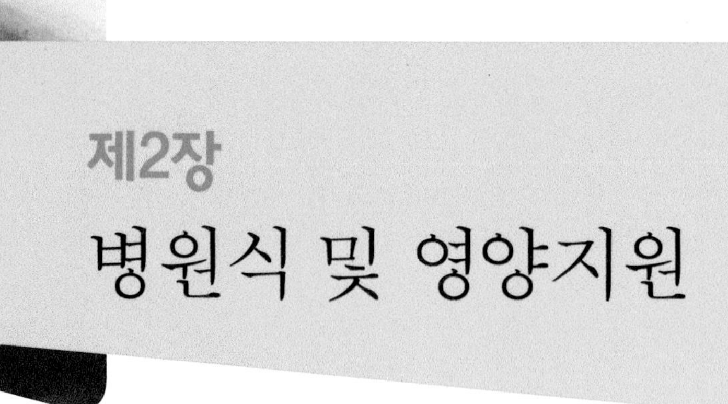

제2장 병원식 및 영양지원

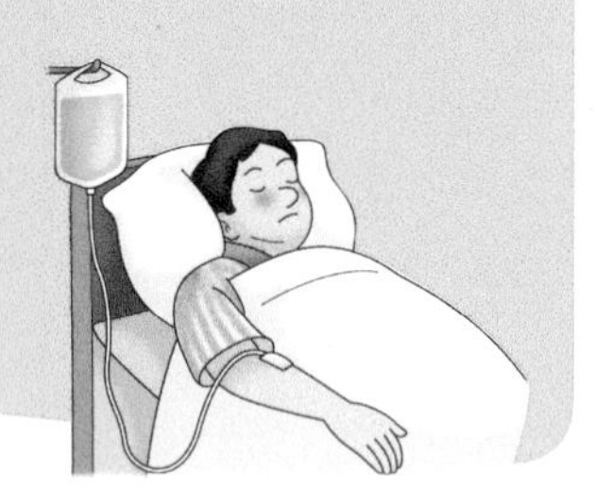

1. 병원식

병원식은 입원한 환자에게 제공하는 식사로서 일반식, 치료식, 검사식이 있다.

1 일반식

일반식general diet은 특정 영양소의 가감 없이 주식의 단단한 정도에 따라 식사의 질감을 조절하는 식사로 유동식, 연식, 상식이 있다. 환자의 증세가 호전됨에 따라 유동식에서 연식, 상식으로 이행한다. 환자의 상태에 따라 담당의사는 식사의 종류와 섭취기간을 결정하고, 영양사는 처방전에 의해 식단을 작성하여 환자에게 식사를 제공한다.

(1) 상 식

상식regular diet은 밥을 주식으로 하며, 식사의 내용이나 형태, 양에 특별한 제한과 변경이 없는 식사이다. 환자에게 영양적으로 적합한 식사를 제공하기 위하여 한국인 영양섭취기준, 식품교환표, 식사구성안을 기초로 영양필요량이 충족되도록 계획한다 표 2-1. 그러나 환자의 편식 정도와 섭취량에 따라 영양 충족도가 달라질 수 있으므로 영양사는 매일 병동을 순회하여 음식 섭취량이 불충분한 환자를 파악하고 보충식을 제공함으로써 영양불량이 발생하지 않도록 하여야 한다.

환자의 소화를 돕고 위생상 안전을 위해 튀긴 음식, 육류나 어패류의 날 음식, 자극성이 강한 조미료와 향신료는 제한한다. 대부분의 병원에서는 환자들이 메뉴를 보고 자신의 취향에 맞는 식사를 골라먹을 수 있도록 선택식단을 운영하고 있다.

표 2-1 한국인 영양소 섭취기준의 에너지 적정 비율

영양소		1~2세	3~18세	19세 이상
탄수화물		55~65%	55~65%	55~65%
단백질		7~20%	7~20%	7~20%
지 질	총 지방	20~35%	15~30%	15~30%
	n-6계 지방산	4~10%	4~10%	4~10%
	n-3계 지방산	1% 내외	1% 내외	1% 내외
	포화지방산	–	8% 미만	7% 미만
	트랜스지방산	–	1% 미만	1% 미만
	콜레스테롤	–	–	300 mg/일 미만

자료 : 보건복지부 · 한국영양학회(2015), 2015 한국인 영양소 섭취기준

표 2-2 연식의 허용식품과 제한식품

식품 종류	허용식품	제한식품
곡 류	각종 죽, 흰빵, 국수, 감자, 고구마	잡곡죽, 감자튀김, 라면, 자장면
어육류 · 달걀	기름기가 적고 부드러운 쇠고기, 닭고기, 돼지고기, 생선, 달걀, 두부	질기고 기름기가 많은 육류, 튀긴 고기요리, 유부, 달걀프라이
채소류	부드럽게 익힌 채소, 양상추	모든 생채소(양상추 등 부드러운 채소 제외), 건조채소, 고섬유 채소(고사리, 고비), 강미채소(고추)
과일류	익히거나 통조림한 과일, 과즙, 잘 익은 바나나, 잘 익은 복숭아, 잘 익은 멜론	생과일, 말린 과일(건포도, 곶감, 대추), 덜 익은 과일
우유 · 유제품	우유, 요구르트, 아이스크림, 생크림, 버터	견과류가 포함된 아이스크림이나 요구르트
유지류	버터, 마가린, 크림, 식용유	땅콩, 코코넛
후식류	젤라틴, 커스터드, 푸딩, 케이크	기름이 많은 도넛, 파이 등
음 료	커피, 탄산음료, 차, 코코아	술, 생강차
기 타	소량의 양념	고춧가루, 겨자, 고추냉이(와사비), 카레가루

(2) 연 식

연식soft diet 은 죽을 주식으로 하며, 질감이 부드럽고 쉽게 소화되며 자극성 조미를 하지 않고 식이섬유를 제한하는 식사이다 표 2-2. 씹거나 삼키기가 곤란할 때, 급성감염질환, 위장관질환, 수술 후 유동식에서 상식으로 이행하는 단계에 적용한다.

죽은 수분 함량이 많아 한 끼에 필요한 에너지와 영양소를 충분히 공급하기 어려우므로 식사 횟수를 늘려 하루에 5~6회 공급하는 것이 좋다. 연식을 장기간 섭취하면 필수 영양소가 부족되기 쉬우므로 빠른 시일 내에 상식으로 이행한다.

저작보조식과 농축유동식

연식은 환자의 씹거나 삼키는 능력에 따라 개별화하여야 한다. 저작보조식은 음식을 씹기 어려운 환자에게, 농축유동식은 씹고 삼키는 것이 어려운 환자에게 적용한다.

- **저작보조식**(mechanical soft diet, **기계적 연식**)

치아가 없거나 치과질환이 있는 환자, 씹을 수 없을 만큼 심하게 쇠약한 환자, 신경이나 식도, 구강, 인두장애로 연하곤란이 있는 환자를 위해 씹지 않고도 삼킬 수 있도록 부드럽고 촉촉하게 만든 식사이다. 채소는 익히고 육류와 그 밖의 음식은 잘게 다져서 공급한다.

- **농축유동식**(pureed diet, **퓨레식**)

구강이나 식도의 염증과 궤양, 수술, 뇌졸중이나 무기력에 의해 씹고 삼키기가 곤란한 환자에게 쉽게 삼킬 수 있도록 부드럽게 만든 식사이다. 일반적인 저작보조식보다 저작을 더 최소화할 수 있도록 모든 음식은 체에 거르거나 으깨어 농축시킨 상태, 또는 갈아서 걸쭉한 상태로 공급한다. 삼키기 쉽도록 물이나 우유, 국물 등을 첨가할 수 있고, 너무 뜨겁거나 차갑지 않게 한다. 영양사는 환자 개인별로 식사를 잘하는지 여부와 저작보조식으로의 변경 시기를 의료진에게 알려주도록 한다.

(3) 일반 유동식

일반 유동식full liquid diet 은 미음을 주식으로 하며, 상온에서 액체 또는 반액체상태의 식품으로 구성된다 표 2-3. 고형식을 씹거나 삼키고 소화하기 어려울 때, 급성감염질환, 위장질환, 얼굴과 목 부위의 수술, 심근경색증, 수술 후 맑은 유동식에서 연식으로 이행

표 2-3 일반 유동식의 허용식품

식품 종류	허용식품
곡 류	곡류로 만든 미음, 국수국물, 크림수프
어육류	고기국물, 육즙
난류 · 콩류	수란, 커스터드, 푸딩, 묽은 달걀찜, 두유, 두유음료
채소류	삶아 으깬 채소, 채소 주스
과일류	각종 과일즙, 과일 주스, 젤라틴 젤리
우유 · 유제품	우유, 플레인 요구르트, 바닐라 아이스크림, 밀크셰이크, 생크림
음 료	보리차, 디카페인 커피, 홍차, 유자차, 인삼차, 꿀차, 영양보충 음료 등 (생강차, 술 제한)
기 타	소량의 버터, 꿀

하는 단계에 적용한다. 일반 유동식은 에너지 밀도kcal/mL가 낮기 때문에 식사 횟수를 늘려 식사 사이에도 자주 공급해야 한다. 일반 유동식은 칼슘과 비타민 C를 제외한 대부분의 영양소가 부족하므로 3일 이상 또는 장기간 공급할 때에는 영양보충식이나 영양혼합식품을 이용한다.

(4) 맑은 유동식

맑은 유동식clear liquid diet은 수술이나 정맥영양 후 처음으로 구강으로 공급하는 식사이다. 갈증을 해소하고 탈수를 방지하며 위장관의 자극을 최소화하는 데 목적이 있다. 젤라틴으로 소량의 단백질을 공급할 수 있지만, 수분이 주요 공급원이며 약간의 탄수화물이 포함된다 표 2-4. 하루 에너지 공급량이 적고 영양적으로 부적절하므로 1~2일 정도만 공급한다.

표 2-4 맑은 유동식의 허용식품

식품 종류	허용식품
국	기름기 없는 맑은 국, 맑은 육즙
음 료	맑은 과일주스(토마토주스, 넥타 제외), 탄산음료, 끓여 식힌 물(우유는 제한)
차	보리차, 녹차, 홍차, 디카페인 커피, 인삼차
기 타	설탕, 꿀, 젤라틴

2 치료식

치료식therapeutic diet은 질병치료를 위해 에너지와 영양소 함량, 식사의 양과 횟수를 조절하거나 특정 식품이 제한되는 식사이다. 에너지 조절식을 비롯하여 탄수화물, 단백질, 지질, 무기질, 섬유소 조절 식사, 대사질환별 식사, 알레르기 식사 등이 있다. 환자의 질병상태를 고려한 영양요구량과 해당 질환의 기본적인 식사지침에 따라 식사를 계획한다. 질환에 따른 치료식으로 당뇨병식, 저지방식, 저나트륨식, 고섬유소식, 퓨린제한식 등이 있다.

검사식

검사식(test diet)은 질병의 정확한 진단을 위해 제공하는 식사이다.

● **지방변 검사식**

위장관 내의 소화불량이나 흡수불량을 확인하기 위해 지방변증 유무를 검사하는 식사이다. 75~100 g 지방 섭취 후 72시간 동안 변으로 배출된 지방의 양을 측정하여 섭취한 지방 양에 대한 비율을 구하는데, 7%까지는 정상으로 간주한다.

● **5-HIAA 검사식**

악성 종양 진단을 위해 소변 내의 5-HIAA(5-hydroxyindole acetic acid) 함량을 측정하기 위한 식사이다. 복강 내에 악성종양이 있으면 암세포에서 세로토닌을 과잉 생성하여 소변 중으로 5-HIAA가 다량 배설된다. 검사 전 하루나 이틀간 세로토닌이 다량 함유된 식품 및 검사를 방해하는 약제를 제한한다.

● **레닌 검사식**

고혈압환자의 레닌활성도를 평가하기 위한 것으로 나트륨 섭취를 제한하여 레닌이 생성되도록 계획한 식사이다. 검사하기 전 3일 동안 나트륨을 하루에 약 500 mg, 칼륨을 약 3,500 mg으로 제한 공급하고, 4일째에 혈액을 채취해 검사한다.

● **400 mg 칼슘 검사식**

결석이 있는 환자의 고칼슘뇨증을 진단하기 위하여 칼슘 섭취량을 하루 1,000 mg으로 증가시킨 식사이다. 식사만으로 하루 1,000 mg의 칼슘을 섭취하기가 어려우므로 대개는 식사 중 칼슘 양을 400 mg으로 제한하고, 나머지 600 mg은 약제(calcium gluconate)로 보충한다. 검사하기 3일 전부터 실시한다.

2. 영양지원

재택 환자나 입원 환자 모두에게 영양불량malnutrition은 공통된 위험요소이며, 심각한 만성질환과 외상, 노인의 경우에는 특히 위험하다. 질병이나 수술 등으로 인해 일반 식사로는 적절한 영양소를 충분히 공급할 수 없을 때에 에너지와 각종 영양소를 보충해 주는 적극적인 영양공급을 영양지원NS : Nutrition Support이라고 한다. 환자의 위장관의 소화 흡수기능이 가능한 경우에는 경장영양으로, 위장관의 기능이 불가능한 경우에는 정맥영양으로 질병의 회복을 도와주고 적절한 영양상태를 유지할 수 있다. 병원에서는 영양지원의 효과를 극대화하고 안전하게 시행하기 위하여 의사, 약사, 영양사, 간호사를 핵심구성원으로 하는 영양지원팀NST : Nutrition Support Team을 운영하고 있다. 영양지원의 분류는 그림 2-1과 같다.

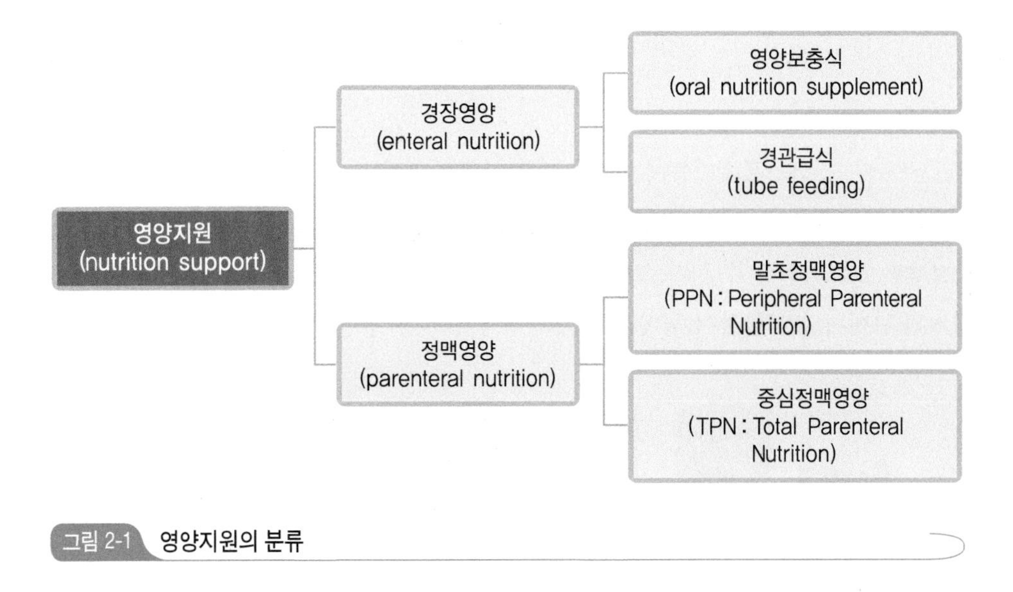

그림 2-1 영양지원의 분류

1 경장영양

경장영양EN : Enteral Nutrition은 소화 · 흡수기능이 가능한 환자에게 위장관을 경유하여 영양소를 공급하는 것으로, 영양보충식과 경관급식이 있다. 그러나 흔히 경관급식을 지칭하기도 한다.

영양보충식은 환자의 상태에 따라 구강으로 에너지-영양소 보충식품을 정규식사나 간식으로 보충하는 것이고, 경관급식은 경구급식이 불가능할 경우에 튜브를 통하여 영양액을 공급하는 것이다. 경장영양은 정맥영양에 비해 위장관의 기능 유지에 도움이 되고, 감염 합병증 발생이 적으며 의료비 부담이 적다는 점에서 영양지원 시 우선적으로 고려된다.

(1) 경장영양액

영양보충식이나 경관급식에 사용하는 경장영양액은 일상 식품을 갈아서 만든 혼합액화 영양액blenderized formula과 상업용 경장영양액enteral formula이 있는데, 영양소 함량이 일정하고 위생적으로 안전한 상업용 경장영양액이 일반적으로 사용된다.

경장영양액은 바로 사용할 수 있도록 농축액이나 분말형태로 제조된다 그림 2-2. 의학적 · 영양적 요구도에 따라 여러 가지 종류가 있으며, 단독으로 또는 다른 보충제와 함께 사용할 수 있어 이용 범위가 매우 넓다.

① 경장영양액의 종류

일반 영양액 소화 · 흡수기능에 어려움이 없고 특정한 대사적 장애가 없는 환자에게 사용한다. 쉽게 흡수되며, 경장영양액 중 가장 맛있고 값이 저렴하다. 경관급식과 경구영양보충용으로 사용할 수 있다. 단백질 급원은 우유나 대두에서 분리한 천연단백질이나 정제된 단백질의 혼합물이 들어간다. 탄수화물 급원은 변형전분, 포도당 중합체, 당이

그림 2-2 여러 가지 경장영양액

함유된다.

농축 영양액 신장 · 심장 · 간질환 환자 등 수분 제한이 요구되는 환자에게 사용한다.

가수분해 영양액 소화 · 흡수기능이 저하된 환자에게 사용하는 것으로 단백질과 탄수화물을 완전 또는 부분적으로 가수분해하여 만든 영양액이다. 보통 지방 양이 낮으며 소화 · 흡수를 쉽게 하기 위하여 중쇄 중성지방을 사용하기도 한다.

특수질환용 영양액 특정 질환의 환자에게 특수한 영양필요량을 공급하기 위해 제조된 것으로 간질환, 신장질환, 당뇨병, 대사질환용 영양액 등이 있다.

② 경장영양액의 특성

경장영양액은 영양소의 종류와 양, 기타 특성에 있어서도 매우 다양하다. 따라서 의사와 영양사는 환자 개개인의 영양액을 선택하는 데 있어 이러한 특성을 충분히 고려해야 한다.

영양 성분 일반 영양액의 에너지 밀도는 1.0 kcal/mL이고, 농축영양액은 1.5~2.0 kcal/mL이다. 농축영양액은 주로 신장 · 심장 · 간질환 환자에게 수분 제한이 요구될 경우 사용한다. 영양소의 비율은 영양액에 따라 다양하여 탄수화물은 총 에너지의 40~80%, 단백질은 6~25%, 지방은 15~35%이고, 비타민과 무기질 함량도 다르다. 지방의 경우 장쇄 중성지방만으로 구성되어 있는 것도 있고, 중쇄 중성지방이 포함된 것도 있다.

식이섬유 경장영양액에 함유된 식이섬유 함량은 0~22 g/L이다. 불용성 섬유소는 변비를 예방하고, 수용성 섬유소는 혈당개선 및 혈청 콜레스테롤 감소에 도움이 된다. 그러나 수분 제한이 요구되는 환자나 위장관질환자에게는 복부팽만, 복통, 가스발생 등 합병증이 발생할 수 있다.

삼투압 경장영양액의 삼투압은 300~700 mOsm/kg H_2O인데, 가수분해 영양액과 영양소 농축 영양액의 삼투압이 일반 영양액보다 더 높다. 일반 영양액은 등장성 영양액으로 혈청의 삼투압인 300 mOsm/kg H_2O와 비슷하고, 고장성 영양액은 이보다 삼투압이 높다. 대부분의 환자들은 큰 문제 없이 등장성이나 고장성 영양액에 잘 적응할 수 있으나 약물이 투여될 때에는 삼투압이 높아져 경련이나 설사가 유발될 수 있다.

비 용 가격은 상품에 따라 다양하나 일반 영양액에 비해 가수분해 영양액이나 특수질환용 영양액이 더 비싸다.

쉬어가기

경장영양액을 맛있게 먹기 위해서는

경장영양액을 이용하는 환자는 대부분 많이 아프고 식욕도 없으므로 다음의 요령으로 환자가 영양액을 잘 먹을 수 있도록 배려해야 한다.

- 여러 가지 영양액 중에서 환자가 선호하는 것을 선택한다.
- 영양액을 좀 더 맛있게 보이도록 제공한다. 캔보다는 유리잔에 따라 주면 더 좋다.
- 영양액의 냄새를 싫어하면 컵에 뚜껑을 덮거나 랩으로 싸고 빨대를 사용하도록 한다.
- 영양액을 환자 가까이 두어 쉽게 먹을 수 있도록 하고, 조금씩 자주 먹을 수 있게 한다.
- 환자가 차가운 것을 좋아하면 차게 보관해 둔다.
- 환자가 영양액을 먹고 싶어 하지 않으면 다른 향이나 다른 제품의 영양액을 권해 본다.

(2) 영양보충식

환자가 정상 식사를 할 때에도 영양소 필요량이 부족하면 영양보충식으로 보충한다. 보충식으로는 정규식사 또는 식사 사이에 영양보충음료를 줄 수 있다. 영양보충음료는 액체상태이므로 다른 식품에 비해 배부름을 덜 느끼고 여러 가지로 불편한 환자에게 적합하게 적용할 수 있다.

(3) 경관급식

경관급식tube feeding은 구강으로 충분한 음식을 섭취할 수 없는 환자에게 관tube을 통해 위나 장으로 영양액을 공급하는 영양지원방법이다. 환자의 영양상태를 면밀히 평가하여 적합한 영양액을 선택하면 환자의 영양상태를 양호하게 유지할 수 있다.

① 경관급식 대상자

위장관기능은 가능하나 구강으로 영양필요량에 부합하는 충분한 음식을 섭취할 수 없는 경우로 연하곤란, 식욕부진, 위장관 상부의 장애, 혼수상태, 영양필요량이 많을 때 적용한다.

경관급식의 적용 및 금기 대상

- **적용 대상**
  - 인두나 식도장애로 인한 연하곤란
  - 위장관 상부의 장애
  - 장기간의 식욕부진에 의한 영양불량
  - 신경장애, 혼수상태
  - 화상, 외상, 패혈증 등으로 영양필요량이 많을 경우
- **금기 대상**
  - 장의 폐색 및 마비로 인한 장 기능 불능
  - 심한 구토 및 설사
  - 위장관 누공으로 배출량이 많을 경우
  - 심한 급성췌장염

② 경관급식 투여 경로

환자의 질환과 경관급식 실시기간을 고려하여 튜브의 삽입 위치를 달리할 수 있다. 경관급식 예상 기간이 4주 이하이면 코를 통해 위나 장으로 튜브를 삽입하는 비위관

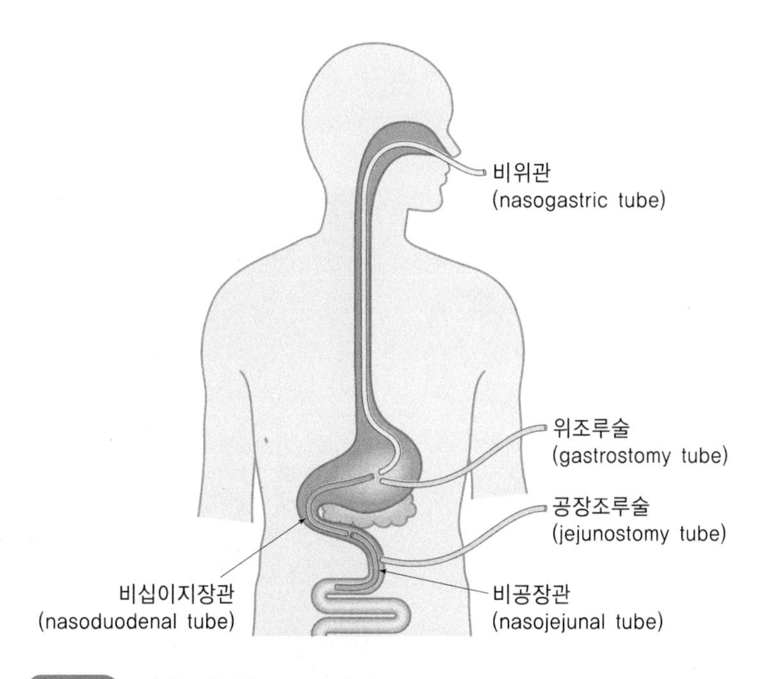

그림 2-3 경관급식의 튜브 삽입 위치

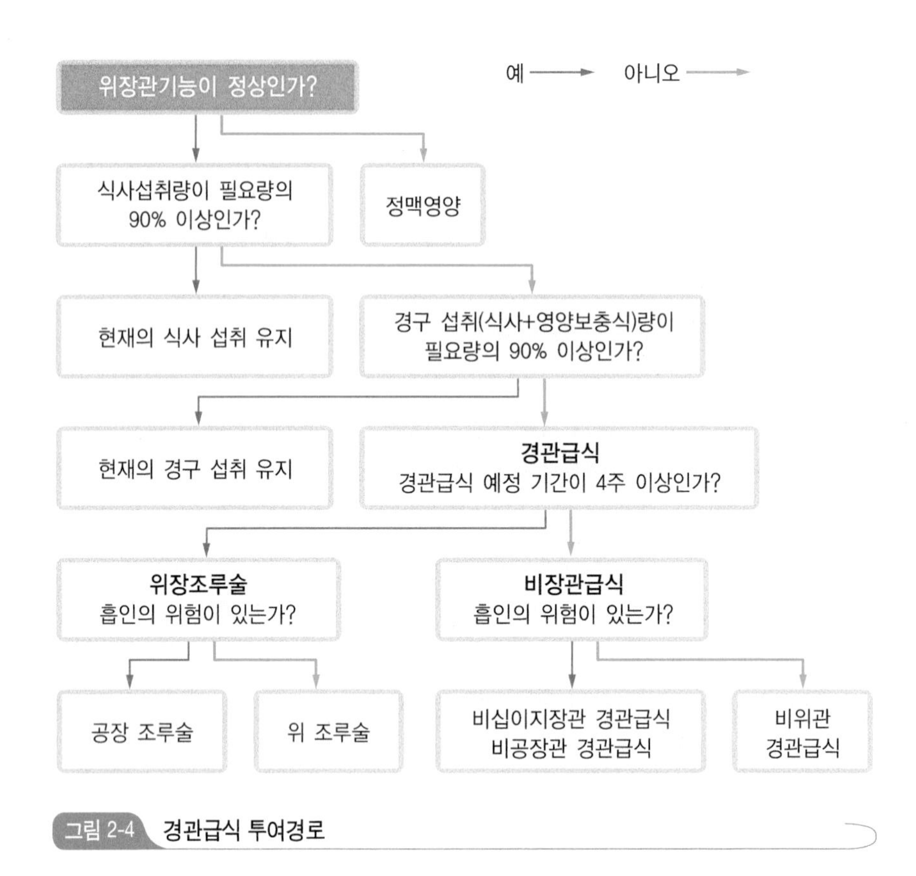

그림 2-4 경관급식 투여경로

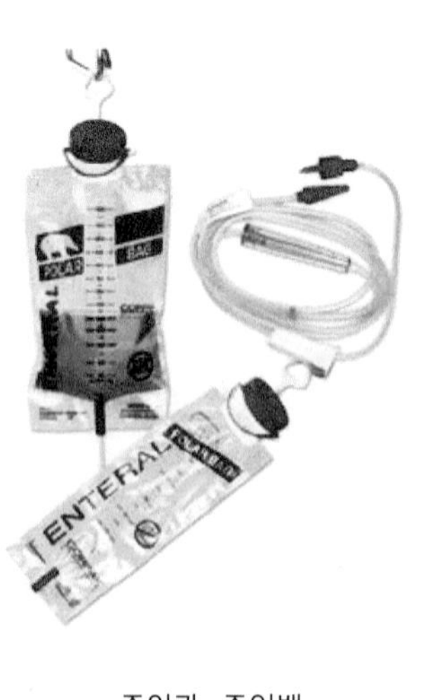

주입관, 주입백

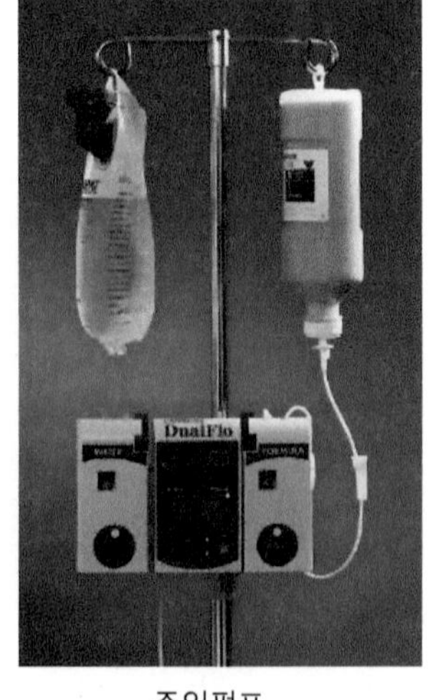

주입펌프

그림 2-5 경관급식기구

nasogastric, 비십이지장관nasoduodenal, 비공장관nasojejunal 경로를 선택한다. 경관급식 예상기간이 장기간일 경우 또는 코, 식도, 위가 막혀 있거나 코를 통해 튜브 삽입이 곤란할 때에는 위나 공장으로 관을 직접 연결하는 위조루술gastrostomy, 공장조루술jejunostomy을 선택한다 그림 2-3. 경관급식의 투여 경로 선택과정은 그림 2-4와 같다.

③ 경관영양액 주입법

경관급식 환자는 중환자가 많고 면역계가 저하되어 있으므로 감염 발생률이 높다. 특히, 음식으로 인한 질병에 매우 취약하므로 경관영양액의 세균 감염은 질병의 증세를 더욱 악화시킬 수 있다. 따라서 오염 방지를 위해 영양액의 준비와 주입과정을 위생적으로 진행해야 한다.

경관급식에서의 영양액 주입법은 주사기를 이용한 볼루스 주입법과 펌프나 중력을 이용한 지속적 주입법, 간헐적 주입법, 주기적 주입법이 있다.

지속적 주입법 20~24시간에 걸쳐 일정한 속도로 서서히 주입하는 방법으로 증상이 심한 환자에게 사용하는데, 일반적으로 비장관 · 장조루술 환자에게 적용한다. 환자의 이동이 제한되고 비용이 비싸다.

간헐적 주입법 일상적인 식사패턴에 맞추어 20~40분에 걸쳐 200~400 mL의 영양액을 주입한다. 환자의 이동이 자유로우나 지속적 주입법보다 구토, 복통, 설사 등 부작용의 위험이 더 높다.

볼루스 주입법 주사기를 사용하여 5~10분 동안 250~500 mL의 영양액을 한꺼번에 주입한다. 흡인, 구토, 복통, 설사의 위험이 높으므로 증상이 가벼운 환자에게 적용한다.

주기적 주입법 밤 시간의 8~16시간 동안 영양액을 빠른 속도로 주입한다. 지속적 주입에서 경구식사로 전환할 때 적용한다.

④ 경관급식의 합병증 방지

경관급식의 영양관리를 성공적으로 수행하려면 영양액을 올바르게 선택하고 주입하며, 문제점을 바로바로 체크해 시정해야 한다. 관이 막히든지 급식펌프가 제대로 작동하지 않아 급식이 계획대로 시행되지 않으면 환자의 영양관리는 실패하게 된다. 경관급식과 관련된 합병증에는 메스꺼움과 구토, 설사, 경련, 변비, 더부룩함, 복부팽만감 등이 있다.

⑤ 정규 식사로의 이행

경관급식의 필요성이 해결되고 증세가 호전되면 점차 영양액의 양을 줄이고 경구급식을 시도한다. 경관급식을 중단하기 전에 환자는 구강으로 어느 정도의 음식을 먹을 수 있으며, 경구급식으로 하루 영양필요량의 75% 이상을 섭취하게 되면 경관급식을 중단한다.

2 정맥영양

정맥영양PN : Parenteral Nutrition은 위장관기능이 불가능하거나 경구 또는 경관급식으로 충분한 영양소를 섭취할 수 없을 때 정맥을 통하여 필요한 영양소를 공급하는 영양지원 방법이다. 손이나 팔의 말초정맥으로 영양을 공급하는 말초정맥영양과 심장 근처의 중심정맥으로 영양을 공급하는 중심정맥영양이 있다 그림 2-6. 정맥영양은 경장영양에 비해 합병증의 위험이 높고 값이 비싸며 위장관의 건강유지가 어렵다.

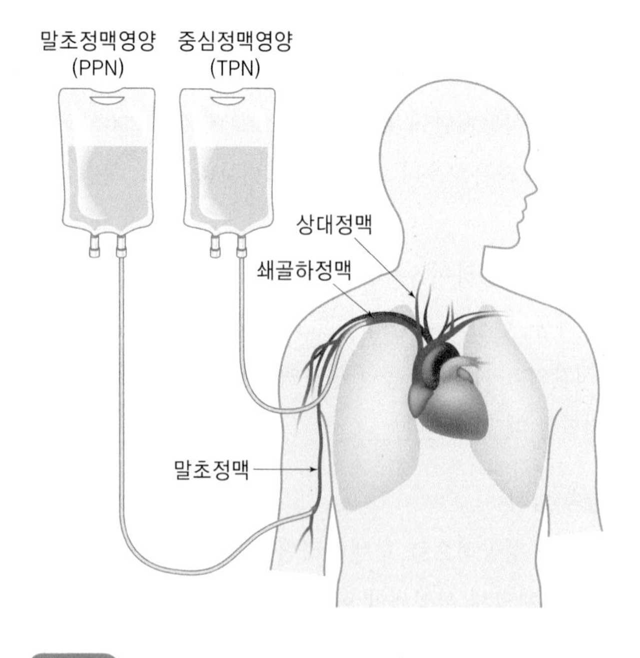

그림 2-6 정맥영양의 경로

(1) 정맥영양의 종류

① 말초정맥영양

말초정맥영양PPN : Peripheral Parenteral Nutrition은 손이나 팔의 말초혈관을 통해 영양을 공급한다. 병원에서 일상적으로 사용하는 것으로 수분, 덱스트로스, 전해질을 공급하여 체내 수분 및 전해질, 산·염기 평형을 유지하는 데 도움을 준다. 수술이나 외상 후 7~10일 이내에 음식물 섭취가 가능한 환자에게 단기간 사용한다. 말초정맥영양으로 가장 오래된 것은 정맥 내로 5% 포도당액을 주입하는 것으로서 증류수 1 L당 포도당 50 g을 제공한다. 하루에 2~3 L를 주입하면 포도당 100~150 g에 해당하는 400~600 kcal의 에너지를 공급할 수 있다. 말초정맥으로는 영양소의 농도가 제한되어 환자의 영양요구량만큼 충분한 에너지와 영양소를 공급하기 어렵다.

② 중심정맥영양

중심정맥영양TPN : Total Parenteral Nutrition은 심장에 가까운 중심정맥에 수술로 카테터를 삽입하여 필요한 영양소를 모두 공급한다. 대상자는 정맥영양이 최소 7일 이상 장기간 필요한 환자, 영양필요량이 높은 환자, 심각한 영양불량 환자 등이다. 그러나 위장관기

쉬어가기

정맥영양액의 종류

- **2-in-1 정맥영양액**

수용성 성분인 단백질과 탄수화물이 함유되어 있고, 지용성인 지방유화액은 별도로 공급한다. 탄수화물과 단백질 외에 전해질, 무기질, 비타민이 혼합되어 있다. 지방유화액을 별도로 공급하기 위한 라인이 추가로 필요하므로 접촉에 의한 감염 발생률이 높다.

- **3-in-1 정맥영양액(TNA : Total Nutrient Admixture)**

하나의 용기 안에 단백질, 탄수화물, 지방유화액의 3대 영양소를 모두 함유하고 있다. 2개의 라인이 필요한 2-in-1 용액에 비해 라인이 하나로 감소된 장점이 있는 반면 수용성 환경에 지방유화액이 혼합되어 있어 안정성이 낮아지고, 용액이 불투명해지는 단점이 있다.

사진자료 : http://www.jw-pharma.co.kr

능이 정상이거나, TPN 사용이 5일 이내로 예상되는 경우, TPN 시행으로 인해 본 수술이 지연되는 경우, 환자나 보호자가 요구하지 않을 때에는 사용하지 말아야 한다. 보통의 TPN 용액에는 25% 덱스트로스와 3.5% 아미노산이 들어 있으며, 하루에 3 L를 주입하면 3,000 kcal의 에너지와 105 g의 단백질을 공급할 수 있다. 심장 가까이에 카테터를 삽입하므로 세균감염의 위험이 커서 패혈증은 TPN의 가장 위험한 합병증이다.

(2) 정맥영양액의 구성 성분

아미노산　일반적으로 합성된 결정 아미노산을 사용한다. 필수아미노산과 비필수아미노산의 혼합물이 들어 있고, 농도는 3~20%까지 다양하다. 말초정맥영양에는 아미노산 농도가 낮은 용액, 중심정맥영양에는 높은 용액을 사용한다. 간성혼수, 신부전, 대사성 스트레스 등 질환별로 아미노산의 종류가 다르게 조제되어 있다.

탄수화물　정맥영양 용액에는 수용성 포도당인 덱스트로스dextrose가 들어 있는데, 함량은 5~70%까지 가능하며, 일반적으로 5~25% 용액이 가장 많이 사용된다. 10% 이상의 고농도 용액은 중심정맥영양에서 사용한다. 포도당은 1 g당 4 kcal의 에너지를 내는 대신 덱스트로스는 약간의 물이 포함되어 있어 1 g당 3.4 kcal의 에너지를 낸다.

지 방　지방은 유화액 형태로 사용하는데, 매일 또는 일주일에 한두 번 주기적으로 공급한다. 매일 주입할 때에는 주된 에너지의 공급원으로서 총 에너지의 20~30%를 공급한다. 주기적으로 주입할 때에는 필수지방산의 공급이 주 목적이다. 고중성지방혈증의 경우에는 지방유화액의 사용을 제한해야 한다.

미량 영양소　정맥영양에 포함되는 전해질은 나트륨, 칼륨, 염소, 칼슘, 마그네슘, 인 등으로서 수분 및 전해질 균형을 유지하기 위하여 매일 환자의 상태에 따라 적절히 조절해야 한다. 또한 비타민과 미량무기질이 포함되는데, 비타민 K는 포함되어 있지 않으므로 필요할 때에 따로 보충해 준다.

(3) 정맥영양에서 경장영양으로 이행할 때의 영양관리

정맥영양의 필요성이 완화되어 감에 따라서 정맥 주입액을 서서히 줄이면서 점차 경장영양으로 옮겨간다. 오랜 기간 위장관이 활동하지 않았으므로 융모는 위축되어 있고 기능도 감소되어 있다. 정맥영양에서 경장영양으로의 이전은 여러 방법으로 시도될 수 있는데, 정맥영양을 지속하면서 경구급식을 시작하는 것도 한 가지 방법이다. 식사는 소량의 유동식으로 시작하여 점진적으로 진행한다. 며칠 동안에 하루 필요 영양소량의 50%를 섭취하지 못하면 식사가 개선되지 않는 것으로 판단하고 경관급식을 시도해 본다. 경관급식 양이 증가함에 따라 정맥 주입액을 점차 감소시킨다. 경구급식이나 경관급식으로 영양소 필요량의 60%를 공급하게 되면 정맥영양을 중단하도록 한다.

3. 식단작성법

1 식품교환표

식품교환표는 일상생활에서 섭취하고 있는 식품들을 영양소 구성이 비슷한 것끼리 6가지 식품군으로 나누어 묶은 표이다. 6가지 식품군은 곡류군, 어육류군, 채소군, 지방군, 우유군, 과일군이다. 식품교환표를 활용하면 식품분석표를 이용하지 않고서도 필요한 에너지, 탄수화물, 단백질, 지방의 양을 충족시킬 수 있는 식단을 작성할 수 있다.

같은 식품군 내에 있는 식품들은 영양소의 구성이 비슷하므로 에너지가 같으면 서로 교환해서 먹을 수 있다. 이를 위해 영양소 함량이 동일한 기준단위량이 설정되어 있는데, 이를 1교환단위라고 한다. 각 식품군별 1교환단위당 영양가는 표 2-5와 같다.

표 2-5 식품군별 1교환단위당 영양가

식품군		교환단위	탄수화물(g)	단백질(g)	지방(g)	에너지(kcal)
곡류군		1	23	2	–	100
어육류군	저지방	1	–	8	2	50
	중지방	1	–	8	5	75
	고지방	1	–	8	8	100
채소군		1	3	2	–	20
지방군		1	–	–	5	45
우유군	일반우유	1	10	6	7	125
	저지방우유	1	10	6	2	80
과일군		1	12	–	–	50

자료 : 대한영양사협회(2010), 식사계획을 위한 식품교환표 개정판

(1) 곡류군

곡류군에 속하는 식품에는 주로 탄수화물이 많으며, 밥류, 죽, 알곡류, 밀가루, 전분, 감자류와 이것으로 만든 식품이 해당한다. 곡류군에 속하는 식품의 1교환단위의 양은 표 2-6과 같다.

표 2-6 곡류군 1교환단위의 양(탄수화물 23 g, 단백질 2 g, 에너지 100 kcal)

식품명	무게(g)	목측량
밥(쌀밥, 현미밥, 보리밥)	70	1/3공기
죽류(쌀죽)	140	2/3공기
알곡류(백미, 현미, 보리, 수수, 조, 율무, 팥 등)	30	3큰술
가루제품(밀가루, 녹말가루, 미숫가루 등)	30	밀가루 5큰술
건면류(마른국수, 냉면, 당면, 메밀국수, 스파게티 등)	30	
삶은 국수, 삶은 스파게티	90	1/2공기
감자	140	중 1개
고구마, 찰옥수수	70	중 1/2개
떡류(가래떡, 백설기, 시루떡, 송편, 인절미, 절편, 증편)	50	인절미 3개
빵류(식빵, 모닝빵, 바게트빵)	35	식빵 1쪽
묵류(도토리묵, 녹두묵, 메밀묵)	200	도토리묵 1/2모
강냉이(옥수수), 누룽지(마른 것)	30	
밤	60	대 3개
은행	60	1/3컵
콘플레이크	30	3/4컵
크래커	20	5개

(2) 어육류군

어육류군에 속하는 식품에는 주로 단백질이 많으며, 고기류, 생선류, 콩류, 알류, 해산물 등과 이것으로 만든 식품이 해당한다. 지방의 함량에 따라 저지방군, 중지방군, 고지방군으로 분류한다. 어육류군에 속하는 식품의 1교환단위의 양은 표 2-7, 2-8, 2-9와 같다.

표 2-7 저지방 어육류군 1교환단위의 양(단백질 8 g, 지방 2 g, 에너지 50 kcal)

식품명	무게(g)	목측량
쇠고기, 돼지고기(살코기)	40	로스용 1장
닭고기(껍질 · 기름 제거, 살코기)	40	소 1토막
소간◑	40	
육포	15	1장
생선류(가자미, 광어, 대구, 동태, 병어, 조기, 참치, 홍어)	50	소 1토막
건오징어채◑, 멸치, 뱅어포, 북어, 쥐치포	15	잔멸치 1/4컵
게맛살, 어묵(찐 것)	50	어묵 1/3개
젓갈류(명란젓◑, 어리굴젓, 창란젓◑)	40	
날치알, 대하(생것), 물오징어◑, 새우(깐새우)◑	50	깐 새우 1/4컵
굴, 꼬막조개, 꽃게, 멍게, 문어, 전복◑, 조갯살, 홍합	70	굴 1/3컵
낙지, 미더덕	100	낙지 1/2컵
해삼	200	1$\frac{1}{3}$컵

주 : ◑ 콜레스테롤이 많은 식품

표 2-8 중지방 어육류군 1교환단위의 양(단백질 8 g, 지방 5 g, 에너지 75 kcal)

식품명	무게(g)	목측량
쇠고기(등심, 안심, 양지), 소곱창◑, 돼지고기(안심), 햄	40	쇠고기 로스용 1장
생선류(갈치, 고등어, 꽁치, 민어, 삼치, 임연수어, 장어◑, 청어, 훈제연어)	50	소 1토막
어묵(튀긴 것)	50	1장
달걀◑	55	중 1개
메추리알◑	40	5개
검정콩, 대두(노란콩)	20	2큰술
낫토	40	작은 포장단위 1개
두부	80	1/5모 포장두부
순두부	200	1/2봉
연두부, 콩비지	150	연두부 1/2개

주 : ◑ 콜레스테롤이 많은 식품

표 2-9 고지방 어육류군 1교환단위의 양(단백질 8 g, 지방 8 g, 에너지 100 kcal)

식품명	무게(g)	목측량
소갈비★, 소꼬리★	40	소갈비 소 1토막
돼지갈비, 돼지족, 돼지머리★, 삼겹살★	40	
돼지머리(편육)★	30	
닭고기(껍질 포함)★	40	닭다리 1개
런천미트★, 베이컨, 비엔나소시지★, 프랑크소시지★	40	프랑크소시지 $1\frac{1}{3}$개
고등어 통조림, 꽁치 통조림, 참치 통조림	50	1/3컵
뱀장어◑	50	소 1토막
유부	30	5장(초밥용)
치즈	30	1.5장

주 : ★ 포화지방산이 많은 식품
◑ 콜레스테롤이 많은 식품

(3) 채소군

채소군에 속하는 식품에는 주로 비타민, 무기질, 식이섬유가 많으며, 채소류, 해조류와 이것으로 만든 식품이 해당한다. 채소군 1교환단위의 양은 표 2-10과 같다.

표 2-10 채소군 1교환단위의 양(탄수화물 3 g, 단백질 2 g, 열량 20 kcal)

식품명	무게(g)	목측량
가지, 고구마줄기, 고사리(삶은 것), 근대, 냉이, 단무지, 달래, 당근▣, 무, 미나리, 배추, 부추, 브로콜리, 상추, 셀러리, 숙주, 시금치, 쑥갓, 아욱, 애호박, 양배추, 양상추, 양파, 열무, 오이, 참나물, 청경채, 치커리, 케일, 콩나물, 파프리카, 풋고추	70	
깻잎, 단호박▣, 더덕, 도라지▣, 쑥▣, 연근▣, 우엉▣	40	깻잎 20장
버섯류, 생것(느타리, 표고, 송이, 양송이, 팽이)	50	양송이, 표고 3개
김치류(갓김치, 깍두기, 배추김치, 총각김치)	50	깍두기 10개
김치류(나박김치, 동치미)	70	
김	2	1장
매생이▣	20	
미역(생것), 톳(생것), 파래(생것)	70	

주 : ▣ 탄수화물을 6 g 이상 함유하고 있으므로 섭취 시 주의해야 할 채소

(4) 지방군

지방군에 속하는 식품은 식물성 기름, 고체 기름, 견과류, 씨앗, 드레싱 등이 있다. 지방군 1교환단위의 양은 표 2-11과 같다.

표 2-11 지방군 1교환단위의 양(지방 5 g, 에너지 45 kcal)

식품명	무게(g)	목측량
식물성 기름(들기름, 옥수수기름, 올리브유◆, 참기름, 카놀라유◆, 콩기름, 포도씨유, 해바라기유)	5	1작은술
고체성 기름(마가린, 버터★, 쇼트닝★)	5	1작은술
견과류(검정깨, 참깨, 땅콩◆, 아몬드◆, 잣, 호두, 호박씨)	8	땅콩 8개
마요네즈	5	1작은술
사우전드드레싱, 프렌치드레싱, 이탈리안드레싱	10	2작은술

주 : ★ 포화지방산이 많은 식품
◆ 단일불포화지방산이 많은 식품

(5) 우유군

우유군은 지방 함량에 따라 일반우유군과 저지방우유군으로 분류한다. 일반우유군과 저지방우유군의 1교환단위 양은 표 2-12, 2-13과 같다.

표 2-12 일반우유군 1교환단위의 양(탄수화물 10 g, 단백질 6 g, 지방 7g, 에너지 125 kcal)

식품명	무게(g)	목측량
일반우유, 락토우유	200	1컵(1팩)
두유(무가당)	200	1컵(1팩)
전지분유, 조제분유	25	5큰술

표 2-13 저지방우유군 1교환단위의 양(탄수화물 10 g, 단백질 6 g, 지방 2 g, 에너지 80 kcal)

식품명	무게(g)	목측량
저지방우유(2%)	200	1컵(1팩)

(6) 과일군

과일군에 속하는 식품에는 탄수화물, 비타민, 무기질, 식이섬유가 들어 있으며, 과일, 과일통조림, 과일주스 등이 포함된다. 과일군 1교환단위의 양은 표 2-14와 같다.

표 2-14 과일군 1교환단위의 양(탄수화물 12 g, 에너지 50 kcal)

식품명	무게(g)	목측량
귤	120	
오렌지	100	대 1/2개
딸기, 수박, 참외, 복숭아, 자두	150	딸기 중 7개
바나나(생것), 단감	50	바나나 중 1/2개
배	110	대 1/4개
사과(후지), 홍시, 체리, 키위, 포도	80	사과 중 1/3개
토마토	350	소 2개
방울토마토	300	
파인애플	200	
파인애플(통조림)	70	
푸르트칵테일(통조림)	60	
사과주스, 오렌지주스(무가당), 토마토주스	100	1/2컵

2 식품교환표를 이용한 식단작성법

식품교환표를 이용하여 식단을 작성하는 순서는 그림 2-7과 같다.

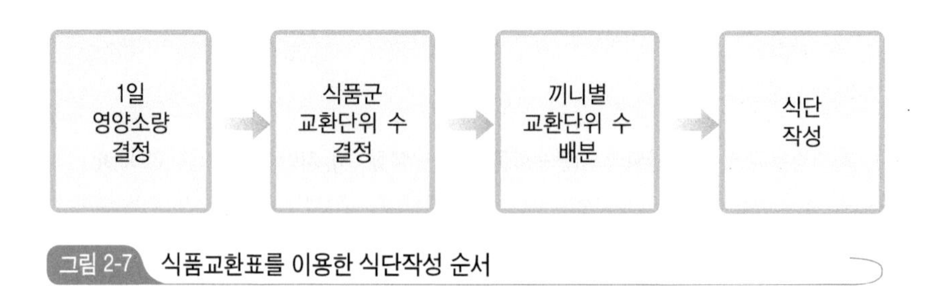

그림 2-7 식품교환표를 이용한 식단작성 순서

(1) 1일 영양소량 결정

대상자의 성별, 연령, 체격, 활동량, 질병의 종류 및 정도에 따라 에너지, 탄수화물, 단백질, 지방의 1일 기준량을 결정한다. 일반식의 경우 에너지 구성비는 한국인 영양섭취기준인 탄수화물 55~65%, 단백질 7~20%, 지방 15~30%에 준하여 정한다.

예를 들어, 1일 에너지 필요량을 1,800 kcal, 탄수화물 : 단백질 : 지방의 에너지 구성비를 60% : 18% : 22%로 계획했을 때의 영양소 기준량은 다음과 같이 계산한다.

- 에너지 1,800 kcal
- 탄수화물 1,800 kcal × 0.6 ÷ 4(kcal/g) = 270 g
- 단백질 1,800 kcal × 0.18 ÷ 4(kcal/g) = 81 g
- 지방 1,800 kcal × 0.22 ÷ 9(kcal/g) = 44 g

(2) 식품군 교환단위 수 결정

1일 식품군 교환단위 수는 우유, 채소, 과일군 → 곡류군 → 어육류군 → 지방군의 순서로 결정한다 표 2-15.

- 환자의 기호를 고려하여 우유군, 채소군, 과일군의 교환단위 수를 결정한다.

일반우유군 2교환단위, 채소군 7교환단위, 과일군 2교환단위

- 곡류군 교환단위 수 결정 : 탄수화물 기준량에서 일반우유, 채소, 과일군의 탄수화물 양을 빼면 곡류군에서 섭취해야 할 탄수화물 양이 나온다. 이것을 곡류군 1교환단위의 탄수화물 양(23g)으로 나누어 곡류군의 교환단위 수를 계산한다.

- 일반우유, 채소, 과일군의 탄수화물 양 : 20 g + 21 g + 24 g = 65 g
- 곡류군에서 섭취해야 할 탄수화물 양 : 270 g(탄수화물 기준량) − 65 g = 205 g
- 곡류군의 교환단위 수 : 205 g ÷ 23 g = 8.9 → 9교환단위

- 어육류군 교환단위 수 결정 : 단백질 기준량에서 일반우유, 채소, 곡류군의 단백질 양을 빼면 어육류군에서 섭취해야 할 단백질 양이 나온다. 이것을 어육류군 1교환단위의 단백질 양(8g)으로 나누어 어육류군의 교환단위 수를 계산하고, 저지방, 중지방, 고지방으로 배분한다.

> ■ 일반우유, 채소, 곡류군의 단백질 양 : 12 g + 14 g + 18 g = 44 g
> ■ 어육류군에서 섭취해야 할 단백질 양 : 81 g(단백질 기준량) − 44 g = 37 g
> ■ 어육류군의 교환단위 수 : 37 g ÷ 8 g = 4.6 → 5교환단위
> (저지방 3교환단위, 중지방 2교환단위)

표 2-15 1일 식품군 교환단위 수 결정의 예(에너지 1,800 kcal, 탄수화물 270 g, 단백질 81 g, 지방 44 g)

식품교환군		교환단위	탄수화물(g)	단백질(g)	지방(g)	에너지(kcal)
우유군	일반우유	2	20	12	14	250
채소군		7	21	14	−	140
과일군		2	24	−	−	100
탄수화물 계산	탄수화물 소합계		65			
	필요 탄수화물량		270−65=205			
	필요 교환단위		205÷23→ 9			
곡류군		9	207	18	−	900
단백질 계산	단백질 소합계			44		
	필요 단백질량			81−44=37		
	필요 교환단위			37÷8→ 5		
어육류군	저지방	3	−	24	6	150
	중지방	2	−	16	10	150
지방 계산	지방 소합계				30	
	필요 지방량				44−30=14	
	필요 교환단위				14÷5→ 3	
지방군		3	−	−	15	135
	계	−	272	84	45	1,825
총 에너지에 대한 비율			60%	18%	22%	100%

- 지방군 교환단위 수 결정 : 지방 기준량에서 일반우유와 어육류군의 지방 양을 빼면 지방군에서 섭취해야 할 지방 양이 나온다. 이것을 지방군 1교환단위의 지방 양(5g)으로 나누어 지방군의 교환단위 수를 계산한다.

- 일반우유, 어육류군의 지방 양 : 14 g + 6 g(저지방) + 10 g(중지방) = 30 g
- 지방군에서 섭취해야 할 지방 양 : 44 g(지방 기준량) − 30 g = 14 g
- 지방군의 교환단위 수 : 14 g ÷ 5 g = 2.8 → 3교환단위

(3) 끼니별 교환단위 수 배분

1일 교환단위 수를 끼니 및 간식으로 배분한다. 각 식품군을 끼니별로 골고루 배분하여 어느 특정 끼니에 치우치지 않도록 한다 표 2-16.

표 2-16 1일 끼니별 교환단위 수 배분의 예

식품교환군		교환 단위	아 침	점 심	저 녁	간 식
곡류군		9	2	3	3	1
어육류군	저지방	3		2	1	
	중지방	2	1		1	
채소군		7	3	2	2	
지방군		3	1	1	1	
우유군	일반우유	2				2
과일군		2				2

(4) 식단 작성

식품교환표에서 식품을 선택하여 식단을 작성한다 표 2-17. 식단은 끼니별로 작성하고, 음식명은 일반적으로 밥, 국이나 찌개, 동물성 반찬, 식물성 반찬, 김치의 순서로 작성한다. 식단 작성 시 음식의 색, 맛, 질감, 조리법, 모양 등이 조화를 이루도록 한다.

표 2-17 1,800 kcal 식단의 예

식품군		교환 단위 수	아침	점심	저녁	간식
곡류군		9	흑미밥 2교환, 140 g	보리밥 3교환, 210 g	차조밥 3교환, 210 g	고구마 1교환, 70 g
어육류군	저지방	3		북어 1교환, 15 g 닭고기 1교환, 40 g	조기 1교환, 50 g	
	중지방	2	쇠고기 1교환, 40 g		순두부 1교환, 200 g	
채소군		7	아욱 1교환, 70 g 숙주 1교환, 70 g 배추김치 1교환, 50 g	애호박 1교환, 70 g 깍두기 1교환, 50 g	오이 1교환, 70 g 배추김치 1교환, 50 g	
지방군		3	참기름 1교환, 5 g	식용유 1교환, 5 g	참기름 1교환, 5 g	
우유군	일반 우유	2				우유 1교환, 200 g 두유 1교환, 200 g
과일군		2				딸기 1교환, 150 g 사과 1교환, 80 g
완성 식단			흑미밥 아욱국 불고기 숙주나물 배추김치	보리밥 북어국 닭고기조림 애호박전 깍두기	차조밥 순두부찌개 조기구이 오이무침 배추김치	찐 고구마 우유 두유 딸기 사과

주요 용어

- **검사식**(test diet) : 임상검사의 정밀도를 높이기 위해 임상진단검사 전에 처방되는 식사
- **경관급식**(tube feeding) : 관을 통해 영양액을 위나 장으로 공급해 주는 영양지원 형태
- **경장영양**(enteral nutrition) : 환자의 위장관을 경유하여 영양을 공급하는 것
- **공장조루술**(jejunostomy) : 수술로 외부에서 공장으로 관을 삽입하여 급식함
- **농축유동식**(퓨레식, pureed diet) : 씹고 삼키기가 곤란한 환자에게 주는 음식으로 쉽게 삼킬 수 있도록 체에 거르거나 으깨어 농축시킨 것
- **말초정맥영양**(peripheral parenteral nutrition) : 말초정맥을 통해 수분 및 전해질, 산·염기 평형을 유지해 주는 것
- **비공장 경관급식**(nasojejunal tube feeding) : 코를 통해 공장으로 관을 삽입해 급식함
- **비십이지장 경관급식**(nasoduodenal tube feeding) : 코를 통해 십이지장으로 관을 삽입해 급식함
- **비위장 경관급식**(nasogastric tube feeding) : 코를 통해 위로 관을 삽입해 급식함
- **식품교환표**(food exchange list) : 식생활에 적용하기 쉽도록 영양소 조성이 비슷한 것끼리 여섯 가지 식품군(곡류군, 어육류군, 채소군, 지방군, 우유군, 과일군)으로 식품을 분류해 놓은 것
- **영양지원**(nutrition support) : 질병이나 수술 등으로 인해 일반 식사로는 적절한 영양소를 충분히 공급할 수 없을 때 에너지와 각종 영양소를 보충해 주는 적극적인 영양공급방법
- **위조루술**(gastrostomy) : 수술로 외부에서 위로 관을 삽입하여 급식함
- **일반식**(general diet) : 특정 영양소의 가감 없이 주식의 단단한 정도에 따라 질감을 조절하는 식사
- **저작보조식**(mechanical soft diet) : 치아가 없거나 치과질환으로 씹기가 곤란한 환자를 위해 씹지 않고도 삼킬 수 있도록 다지거나 체에 걸러 부드럽고 촉촉하게 만든 식사
- **정맥영양**(parenteral nutrition) : 위장관기능이 불가능한 환자에게 정맥을 통해 영양 물질을 공급해 주는 것
- **중심정맥영양**(TPN : Total Parenteral Nutrition) : 심장에 가까운 중심정맥에 수술로서 카테터를 삽입하여 필요한 영양소를 공급하는 것
- **치료식**(therapeutic diet) : 질병치료를 위해 에너지 및 영양소의 함량, 식사의 양 및 횟수를 조절하거나 특정 식품이 제한되는 식사

CLINICAL NUTRITION

제 3 장

위장관질환

1. 구강과 식도질환 ✻ 2. 위질환 ✻ 3. 장질환

위장관은 입에서부터 시작되어 인두, 식도, 위, 소장, 대장에 이르는 일련의 관 구조로 이루어져 있고, 주요 기능은 소화와 소화액 분비, 소화관 운동, 영양소 흡수 등이다. 위장관의 이러한 작용이 원활하게 수행되면 건강이 유지되지만 위장관의 어느 한 부분이라도 장애가 생기면 영양소의 소화 · 흡수 및 대사과정이 정상적으로 이루어지지 않아 건강이 악화된다.

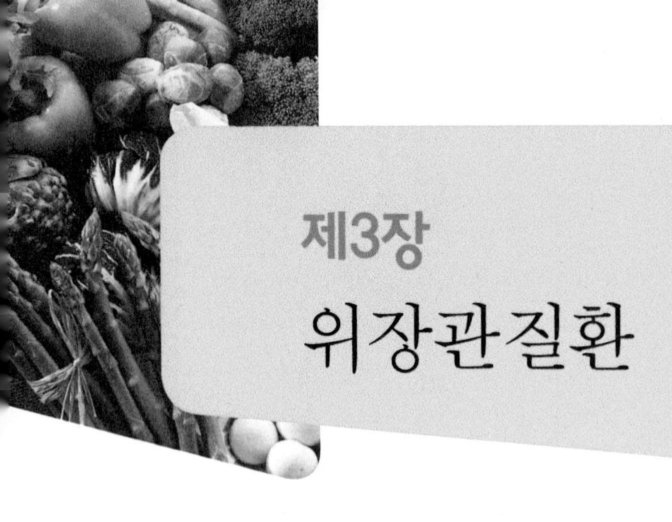

제3장 위장관질환

1. 구강과 식도질환

1 구강과 식도의 기능

구강mouth은 입과 인두를 포함하는데, 음식물을 섭취하는 첫 단계로서 음식물을 씹고 삼키는 동작이 이루어진다. 구강 내에 있는 침샘에서는 침과 함께 탄수화물 분해효소인 아밀라아제salivary amylase; ptyalin와 점액이 분비된다. 침은 음식물 입자를 매끄럽게 하여 잘 삼켜지도록 하는데, 하루 분비량은 약 1 L이고 pH는 6.0~7.4이다.

식도esophagus는 인두에서 위까지 연결된 근육질의 관으로서 점막으로 덮여 있고, 음식물을 운반한다. 양쪽 끝은 괄약근으로 연결되어 음식의 이동을 조절한다. 상부 식도괄약근upper esophageal sphincter은 음식물을 삼킬 때를 제외하고는 항상 닫혀 있어 공기가 들어가지 못한다. 하부 식도괄약근lower esophageal sphincter도 위 내용물이 역류하지 않도록 수축되어 있으며, 음식물이 닿으면 이완되면서 열린다. 식도질환이 발생하면 삼키는 동작과 음식물의 운반이 어려워진다. 위장관을 포함한 소화기계의 구조는 그림 3-1과 같다.

2 연하곤란

연하곤란dysphagia, 삼킴장애은 음식물이 입에서 인두와 식도를 통해 위장 내로 정상적으로 이동하는 데 장애가 있는 상태이다.

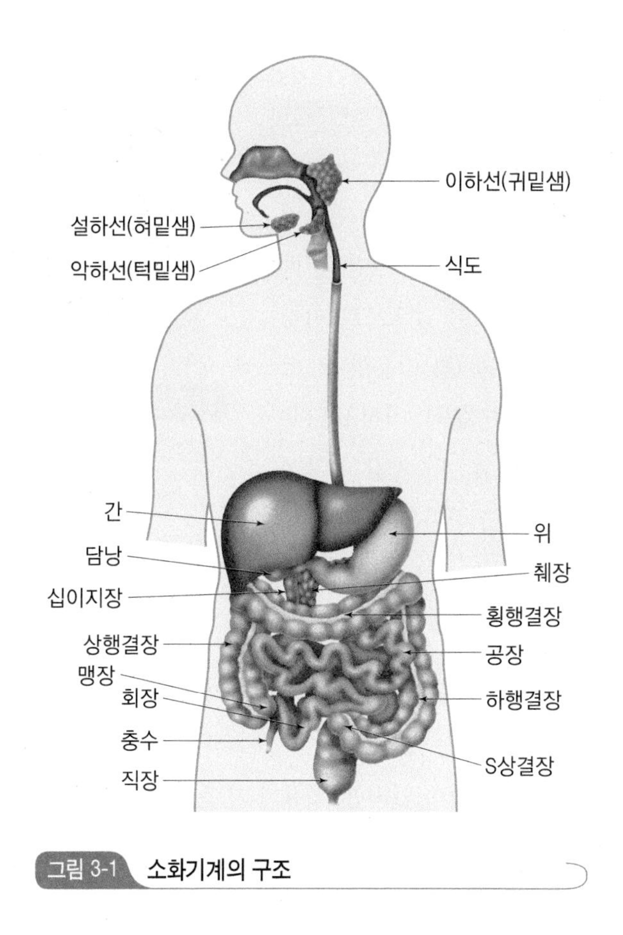

그림 3-1 소화기계의 구조

(1) 원 인

연하곤란은 외과적 수술, 종양, 폐색, 암으로 인한 장기 손실, 뇌신경 손상에 의한 마비에 의해 발생한다. 마비성 연하곤란의 대표적인 원인은 뇌졸중으로, 뇌졸중 환자의 약 40~50%에서 연하곤란이 나타난다.

(2) 증 상

연하곤란의 증상은 침을 흘리고 입 안에 음식이 그대로 있으며, 음식을 삼키는 중이나 삼킨 후에 기침과 질식증세가 나타난다. 음식물이 기도로 흡인aspiration, 사레되면 발작적인 기침과 함께 기도폐색, 질식, 폐렴이 발생하고 심하면 사망하기도 한다. 연하곤란으로 음식 섭취량이 감소하면 영양부족, 탈수, 체중감소가 초래된다.

(3) 식사요법

그림 3-2 농후제

자료 : http://www.imed.com

음식물을 삼키기 어려운 연하곤란 환자에게는 저작을 최소화하고 쉽게 삼킬 수 있도록 농축 유동식을 제공한다. 음식은 삶아 체에 거르거나, 갈거나 으깨어 걸쭉한 상태로 공급한다. 맑은 액체음식은 흡인의 위험이 있으므로 이를 방지하기 위해 농후제thickener를 사용할 수 있다. 건조하거나 끈적끈적한 음식, 익히지 않은 음식은 제한하고 너무 뜨겁거나 차갑지 않게 제공한다. 식사를 할 때에는 환자의 상체를 올려준다.

3 위식도 역류질환

위식도 역류질환GERD : gastroesophageal reflux disease은 위 내용물이 식도로 역류하여 불편한 증상이나 합병증이 유발되는 질환이다. 위 내용물이 식도로 역류하는 것은 정상인에게도 짧은 시간 동안 일어날 수 있지만, 역류가 자주 발생하고 그 기간이 길어지면 역류증상과 함께 식도염이 발생한다.

(1) 원 인

위식도 역류질환의 가장 중요한 발병 원인은 하부 식도괄약근의 결함이고, 식도열공 헤르니아hiatal hernia와 같은 해부학적 결손 또한 원인이 될 수 있다.

알아두기 위식도 역류질환의 위험요인

- **역류증상을 증가시키는 요인**

과식, 비만, 임신, 복수, 식후 누워 있는 자세, 허리나 배를 압박하는 옷, 위배출 지연

- **하부 식도괄약근 압력을 감소시키는 요인**

알코올, 카페인, 초콜릿, 흡연, 고지방식

(2) 증 상

위식도 역류질환의 전형적인 증상은 가슴쓰림heartburn과 산 역류이다. 가슴쓰림은 흉부 작열감으로 가슴이 타는 듯이 쓰린 증상을 말한다. 산 역류는 위액이나 위 내용물이 인두로 역류하는 현상으로서 시고 쓴맛을 호소하게 되는데, 과식한 후나 식사 후 누운 자세에서 쉽게 발생한다. 이 외에도 연하곤란, 연하통, 메스꺼움, 인두 이물감, 기침, 쉰 목소리, 천식과 같은 증상을 보이기도 한다.

(3) 식사요법

위산의 역류를 막고 가슴쓰린 증상을 완화하며, 손상된 식도 점막을 자극하지 않는 식사요법을 실시한다.

- 하부 식도괄약근의 압력을 저하시키는 고지방 음식, 알코올, 초콜릿, 커피, 차를 피하고 단백질을 충분히 공급한다.
- 신 주스, 토마토, 강한 향미식품, 탄산음료 등 자극성 음식을 제한한다.
- 취침 2~3시간 전에는 음식 섭취를 피하고, 침대의 머리 위치를 위로 올려주어 취침시간 동안의 위액의 역류를 줄인다.
- 과식을 피하고 식사는 소량씩 여러 번 나누어 섭취하도록 한다.
- 음료는 식사 시 소량만 마시고, 식사와 식사 사이에 마시도록 한다.
- 비만이나 과체중일 경우 체중을 줄인다.

쉬어가기

바렛 식도

바렛 식도(Barrett's esophagus)는 1950년 바렛(Barrett)에 의해 처음 기술되었으며, 식도와 위의 경계 부위에 있는 식도 점막세포(편평 상피세포)가 위 점막세포(원주 상피세포)로 변형된 것을 말한다. 원인은 위산이 식도로 역류하여 오랜 기간 식도벽에 자극을 주었기 때문이며, 이러한 식도 변화는 식도암으로 진행될 수 있기 때문에 위험하다.

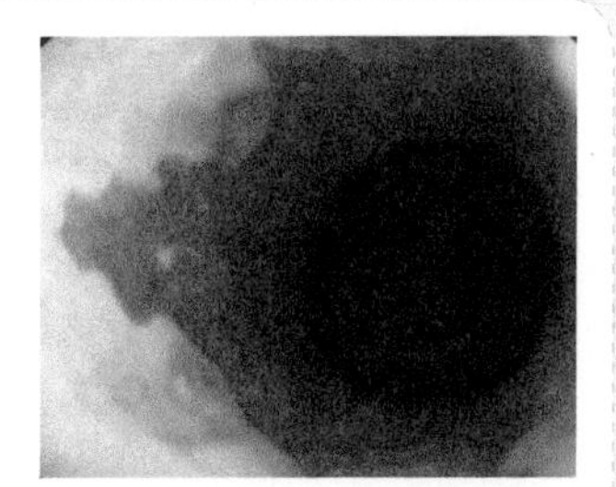

자료 : http://www.disease-picture.com/barretts-esophagus-diagnosis/

4 식도염

식도염esophagitis은 식도 점막에 염증이 생겨 짓무르는 질환으로 감염, 산·알칼리의 자극, 약물 등에 의해 발생한다.

(1) 원 인

세균이나 바이러스 감염에 의한 식도염은 면역 결핍, 노인, 당뇨병 환자, 장기이식 환자에게 나타날 수 있다. 고농도의 산이나 양잿물 같은 알칼리를 섭취하면 식도에 심각한 손상을 일으켜 식도염이 발생한다. 또한 항생제, 소염진통제, 항바이러스제 등 약물에 의해서도 식도 점막이 손상되어 식도염이 생길 수 있다. 만성식도염은 위산의 역류로 인한 위식도 역류질환에 의해 발생한다.

(2) 증 상

음식물을 삼킬 때 통증이 있거나 삼키는 데 어려움이 있다. 가슴쓰림, 쉰 목소리, 호흡곤란, 연하곤란 및 연하통, 흉통 등의 증상을 보인다. 심한 경우 출혈이 나타난다.

(3) 식사요법

부드럽고 소화가 잘 되며 식도에 자극을 주지 않는 유동식과 연식을 준다. 식도를 자극할 수 있는 매운 음식, 신 주스, 커피, 탄산음료 등을 제한한다. 위액이 식도로 역류하지 않도록 식후에 바로 눕지 않는다.

2. 위질환

1 위의 구조와 기능

위stomach의 구조는 그림 3-3과 같다. 위는 횡격막 왼쪽 아래에 위치해 있으며, 식도와 연결된 부분을 분문cardia, 십이지장과 연결된 부분을 유문pylorus이라고 한다. 위 내벽의 점막에는 다수의 위선gastric gland이 있어 염산과 펩시노겐pepsinogen, 점액 등이 분비된다.

위의 기능은 섭취한 음식물을 저장했다가 잘 혼합하여 소장으로 내려 보내는 것이며, 약간의 소화작용도 이루어진다.

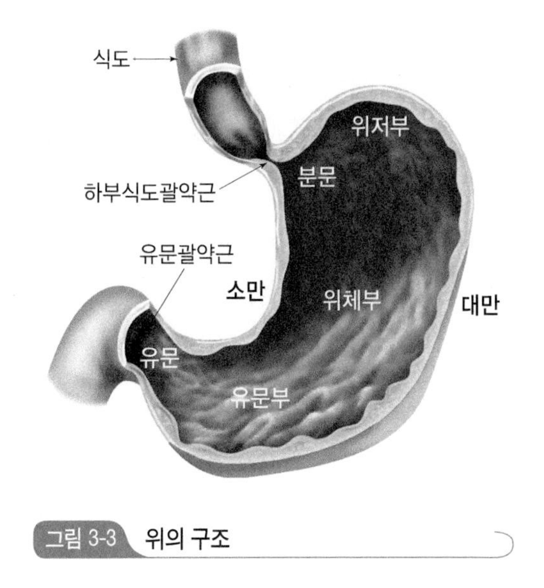

그림 3-3 위의 구조

(1) 분비기능

위에서 분비되는 물질에는 염산, 펩시노겐, 가스트린gastrin, 내적인자intrinsic factor, 점액, 면역 글로불린 AIg A, 히스타민histamine, 세로토닌serotonin, 프로스타글란딘prostaglandins 등이 있다. 이 중 염산, 펩시노겐, 가스트린, 내적인자는 위에서만 고유하게 분비된다. 하루 위액 분비량은 1～2 L인데, 질환이 있을 경우 8 L까지 분비되기도 한다.

염산은 펩시노겐을 펩신으로 활성화하고, 살균작용이 있어 위장관 감염을 예방하며, 비타민 B_{12}의 흡수에 필수적인 내적인자의 활성화에 필요한 산성 환경을 제공해 준다. 위벽은 점막세포로 덮여 있고 점액이 분비되어 위액분비에 의해 자가소화되는 것을 방지한다.

(2) 저장과 운동기능

위가 비어 있을 때에는 50 mL 정도로 그 크기가 아주 작지만, 음식물을 먹게 되면 이완되어 최대 1,600 mL까지 확대될 수 있다. 위의 연동운동은 위의 가운데에서부터 시작되어 십이지장 쪽으로 진행하는데, 섭취한 음식물을 위 분비액과 혼합하여 반유동체 물질인 유미즙chyme이 생성되도록 돕는다. 생성된 유미즙은 연동운동에 의해 십이지장 쪽으로 밀려나가 위가 비게 된다. 위가 비는 시간은 위 내용물의 성질에 따라 달라지는데, 액체가 고체보다 더 빨리 이동하고, 고지방 음식물은 위에 머무르는 시간이 길다.

(3) 소화기능

분자량이 작은 물질은 위에서 흡수되기도 하지만 소화작용은 거의 부분적으로만 일어난다. 펩신은 위에서 분비되는 단백질 분해효소로 방향족 아미노산을 포함하는 펩티드결합에 특이적으로 작용한다. 위액 리파아제도 분비되어 단쇄 및 중쇄지방을 일부 가수분해한다.

2 위염

위염gastritis은 위 점막에 염증이 생겨 통증이 오는 질환으로 흔히 발생한다.

(1) 급성위염

① 원인 및 증상

급성위염acute gastritis은 식사를 잘 못해서 생기는 경우가 가장 흔하다. 폭음, 폭식, 자극성 식품과 알레르기 식품 섭취, 식중독에 의해 발생한다. 이 외에도 위점막을 자극하는 아스피린, 소염제 등 약물 복용과 방사선치료, 수술, 스트레스, 감염에 의해서도 발생한다.

급성위염의 증상은 위점막에 부종, 충혈, 미란(짓무름)이 생기며, 식욕부진, 메스꺼움, 구토, 트림, 복부팽만감 등이 나타난다. 그러나 원인을 제거하고 식사요법과 약물요법을 시행하면 대부분 곧 치유된다.

② 식사요법

급성위염의 영양관리 원칙 두 가지는 자극성 식품을 제한하고, 위산 분비를 감소시키는 것이다. 메스꺼움과 구토증세가 심해 음식물 섭취가 어려울 때에는 하루나 이틀 금식한 뒤 탄수화물 위주의 유동식부터 시작하여 연식, 상식으로 이행한다. 위 점막을 자극하거나 위산 분비를 촉진하는 음식을 제한하고, 소화되기 쉬운 음식을 규칙적으로 소량씩 여러 번 나누어 공급한다.

(2) 만성위염

급성위염은 염증에 따른 증상이 바로 나타나지만, 만성위염chronic gastritis은 수개월에서 수십 년에 걸쳐 증상이 서서히 나타난다. 약물, 감염, 자가면역질환, 노화현상 등이 원인이 되기도 하지만 대개는 헬리코박터 파일로리균*Helicobacter pylori*의 장기간 감염에 의해 발생한다.

① 무산성위염

원인과 증상 무산성위염은 저산성위염 또는 위축성위염atrophic gastritis이라고 하는데, 노화에 의해 위선이 위축되고 위산 분비가 저하되어 발생한다. 위산 분비 감소로 여러 가지 장애가 나타날 수 있는데, 위에서 분비되는 단백질 분해효소인 펩신이 활성화되지 못해 단백질 식품이 잘 소화되지 못한다. 또한 유미즙형성이 잘 안 되고 섬유소가 연화되지 못하며, 살균작용도 불충분하여 장 내에서 부패 및 발효작용이 활발해져 설사를 한다. 위산분비 저하로 음식물로 섭취한 산화형 철Fe^{3+}이 환원형 철Fe^{2+}로 전환되지 못해 철 흡수율이 떨어져 빈혈을 일으킨다. 내적인자가 분비되지 못해 비타민 B_{12} 흡수가 저하되어 악성빈혈을 초래하기도 한다.

식사요법 부드럽고 소화되기 쉬운 식품을 장기간 섭취해야 한다. 지방이나 섬유소가 많은 음식을 피하고 알코올음료도 금한다. 소화기능이 저하되어 있으므로 단백질은 소화가 잘 되는 생선, 달걀, 두부 등 부드러운 식품으로 공급한다. 위산 분비 부족으로 식욕이 저하되어 있으므로 식욕을 촉진할 수 있도록 파, 마늘, 생강, 초간장, 무즙 등 양념과 유자차, 토마토주스, 요구르트, 고기국물 등을 공급한다. 철 결핍 빈혈을 방지하기 위해 철이 많은 식품과 비타민 C 함유식품을 보충하고, 악성빈혈이 있으면 비타민 B_{12}를 근육이나 피하주사로 보충해 준다.

② 과산성위염

원인과 증상 과산성위염은 점막조직의 염증에 의해 위산이 과다하게 분비되어 발생하는데, 주로 청장년기의 젊은 층에 나타난다. 위산분비가 항진된 상태이므로 음식물의 자극에 매우 민감하고 소화성궤양과 마찬가지로 공복 시 날카로운 통증이 나타난다.

식사요법 과산성위염은 자극에 민감하므로 자극성 식품과 고섬유식품 섭취를 제한한다. 고춧가루, 고추장 등 자극성이 강한 양념을 피하고, 커피, 술, 탄산음료 등도 제한한다. 염증의 회복을 위해 단백질을 적절히 섭취한다. 만성위염은 식사요법을 장기간 계속해야 하므로 기호에 맞는 식단과 조리법으로 음식을 준비하고, 규칙적인 식생활을 할 수 있도록 노력해야 한다.

3 소화성 궤양

소화성 궤양peptic ulcer은 위장관 점막이 손상되어 침식된 상처를 말하는데, 발생 부위에 따라 위궤양, 십이지장궤양으로 부른다. 위궤양은 주로 위의 소만 부위와 유문 근처에서, 십이지장궤양은 유문 바로 아래 부위에서 잘 발생한다. 소화성 궤양은 발병률이 높고 만성적이며 재발하기 쉽다. 위궤양보다 십이지장궤양이 더 흔하고, 노인인구의 증가에 따라 노년층의 발병률이 증가하고 있다.

(1) 원 인

정상적인 위와 십이지장의 점막은 점액 생성, 중탄산염 생성, 과잉의 산 제거 작용, 상처에 대한 신속한 보수로 위산과 펩신으로부터 보호되고 있다. 소화성 궤양은 이러한 정상적인 방어 및 보수기능이 손상되어 나타난다. 위염은 점막 표면에 염증이 생기는 데 비해 소화성 궤양은 점막 근육층에서 점막하 근육층까지 침식된다.

소화성 궤양 발병의 주된 원인은 헬리코박터 파일로리균의 감염, 아스피린 등 비스테로이드성 항염증제 복용, 스트레스이며, 그 밖에 유전적 소인, 흡연, 음주, 커피 등 여러 가지 요인이 관련된다.

쉬어가기

헬리코박터 파일로리균

위염과 소화성 궤양의 원인균인 헬리코박터 파일로리(*Helicobacter pylori*)는 몇 개의 편모가 있는 나선형 세균으로 1983년에 발견되었다. 파일로리(pylori)라는 속명이 붙여진 것은 감염 부위가 위와 십이지장의 연결 부위인 유문(pylorus)임을 가리키고 있다. 이 세균은 요소분해효소(urease)를 가지고 있어 암모니아를 생성해 위산을 중화함으로써 산성환경에서 생존할 수 있다.

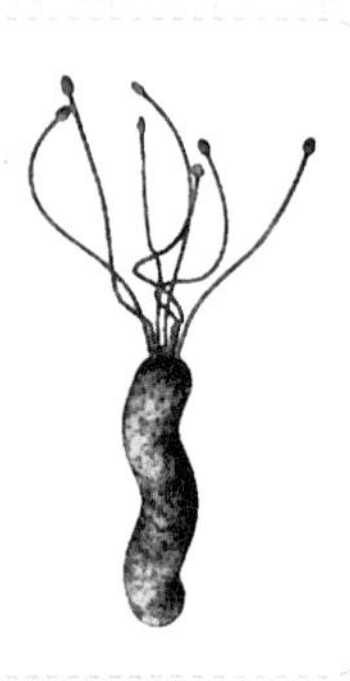

(2) 증 상

소화성 궤양의 증상으로 소화불량, 상복부 통증, 복부의 더부룩한 불쾌감 등이 공통으로 나타난다. 위궤양은 식후 1~3시간 후에 심한 통증이 나타나고 식욕부진, 체중감소, 메스꺼움, 구토, 속쓰림 증세가 자주 나타난다. 십이지장궤양은 공복 시에 심한 통증이 나타난다. 소화성 궤양을 적절히 치료하지 않으면 내출혈, 천공에 의한 복막염, 유문 협착 등이 발생한다.

(3) 치 료

소화성 궤양치료의 목표는 통증을 완화하고 헬리코박터 파일로리 감염을 치료하며, 재발을 방지하고 합병증을 예방하는 것이다. 약물치료는 궤양의 치료에 가장 중요하며 궤양의 원인에 따라 달라진다. 산 분비 억제제와 위산 중화제, 위장 점막 보호제, 세균 감염치료를 위한 항생제 등이 처방된다.

쉬어가기

소화성 궤양의 약물치료

소화성 궤양의 약물치료는 공격인자 차단제로서 산 분비 억제제와 제산제, 방어인자 증강제로서 점막 보호제를 사용한다. 헬리코박터 파일로리균에 감염되었다면 균의 제거를 위해 항생제치료를 한다.

- **산 분비억제제**
  - 프로톤 펌프 억제제(PPI : Proton-Pump Inhibitor) : 위장의 H^+/K^+ ATPase를 저해하여 H^+이 위 내강으로 분비되는 과정을 차단한다.
  - H_2 차단제(H_2 blocker) : 위산 분비에 관여하는 히스타민의 H_2 수용체의 길항제로 작용하여 히스타민의 결합을 방지함으로써 위산 분비를 강력히 억제한다.
- **제산제** : 위산을 중화하여 산도를 떨어뜨려 위액의 pH를 4~5로 유지시킨다. 최근에는 주로 마그네슘과 알루미늄을 비슷한 양으로 만든 약제를 사용한다.
- **점막 보호제** : 위점막에 겔(gel)상의 보호막을 형성해 위산에 대해 보호작용을 한다.
- **항생제** : 헬리코박터 파일로리균의 감염을 치유한다.

(4) 식사요법

소화성 궤양 환자는 통증으로 인해 식사 섭취량이 감소하여 체중감소와 영양 결핍이 나타날 수 있다. 균형 잡힌 적절한 영양공급과 아울러 과량의 위산분비를 촉진하지 않고, 위장 점막을 자극하지 않도록 다음의 식사원칙을 지키도록 한다. 단, 식품에 대한 반응 정도는 환자에 따라 다를 수 있으므로 개인의 수응도에 맞추어 적절하게 계획한다.

- 식사는 하루 3회 규칙적으로 하고 과식하지 않으며, 잦은 간식과 특히 취침 전 간식을 피한다. 어떤 형태의 식사든지 위산 분비를 촉진하기 때문이다.
- 우유는 위산분비를 자극하는 반면 완충효과는 일시적이고 동물성 지방은 바람직하지 않으므로 자주 마시지 않는다.
- 자극이 심한 매운 조미료와 염분의 과잉 섭취를 피한다.
- 식이섬유는 위산을 중화시키는 완충제 역할을 하고, 제산제 등 변비의 부작용이 있는 약물 복용 시 변비 예방에 도움이 되므로 충분히 공급한다.
- 커피와 차, 콜라 등 카페인 함유식품은 위산 분비를 증가시키고 소화불량을 일으킬 수 있으므로 제한해야 한다. 단, 식사 직후나 다른 식품과 함께 마시면 자극을 최소화할 수 있다.
- 대부분의 과일주스와 채소주스는 위 점막을 크게 자극하지 않으나 구연산이 들어 있는 오렌지주스는 위산 역류증상과 속쓰림을 유발할 수 있으므로 제한한다.
- 알코올은 위산 분비를 촉진하고 위장 점막을 손상시키므로 제한한다.

식사 요인 이외에 흡연은 궤양치료를 지연시키고 궤양을 재발하므로 금하고, 아스피린 등 비스테로이드성 항염증제는 위 점막을 손상시킬 수 있으므로 복용을 피한다. 스트레스는 부신피질호르몬의 분비를 촉진하여 위산분비를 증가시키므로 스트레스를 긍정적으로 극복하는 법을 터득하여 잘 대처해 나가도록 한다.

4 위절제술

위절제술gastrectomy은 출혈이나 천공증세를 보이는 위궤양과 위암 환자에게 위의 일부 또는 전부를 절제하는 수술이다 그림 3-4. 최근에는 심각한 비만치료를 위하여 위절제술을 시술하기도 한다. 위절제술 후에는 음식 섭취량 저하, 흡수불량, 대사량의 증가로 체중이 심하게 감소되어 수술 전 체중으로 회복되기가 어려우며 영양 결핍증이 나타나기도 한다.

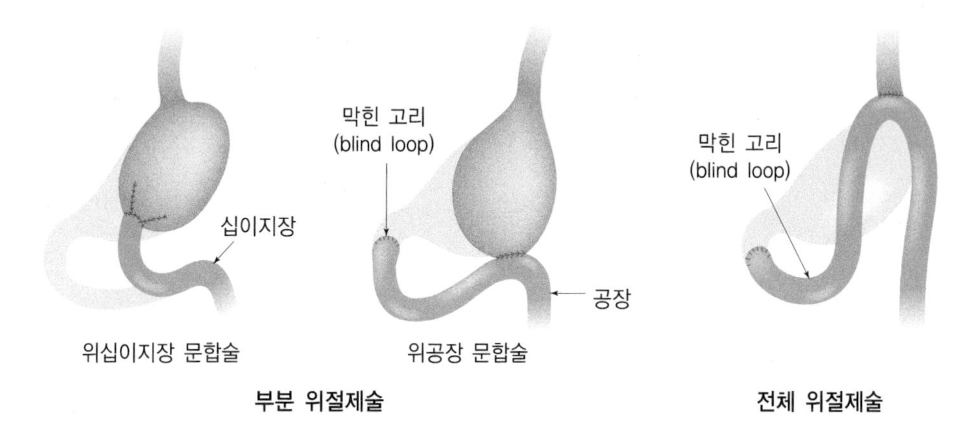

그림 3-4 위절제술

위절제 후 나타날 수 있는 영양문제와 원인

- **체중감소** : 음식 섭취량 부족 및 흡수불량
- **설사** : 위산 부족 및 흡수불량
- **비타민 B_{12} 결핍증** : 내적인자 부족
- **덤핑증후군** : 위절제로 인한 저장기능 상실
- **철 결핍 빈혈** : 철 섭취량 부족 및 출혈
- **골 질환** : 칼슘 섭취량 부족 및 흡수불량

(1) 덤핑증후군

원 인 덤핑증후군dumping syndrome은 위의 일부 또는 전체를 절제한 후의 합병증으로 나타난다. 수술환자 중 20~40%는 수술 후 바로 덤핑증후군이 나타나는데, 시간이 경과함에 따라 좋아진다. 그러나 5~10%의 환자에서는 덤핑증상이 지속된다.

증 상 덤핑증후군은 초기와 후기 증상으로 나눈다 그림 3-5. 초기 증상은 식후 15~30분 내에 상복부 팽만, 복부경련, 구토, 설사 등의 위장 증상과 빈맥, 어지러움, 발한 등의 증상을 보인다. 위는 음식물을 일정 시간 저장해 두었다가 서서히 십이지장으로 내

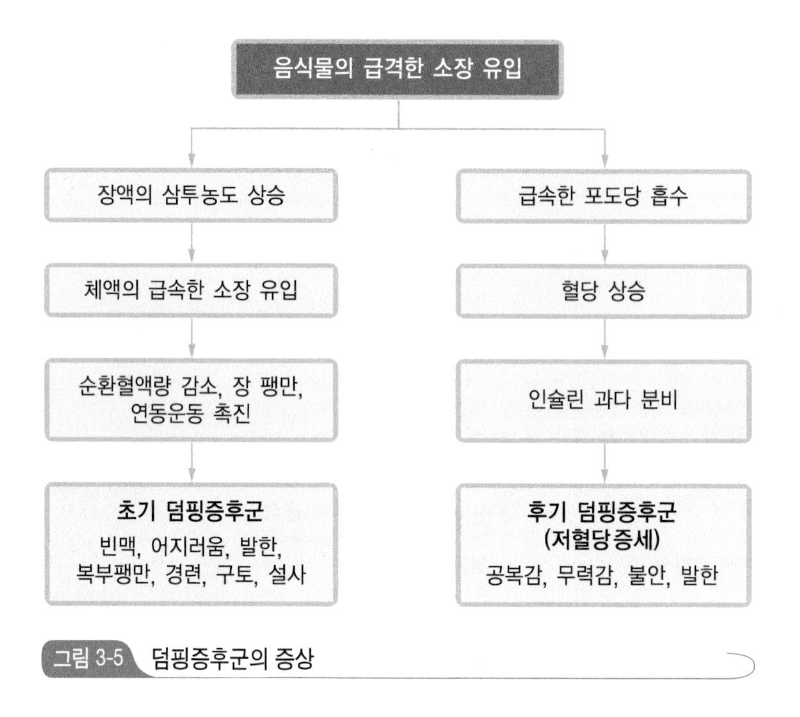

그림 3-5 덤핑증후군의 증상

려 보내는데, 위가 절제된 후에는 저장기능이 상실되어 음식물이 급속히 공장으로 내려간다. 공장으로 내려온 음식물은 한꺼번에 소화되고 장액은 금방 농축되므로 이를 희석하기 위해 체액이 소장으로 유입된다. 따라서 순환 혈액량이 급속히 감소되어 기운이 없어지고 어지러우며, 맥박이 빨라진다. 한편, 공장 내에는 삼투농도가 높은 액체가 다량 존재하면서 복통과 설사가 유발된다.

후기 증상은 식후 약 2시간쯤에 나타나는데, 어지럽고 기운이 없으며 공복감과 불안 증세에 땀이 많이 난다. 이것은 탄수화물의 소화·흡수가 급속하게 이루어져 혈당이 갑자기 상승하고 이에 대응하여 과량의 인슐린이 분비되어 저혈당증세를 나타내기 때문이다. 후기 증상은 초기 증상만큼 자주 나타나지는 않는다.

식사요법 위절제 후에는 덤핑증후군 증세를 완화시키기 위해 탄수화물 양을 줄이고, 특히 농축당류의 섭취를 피하는 것이 좋다. 단백질과 지방함량을 증가시키는데, 이것은 보다 서서히 소화되므로 증세를 완화시킬 수 있다. 다음 사항을 기초로 하여 식사를 한 후 환자 개인의 증세와 반응을 점검하여 개별적으로 식단을 작성한다.

- 위의 용량이 적으므로 식사는 하루에 6회 이상 소량씩 제공한다.
- 하루에 섭취하는 탄수화물의 양을 100~200 g으로 줄인다. 특히, 단순당은 공장으로 급속히 이동하여 흡수되므로 사탕, 쿠키, 케이크, 파이, 음료 등 농축당류 식품 섭취를 피한다.
- 단백질은 조직 형성과 에너지 공급을 위해 매끼 식사에 포함시키고, 하루 섭취 에너지의 20%로 충분히 공급한다.
- 지방은 에너지가 많고 위로부터 음식물의 이동 속도를 늦추므로 소화가 가능한 범위 내에서 적정량 공급한다.
- 식사하면서 음료를 마시면 음식물의 이동이 빨라지므로 음료는 식사 사이에 섭취하도록 한다.
- 식사는 천천히 하고 식후에는 곧바로 20~30분간 누워 있는 것이 좋다.
- 유당불내증이 보이면 증세가 완화될 때까지 우유 섭취를 제한한다.
- 환자가 덤핑증후군 증세를 보이지 않으면 탄수화물 함량을 서서히 증가시키고 정상 식사로 이행한다.

(2) 빈 혈

위절제술 후에는 철 결핍에 의한 빈혈이 발생할 수 있는데, 수술로 인한 혈액 손실이 많고 수술 후에도 충분한 영양 섭취가 어렵기 때문이다. 철은 위에서 흡수되기 쉬운 형태로 변하고 주로 십이지장에서 흡수되는데, 위절제술 후에는 음식물이 십이지장을 빨리 통과하거나 십이지장을 우회하게 되므로 철 흡수가 감소된다. 이때에는 철 보충제를 공급하는 것이 좋다. 또한 비타민 B_{12}나 엽산의 결핍으로 빈혈이 발생할 수 있다. 비타민 B_{12}는 위에서 분비되는 내적인자가 없으면 흡수될 수 없기 때문이다.

(3) 흡수불량

위 전체를 절제 수술한 경우나 위를 공장에 직접 연결한 경우에는 음식물이 위장관을 빨리 통과하여 흡수불량 증세가 나타난다. 정상적으로는 음식물이 십이지장으로 유입되면 소화관 호르몬인 세크레틴과 콜레시스토키닌이 분비되어 소화효소와 담즙을 십이지장으로 분비시킨다. 그러나 십이지장을 우회하게 되면 지방 흡수 및 소화에 필요한 이러한 호르몬의 도움을 받을 수 없다.

3. 장질환

1 장의 구조와 기능

(1) 소장의 구조와 기능

소장small intestine은 길이가 약 6~7 m의 매우 긴 관 모양으로 십이지장, 공장, 회장으로 구분된다. 소장벽의 표면적은 약 300m^{2}로 매우 넓으며, 소화된 영양소는 소장 표면에서 흡수된다. 이렇게 표면적이 넓은 것은 소장 내강의 표면이 주름져 있고, 주름 위에 융모가 있으며 융모의 상피세포가 미세융모로 덮여 있기 때문이다.

식사 후 3~4시간이 경과하면 소장에서는 음식물의 소화가 완료되어 흡수가 시작된다. 장에서의 정상적인 소화·흡수작용이 수행되기 위해서는 간과 담낭에서의 담즙분비와 췌장의 기능이 필수적이다. 위에서 내려온 음식물은 윤상근육의 수축으로 반죽하는 것과 같은 분절운동과 수직으로 수축하는 진자운동에 의해 잘 혼합되며, 연동운동에 의해서는 음식물이 다음 장소로 밀려나간다.

① 소화작용

음식물이 소장에 도달하면 췌장과 소장에서 분비되는 효소에 의해 소화작용이 이루어진다 표 3-1.

표 3-1 췌장과 소장의 소화효소

영양소	췌장효소	소장효소
탄수화물	췌장액 아밀라아제	말타아제, 락타아제, 슈크라아제
단백질	트립신, 키모트립신, 엘라스타아제, 카르복시펩티다아제	엔테로키나아제, 아미노펩티다아제, 디펩티다아제
지 방	췌장액 리파아제	소장액 리파아제

② 점액 분비

소장에서는 효소 외에도 많은 양의 점액이 분비되어 유입된 위액에 의해 장점막이 손상받지 않도록 한다. 두려워하거나 화를 내고 스트레스를 받으면 점액 분비가 저해되어 궤양이 발생할 수 있다.

③ 호르몬 분비

세크레틴 세크레틴secretin은 소장 상부에서 분비되며, 췌장액 분비를 촉진하여 위에서 내려온 유미즙의 산도(pH 2.0)를 중화시킨다. 알칼리로 조절된 유미즙(pH 8.0)에 의해 장 조직이 보호되고 효소가 활성화된다.

콜레시스토키닌 콜레시스토키닌CCK : cholecystokinin은 음식물 중의 지방에 의해 소장 상부에서 분비된다. 이 호르몬은 담낭을 수축시켜 담즙 분비를 촉진하므로 지방의 유화와 소화 흡수를 돕는다. 또한 췌장액 효소, 특히 췌장액 아밀라아제 분비를 촉진한다.

④ 영양소의 흡수와 운반

영양소의 흡수와 운반작용은 주로 소장에서 이루어진다. 소장의 점막은 여러 겹으로 돌출된 융모와 미세융모로 형성되어 있어 흡수 부위가 넓으며, 이곳에서 혈관과 림프관을 통해 영양소가 세포로 운반된다.

(2) 대장의 구조와 기능

대장large intestine은 길이가 약 1.5 m이고 소장보다 더 굵다. 대장은 회맹부ileocecal valve에서 회장과 연결되어 있으며, 맹장, 상행결장, 횡행결장, 하행결장, S상 결장, 직장으로 이루어져 있다. 점액층에 있는 분비샘에서는 다량의 점액이 분비된다. 대장 내에서는 효소에 의한 소화작용은 없고, 소장에서 내려온 잔여물이 장내세균에 의해 소화되며 수분, 전해질, 비타민 등이 흡수된다.

① 수분 흡수

대장의 주요 기능은 수분 흡수로서 회장에서 내려온 수분을 하루에 1~2 L 흡수하며 최대 수분 흡수량은 5~6 L에 달한다. 수분은 주로 결장의 중간 부위에서 흡수되는데, 100~150 mL는 대변으로 배설된다.

② 무기질 흡수

주로 나트륨이 결장으로부터 흡수되어 혈관으로 순환된다. 많은 무기질이 장 내 흡수에 의해 균형이 조절되는데, 섭취한 무기질 중 많은 양이 흡수되지 않은 채 대변으로 배설된다. 예를 들어, 섭취한 칼슘의 20~70%, 섭취한 철의 80~85%가 대변으로 배설된다.

③ 세균 작용

비타민 흡수　출생 시 대장은 무균상태이지만 곧 장내균총이 형성된다. 장내세균에 의해 비타민 K와 비타민 B 복합체의 일부가 합성되고 흡수되어 인체 내에서 이용된다.

기타 세균작용　장내세균은 대변의 색과 냄새에도 영향을 미친다. 대변의 갈색은 장내세균에 의해 담즙색소인 빌리루빈으로부터 생성된 것이다. 대변의 독특한 냄새는 아미노산이 세균효소에 의해 분해되어 생성된 인돌indole과 스케톨skatole 등

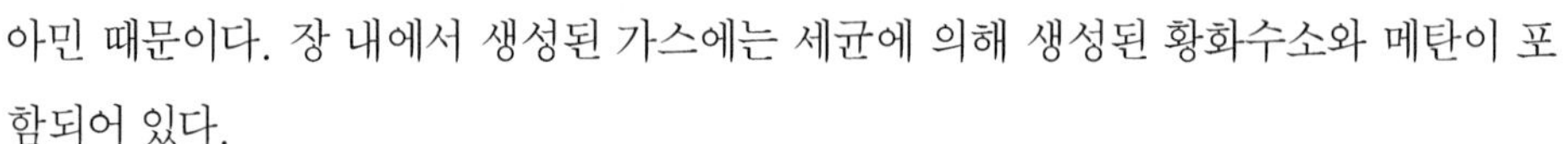

아민 때문이다. 장 내에서 생성된 가스에는 세균에 의해 생성된 황화수소와 메탄이 포함되어 있다.

식이섬유와 배변　인체에는 식이섬유를 분해할 수 있는 미생물이나 효소가 없다. 따라서 식이섬유는 소화·흡수과정이 끝난 후에도 잔사물로 남게 된다. 그러나 펙틴 같은 가용성 식이섬유는 대장에서 분해된다. 소화되지 않은 섬유는 부피가 커져 배변을 돕는다.

2 변비

변비constipation는 변이 대장에 오래 머물러 있는 증상으로서 성인에게 흔히 나타난다. 변이 대장에 오래 머물러 있으면 수분이 흡수되어 건조하고 단단한 변이 형성되므로 배변이 어려워진다. 섭취한 음식물의 정상적인 위장관 통과시간은 18~48시간이고, 정상인의 하루 배변량은 100~200 g, 정상적인 배변 횟수는 일주일에 3~12회이다. 변비의 진단 기준은 배변 횟수가 주 3회 미만으로 적거나 배변이 힘든 경우이다.

(1) 원인과 증상

변비는 전신적·신경계적·대사적 원인과 위장관계 원인에 의해 발생한다. 장의 운동에 의한 자연스런 변의를 무시하면서 배변을 참는 습관, 식이섬유가 부족한 식사, 운동 부족, 대사 및 내분비질환, 신경계질환, 임신에 의해 변비가 생긴다. 또한 암이나 상부 위장관질환, 과민성 대장증후군, 치핵, 하제 남용도 변비의 원인이 된다 표 3-2.

표 3-2 변비의 원인

전신적 · 신경계적 · 대사적	위장관계
• 배변을 참는 습관 • 식사 섭취 부족(특히, 섬유소) • 운동 부족 • 약물 부작용 • 대사 및 내분비 이상 • 신경계 질환 • 임신	• 암 • 상부 위장관질환 • 과민성 대장증후군 • 대장질환 • 치핵 • 하제 남용

변비의 증상은 복부팽만과 함께 아랫배가 묵직하고 불쾌하며, 식욕 저하, 두통, 신경과민, 피로감, 불면 등이 나타난다.

(2) 식사요법

식이섬유 채소, 과일, 전곡류, 두류에 함유된 식이섬유는 소화되지 못한 채 장을 통과하므로 대장 내로 수분을 끌어들여 변을 부드럽게 하고, 변 부피를 증가시켜 장운동을 촉진한다. 또한 소화되지 않은 섬유소는 장내세균에 의해 발효되어 단쇄지방산이 생성되므로 장운동을 촉진한다. 미역, 다시마, 김, 파래 등 해조류에는 난소화성 다당류인 알긴산alginic acid이 들어 있어 장운동을 촉진하고, 말린 자두와 무화과에는 하제 성분이 들어 있어 변비치료에 도움이 된다.

수 분 수분 섭취량이 적으면 대장의 수분량이 감소하여 대변이 건조하고 단단해지므로 수분을 충분히 섭취해야 한다. 아침 식사 전에 찬물이나 찬 우유, 과일 및 채소 주스를 마시면 위와 대장에 자극을 주게 되어 배변에 도움이 된다. 또한 우유의 유당과 유기산, 요구르트의 유산균은 장의 연동운동을 촉진하여 변비의 예방과 치료에 도움이 된다. 탄산음료와 꿀차 같은 당분이 많은 음료도 장운동을 촉진한다.

지 방 지방은 배변 시 윤활작용을 하고 흡수되지 않은 지방은 장내세균에 의해 단쇄지방산으로 분해되어 장벽을 자극하므로 배변을 돕는다.

(3) 운 동

변비의 예방과 치료를 위해서는 땀을 흘릴 정도의 규칙적인 운동이 매우 중요하다. 산책이나 조깅, 테니스, 수영, 등산 등 전신운동이 좋으며, 체조나 복부 마사지도 도움이 된다.

쉬어가기

하 제

하제(laxative)는 장의 신경을 자극해 장운동을 촉진하고, 장 내로 수분을 끌어들여 변의 부피를 증가시켜 배변을 촉진하는 변비치료제이다. 식이섬유, 헤미셀룰로오스 유도체 같은 장 확장물질과 유당, 수산화마그네슘, 솔비톨 같은 삼투성 물질이 사용된다. 그러나 하제를 지속적으로 사용할 경우 장운동을 감소시켜 오히려 변비가 악화된다. 위장관은 스스로 운동하지 못하고 하제에 의존하게 되기 때문이다. 따라서 하제를 사용하는 습관이 있다면 점차 강도가 약한 제품으로 바꾸다가 사용하지 않도록 노력해야 한다.

3 과민성 대장증후군

과민성 대장증후군irritable bowel syndrome은 배변 양상의 변화와 함께 복통이나 복부 불편감이 나타나는 만성기능성 위장질환이다 그림 3-6. 정신적인 요인이나 스트레스를 유발하는 사회환경에 의해 악화될 수 있다.

(1) 원인과 증상

과민성 대장증후군은 매우 흔한 위장질환 중의 하나이지만 발병 원인에 대해서는 명확히 알려져 있지 않다. 식사, 장 호르몬, 스트레스에 과민하게 반응하는 경향이 있으며, 세 가지 주요 증상이 나타난다.

- 통증 : 복부의 여러 위치에서 만성적으로 재발하면서 나타난다.
- 장 기능부전 : 변비와 설사가 번갈아 나타난다.
- 가스 형성 : 복부팽만과 함께 배에서 소리가 나고, 트림이 잦으며 가스가 많이 나온다.

(2) 식사요법

환자 개인에 따라 증세가 다양하므로 개개인의 특성에 맞는 식사요법이 필요하다. 우선 구체적인 식사력을 살펴보는데, 증상이 시작될 때 섭취했던 음식들을 열거해 본다. 또한 스트레스를 유발할 수 있는 생활환경이나 증상과 관련된 식사요인들을 점검한다.

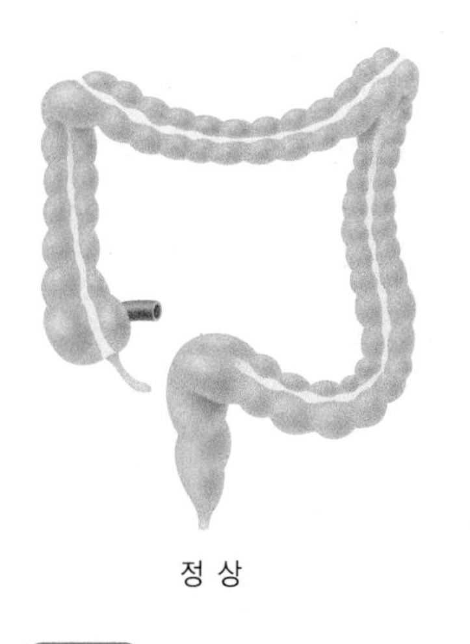

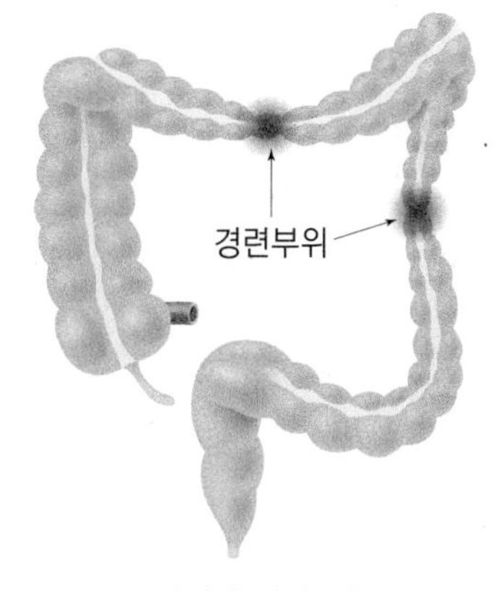

그림 3-6 과민성 대장증후군의 결장

일반적인 식사요법은 다음과 같다.

식이섬유 식이섬유는 변을 부드럽게 하여 배변을 도우므로 전곡, 과일, 채소 등 섬유소가 많은 식품을 권장한다. 그러나 고섬유식은 가스를 발생시켜 복통을 유발할 수 있으므로 섬유소 양을 서서히 증가시킨다.

식품불내증 환자에 따라 식품불내증이 있을 때에는 이에 대처해야 한다. 유당불내증이 있을 경우에 우유나 유제품을 섭취하면 복통과 경련, 복부팽만, 설사가 나타난다. 솔비톨sorbitol 불내증이 있을 경우에는 솔비톨 함유 식품 섭취 시 복통, 복부팽만, 설사가 유발된다. 솔비톨은 인공감미료로서 무설탕 껌, 초콜릿, 잼, 젤리 등 여러 식품과 의약품에 첨가되어 있으며, 앵두, 배, 복숭아, 자두 같은 자연식품 중에도 상당량 들어 있다.

지 방 과량의 지방 섭취는 흡수불량을 일으켜 설사를 유발할 수 있다.

식사량 한번에 많은 양의 식사를 하면 위가 팽창하고 가스가 발생하여 불편하므로 소량씩 자주 식사하는 것이 좋다. 또한 빨리 먹는 습관은 공기를 많이 삼키게 되므로 삼가야 한다.

가스 생성 음식 올리고당이 들어 있는 콩과 배추류과에 속하는 무, 배추, 양배추, 브로콜리 등은 가스를 생성하므로 제한한다.

4 설 사

설사diarrhea는 수분이 많은 묽은 변을 자주 보는 것으로 다량의 수분과 전해질, 특히 나트륨과 칼륨이 손실된다. 배변 습관은 개인에 따라 다르지만 배변 횟수가 하루 4회 이상, 대변량이 하루 250 g 이상의 묽은 변을 보면 설사라고 한다. 설사가 4주 이상 지속되면 만성설사라고 하는데, 잘 치유되지 않는 만성설사는 영양상태에 큰 영향을 미친다.

(1) 원 인

설사를 유발하는 원인으로는 정신적인 스트레스, 식품 알레르기, 과식, 세균성 식중독, 장내세균의 과잉 증식, 흡수불량과 영양불량을 초래하는 위장질환 등이 있다. 설사가 생기는 기전은 다음과 같다.

① 삼투성 설사(osmotic diarrhea)

소화불량이나 흡수불량으로 인해 삼투성 물질이 장관 내에 남아있을 때 많은 체액이 장관 내로 유입되어 설사를 하게 되는데, 덤핑증후군이나 유당불내증의 설사가 여기에 해당한다.

② 분비성 설사(secretory diarrhea)

장점막의 손상이 없으면서 장관 내로 수분 및 전해질 분비가 증가되어 나타나는 설사로, 주로 세균의 독소나 바이러스에 의한 식중독이 원인이다.

③ 삼출성 설사(exudative diarrhea)

장점막의 구조적 손상이 있을 때 수분 및 전해질의 흡수장애와 혈액 성분의 장관 내 삼출이 동반되어 발생한다. 궤양성 대장염, 크론병, 방사선 장염 등의 만성염증성 장질환에 의한 설사가 여기에 해당한다.

(2) 증 상

설사와 함께 경련성 복통이 동반될 수 있고, 어떤 경우에는 대변으로 혈액과 과다한 점액이 배출되며 메스꺼움과 구토가 나기도 한다.

설사에 의해 하루에 15 L까지 체액을 손실할 수 있는데, 나트륨, 칼륨, 중탄산염도 함께 손실된다. 따라서 탈수, 저 나트륨혈증, 저 칼륨혈증, 산혈증이 발생할 수 있다. 탈수되면 생명이 위독해지는데, 보통 성인이 심한 설사를 할 경우 한 시간에 물과 전해질을 1 L 이상 배출하므로 6시간 이내에 치명적인 상태에 이르게 된다. 영유아는 더 빨리 탈수가 진행되어 이로 인해 사망할 수 있다.

쉬어가기

경구 수분보충요법

설사로 인한 수분과 전해질 손실은 경구 수분보충요법(ORT : Oral Rehydration Therapy)으로 알려져 있는 수분, 포도당, 나트륨, 칼륨염의 혼합물로 보충할 수 있다. 미리 조제되어 있는 분말이나 액제를 사용할 수도 있고, 직접 제조할 수도 있다. WHO에서 제시한 레시피는 다음과 같다.

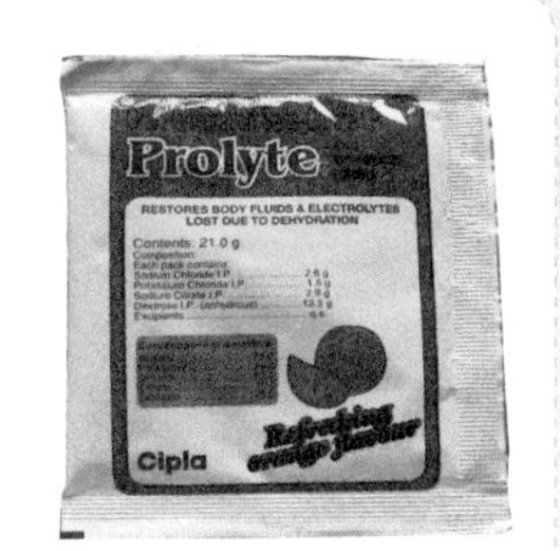

- 끓인 물 1 L에 염화나트륨 3.5 g, 중탄산나트륨 2.5 g, 염화칼륨 1.5 g, 포도당 20 g(또는 설탕 40 g)을 용해한다.

(3) 치료와 식사요법

우선 설사의 원인을 파악해 치료하는 것이 중요하다. 다음으로는 수분과 전해질을 보충해 주고 영양관리를 한다. 전해질 중 특히 칼륨과 나트륨을 보충해 주는데, 바로 치료되지 않는 설사의 경우 정맥주사로 공급한다.

심한 설사의 경우에는 1~2일간 음식과 음료의 섭취를 금하고, 정맥으로 수분과 전해질을 공급한다. 금식 후에는 먼저 맑은 유동식부터 시작하여 환자의 적응상태를 관찰하면서 일반유동식과 연식을 준다. 이후에는 저지방, 저섬유식의 상식으로 이행한다. 처음에는 전분질을 중심으로 소량씩 자주 공급하고, 생과일이나 생채소, 전곡, 농축당은 제한한다. 만성설사는 고단백, 고에너지식으로 영양을 보충하고 비타민도 보충한다. 유당, 과당, 과량의 설탕은 설사의 원인이 되므로 제한하고, 장을 자극하는 식품도 제한한다. 사과소스나 신선한 사과를 갈아주면 사과에 들어 있는 펙틴이 변을 굳게 하므로 설사 환자에게 도움이 된다.

설사할 때의 식사관리

- 탈수 방지를 위해 수분과 전해질을 보충한다.
- 장을 자극하지 않도록 식이섬유와 지방이 적은 음식을 준다.
- 튀긴 음식, 생채소, 생과일, 카페인음료, 탄산음료, 알코올음료, 자극성 조미료 및 향신료 등 위장에 자극을 주는 음식을 피한다.
- 뜨겁거나 찬 음식을 피하고, 식사는 조금씩 자주 한다.

5 염증성 장질환

염증성 장질환IBD : inflammatory bowel disease은 소장이나 대장에 만성적으로 염증이 생겨 설사나 통증 등이 유발되는 질환이다. 발병 원인은 아직 정확히 밝혀져 있지 않으나 유전과 환경요인이 모두 영향을 미칠 것으로 생각된다. 국부적 회장염 증세를 보이는 크론병Crohn's disease과 결장에 재발성 궤양증세를 보이는 궤양성 대장염ulcerative colitis이 대표적 질환이다 그림 3-7. 우리나라에서는 서구에 비하면 드물지만 최근 몇 년 사이에 염증성 장질환 환자가 급증하고 있다. 염증성 장질환은 모든 연령층에서 발생할 수 있지만 주로 15~30세의 젊은 사람에게 잘 발생한다.

주 증상은 복통과 만성적인 출혈성 설사이다. 지속적인 설사로 인해 소장 상부에서의 영양소 흡수가 저하되고 수분과 전해질 손실이 크다. 일반적으로 체중이 감소하고 영

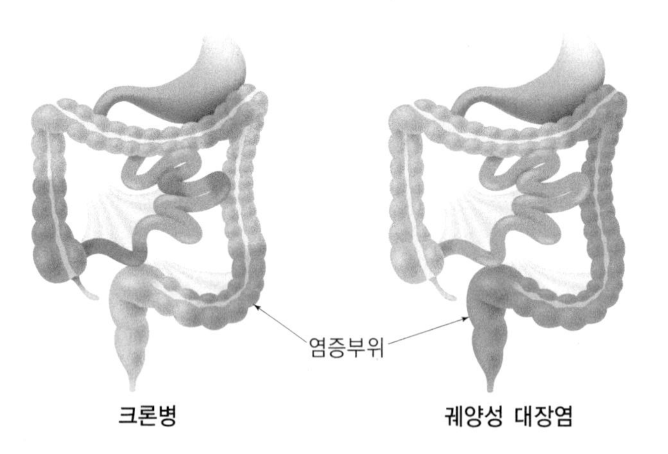

그림 3-7 크론병과 궤양성 대장염

양불량증세가 나타난다. 장점막에 궤양이 생겨 복통과 경련, 식욕부진, 영양성 부종, 빈혈, 비타민 결핍증, 단백질 손실, 음의 질소평형, 탈수, 전해질 이상 등의 영양문제가 발생한다.

(1) 크론병

크론병은 장관의 어느 부위에나 발생하는데, 소장 말단인 회장에 발생하는 경우가 많고 염증은 국부적으로 몇 군데로 띄어져 나타난다. 염증성 조직 변화가 만성적으로 재발되고 상처는 점막을 통과하여 전체 장벽을 침투한다. 이로 인해 때로는 장이 협착되어 부분적 또는 전체적으로 폐쇄되기도 한다. 약 60~70%의 환자는 외과적 절제술이 필요하며 대장암 발생률도 높다.

회장에 염증이 생기면 비타민 B_{12}의 흡수에 문제가 생겨 결핍증이 발생할 수 있다. 또한 담즙산의 재흡수도 원활하게 이루어지지 않으므로 지방 흡수불량이 초래되고, 흡수되지 않은 지방산에 의해 칼슘, 마그네슘, 아연 등의 흡수불량이 발생한다.

(2) 궤양성 대장염

궤양성 대장염은 결장과 직장에 발생하는데, 보통 직장에서 시작되어 결장으로 연속적으로 염증이 생긴다. 즉, 염증 부위의 범위가 크든 작든 모두 이어져 있다. 궤양성 대장염에서는 염증성 조직 변화가 단기간에 급성으로 발생하며, 장의 점막과 점막하층에서 일어난다. 결장절제술은 20~25%의 환자에게 시행되며 이후의 재발을 막을 수 있다. 대장암 발생 위험률은 매우 높다.

(3) 치료와 식사요법

염증성 장질환은 약물로 염증을 치료하는데, 항염증제, 부신피질호르몬제, 면역억제제, 항생제 등이 사용된다. 약물로 치유되지 않는 심한 경우나 장협착이 있을 경우에는 장절제 수술을 받아야 한다.

설사와 출혈이 심한 경우에는 정맥영양이나 경장영양이 필요하다. 경구 섭취가 가능하면 우선 수분과 전해질을 충분히 공급한다. 에너지와 단백질을 충분히 주고 지방 흡수가 좋지 못할 때에는 지방을 제한한다. 부드럽게 조리한 육류, 생선, 밥 또는 죽, 감자, 소화되기 쉽게 조리한 채소 등은 환자들이 잘 섭취할 수 있는 음식이다.

단백질　분비물 생성과 출혈로 인해 장점막으로부터 단백질이 상당량 손실된다. 따라서 장점막 조직의 합성과 치유를 위해 충분량의 단백질이 필요하다. 달걀, 육류, 치즈 등 생물가가 높은 양질의 단백질을 1일 100 g 정도 공급한다. 우유는 처음에는 제한하는 것이 좋고 환자가 설사하지 않고 잘 소화시키는지 지켜본 후 주도록 한다.

에너지　체중이 지속적으로 감소하므로 이를 보충하기 위해 하루에 2,500~3,000 kcal의 에너지를 공급한다.

무기질과 비타민　빈혈증세가 있으면 철을 보충한다. 에너지와 단백질 섭취량이 많아지므로 비타민 B 복합체와 비타민 C를 보충하고, 조직 합성에 관여하는 아연과 비타민 E도 보충한다. 광범위한 회장 손상이나 회장 절제 시에는 비타민 B_{12} 흡수가 손상되므로 근육주사로 보충한다.

식이섬유　설사가 심하거나 장협착과 같은 문제가 있을 때에는 저잔사식으로 섬유소를 제한한다. 저잔사식은 환자 개인의 기호, 수술, 질병 정도에 따라 섬유소량을 조절한다.

6 지방변증

지방변증steatorrhea은 지방의 소화·흡수장애로 과량의 지방이 대변으로 배출되는 증상이다. 일반적으로 섭취한 지방의 2~7%가 변으로 배설되지만 지방변증의 경우 20% 이상 배설되기도 한다.

(1) 원 인

위장·췌장·간·담낭질환은 지방의 소화·흡수에 지장을 초래해 지방변증을 유발한다.

지방변증의 발생 원인

- **간·담낭질환, 회장질환, 회장 절제** : 담즙의 생산, 분비, 재흡수불량
- **췌장질환, 췌장 절제** : 지방 소화효소 결핍
- **스프루, 크론병, 위장관 방사선치료** : 장점막 손상에 의한 지방 흡수불량
- **킬로미크론 형성과 수송 저하** : 지방 운반불량

(2) 증 상

묽고 거품과 악취가 나는 지방성 설사를 한다. 지방이 잘 흡수되지 못하면 섭취 에너지가 감소할 뿐만 아니라 지용성 비타민과 일부 무기질도 손실된다. 즉, 칼슘이나 마그네슘이 지방산과 결합해 비누를 형성하여 흡수되지 못하고 배설되며, 지용성 비타민인 비타민 D가 흡수되지 못하여 칼슘 흡수는 더욱 어려워진다. 한편, 수산oxalic acid 흡수와 배설은 증가하여 신장에서의 수산 결석 발생 위험이 커진다.

(3) 식사요법

우선 지방변의 발생 원인을 찾아 치료한다. 체중이 감소하기 때문에 에너지를 충분히 공급한다. 탄수화물과 단백질을 충분히 공급하고, 지방은 소화 가능한 정도로 제한한다. 지방 제한식을 하면 에너지 공급이 부족한데, 이러한 경우 소화 흡수가 잘 되는 중쇄지방유MCT oil를 이용한다. 그러나 중쇄지방에는 필수지방산이 들어 있지 않으므로 식사로부터 어느 정도의 장쇄지방을 섭취해야 한다.

복합 비타민 · 무기질 제제로 지용성 비타민과 무기질을 보충하는데, 특히 칼슘, 아연, 마그네슘, 철을 보충한다. 식사는 소량씩 자주 공급한다.

중쇄중성지방

중쇄중성지방(MCT : Medium-Chain Triglyceride)은 코코넛유나 팜유에서 추출하는데, 옅은 황색으로 투명하고 순한 맛을 내는 무향의 액체이다. 일반 식사 중의 지방은 탄소수가 대개 16~18개의 지방산으로 구성되어 있는데, 중쇄중성지방은 탄소수가 8~10개의 지방산으로 구성되어 있다. 중쇄중성지방은 담즙 없이도 소량의 리파아제로 쉽게 분해되며, 흡수가 빠르고 킬로미크론을 형성하지 않고 곧바로 문맥을 통해 혈류로 운반된다. 중쇄지방유는 일반 식용유를 대체해 조리에 이용할 수 있다.

사진자료 : http://www.mctoil.net

7 유당불내증

(1) 원인과 증상

유당불내증lactose intolerance은 매우 흔한 탄수화물 소화불량증으로 유당 분해효소인 락타아제가 결핍된 사람이 유당을 섭취했을 때 나타나는 장 내 증상을 말한다. 전 세계 성인의 70%가 유당불내증을 보이는데, 특히 흑인과 아시아, 남아메리카 사람들에게 흔하다. 유당 분해효소가 결핍되면 식사로 섭취한 유당은 단당류인 포도당과 갈락토오스로 분해되지 못해 흡수가 안 된다. 장관 내에 남아 있는 유당은 삼투효과를 갖게 되어 장관 내로 수분을 끌어들이고, 이는 연동운동을 자극해 설사를 유발하여 수분과 전해질이 손실된다. 또한 유당은 장내세균에 의해 유산 및 단쇄지방산으로 대사되는데, 이들 물질도 장점막을 자극해 연동운동을 증가시킨다. 탄산가스와 수소가스가 생성되어 복부가 팽만해지고, 복통과 경련이 나타난다.

(2) 유당불내증의 형태

① 선천적 유당불내증

태어날 때부터 선천적으로 유당 분해효소가 결핍되어 있어 증세가 심하다. 출생 후 수일 내에 구토와 설사가 나타난다.

② 1차적 유당불내증

출생 후에는 증세가 없으나 이유 시기나 이유 후에 증세가 나타난다. 유당 분해효소인 락타아제는 만 2세부터 감소하기 시작하는데, 성인이 되어 증세가 나타나기도 한다.

③ 2차적 유당불내증

장점막이 손상되거나 손실되는 장질환이 있을 때 발생한다. 원인질환이 치유되면 유당불내증도 치유될 수 있다.

(3) 진 단

선천적 유당불내증은 장 생검biopsy이나 효소 분석으로 진단할 수 있다. 1차 및 2차적 유당불내증의 진단에는 유당 내응검사lactose tolerance test를 실시한다. 성인에게는 유당 50 g(우유 1 L), 어린이에게는 체중 kg당 2 g의 유당을 섭취시킨 후 30분, 60분, 90분,

그림 3-8 **유당분해 우유**

120분에 각각 혈액을 채취해 혈당을 검사한다. 혈장 포도당 농도의 상승치가 20 mg/dL 이하이고 증세가 나타나면 유당불내증으로 진단한다.

(4) 식사요법

선천적 유당불내증일 경우에는 유당이 없는 특수 조제유를 먹인다. 또한 성장 후에도 지속적으로 유당제한식lactose free diet을 해야 한다.

선천적이 아닐 경우에는 개인의 증상에 따라 유당을 제한한다. 증세가 나타나지 않는 범위에서 소량씩 섭취하기 시작하여 점차 양을 늘려 가면 6~12주 후에는 우유 1컵 정도를 마실 수 있게 된다. 대부분의 환자는 식사와 함께 우유를 1/2~1컵 정도 마시는 것은 별 증상이 나타나지 않는다. 치즈는 유당이 적으므로 잘 먹을 수 있고, 발효유는 우유보다 잘 받아들여진다. 특히, 요구르트는 발효에 의해 미생물이 락타아제를 생성하므로 유당불내증 환자에게 아주 좋다. 최근에는 락타아제를 우유에 첨가해 유당을 분해시킨 유당분해 우유lactose free milk가 판매되고 있다 그림 3-8. 유당불내증이 아주 심한 경우에는 모든 유제품을 제한해야 하는데, 오랜 기간 우유를 제한할 경우 칼슘 결핍증이 일어날 수 있으므로 칼슘보충제를 공급한다.

8 글루텐과민 장질환

(1) 원 인

글루텐과민 장질환gluten sensitive enteropathy은 비열대성 스프루celiac sprue라고도 하는데, 2,000~3,000명당 1명의 비율로 발생한다. 글루텐의 한 성분인 글리아딘gliadin에 의해 장점막의 융모가 손상되어 흡수불량이 되고, 설사와 지방변이 나타나는 질환이다. 발병 원인은 아직도 명확하게 밝혀져 있지 않으나 효소 결핍, 유전, 면역기능장애와 관련 있을 것으로 생각되고 있다.

(2) 증 상

글리아딘은 독성 물질처럼 작용해 소장 융모를 위축시키고 납작하게 하여 흡수 면적이 상당량 감소된다. 따라서 유당 분해효소인 락타아제를 비롯한 이당류 분해효소가 사라진다. 또한 지질, 단백질, 탄수화물, 비타민, 철, 칼슘, 마그네슘, 아연 등 많은 영양소가 흡수되지 못한다. 그 결과 지방변증, 설사, 체중감소와 영양불량이 나타난다. 철, 엽산, 비타민 B_{12}의 결핍으로 빈혈이 발생하고, 단백질 흡수불량으로 혈장 단백질량이 급속히 감소하여 부종이 나타난다. 비타민 K의 결핍으로 혈액응고가 잘 안 되어 쉽게 출혈하고, 칼슘 결핍으로 테타니tetany ; 수족경련증와 골격의 통증이 발생한다.

6개월~3세 어린이의 경우 성장 저해, 구토, 복부팽만과 함께 지방변과 설사를 자주 한다. 성인은 체중이 감소하며 허약하고 피로하며, 신경이 예민해진다.

(3) 식사요법

글루텐 제한식gluten-restricted diet으로 식사에서 글루텐을 제거하면 어느 정도의 기간이 지난 후에 증상이 점점 호전된다. 그러나 완전하게 회복되지는 않으므로 지방 흡수불량과 유당불내증은 계속될 수 있다. 점막 반응과 흡수가 정상화될 때까지 고에너지, 고단백식과 영양보충이 필요하며, 글루텐 제한은 평생 지속적으로 실시해야 한다.

글루텐이 들어 있는 주요 곡물인 밀, 보리, 호밀, 메밀, 귀리(오트밀)와 이들의 가공품 섭취를 제한해야 한다. 대신에 쌀, 대두, 감자, 옥수수 등을 이용한다. 유당불내증이 나타나면 우유와 유제품도 제한한다 표 3-3.

표 3-3 글루텐 제한식의 허용식품과 제한식품

식품군	허용식품	제한식품
곡 류	쌀, 대두, 감자, 옥수수, 조, 글루텐 제한 전분, 이들 재료로 만들어진 빵, 과자 및 기타 제품	밀, 보리, 호밀, 메밀, 귀리와 이들 재료로 만들어진 빵, 과자 및 기타 제품
육류 · 어류 · 가금류	빵가루, 밀가루와 크림이 들어가지 않은 제품	소시지, 핫도그, 런천미트, 크로켓, 햄버거, 돈가스, 비후가스, 전유어, 빵가루, 밀가루나 크림이 들어간 제품
과일 · 채소	빵가루, 밀가루와 크림이 들어가지 않은 제품	크림과 소스가 들어간 채소요리
우유 · 유제품	곡류 첨가제, 밀가루, 글루텐이 들어가지 않은 제품	밀가루가 들어간 푸딩, 글루텐 안정제가 들어간 아이스크림
기 타	잼, 젤리, 꿀, 캔디, 커피, 차, 조미료, 향신료, 버터, 마가린	맥주, 엿기름, 보리 미숫가루, 글루텐 안정제가 들어간 샐러드드레싱, 밀가루가 들어간 수프, 카레

쉬어가기

열대성 스프루

열대성 스프루(tropical sprue)는 열대 지방에서 흔히 발생하는 설사 질환으로 미생물이 원인일 것으로 추정하고 있다. 영양 결핍은 감염 물질에 대한 장점막의 민감성을 증가시킬 수 있다. 소장의 융모가 짧고 두꺼워져 있으며, 위 점막이 위축되고 염증이 생겨 엽산 및 내적인자의 분비가 감소되고, 지방과 비타민 B_{12} 흡수가 저하된다.

증상으로는 설사, 식욕부진, 복부팽만증과 함께 영양 결핍에 의한 야맹증, 설염, 구내염, 구순구각염과 부종이 나타난다. 또한 철, 엽산, 비타민 B_{12} 결핍에 의한 빈혈이 발생한다.

항생제를 투여하여 치료하고, 식사요법은 수분과 전해질을 보충하며, 에너지와 단백질을 충분히 공급하고, 엽산, 비타민 B_{12}, 철을 보충해 준다.

9 게실증

(1) 원 인

게실증diverticulosis은 약해진 대장벽에서 외부로 작은 주머니가 돌출되어 게실이 생성된 상태이다. 식이섬유 섭취가 부족하면 대장 내의 압력이 높아져 장벽의 약한 부분을 밀어내어 게실이 생성된다. 게실증은 생성된 변의 자극이나 장내세균 감염으로 염증이 일어나면 게실염diverticulitis이 된다. 게실증과 게실염은 섬유소 섭취가 많은 지역에서는 발생률이 적지만, 섬유소 섭취가 적은 서양의 노인에게는 매우 흔한 질환이다 그림 3-9.

(2) 증 상

게실염이 진행되면 왼쪽 하복부에 통증이 나타나며, 메스꺼움과 구토, 복부팽만, 경련, 발열도 동반된다. 증세가 진행되면 장폐색이나 천공이 일어나므로 수술이 필요하다.

(3) 식사요법

급성게실질환인 경우에는 섬유소를 약간 제한하나 만성인 경우에는 섬유소를 충분히 공급한다. 섬유소를 충분히 섭취하면 변이 부드럽고 양이 많아져 배변이 원활해지므로 대장 내 압력을 줄일 수 있다. 섬유소를 섭취하면 배에 가스가 찰 수 있으므로 조금씩 늘려가도록 한다. 곡류와 채소, 과일을 이용하며 수분도 충분히 공급한다.

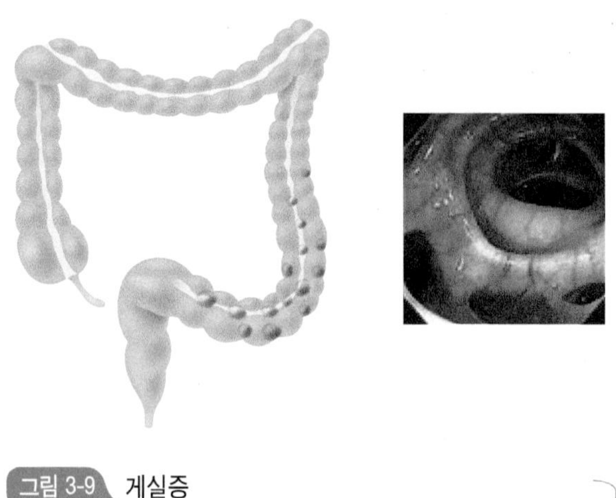

그림 3-9 게실증

주요 용어

- **가스트린**(gastrin) : 위에서 분비되는 위액분비 촉진호르몬
- **게실염**(diverticulitis) : 대장벽에 생긴 게실이 감염되어 염증이 생긴 질환
- **게실증**(diverticulosis) : 약해진 대장벽에서 외부로 작은 주머니가 돌출되는 증세
- **과산성 위염**(hyperchloric gastritis) : 위의 염증과 함께 위액 분비가 증진되어 위점막을 자극해 통증이 나타나는 질환
- **궤양성 대장염**(ulcerative colitis) : 결장이 만성 재발성 궤양증세를 보이는 염증성 장질환
- **글루텐과민 장질환**(gluten induced enteropathy, celiac sprue) : 밀 단백질인 글루텐을 섭취한 후 복부팽만, 복통, 설사를 나타내는 질환
- **덤핑증후군**(dumping syndrome) : 위 절제 후 섭취한 음식물이 공장으로 한꺼번에 내려가 영양소의 흡수속도가 빨라지고 공장의 삼투농도가 증가하면서 나타나는 증세
- **명치**(anticardium) : 가슴뼈 아래 중앙의 오목하게 들어간 곳
- **세크레틴**(secretin) : 소장 상부에서 분비되는 소화관호르몬으로 췌장액 분비를 촉진해 장액을 알칼리로 유지함
- **소화성 궤양**(peptic ulcer) : 위장관 점막이 침식되어 상처가 난 질환
- **식도열공 헤르니아**(hiatal hernia) : 위의 일부가 식도열공을 통해 미끄러져 빠져나가 비정상적으로 탈출된 증세
- **식도염**(esophagitis) : 하부 식도괄약근이 이완되어 위산이 식도로 역류되어 식도 점막에 염증이 생긴 질환
- **연하곤란**(dysphagia) : 노화, 신경계 질환, 외상, 수술, 뇌졸중 등으로 인해 음식물이 삼켜지지 않는 증세
- **염증성 장질환**(inflammatory bowel disease) : 원인 불명의 염증성 장질환에 대한 일반적 명칭으로 국부적 회장염 증세를 보이는 크론병과 결장이 만성 재발성 궤양증세를 보이는 궤양성 대장염이 대표적 질환임
- **위축성 위염**(atrophic gastritis) : 노인에게 잘 발생하며 무산성 또는 저산성 위염이라고도 함. 염산분비 감소로 단백질 소화장애, 섬유소 연화장애, 살균작용 저해, 철 흡수 저하 등이 나타남
- **유당불내증**(lactose intolerance) : 유당 분해효소인 락타아제가 결핍되어 유당이 분해되지 못해 복부팽만과 복통, 설사가 나타나는 증세
- **유미즙**(chyme) : 음식물이 위액과 섞인 크림상의 반유동체 물질
- **콜레시스토키닌**(cholecystokinin) : 소장 상부에서 분비되는 소화관호르몬으로 담낭을 수축시켜 담즙 분비를 촉진하고 췌장액 효소 분비를 촉진함
- **크론병**(Crohn's disease) : 소장 말단인 회장에 부분적으로 염증이 나타나는 염증성 장질환

CLINICAL NUTRITION

제 4 장

간 · 담낭 · 췌장 질환

간은 기능이 심하게 나빠지기 전까지는 특별한 증상이 나타나지 않기 때문에, 침묵의 장기라고 부른다. 간은 인체의 화학공장으로서 영양소 대사에 중요한 역할을 하며 담즙과 요소를 생성하고, 알코올, 약물 등을 해독한다. 담낭은 간에서 생성된 담즙을 농축하여 저장하였다가 십이지장으로 배출하여 지방의 소화, 흡수를 촉진한다. 췌장은 소화효소와 혈당을 조절하는 호르몬을 분비한다.

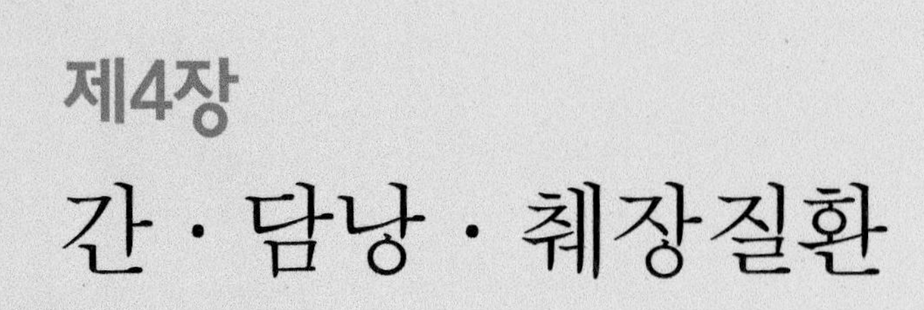

제4장 간 · 담낭 · 췌장질환

1. 간의 구조와 기능

1 간의 구조

간liver은 무게가 0.9~1.5 kg으로 인체의 장기 중 가장 크며, 오른쪽 갈비뼈 안쪽에 위치하고 있다. 간은 간인대를 중심으로 우엽과 좌엽으로 구분되어 있고, 우엽이 좌엽보다 5~6배가 더 크다. 중앙 하부로 간동맥, 문맥, 간관, 림프관이 지나가는 간문이 있고, 간문 후방에 간정맥이 있다 그림 4-1.

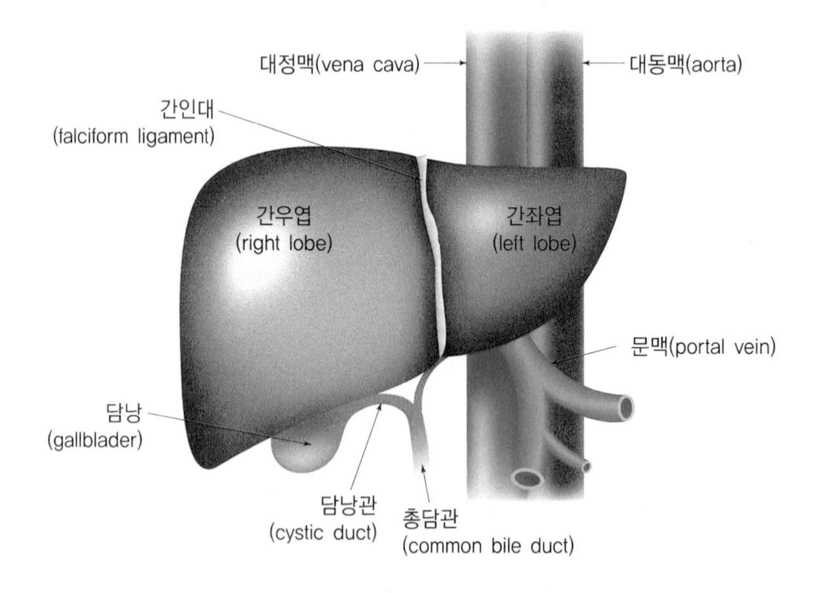

그림 4-1 간의 구조

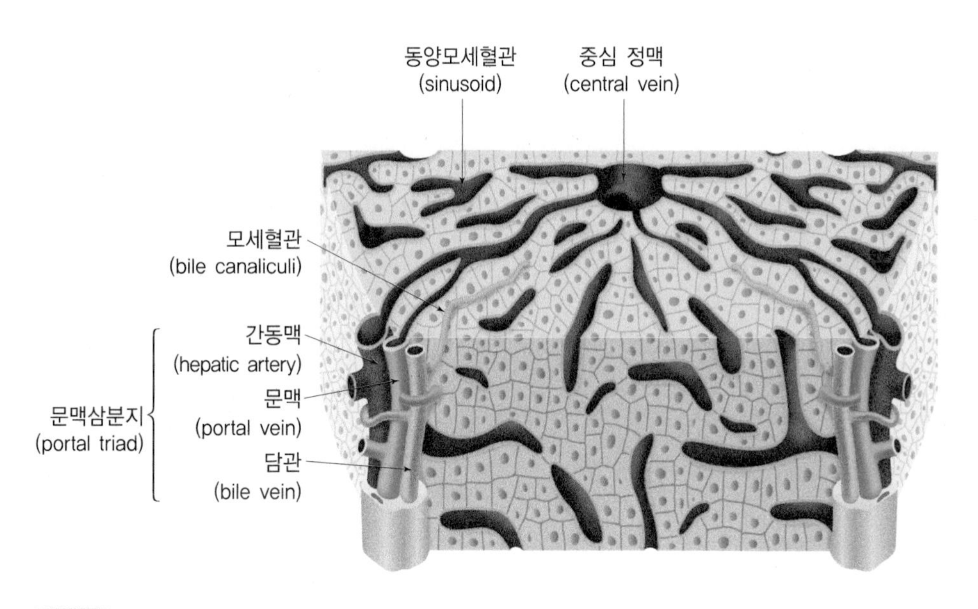

그림 4-2 간소엽의 구조

간은 혈류 공급을 이중으로 받고 있는데, 간동맥을 통해서는 산소가 풍부한 동맥혈이 유입되고, 문맥을 통해서는 위나 장에서 흡수된 영양소를 함유한 정맥혈이 유입된다. 간동맥은 간 유입 혈류량의 20%, 문맥은 80%를 차지한다. 간이 정상적인 기능을 수행하기 위해서는 간 내의 혈액 순환이 정상적으로 이루어져 간세포에 충분한 산소와 영양이 공급되어야 한다.

간의 구성단위인 간소엽hepatic lobule은 0.7~2 mm의 육각 주상모양이며, 한 개의 간소엽은 50만 개 이상의 간세포로 구성되어 있다. 간소엽의 중심부에는 중심정맥이 관통하며, 내강이 비교적 넓은 동양모세혈관sinusoid이 있고, 간동맥, 문맥, 담관이 문합되어 있다. 혈관벽의 내피세포 사이에는 식작용이 매우 강한 별 모양의 쿠퍼세포Kupffer's cell가 중심정맥을 중심으로 방사상으로 모여 있다. 세포와 세포 사이에는 모세담관이 있고 좌 · 우담관에 연결되어 있다 그림 4-2.

2 간의 기능

간은 영양소 대사에 중요한 역할을 하며, 담즙을 만들어 지방의 소화 · 흡수를 돕고 해독과 면역작용을 한다.

(1) 탄수화물 대사

문맥을 통해 간으로 들어온 포도당, 과당, 갈락토오스 중 과당과 갈락토오스는 간에서 포도당으로 전환된다 그림 4-3. 간에서 포도당의 일부는 해당과정을 거쳐 에너지원으로 사용되고, 나머지 포도당은 글리코겐과 지방으로 저장된다. 혈당치가 저하되면 글리코겐 분해 및 젖산, 아미노산, 글리세롤 등을 포도당으로 전환하는 당신생작용에 의해 혈당을 조절한다. 따라서 간질환일 경우에는 혈당 조절에 이상이 올 수 있다.

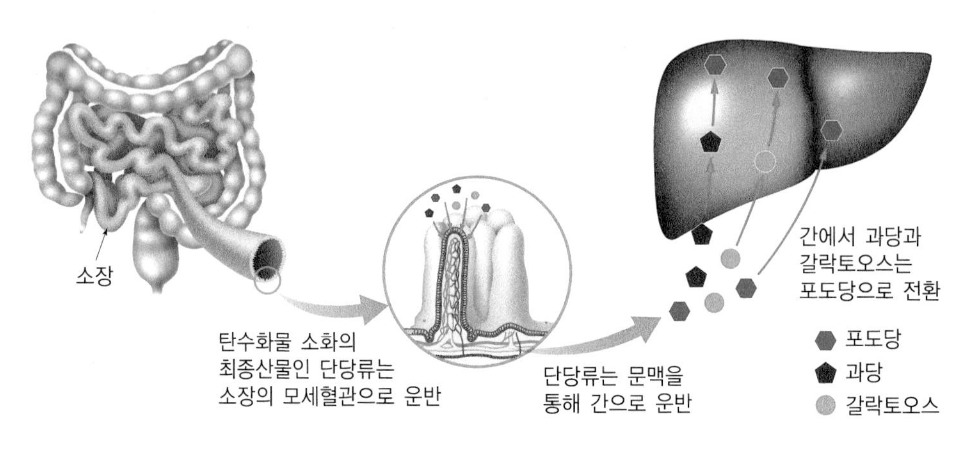

그림 4-3 과당과 갈락토오스가 포도당으로 전환되는 과정

자료 : Rolfes, et al(2011), Understanding Normal and Clinical Nutrition

(2) 단백질 대사

간에서 알부민, 글로불린, 레티놀 결합단백질, 세룰로플라스민, 트랜스페린 등의 단백질이 합성된다. 알부민은 혈장 단백질의 60~75%를 차지하며, 교질삼투압에 관여하므로 간질환이 있으면 혈중 알부민 수준이 저하되어 부종이 나타난다. 또한 간에서 혈액 응고인자인 프로트롬빈과 피브리노겐이 합성되므로 간질환이 있으면 출혈되기 쉽다.

이 외에도 간에서 요소 합성, 비필수 아미노산 합성, 함황 아미노산 대사 등이 이루어진다. 간질환이 있으면 요소 합성이 이루어지지 않아 혈액 내에 암모니아가 축적되어 간성뇌증이 발생한다.

(3) 지질 대사

간에서 지방산은 베타-산화과정을 거쳐 아세틸-CoA로 된 후, TCA 회로를 통해 에너지를 생성한다. 또한 지방산으로부터 중성지방, 인지질, 콜레스테롤, 지단백질 등이 합성된다. 콜레스테롤은 간에서 50%, 장에서 15%, 나머지는 피부에서 합성된다.

간이 손상되면 지방산의 산화가 감소하고, 콜레스테롤과 지단백질의 합성이 감소한다. 그러나 지방산과 중성지방의 합성은 증가하여 지방간이 된다.

(4) 비타민과 무기질 대사

간에서 대부분의 비타민과 무기질의 저장, 운반, 활성화가 일어난다. 지용성 비타민의 저장과 더불어 카로틴은 비타민 A로, 비타민 D는 활성형 25-OH D로 전환되고, 비타민 K의 작용에 의해 프로트롬빈이 생성된다. 수용성 비타민인 비타민 B_{12}를 비롯한 비타민 B 복합체와 비타민 C가 저장된다. 또한 아연, 철, 구리, 마그네슘, 망간 등과 같은 무기질이 저장된다.

(5) 담즙과 빌리루빈 대사

담즙은 간세포에서 만들어져 모세담관을 통해 좌우 간관으로 배출되어 담낭에 저장된다. 간질환이 심해지면 담즙 합성이 부족하여 지방변증이 생기고, 지용성 비타민의 흡수불량으로 결핍증이 나타난다.

헤모글로빈의 대사로 생성된 빌리루빈은 알부민과 결합하여 간으로 이동해 담즙을 통해 대사된다. 간질환으로 혈액 중의 빌리루빈이 간으로 유입되지 못하면 황달 증상이 나타난다.

(6) 해독과 면역작용

간에서 약물과 중간 대사산물로 생긴 여러 유독물질은 독성이 적은 물질로 바뀌거나 배설되기 쉬운 수용성 물질이 되며, 알코올과 암모니아가 처리된다. 쿠퍼세포는 식균작용을 하여 면역작용에 관여한다.

3 간질환의 진단

특별한 증상이 없는 사람도 간기능검사에서 이상이 나타날 수 있기 때문에 정기적으로

표 4-1 간질환 진단 시 검사항목

항 목	의 의	정상치	간질환일 때 수치 변화
혈청 단백질 알부민(A) 글로불린(G) A/G비	혈청 100여 종 단백질의 총합 면역항체	6.0~8.0 g/dL 3.5~5.0 g/dL 1.8~3.8 g/dL 1.1~2.0	감소 감소 증가 감소
프로트롬빈 시간 (PT time)	출혈 시 혈액 응고시간	11.8~14.3초	증가
아스파르트산 아미노기 전이효소(AST) 알라닌 아미노기 전이효소(ALT)	아미노기 전이효소	0~40 U/L	증가
알칼라인 인산화 효소(ALP)	담즙 분비 이상 유무와 관련	53~128 U/L	증가
젖산 탈수소효소(LDH)	당을 에너지화시킬 때 이용되는 효소	남 : 62~176 IU/L 여 : 56~155 IU/L	정상 또는 증가
암모니아	요소 생성기능이 저하되면 암모니아가 생김	< 50 ㎍/dL	증가
감마 글루타민 전이효소 (γ -GTP)	알코올과 약물 대사에 중요한 역할	남 : 11~63 IU/L 여 : 8~35 IU/L	증가
혈청 빌리루빈	용혈성 빈혈 시 특이적으로 상승	0.1~0.3 mg/dL	증가
요 빌리루빈	황달의 유무 확인	음성	증가

검사하는 것이 중요하다. 간질환 진단 시 검사 항목은 단백질, 프로트롬빈 시간PT time : Prothrombin time, 아스파르트산 아미노기 전이효소AST : Aspartic acid Transaminase, GOT : serum Glutamic Oxaloacetic Transaminase, 알라닌 아미노기 전이효소ALT : Alanine Transaminase, GPT : serum Glutamic Pyruvic Transamiase, 알칼라인 인산화 효소ALP : Alkaline Phosphatase, 젖산 탈수소효소LDH : Lactic Dehydrogenase, 빌리루빈 등이다 표 4-1.

2. 간 염

간염hepatitis은 간에 염증이 생겨 간 조직이 손상되는 질환이다. 바이러스성 간염이 가장 흔하고, 알코올, 약물, 독소 또는 다른 질환에 의해 이차적으로 나타나는 경우도 있다. 간염 바이러스는 A · B · C · D · E형이 있고, 우리나라에는 A · B · C형이 많이 발병되며, 만성간염을 일으키는 것은 주로 B · C형이다. 발병양상에 따라 급성과 만성으로 구분하고, 감염경로에 따라 A · E형은 경구감염으로, B · C · D형은 혈액감염으로 구분한다.

1 급성간염

(1) 원인과 증상

급성간염acute hepatitis은 바이러스성 간염의 전형적인 형태로 비교적 급격히 발병하나 단기간에 치료가 가능하다. 급성간염에 걸리면 초기 증상은 감기와 비슷하여 발열과 목의 통증을 보이고, 권태, 허약, 메스꺼움, 구토, 두통, 식욕부진, 체중감소, 황달, 가려움증, 상복부의 불쾌감을 보인다. 간과 비장이 비대해지면서 영양상태가 저하되고, 면역기능이 손상된다. 급성간염은 대개 3~4개월이면 완전히 회복되지만 간의 염증과 조직 괴사가 6개월 이상 지속되면 만성간염으로 진행된 것으로 본다. 표 4-2는 급성간염의 종류와 특징에 관한 내용이다.

(2) 식사요법

급성간염의 초기에는 식욕이 없고 구토 또는 메스꺼움 때문에 음식물을 충분히 섭취할 수 없으므로 영양 부족이 나타나기 쉽다. 간기능검사 결과가 정상이 될 때까지 심한 운동을 금하고, 2주~3개월간 절대 안정을 취한다. 초기 식사요법은 신선한 과즙, 콩나물국물 등 맑은 국물, 유자차 등의 맑은 유동식을 공급한다. 또한 탄수화물 위주의 소화하기 쉬운 유동식을 소량씩 자주 제공한다. 회복기의 식사요법은 필요량의 에너지와 양질의 단백질을 충분히 공급한다.

에너지 체단백질 분해를 방지하기 위해 에너지는 표준체중 kg당 35~40 kcal로 충분히 공급한다. 만성간염으로 이행될 경우에는 적정체중을 유지할 정도의 에너지를 공급한다.

탄수화물 탄수화물은 하루 350~400 g으로 체격 조건과 총 필요 에너지 등을 고려하여 조절한다.

표 4-2 간염의 종류와 특징

종 류	감염경로 · 발생연령	증 상	예방법
A형	• 감염자의 배설물에 오염된 물이나 음식 섭취 • 청소년기	• 피로, 위통, 구역, 설사, 짙은 소변, 황달 등을 동반한 독감 유사 증상 • 다른 질병으로 진행되지 않음	환자와의 접촉을 피하고 음식물 주의
B형	• 주사 바늘, 성관계를 통해 혈액이나 체액에 접촉 • B형 간염 산모가 아기를 낳았을 경우 • 모든 연령	• 대부분의 환자는 증상이 없으나 황달, 피로감, 위통, 관절통, 구역, 구토 등 동반 가능 • 만성화율이 높아 만성간염, 간경변증, 간암으로 진행 가능	주사기, 면도기 주의, 예방백신
C형	• 수혈 • 전염성은 B형 간염에 비해 낮은 편 • 모든 연령	• 잠복기가 길어 증상이 거의 없으나, 피로, 복통, 황달, 구토가 나타날 수 있음 • 약 80%가 만성간염으로 발전하고 간경변증, 간암으로 진행 가능	B형과 비슷함
D형	• B형 간염에 이미 감염되어 있는 환자에게서만 발병 • 감염자의 혈액이나 체액의 접촉 • 출산 시 산모로부터 아이에게 전염 • 모든 연령	• B형 간염의 증상과 비슷함 • D형 바이러스에 감염되면 B형 간염이 더 악화	B형과 비슷함
E형	• 감염자 배설물에 오염된 물 • 주로 인도나 북아프리카 지방에서 발견 • 청소년기	• A형 간염 증상과 비슷함 • 임산부가 걸리면 증상이 심해짐	A형과 비슷함

단백질 단백질은 저항력을 높이고 손상된 간세포를 재생시키는 데 필요하므로 충분히 공급한다. 초기에는 황달이 있고 식욕이 떨어져 단백질을 많이 섭취할 수 없으므로 그 양을 점차 늘려 1.5~2.0 g/kg(1일 100~120 g)으로 증가시킨다. 단백질 중 50% 이상은 질이 좋은 동물성 단백질로 제공한다.

지 질 급성간염 초기의 구토와 메스꺼움 증상이 완화되면 에너지 공급과 지용성 비타민, 필수지방산 섭취를 위해 적당량의 지질을 공급한다. 황달이 심한 경우에는 지질을 1일 20 g 이하로 제한한다.

비타민 비타민은 대사 이상과 저장능력 저하로 필요량이 증가하므로, 신선한 채소와 과일을 충분히 공급한다.

수 분 수분손실을 막기 위해 1일 3,000 mL 이상의 수분 섭취가 권장되고, 식이섬유를 적당량 제공하여 변비를 예방하도록 한다.

2 만성간염

(1) 원인과 증상

만성간염chronic hepatitis은 간의 염증과 간세포 괴사가 6개월 이상 지속되는 질환이다. 원인에는 바이러스, 알코올, 약물, 자가면역, 대사 이상 등이 있다. 만성간염은 급성간염과는 달리 뚜렷한 자각 증상이 없고, 황달을 거의 보이지 않는다. 병이 진전되면 전신권태, 식욕부진, 체중감소가 있을 수 있고 간과 비장의 비대, 홍반 등이 나타난다.

(2) 식사요법

만성간염의 치료원칙은 적극적인 영양공급으로 파괴된 간세포를 재생시키는 것이다.

에너지 하루에 에너지는 2,300~2,500 kcal, 탄수화물은 300~400 g 정도로 충분히 공급하고, 지질은 50~60 g 정도를 공급한다. 그러나 에너지가 과다하면 비만과 지방간의 우려가 있으므로 표준체중을 유지하도록 하고, 황달이 있으면 지질 섭취를 제한한다.

단백질 단백질은 손상된 간세포를 재생시키고 지방간을 예방하기 위해 1.0~1.5 g/kg까지 권장하며, 아미노산 조성이 좋은 동물성 단백질과 콩 단백질을 이용한다.

염 분 소금 섭취는 1일 8~10 g으로 하되, 복수나 부종이 있으면 5 g 이내로 줄인다.

3. 지방간

정상적인 간에는 지방이 3~5% 함유되어 있으며, 간에 지방이 5% 이상 비정상적으로 축적되어 있는 상태를 지방간fatty liver이라고 한다 그림 4-4. 지방간은 간염과 달리 간세포가 파괴되지 않고, 간세포 내에 중성지방이 축적되어 있으므로 원인을 제거하면 정상으로 회복된다. 그러나 장기간 방치하면 간경변증으로 진행될 수 있다.

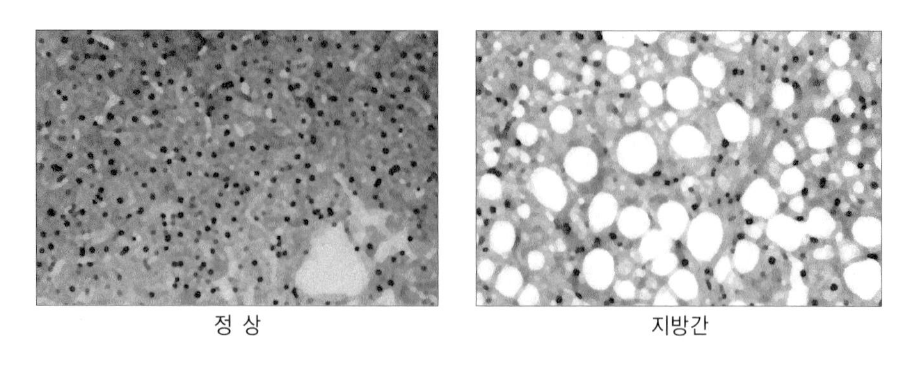

그림 4-4 **지방간 세포**

자료 : 국민건강정보포털 http://health.mw.go.kr

(1) 원인과 증상

지방간의 원인이 알코올인 경우 알코올성 지방간이라고 하며, 지방간 환자의 90%가 해당된다. 또한 비만, 제2형 당뇨병, 단백질-에너지 부족, 장기간의 중심정맥영양, 항지방간성 인자 부족 등도 지방간의 원인이 된다. 지방간의 증상은 피로, 식욕부진, 구역, 구토, 복부팽만감이 있고 심하면 간이 1.6~5.0 kg까지 증가하는 간비대 현상이 나타난다.

지방간의 원인에 따른 대사과정

- **알코올 과음, 비만** : 과량의 알코올과 에너지로부터 지방산 합성 증가
- **당뇨병, 기아** : 지방 조직의 저장 지방이 간으로 이동하나 지방산 산화는 부족
- **영양불량** : 항지방간성 인자 부족과 지단백질 합성 저하로 중성지방의 방출과 이동 감소

(2) 식사요법

지방간의 식사요법은 적절한 치료와 병행하여 실시한다.

- 알코올성 지방간 환자는 알코올 섭취를 절대적으로 금한다.
- 영양불량성 지방간 환자는 에너지를 체중당 35~40 kcal로 충분히 공급하고, 단백질은 체중당 1.0~1.5 g으로 동물성 단백질을 충분히 공급한다.
- 비만에 의한 지방간 환자는 체중 조절을 위해 에너지 섭취를 줄인다. 과체중과 비

만인 경우 현재 체중의 10% 이상을 감량하면 지방간이 개선될 수 있다. 그러나 급격한 체중감소는 여러 가지 문제를 일으키므로 주의해야 한다.

- 탄수화물의 과잉 섭취는 중성지방 합성을 증가시키므로 하루 총 필요 에너지의 60%가 넘지 않도록 하고, 특히 단순당 섭취를 피한다.
- 지질은 총 에너지의 20~25%를 공급한다. 포화지방산과 콜레스테롤 섭취를 제한하고, 항지방간성 인자인 콜린, 메티오닌, 레시틴을 공급하여 지방 축적을 줄인다.

4. 간경변증

(1) 원인과 증상

간경변증liver cirrhosis은 만성적인 염증으로 인해 정상적인 간 조직이 섬유성 결체조직으로 대체되어 간 기능이 저하되는 질환이다. 원인으로는 만성간염, 지속적인 과음, 영양불량, 약물, 독소 등이다. 처음에는 간이 커지다가 나중에는 위축되며, 간세포가 괴사되어 딱딱해지고 크고 작은 융기가 생긴다 그림 4-5.

간경변증의 증상은 매우 다양한데, 초기에는 피로, 메스꺼움과 구토, 식욕부진, 체중감소, 황달 등을 나타내며, 진행되면 거미 혈관종, 위식도 정맥류, 출혈, 문맥압 증가,

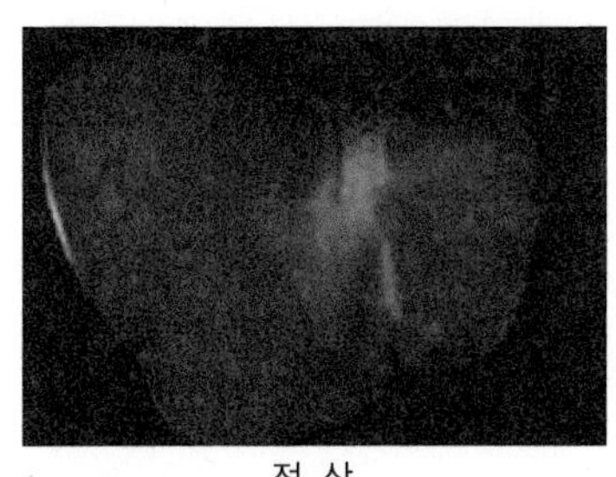
정 상

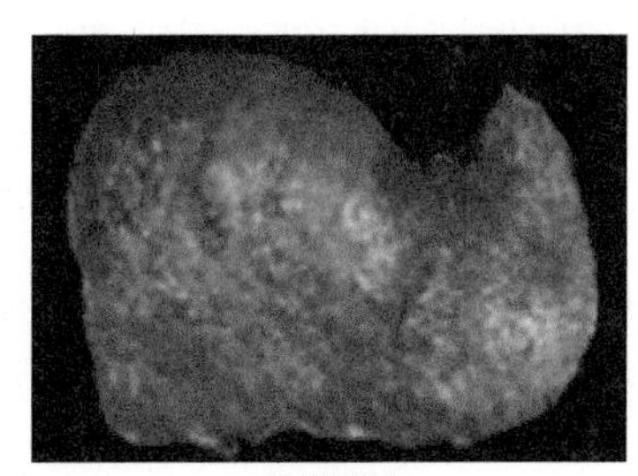
간경변증

그림 4-5 간경변증의 간

자료 : Ramón Bataller et al(2005), Liver fibrosis

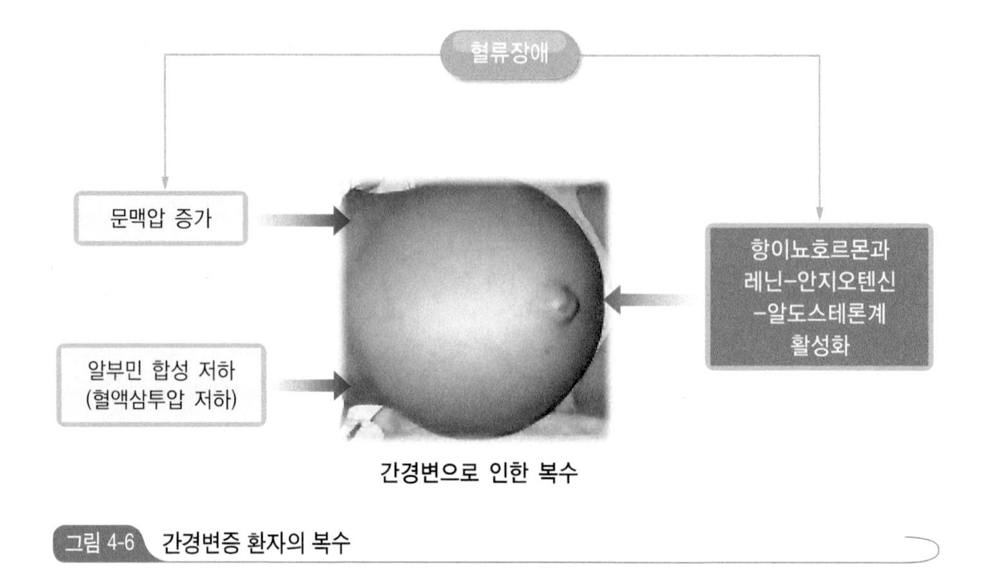

그림 4-6 간경변증 환자의 복수

부종, 복수, 간성뇌증이 나타난다 그림 4-6. 또한 모든 영양소의 대사장애로 인하여 심각한 영양불량이 되기도 한다.

(2) 식사요법

간경변증의 식사요법은 증상과 합병증에 따라 다르다.

에너지 에너지는 30~35 kcal/kg으로 충분히 공급한다. 감염, 패혈증 등으로 에너지 소비가 증가되면 부종이 없는 상태인 건조체중당 40 kcal 이상의 에너지를 공급한다.

탄수화물 탄수화물을 하루에 300~400 g 충분히 섭취하면 단백질을 절약하고, 간기능을 회복하며 간 내의 글리코겐 저장과 합성을 보충하게 된다. 식사 섭취량이 적을 경우에는 과일, 과일주스, 사탕, 꿀 등의 농축된 탄수화물 섭취가 필요하다. 그러나 인슐린 저항성이나 당뇨병이 있으면 제한해야 한다.

단백질 단백질은 1.0~1.5 g/kg을 공급하고, 방향족 아미노산에 비해 분지 아미노산 함량이 높은 식품으로 권장한다. 그러나 간성뇌증이 있으면 단백질 섭취를 제한해야 한다.

지 질 지질은 총 에너지의 20% 정도가 권장된다. 그러나 간경변증 환자의 50%에서 지방변이 나타나는데, 이는 간경변증으로 인해 담낭기능이 손상되거나 담즙산염이 감소

간경변증 환자가 피를 토한다면?

간경변증 환자는 간 내의 혈액 흐름이 나빠지게 되고, 문맥압이 높아지므로 소화관의 혈액이 간을 경유할 수 없게 되어 위나 식도의 혈관, 혹은 경화된 옆의 작은 정맥으로 흐르게 된다. 이로 인하여 작은 혈관들이 무리하게 확장되어 식도 정맥류가 생기고 때로는 파열되어 대출혈(토혈, hematemesis)을 일으켜 치명적이 되기도 한다.

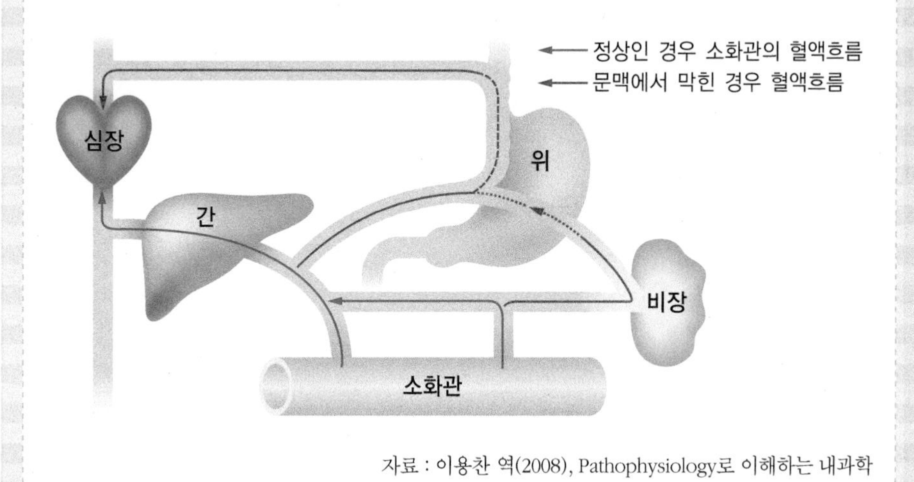

자료 : 이용찬 역(2008), Pathophysiology로 이해하는 내과학

하기 때문이다. 따라서 지방변이 있으면 지질을 1일 20 g 이하로 제한하고, 소화흡수가 잘 되는 중간사슬 지방산을 이용한다.

비타민과 무기질 비타민과 무기질을 충분히 공급한다. 대사 이상으로 인해 비타민 저장량과 지용성 비타민의 흡수가 저하되고 비타민 B 복합체의 필요량이 증가하므로 보충제를 사용한다. 저프로트롬빈혈증을 보일 때에는 출혈 시 지혈을 위하여 비타민 K를 충분히 공급한다.

나트륨과 수분 부종과 복수가 있을 경우에는 나트륨과 수분을 제한한다. 부종과 복수는 신장에서의 나트륨 재흡수 증가로 나트륨과 수분이 저류되어 나타나므로 나트륨을 제한하고(1,000 mg/일) 이뇨제를 사용한다. 이뇨제를 사용할 때에는 이뇨제 종류에 따른 칼륨 배출 혹은 저류현상에 대해 유의하여 식품과 조리법을 선택해야 한다.

기 타 식도정맥류가 있을 때에는 딱딱하거나 거친 음식은 피한다. 간경변증 환자는 보통 아침에 식욕이 좋으며 시간이 지날수록 메스꺼움이 증가하므로 아침식사를 충분히 섭취한다.

5. 알코올성 간질환

알코올성 간질환은 과다한 음주로 인해 발생하는 간질환을 의미하여 알코올성 지방간, 알코올성 간염, 알코올성 간경변증의 형태로 나타난다. 만성적으로 과량의 알코올을 섭취하면 간세포의 장애뿐만 아니라 위장, 췌장, 뇌, 신경, 조혈기관, 면역기관에도 치명적인 영향을 줄 수 있다.

(1) 알코올 대사

알코올은 소량 섭취하였을 때 알코올 탈수소효소ADH : Alcohol Dehydrogenase 경로를 통해 대사된다. 알코올(에탄올)은 알코올 탈수소효소에 의해 중간산물인 아세트알데히드로 전환된다. 아세트알데히드는 아세트알데히드 탈수소효소에 의해 아세틸-CoA로 전환

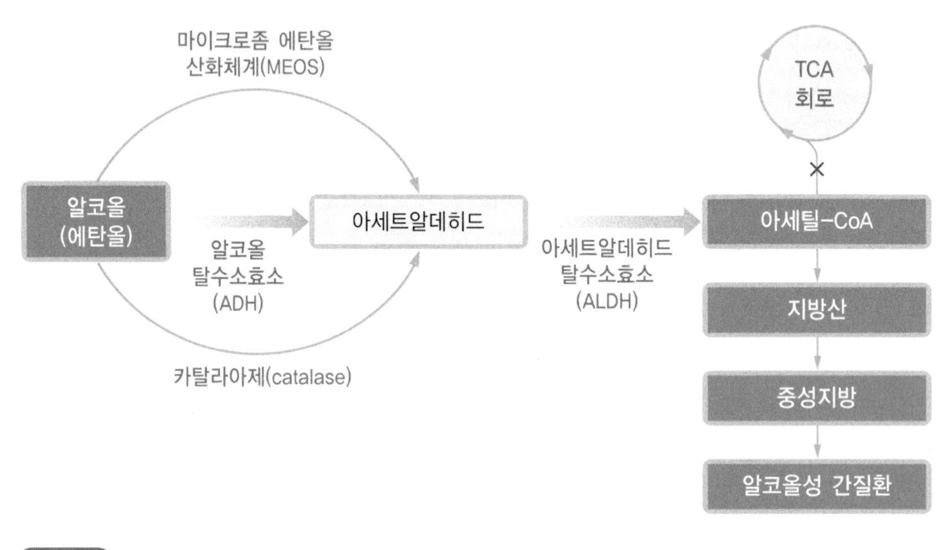

그림 4-7 알코올성 간질환에서의 알코올 대사과정

되어 TCA 회로에서 이산화탄소와 물로 분해되고 에너지를 생산하게 된다.

알코올을 과량 섭취하여 ADH 경로가 모든 알코올을 대사할 수 없을 때에는 간에서 마이크로좀 에탄올 산화체계MEOS : Microsomal Ethanol Oxidizing System가 활성화되어 알코올 대사를 지원한다. MEOS 경로에 의해 약물이나 기타 물질들도 대사된다. 그러나 알코올이 우선적으로 대사되기 때문에 지나친 음주는 간에서 약물 대사가 저하되어 약물에 의한 독성의 가능성이 커진다. 그리고 카탈라아제catalase의 부차적 경로로도 알코올이 대사된다. 이러한 경로들을 통해 섭취한 알코올이 거의(95%) 대사되고 소량(5%)은 소변, 대변, 땀, 유즙 등으로 배출된다.

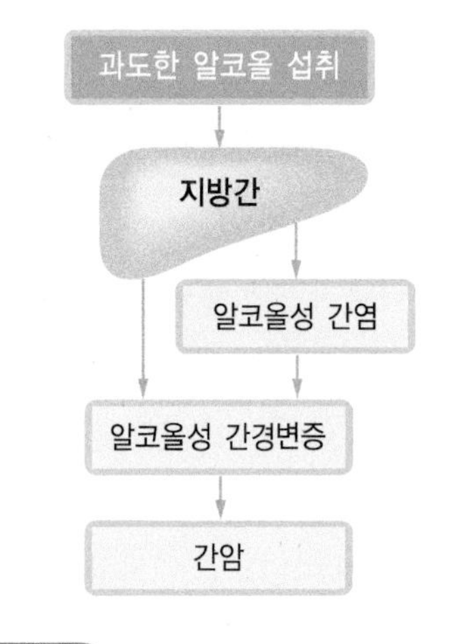

그림 4-8 알코올성 간질환의 진행단계

과음을 하게 되면 아세트알데히드가 세포벽에 손상을 주고 세포괴사를 일으킨다. 또한 알코올 산화로 생성된 아세틸-CoA는 TCA 회로로 들어가지 못하고 지방산 합성을 증가시켜 간 내에 중성지방이 축적된다 그림 4-7. 이는 지방간의 원인이 되고 지방간은 알코올성 간염, 알코올성 간경변증으로 발전할 수 있다 그림 4-8. 알코올성 간경변증은 간암이 될 위험이 높다.

알코올을 마시는 기간이 길고, 마시는 양과 횟수가 많으며 알코올 도수가 높으면 알코올성 간질환 발생률이 높아진다.

(2) 식사요법

에너지 정상체중을 유지하기 위해 에너지를 충분히 공급한다. 하루에 30~35 kcal/kg을 주되 개개인의 이상체중을 유지하도록 한다. 탄수화물을 충분히 공급하고, 단백질은 질소평형을 유지하기 위해 1.0~1.5 g/kg으로 하루에 60~80 g을 공급한다. 지질은 환자의 수용능력 범위 내에서 제공한다.

비타민과 무기질 비타민과 아연, 셀레늄, 마그네슘 등의 무기질이 결핍되지 않도록 한다. 버섯류는 아연, 인, 엽산 등이 많고, 미나리, 쑥, 솔잎, 녹차는 아연, 비타민 A, 엽산, 비타민 E 등이 높아 권장된다.

6. 간성뇌증

(1) 원인과 증상

간성뇌증hepatic encephalopathy은 간 질환이 진행된 경우에 나타나는 심각한 합병증으로 의식이 나빠지거나 행동의 변화가 생기는 것을 말하며, 간성혼수hepatic coma로 이어질 수 있다. 여러 가지 원인 중에서 특히 중요한 것이 암모니아이다. 간질환이 진행되면 단백질 대사로 생성된 암모니아를 무독성의 요소로 전환시키지 못하므로 혈중 암모니아농도가 상승하여 중추신경계에 중독현상을 일으킨다. 다음은 아미노산 대사 이상으로 인한 분지 아미노산 저하와 방향족 아미노산 증가이다. 다른 원인으로는 머캅탄, 감마-아미노부티르산, 저급지방산, 페놀 등의 증가이다.

간성뇌증 증상으로는 성격 변화, 무관심, 분명치 않은 말투, 근육경련, 졸음, 혼수상태, 축 처진 진전flapping tremor과 같은 인격 · 정신 · 운동장애가 있고, 달걀 썩는 듯한 입 냄새, 즉 간성악취간성구취, fetor hepaticus가 있다.

분지 아미노산과 방향족 아미노산

분지 아미노산(BCAA : Branched Chain Amino Acid)인 루신, 이소루신, 발린은 간에서 거의 대사되지 않고 근육에서 대사된다. 이는 BCAA 분해효소의 활성이 간보다 근육에서 80배 정도 높기 때문이다. 반면, 방향족 아미노산(AAA : Aromatic Amino Acid)인 티로신, 페닐알라닌, 트립토판은 간에서 대사되고 혈중으로 방출되지 않으므로 혈중 AAA 농도는 낮다.

그러나 간 손상이 심해지면 AAA는 간에서 대사되지 못하므로 혈중 농도가 높아진다. 뿐만 아니라 당신생과 케톤체 생성이 줄어들면 근육, 심장, 뇌에서는 에너지 요구량의 30%를 BCAA로 충당하므로 혈중 BCAA 농도는 더욱 낮아지고, 근육 단백질 분해 증가로 AAA 농도는 더욱 증가한다. 증가된 AAA는 혈액-뇌장벽을 통과할 때 BCAA와 경쟁하여 BCAA의 유입을 억제한다.

결과적으로 뇌로 AAA의 유입은 증가하고, 이는 암모니아와 결합하여 뇌신경장애 물질을 형성해 간성뇌증을 초래한다.

Fischer's ratio

Fischer's ratio 정상범위가 3.5~4.0이며, 간경변증에서는 2.5 이하, 간성뇌증에서는 1 이하로 감소한다.

Fischer's ratio = BCAA/AAA

(2) 식사요법

단백질　단백질은 간성뇌증을 악화시키므로, 암모니아 중독증이 나타나면 질소평형을 유지할 정도의 단백질을 공급한다. 간성뇌증 초기에는 단백질을 하루에 건조체중당 0.25~0.75 g으로 제한할 수 있다. 그러나 근육조직의 이화를 막기 위해 총 단백질 섭취량을 1일 35~50 g 이하로 제한하지는 않는다. 단백질 급원으로는 혈중 암모니아 수준을 높이는 식품을 제한하고, 분지 아미노산이 많은 식품을 공급하는 것이 좋다. 채소와 유제품에는 육류보다 암모니아, 메티오닌, 방향족 아미노산이 적고, 분지 아미노산이 많이 들어 있다 표 4-3.

표 4-3 혈중 암모니아 수준을 높이는 식품과 분지 아미노산이 많은 식품

구분	식품명
혈중 암모니아 수준을 높이는 식품	치즈류, 닭고기, 버터밀크, 젤라틴, 햄버거, 햄, 양파, 땅콩버터, 살라미소시지
분지 아미노산이 많은 식품	쌀밥, 식빵, 우동, 고구마, 감자, 토란, 두부, 된장, 간장, 베이컨, 우유, 호박, 당근, 시금치, 순무, 양배추, 오이, 강낭콩

에너지　에너지는 이상체중을 유지할 수 있도록 25~35 kcal/kg를 권장하나 개인의 차이를 고려하도록 한다.

기 타　신선한 채소와 과일을 식사할 때마다 섭취하여 비타민과 무기질을 충분히 보충하고, 섬유소를 섭취하여 변비를 예방할 수 있도록 한다. 변비는 고암모니아혈증의 요인 중 하나이다. 섬유소는 대장에서 세균에 의해 분해되어 대변의 질소 산물을 배출시킨다. 수분은 소변량에 따라 조절하고 나트륨은 1일 2,000 mg 이하로 준다.

쉬어가기

락툴로오스

간성뇌증 환자에게 완하제인 락툴로오스(lactulose)라는 합성 비흡수성 이당류를 주기도 하는데, 이는 장의 연동운동을 증가시켜 변비를 예방하기 위함이다. 변비가 되면 암모니아 생성물이 증가하고 변의 체류시간이 길어져 이들 흡수가 증가할 수 있다.

황달(jaundice icterus)

혈액 중의 빌리루빈 정상치는 0.4~0.8 mg/dL이고, 1.0~2.0 mg/dL이면 잠재성 황달, 2.1 mg/dL 이상이면 황달로 진단한다.

■ **종류**

- 용혈성 황달 : 순환 적혈구가 지나치게 파괴될 때 나타난다.
- 간세포성 황달 : 선천적, 후천적인 효소 결핍과 간염, 간경변증일 때 간세포에서 빌리루빈 대사에 장애가 생겨 발생한다.
- 폐쇄성 황달 : 담석이나 담도 암, 기생충, 췌장암 등으로 인해 빌리루빈이 십이지장으로 배출되지 못해 발생한다.

■ **증상**

피부와 안구결막이 노랗게 되고, 피부 가려움, 서맥, 지방변 등이 나타난다.

■ **식사요법**

급성 간염식과 같이 하되 지질을 제한(10~20 g/일)하고 유화지방을 공급한다. 또한 소화되기 쉬운 식품인 미음, 채소국, 된장국을 준다. 신선한 과즙은 식욕을 증진시키고, 환자에게 산뜻한 기분을 느끼게 한다.

7. 담낭질환

1 담도계의 구조와 기능

담도계는 담낭과 담관을 총칭한다. 담낭gallbladder은 40~70 mL 크기의 서양배 모양으로 간의 우측 하부에 위치하고 있으며 간에서 생성된 담즙을 농축하여 저장한다. 지방음식을 섭취하면 콜레시스토키닌에 의해 담낭이 수축되고 오디괄약근이 이완되어 담즙이 십이지장으로 배출된다 그림 4-9.

간에서는 하루에 250~1,500 mL의 담즙이 생성 · 분비된다. 담즙은 약알칼리성(pH 7.8)으로 95% 이상이 물이고, 주 성분은 콜레스테롤, 빌리루빈, 담즙산염이며 이외에 지방산, 레시틴, 전해질이 있다.

담즙색소인 빌리루빈은 헤모글로빈의 대사산물이고, 담즙산염은 간에서 콜레스테롤

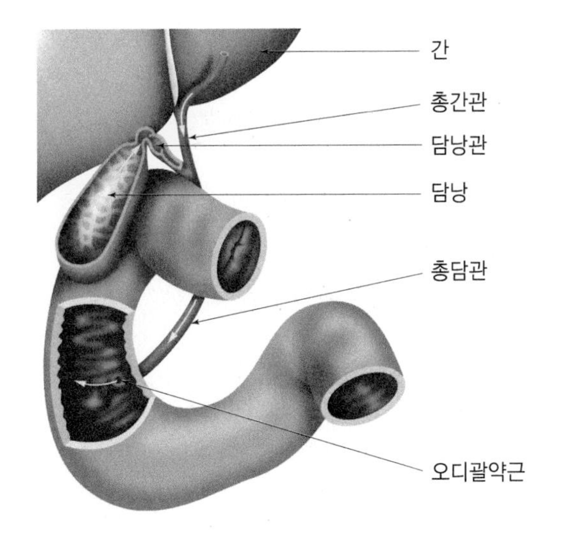

그림 4-9 담도계의 구조

로부터 만들어진다. 담즙은 십이지장에서 지질의 유화와 지질 분해효소 작용을 촉진한 후 대부분 회장에서 재흡수되어 문맥을 통해 간으로 돌아가는 장간순환을 한다. 회장으로 흡수되지 않은 일부 담즙의 빌리루빈은 유로빌린과 스테코빌린이 되어 대변으로 배설된다 그림 4-10.

쉬어가기

대변의 색

빌리루빈은 헤모글로빈의 헴(heme)의 대사산물로서 비장, 간, 골수에서 생성된다. 빌리루빈은 대부분 알부민과 결합하여 간으로 들어가 담즙의 형태로 바뀌어 담낭에 저장된 후 십이지장으로 배출된다. 빌리루빈은 장내세균에 의해 유로빌리노겐으로 환원되고, 다시 유로빌린으로 산화되어 대변의 색을 나타낸다. 유로빌리노겐의 30~50%는 문맥을 통해 간으로 돌아가 담즙 성분이 되고 일부는 소변으로도 배설된다.

적혈구 → 헤모글로빈 → 헴 → 빌리버딘 [환원] → 빌리루빈 [환원] →→ 유로빌리노겐 [자동산화] → 유로빌린(스테코빌린)
빌리버딘 (녹색, 불안정), 빌리루빈 (황색), 유로빌리노겐 (무색), 유로빌린(스테코빌린) (노르스름한 색 ; 대변색)

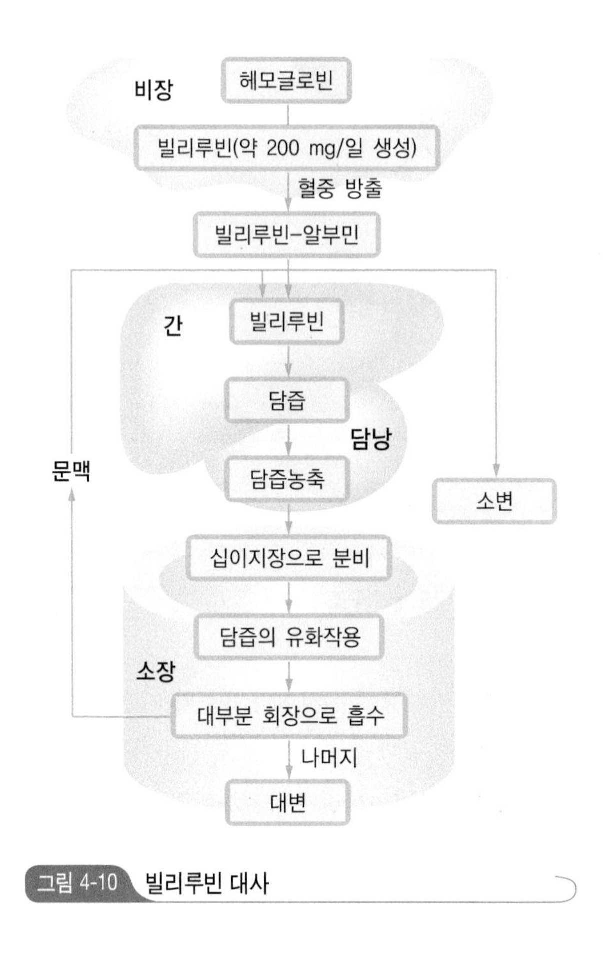

그림 4-10 빌리루빈 대사

2 담낭염과 담석증

(1) 원인과 증상

담낭염 담낭염cholecystitis은 세균 감염에 의해 담낭 및 담관에 염증이 생긴 질환으로 담석이 존재하는 경우가 많다. 담낭염의 90% 이상은 담석이 담관을 막아 담즙이 담낭으로 역류하거나 울체되어 발생한다. 콜레시스토키닌 자극에 담낭이 수축하지 않아 담즙이 담낭에 정체되는 것과 외상, 선천성 기형, 당뇨병도 관계가 있다. 주 증상은 담낭이 비대해지고 발열, 상복부 통증, 메스꺼움과 구토, 황달이 나타난다.

담석증 담석증cholelithiasis은 담도계 내에 담즙 성분의 결석이 생성된 질환이다. 담석증의 원인은 콜레스테롤과 빌리루빈의 대사 이상, 담도계에 농축된 담즙의 울체, 감염, 담즙 성분비의 변화 등이다. 담석증은 40대 이상, 비만, 임신, 여성4F : forties, fatness, fertility, female에게 발생하기 쉽다.

담석은 주 성분에 따라 콜레스테롤 결석cholesterol stone, 색소성 결석pigment stone, 혼합결석mixed stone이 있다. 콜레스테롤 결석은 담석 성분의 60% 이상이 콜레스테롤이고, 주로 담낭에 생성되며, 백색에서 담황색으로 단단하다. 색소성 또는 빌리루빈 결석은 주 성분이 빌리루빈이고, 담관과 총담관에 잘 생기며, 갈색과 흑색이고, 연하여 잘 부서지나 탄산칼슘과 결합하면 단단하다.

담석증의 증상은 오른쪽 상복부에 통증을 보이는데, 가슴이나 등 쪽으로 퍼지기도 한다. 발열, 황달, 상복부의 불쾌감, 팽만감, 둔통, 구토를 보이기도 한다. 담석 그 자체로는 대부분 증상을 일으키지 않지만 담낭관을 막으면 담석이 담낭을 자극해 통증이 심하며, 급성담낭염을 일으키게 된다. 특히, 지방이 많은 음식을 먹으면 담낭 수축과 담즙 배설로 인해 통증이 더 심해진다 그림 4-11.

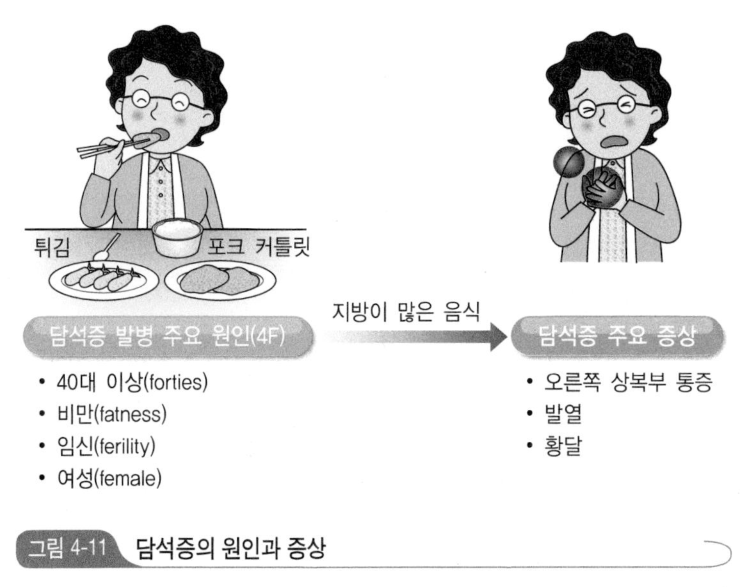

그림 4-11 담석증의 원인과 증상

자료 : 이용찬 역(2008), Pathophysiology로 이해하는 내과학

쉬어가기

쓸개 빠진 사람

담낭 절제술은 담석, 담낭염, 담낭 용종, 담낭암 등으로 인해 담낭을 제거하는 것이다. 대부분의 사람들은 담낭이 없어도 살아가는 데 특별한 어려움을 겪지 않는데, 이는 담즙이 간에서 직접 장으로 분비될 수 있기 때문이다. 그러나 지질의 소화·흡수기능이 저하될 수 있으므로 지질 함량이 많은 음식의 섭취를 줄이고, 소화가 잘 되는 담백한 음식을 조금씩 자주 섭취하는 것이 좋다.

(2) 식사요법

통증이 심한 급성기인 1~2일간은 금식하고 정맥으로 수분과 영양을 공급한다. 심한 증상이 진정되면 미음 등의 탄수화물 위주의 유동식으로 시작하는데, 지질은 절대 제한하고 소화되기 쉬운 식품으로 공급한다. 회복기에 들어서면 저지방, 저섬유소로 된 연식을 거쳐 상식으로 이행한다. 가스가 차고 헛배가 부른 것을 호소하는 환자에게는 가스를 생성하는 식품을 제한한다 표 4-4.

지방이 많은 육류나 생선, 훈제식품, 튀김, 도넛과 케이크, 버터 및 식용유가 많이 든 음식, 알코올음료, 커피, 탄산음료 등의 섭취는 제한한다.

표 4-4 가스 생성식품

식품군	식품명
두 류	강낭콩, 완두콩
과일류	사과, 멜론, 수박, 바나나, 참외, 건포도
채소류	양배추, 브로콜리, 콜리플라워, 가지, 오이, 마늘, 양파, 부추, 피망, 풋고추, 홍고추, 순무
기 타	캔디, 탄산음료, 옥수수, 발효 치즈, 견과류

8. 췌장질환

1 췌장의 구조와 기능

췌장pancreas은 길이가 15cm 정도로 위 뒤쪽에 좌우로 걸쳐 있으며, 췌액을 분비하는 췌관과 호르몬을 분비하는 랑게르한스섬이 있다. 췌관은 총담관과 합류하여 십이지장으로 이어져 있다 그림 4-12.

췌장은 외분비기능과 내분비기능을 가지고 있다. 외분비기능은 소화효소를 분비하는 선세포와 물과 중탄산염 등을 분비하는 췌관 상피세포에서 담당한다. 내분비기능은 랑게르한스섬에 있는 세 가지 다른 형태의 세포가 모여 호르몬을 분비하여 당 대사 조절에 중요한 역할을 한다. 췌액은 하루 1.5~3.0 L가 생성되어 십이지장으로 분비되는데, 세크레틴과 콜레시스토키닌 호르몬에 의해 조절된다.

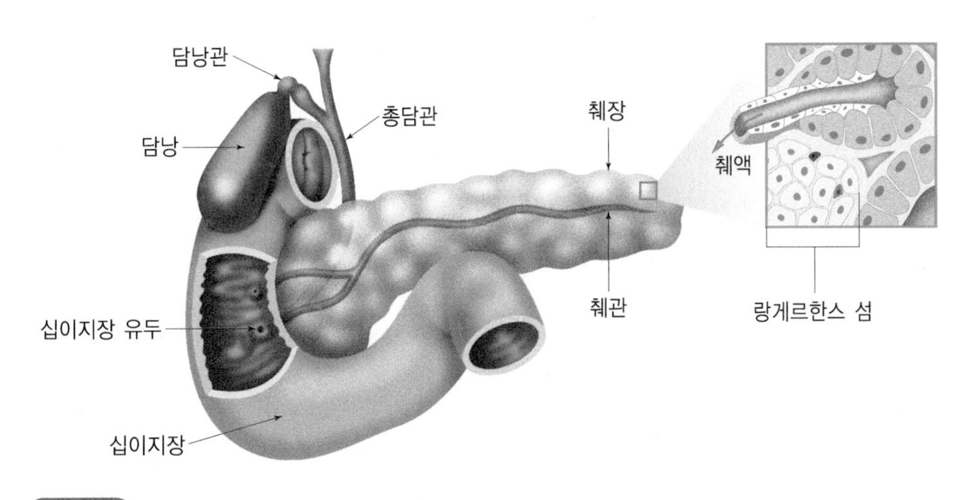

그림 4-12 췌장의 구조

자료 : 박인국(2014), 생리학

췌장에서 분비되는 호르몬

- **글루카곤** : 혈당치가 저하되었을 때 랑게르한스섬의 알파-세포에서 분비되며, 간에서 글리코겐 분해와 당신생을 통해 혈당치를 상승시킨다.
- **인슐린** : 혈당치가 상승되었을 때 랑게르한스섬의 베타-세포에서 분비되며, 간에서 글리코겐을 합성하고 저장한다. 또한 근육에 아미노산의 수송을 촉진하여 단백질과 지질 합성을 촉진한다. 포도당 산화작용을 촉진하고 단백질과 지질 분해를 억제하여, 혈당치를 저하시킨다.
- **소마토스타틴** : 랑게르한스섬의 델타-세포에서 분비되며, 인슐린과 글루카곤의 상반된 혈당작용을 견제하여 당 대사 조절에 관여한다.

2 췌장염

(1) 원인과 증상

급성췌장염 급성췌장염acute pancreatitis은 췌장의 소화효소가 췌장 조직을 자가소화하여 발생하는 급성염증성 질병이다. 발병 원인을 알 수 없는 경우도 있으나, 대부분 알코올과 담석이다. 그밖에 담낭계 질환, 약물 남용, 췌장 기형, 외상 등이 있다. 주 증상은 상복부 통증으로 경증에서 중증까지 다양하다. 또한 메스꺼움, 발열, 설사, 구토, 복수, 지방변 등이 나타날 수 있으며, 염증이 심해 췌장의 자가소화와 주변조직의 괴사가 일어나면 출혈과 쇼크, 사망에까지 이를 수 있다.

만성췌장염 만성췌장염chronic pancreatitis은 췌장염이 만성화된 경우를 말하며, 가장 흔한 원인은 알코올이다. 만성췌장염은 장기간에 걸쳐 증세가 계속되다가 악화되면 급성췌장염과 같은 증세가 나타난다. 만성췌장염의 전형적인 세 가지 징후는 석회화, 지방변 및 당뇨병인데, 환자의 1/3 정도에서 나타난다. 그 외 심한 상복부 통증, 메스꺼움, 구토와 췌장의 소화효소 분비 부족으로 인한 소화불량, 체중감소, 빈혈 등이 나타난다.

(2) 식사요법

급성췌장염 급성췌장염의 식사요법은 소화효소와 담즙 분비로 인한 통증이 일어나지 않도록 하는 데 있다. 증세가 심한 초기에는 2~3일간 금식을 원칙으로 하고, 정맥으로 수분과 전해질 등을 공급한다. 증세가 진정되면 환자의 통증, 메스꺼움, 구토 등이 없는

지 확인하면서 탄수화물 위주의 유동식을 준다. 급성기에는 지질뿐만 아니라 단백질도 제한하며 증세가 호전되면 단백질의 양을 점차 늘린다. 식사는 하루에 6회 정도로 나누어 제공하는 것이 좋다.

만성췌장염　만성췌장염 치료에서는 음식의 종류와 섭취방법에 따라 환자의 통증이 줄어들 수 있기 때문에 식사요법이 필수적이다. 만성췌장염은 췌장기능이 저하되어 내당능장애가 나타나는 경우가 많은데, 이때에는 당뇨병에 준하는 영양관리를 하도록 하며 지질과 알코올 섭취를 제한한다. 지방변증을 보이는 환자는 지용성 비타민의 흡수불량과 비타민 B_{12}와 아연 결핍을 보이기도 하므로 이들 영양소에 대한 보충이 필요하다.

급성췌장염 진단

급성췌장염의 진단을 위해서 혈액 중 췌장 소화효소인 아밀라아제와 리파아제의 농도를 측정한다. 혈중 아밀라아제 농도가 정상치의 3배 이상 증가하고 특징적인 복통이 있는 경우에 침샘 질환이나 소화관 천공 등의 다른 원인이 없다면 급성췌장염일 가능성이 크다.

리파아제의 경우 보통 4~8시간 후에 증가하기 시작하여 24시간 후에 최고 농도에 도달하고 8~14일 후 정상화된다. 따라서 급성췌장염의 진단에서 민감도와 특이도가 아밀라아제보다 높다. 최근에는 소변의 트립시노겐-2 검사법이 간편 검사법으로 주목받고 있다. 이 외에 복부 전산화단층촬영(CT), 혈액검사, 혈당검사, 전해질검사, 동맥혈검사 등을 시행한다.

주요 용어

- **간문(hepatic hilum)** : 간에서 혈관, 신경, 간관, 림프관이 지나는 곳
- **간인대(간겸상간막, 겸상인대, falciform ligament of the liver)** : 간을 횡격막에 부착시키고 간의 좌 · 우엽을 분리시키는 낫모양의 복막주름
- **간성뇌증(hepatic encephalopathy)** : 혈액과 뇌척수액 내에 암모니아치가 상승되어 간부전이 되고 중추신경계의 장애로 손이 떨리거나(tremor) 지남력상실(disorientation), 혼돈(confusion), 혼수(coma) 등이 나타나는 증상
- **간성혼수(hepatic coma)** : 심각한 간질환 때문에 나타나는 무의식상태
- **거미혈관종(거미상 혈관종, 거미상모반, spider nevus)** : 모세혈관이 확장되어 피부가 붉은 거미의 다리처럼 보이는 질환
- **레티놀결합단백질(RBP : Retinol-Binding Protein)** : 레티놀(비타민 A)을 운반하는 단백질
- **문맥(간문맥, portal vein)** : 위, 십이지장, 소장 등의 소화관에서 간으로 영양소를 운반하는 혈관
- **모세담관(담모세관, 쓸개모세관, bile canaliculi)** : 인접하는 간세포 사이에서 형성되는 직경 0.5~1.0 μm의 세관. 담즙은 여기로 분비되어 배출
- **복수(ascites)** : 복강에 수분이 비정상적으로 축적된 상태. 체액이 혈관에서 새어나가 복강에 모여 생기는 것으로 복부의 종양, 염증성 질환, 간경화증에 의하여 나타날 수 있음
- **서맥(느린맥, bradycardia)** : 심장 박동수가 1분당 60회 이하로 느려지는 상태
- **세룰로플라스민(ceruloplasmin)** : 알파-글로불린으로 구리를 운반하는 단백질
- **세크레틴(secretin)** : 산성 미즙의 자극에 의해 분비되는 호르몬으로 췌액 분비 촉진
- **식도정맥류(esophageal varices)** : 식도에 돌출되어 팽창된 혈관들의 뭉치
- **축 처진 진전(flapping tremor)** : 늘어뜨린 팔과 손을 날개같이 퍼덕거리는 무의식적인 움직임이며, 뇌질환을 유발하는 간성뇌증 등에서 나타남
- **트랜스페린(transferrin)** : 철을 결합하여 운반하는 혈청 베타-글로불린
- **페리틴(ferritin)** : 철-아포페리틴 복합물로서 체내에 철을 저장하는 중요한 형태 중의 하나
- **피브리노겐(섬유소원, fibrinogen)** : 혈액응고의 중심적 역할을 하며, 트롬빈에 의하여 불용성인 피브린이 됨
- **홍반(erythema)** : 피부가 붉게 변하는 것과 혈관의 확장으로 피가 많이 고이는 것

memo

CLINICAL NUTRITION

제 5 장

비만과 식사장애

1. 비만의 정의와 분류 ✻ 2. 비만의 원인 ✻ 3. 비만 관련 질환 ✻ 4. 비만판정법

5. 비만의 식사요법과 치료 ✻ 6. 저체중 ✻ 7. 식사장애

비만은 체내에 지방 조직이 과다하게 축적되어 있는 상태이다. 우리나라의 비만 유병률은 성인은 10명 중 3명, 소아청소년은 10명 중 1명이다. 비만은 외모의 변형뿐 아니라 여러 질병의 발생률을 증가시키며, 저체중 또한 질병에 대한 면역력 등이 감소하므로 적정한 체중관리가 중요하다. 청소년의 경우 식사장애와 저체중 발생 빈도도 높은 편이다.

제5장
비만과 식사장애

1. 비만의 정의와 분류

1 비만의 정의

비만obesity은 단순하게 체중이 증가하는 것이 아니라 지방세포의 비정상적인 증가에 의해 과다하게 체지방이 증가된 상태를 말한다. 체격이 큰 사람이라도 골격이 크고 근육이 발달된 경우에는 비만이라고 보기 어렵고, 겉으로 날씬하게 보이는 사람이라도 골격량이 적으면서 체지방 비율이 높으면 비만이라고 할 수 있다.

세계적으로 비만 인구가 빠른 속도로 증가하고 있으며, 세계보건기구WHO에서는 비만을 질병international cord of disease, ICD-9 code으로 등록하고 있다.

에너지는 탄수화물, 단백질, 지방으로부터 섭취하고, 기초대사량, 활동대사량, 식이성 에너지 소모량 등으로 에너지가 소모된다 그림 5-1. 성인의 경우 에너지 섭취량이 에

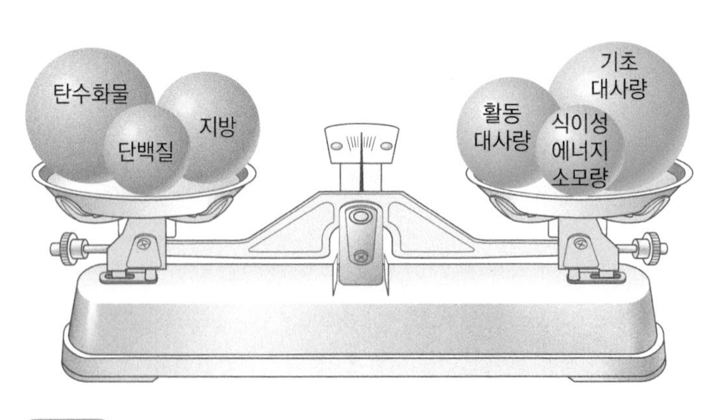

그림 5-1 에너지 평형

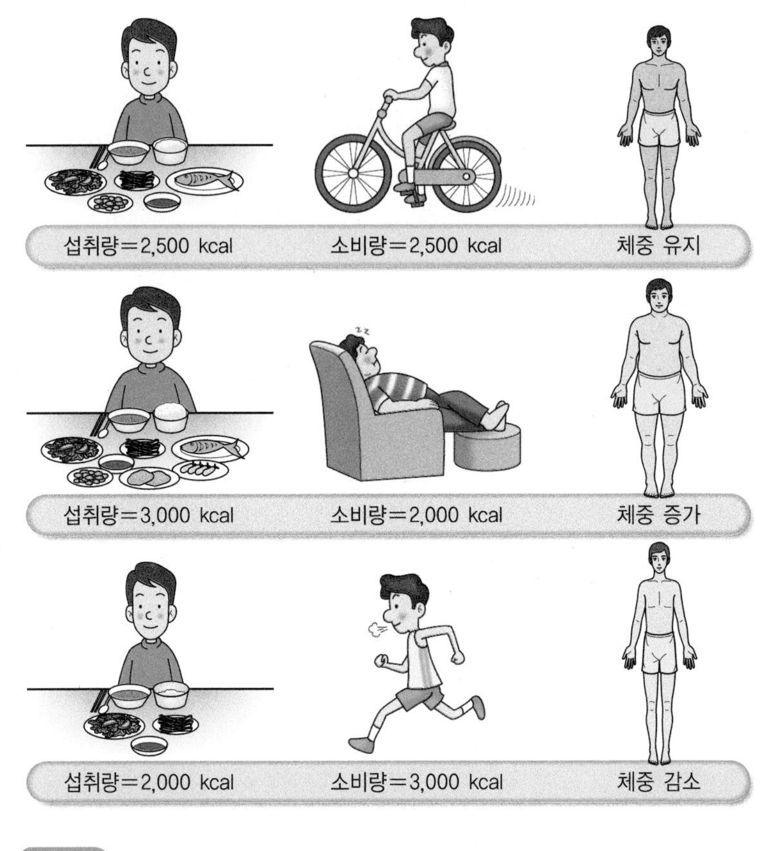

그림 5-2 에너지 평형상태와 체중 변화

너지 소비량보다 많으면 양의 에너지 평형positive energy balance이라고 하며, 에너지 소비량이 섭취량보다 많으면 음의 에너지 평형negative energy balance이라고 한다. 양의 에너지 평형상태에서는 남은 에너지가 중성지방으로 전환되어 지방조직에 저장되므로 체내에 지방이 증가하게 된다 그림 5-2.

2 비만의 분류

(1) 원인에 따른 분류

단순성 비만 단순성 비만은 에너지를 과다 섭취하거나 에너지의 소비 부족으로 나타나며, 비만의 95%를 차지하고 있다.

비만 유병률

비만 유병률(만 19세 이상, 표준화)은 1998년 26.0%에서 2001년 29.2%, 2007년 31.7%로 증가한 후 최근 7년간 31~32% 수준을 유지하고 있다. 동기간 남자는 1998년 25.1%에서 2007년 36.2%로 9년간 11.1%p 증가한 후 35~38%를 유지하고 있으며, 여자는 1998년부터 2014년까지 약 25% 수준을 유지하고 있다.

허리둘레 기준 비만 유병률(만 19세 이상, 표준화)은 1998년 남자 20.1%, 여자 22.7%로 여자가 남자보다 높았으나, 2001년 이후 남자가 여자보다 2~5% 높았다.

체질량지수 기준 비만 유병률 추이

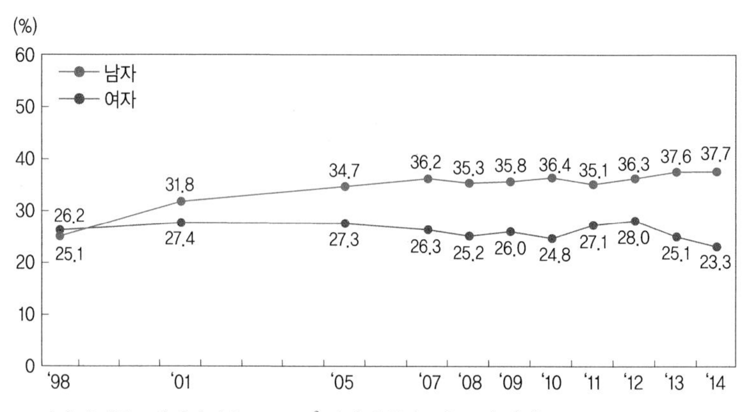

※ 비만 유병률 : 체질량지수 25kg/m^2 이상인 분율, 만 19세 이상
※ 2005년 추계인구로 연령표준화

허리둘레 기준 비만 유병률 추이

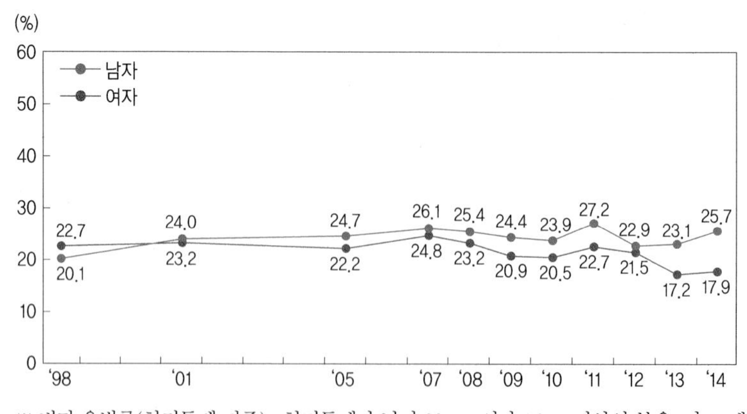

※ 비만 유병률(허리둘레 기준) : 허리둘레가 남자 90cm, 여자 85cm 이상인 분율, 만 19세 이상
※ 2005년 추계인구로 연령표준화

자료 : 보건복지부, 질병관리본부(2015), 2014 국민건강통계 I

2차성 비만 2차성 비만은 당뇨병, 난소기능 부전, 쿠싱증후군Cushing's syndrome, 갑상선기능저하증, 시상하부의 섭식중추 이상 등 내분비기능 이상이나 대사성 질환으로 나타난다.

(2) 지방세포에 따른 분류

지방세포는 0.7 ㎍까지 커지면 세포 수가 증가하기 시작한다. 지방세포의 수는 생후 1년까지 급격히 증가한 후 멈추었다가, 사춘기에 이르면 다시 증가하여 성인이 되면 멈춘다. 그러나 성인기에도 지방 세포의 크기가 커진 후에는 세포 수가 증가한다. 지방 세포 수는 정상인은 200억~300억 개이며, 비만인은 900억~1,500억 개로 정상인의 3~5배이다. 그림 5-3은 지방세포를 나타내고 있다.

지방세포 증식형 비만 지방세포 증식형 비만hyperplastic obesity은 소아와 청소년기에 발생하므로 소아비만juvenile onset obesity이라고 하며, 세포의 크기뿐 아니라 세포 수도 증가한다. 체중 조절을 시도하여도 세포 수가 감소하지 않으므로 체중 감량이 어려우며 성인 비만으로 이행되기 쉽다.

지방세포 비대형 비만 지방세포 비대형 비만hypertropic obesity은 성인에게 나타나므로 성인비만adult onset obesity이라고 한다. 성인비만은 지방세포의 크기가 증대된 것이므로 소아비만에 비하여 체중 조절이 비교적 쉽다.

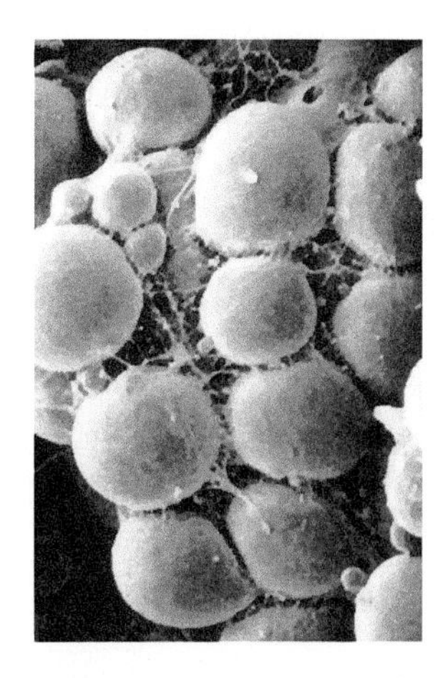

그림 5-3 지방세포

(3) 지방조직 분포에 따른 분류

복부비만 복부비만upper body obesity은 주로 남성에게 많이 나타나 남성형 비만android obesity이라고 하며, 허리 위쪽, 특히 복부에 지방이 많이 축적되므로 사과형 비만이라고도 한다 그림 5-4.

복부비만은 제2형 당뇨병, 심혈관계 질환 등 만성질환 발생 위험이 높은데, 이러한 대사적 이상은 내장지방과 관계가 깊다. 내장지방은 효소의 활성이 크므로 지방세포에서 지방산이 쉽게 유리되고, 간과 말초조직에서 포도당 이용률이 낮아져 인슐린 저항성을 유발한다. 또한 내장지방량은 혈당 상승과 함께 혈청 중성지방 상승, HDL-콜레스

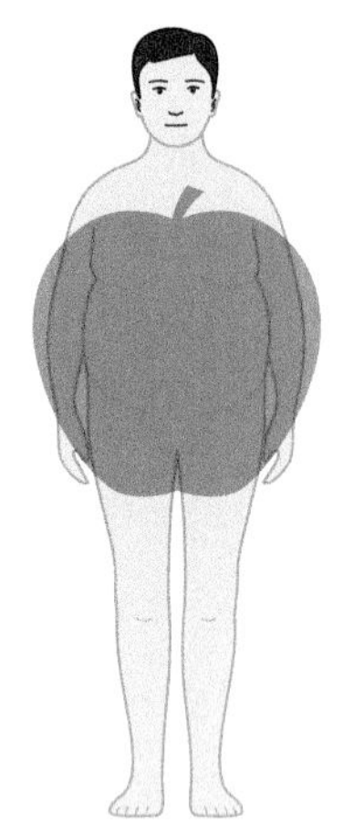

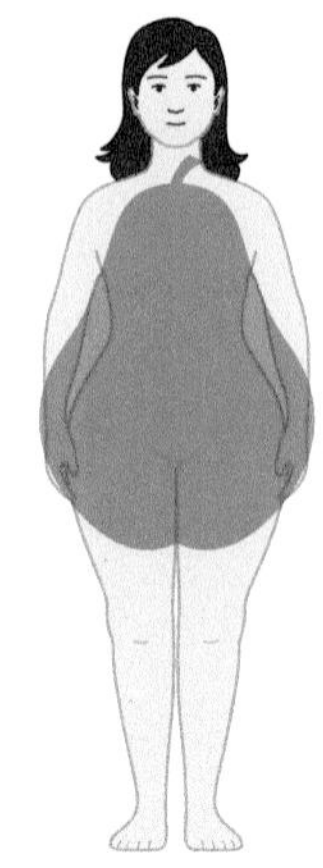

그림 5-4 복부비만과 둔부비만

테롤 저하 등의 이상지질혈증과 관련이 있다. 내장지방세포에서 분비되는 다양한 사이토카인cytokine이 인슐린 저항성 증가에 영향을 미치는 것으로 알려져 있다 그림 5-5.

컴퓨터 단층촬영CT 및 자기공명영상MRI을 이용하면 복부비만 여부를 확실히 알 수 있으나 비용과 시간이 많이 소요되어 일상적으로 시행하기에는 어려움이 있다. 그 대

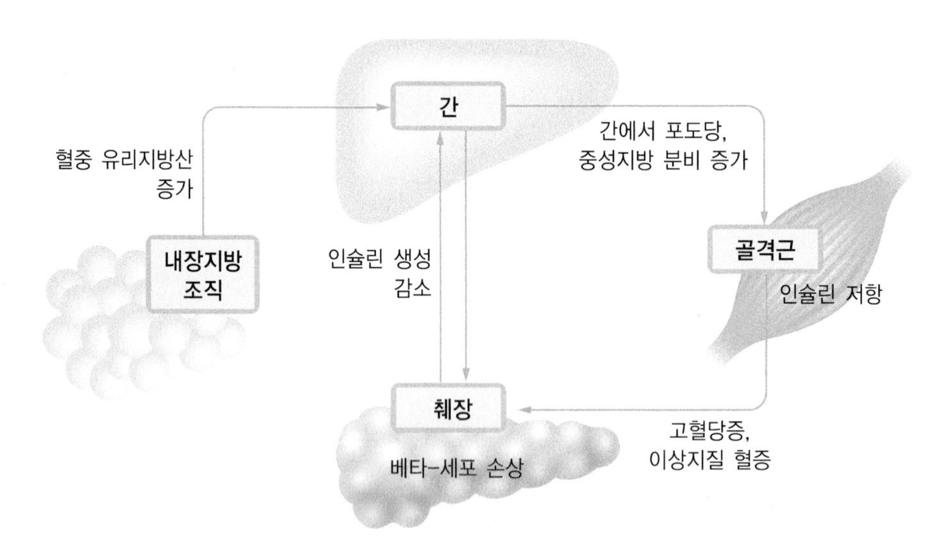

그림 5-5 내장지방과 인슐린 저항

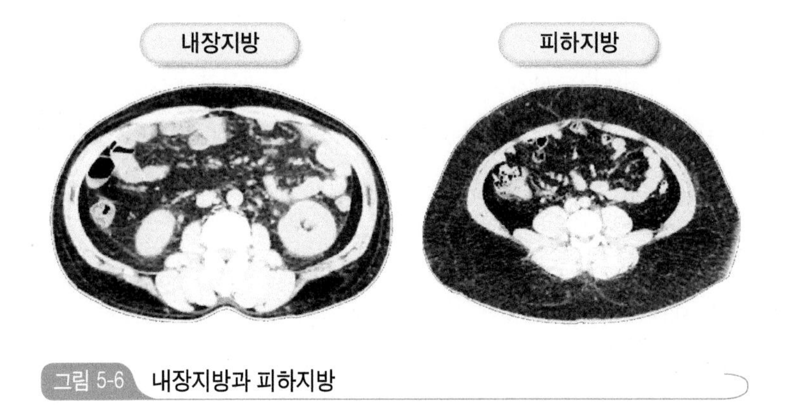

그림 5-6 내장지방과 피하지방

신 허리둘레를 측정하여 복부비만 여부를 간편하게 확인할 수 있다. 허리둘레는 복부 지방량 및 심혈관계 합병증의 빈도와 일치하는 것으로 보고되고 있다.

둔부비만 둔부비만lower body obesity은 여성에게 많으므로 여성형 비만gynecoid obesity이라고 하며, 허리 아래쪽, 특히 엉덩이나 다리에 지방이 많이 쌓이므로 서양배형 비만이라고도 한다. 엉덩이나 다리의 지방세포에 있는 효소는 활성이 크지 않으므로 복부비만에 비하여 질병 발생 위험률이 적다. 그러나 지방세포의 수가 많기 때문에 체중 감량이 어렵다.

내장지방과 피하지방형 비만 컴퓨터 단층촬영CT이나 자기공명영상MRI을 이용하면 내장

갈색 지방조직

지방조직은 백색 지방조직(WAT : White Adipose Tissue)과 갈색 지방조직(BAT : Brown Adipose Tissue)이 있으며, 이들은 모두 지방세포(adipose cell)로 구성되어 있다. 갈색 지방세포의 크기는 백색 지방세포의 약 10%에 불과하나 미토콘드리아 수가 많다.

백색 지방조직의 주된 기능은 에너지를 저장하는 것이며, 복강, 피하, 신장 주변, 근육섬유 사이에 위치하여 장기를 보호한다. 갈색 지방조직은 추울 때 열을 발생하여 에너지를 소비하며, 목, 등, 겨드랑이, 내장 주변에 위치하고 있다. 갈색 지방조직은 체중의 1% 정도를 차지하고 있다.

지방량V : visceral fat과 피하지방량S : subcutaneous fat을 측정할 수 있다. 내장지방과 피하지방의 비를 이용하여 비만을 평가하는데, 후지오카Fujioka는 내장지방/피하지방의 비가 0.4 이상이면 내장지방형 비만으로 분류한다. 내장지방형 비만은 피하지방형 비만보다 당뇨병, 심장병, 고혈압 등의 발병률이 높다 그림 5-6.

2. 비만의 원인

비만은 에너지 섭취량과 소비량의 불균형으로 인해 발생하지만 유전, 사회 · 문화적, 생리적, 대사성 요인 등 여러 요인이 복합적으로 작용하여 영향을 미친다.

(1) 유 전

양쪽 부모가 모두 비만인 경우 자녀가 비만이 될 확률은 80%, 한쪽 부모만 비만인 경우는 40%, 양쪽 부모가 정상 체중인 경우는 10% 미만으로 알려져 있다. 쌍둥이의 비만 유병률이 비슷하고, 입양아의 비만은 입양한 부모보다 친부모의 영향을 받는 등의 결과에서 보듯이 유전적인 요인이 비만에 영향을 미친다.

그러나 가족구성원은 식습관, 문화적 배경 및 행동 양식 등이 비슷한 환경에서 생활하므로 유전적인 요인과 환경적인 요인을 구분하는 것은 쉽지 않다. 일반적으로 비만 유병률은 유전 70%, 환경 30% 정도의 영향을 받는다.

(2) 식사 관련 요인

과식은 체중증가의 주요 원인이며, 음식 섭취량을 의도적으로 제한할수록 더 낮은 체중을 유지할 수 있다. 섭취한 과량의 탄수화물은 먼저 간과 근육에 글리코겐으로 저장되며, 최대 저장 용량을 넘으면 지방으로 저장된다. 과량 섭취한 지방은 식후에 지방조직으로 보내져 에너지원으로 사용될 때까지 저장되므로, 체지방량을 쉽게 증가시킨다. 섭취한 단백질은 체조직 구성이나 에너지 필요량으로 충당되며, 나머지는 질소를 잃고 여러 과정을 거쳐 중성지방으로 저장된다. 과식은 특히 어린이 비만의 주된 원인이다.

야식증후군night eating syndrome은 저녁 식사와 다음 날 아침 식사 사이에 하루 필요 에너지의 25% 이상을 섭취하는 것으로 비만에 영향을 미치고, 폭식증binge eating disorder과 식사 속도가 빠른 것 역시 비만의 원인이 된다.

(3) 활동량 감소

활동량이 감소하면 에너지 소모가 줄어 체중이 증가한다. 하루 에너지 소모량은 기초대사량 60~70%, 활동대사량 20~30%, 식이성 에너지 소모량 10%이다. 25세 이후부터는 기초대사량과 활동대사량이 감소하므로 에너지 섭취량을 줄여야 한다. 비만인은 정상인에 비해 활동량이 적다.

(4) 식품 섭취 조절 이상

식품 섭취 조절은 뇌하수체의 시상하부에 의해 영향을 받는다. 시상하부의 외측 부위에 있는 섭식중추LH : Lateral Hypothalamus가 자극을 받으면 식욕이 생겨 음식을 섭취하고, 내측 부위에 있는 포만중추VMH : Ventromedial Hypothalamus가 자극을 받으면 포만감을 느껴서 음식을 섭취하지 않게 된다. 포만중추가 있는 내측 부위에 손상이 있어서 포만감을 느끼지 못하는 경우 계속해서 음식을 먹게 되어 비만이 된다. 뇌 후와부의 외상, 종양, 염증성 질환, 수술이나 뇌압 상승 시 비만이 초래될 수 있다.

또한 쿠싱증후군, 갑상선 기능저하증, 부갑상선 기능저하증, 성선 기능저하증, 다낭성 난소증후군에 의해서도 비만이 될 수 있다.

(5) 약물 복용

향정신성 약물, 항우울제, 항경련제, 스테로이드, 아드레날린 길항제 등은 비만의 원인이 될 수 있다.

(6) 심리적 요인

피로, 화가 났을 때, 외로울 때, 스트레스를 받는 경우 과식을 하게 되어 비만이 될 수 있다.

(7) 음주와 금연

알코올은 1 g당 7 kcal의 에너지를 내므로 알코올로 섭취한 과량의 에너지는 지방으로 전환되어 저장되며, 알코올은 또한 지방이 에너지원으로 서서히 사용되게 하므로 지방을 더 많이 축적하게 한다. 평소의 식사량을 유지하면서 음주를 할 경우 에너지 섭취량이 초과되어 비만, 특히 복부비만이 초래된다. 식사량을 줄이고 음주를 하는 경우에는 에너지 섭취량은 충당되지만, 다른 영양소의 섭취는 부족하다.

렙틴

1994년 프리드리만은 쥐에서 렙틴(leptin)이란 물질을 발견하였는데, 렙틴은 지방조직에서 분비되어 뇌에 작용하여 체내 지방의 양을 조절하는 호르몬이다. 동물 실험 결과 렙틴은 포만감을 느끼게 하고 에너지 소비를 증가시켜 체지방이 증가되는 것을 억제한다.

금연을 하면 흔히 체중이 증가한다. 금연을 하면 하루 에너지 소비량이 약 100 kcal 감소하며, 이는 금연 후 증가하는 체중의 1/3에 해당한다. 증가하는 체중의 나머지 2/3는 금연을 하면서 에너지 섭취가 증가하기 때문이다. 금연을 하는 사람은 식사 및 운동을 통하여 체중을 조절할 필요가 있다.

3. 비만 관련 질환

체질량지수BMI : body mass index는 사망률과 관련이 있다. BMI와 사망률은 J자 모양을 나타내는데, 저체중이나 체중과다일 경우 정상체중에 비해 사망률이 높다. BMI가 20 미만이나 25 이상에서 사망률이 증가하고, 20~25에서 사망률이 가장 낮다.

1 대사증후군

대사증후군metabolic syndrome은 만성질환의 위험인자를 복합적으로 가지고 있는 상태를 말하며, 복부비만, 고중성지방혈증, 저 HDL-콜레스테롤혈증, 고혈압, 고혈당 중 3개 이상에 해당할 경우로 진단한다 표 5-1. 대사증후군은 심장병 발병 위험이 2배, 당뇨병 발병위험이 5배 높으며, 이러한 질병으로 인한 사망률도 높아진다. 비만 인구가 늘고 있는 것은 세계적인 추세이며, 이에 따라 심장병, 제2형 당뇨병 등을 유발하는 대사증후군이 증가하고 있다.

표 5-1 대사증후군의 진단기준

위험 인자	세부 내용
복부비만	허리둘레 남성 90 cm, 여성 85 cm 이상
고중성지방혈증	150 mg/dL 이상(또는 고지혈증약 복용)
저 HDL-콜레스테롤혈증	남성 40 mg/dL, 여성 50 mg/dL 미만(또는 고지혈증약 복용)
고혈압	130/85 mmHg 이상(또는 혈압약 복용)
고혈당	공복 혈당 100 mg/dL 이상(또는 당뇨약 복용)

2 비만 관련 질환

WHO에서 발표한 비만자의 질병에 대한 상대적인 위험도는 표 5-2와 같다.

(1) 심혈관 및 뇌혈관질환

비만자는 고혈압과 이상지질혈증을 비롯한 여러 심혈관계 질환의 위험요인이 동반된다. 비만은 관상동맥질환의 발병 위험을 높이는 독립적인 위험인자이다. 따라서 체중을 감소시키면 고혈압과 고콜레스테롤혈증을 낮추는 효과가 있다. 당뇨병, 고혈압, 고지혈증을 동반한 비만자는 관상동맥심질환에 의한 사망률의 위험도가 더 높다. 비만자는 뇌졸중으로 인한 사망률도 증가한다.

표 5-2 비만자의 질병에 대한 상대적인 위험도

매우 증가 (3배 이상)	중등도 증가 (2~3배)	약간 증가 (1~2배)
• 제2형 당뇨병 • 담낭질환 • 이상지단백혈증 • 인슐린 저항증 • 무호흡증 • 호흡곤란증	• 관상동맥질환 • 고혈압 • 골관절염 • 고요산혈증과 통풍	• 암(유방암, 자궁내막암, 대장암) • 생식호르몬 이상 • 다낭성 난소증후군 • 수정능 손상 • 요통 • 마취에 대한 위험도 • 태아 기형(모성 비만)

자료 : 대한영양사협회(2010), 임상영양관리지침서 제3판

(2) 당뇨병

당뇨병 유병률은 정상 체중보다 과체중인 경우가 더 많으며, 제2형 당뇨병의 발병과 비만은 밀접한 관계가 있다. 특히, 복부비만인 경우에는 인슐린 저항성을 초래하여 제2형 당뇨병의 발병 위험도가 더 높아진다.

(3) 여성 관련 질환

비만은 다낭성 난소증후군, 불임, 자연유산, 월경주기 이상 등의 여성 관련 질환 유병률을 높인다. 복부비만은 특히 월경 이상과 불임의 주요 위험요인이며, 폐경 후 여성은 호르몬 대체요법에 의하여 복부비만이 예방될 수 있지만, 오히려 호르몬 대체요법으로 인하여 체중이 증가되는 경우도 있다.

(4) 호흡기계 질환

복부비만자는 누웠을 때 상기도가 좁아지므로 폐쇄성 수면 무호흡을 일으키며, 비만할수록 마취에 대한 위험도가 증가하여 수술 중이나 수술 직후 부정맥으로 인한 무호흡증으로 치명적일 수 있다.

(5) 근 골격계

비만 여성은 요통의 위험이 높아지며, 요통은 신체활동을 제한하므로 체지방이 증가하는 악순환이 계속된다. 비만은 보행 중 충격을 흡수하는 효과를 감소시켜 척추에 부담을 주며, 나이든 비만자에게 흔히 발생한다. 비만은 체중 부하 관절인 무릎, 고관절, 손목에도 골관절염을 유발하며, 특히 복부비만은 고요산혈증에 의한 통풍 발생 위험을 높인다.

(6) 암

평균 체중의 140% 이상인 사람의 암 발생 위험도는 남자 1.3배, 여자 1.6배 높다. 비만과 관련된 암의 발생 부위는 남성은 대장과 직장에 많이 나타나고, 여성은 담낭계, 유방, 자궁경부, 자궁내막, 난소 부위에 많이 나타난다.

(7) 소화기계 질환 및 간질환

비만으로 인한 소화기계 질환은 소화불량이나 복부팽만감 등의 일반적인 증상부터 지방간, 담석증 등 다양하게 나타난다. 비만자는 말초조직의 지방이 간으로 이동하여 중성지방이 간에 과다하게 축적되어 지방간이 발생되기도 한다. 담낭질환은 비만자에게 흔한 소화기질환이다. 비만이 진행됨에 따라 담즙으로 분비되는 콜레스테롤의 증가는 담석을 유발하기도 한다.

(8) 정신사회적 문제

비만한 여성과 소아는 사회적 편견과 차별 대우를 받는 경우가 있다. 비만자는 자신의 외모에 대하여 만족감을 느끼지 못하고 대인관계에 자신감이 없으며 불안이나 우울증을 나타내기도 한다.

(9) 소아와 청소년의 비만문제

소아비만은 당대사장애, 인슐린 저항성의 발생률을 높이며, 청소년비만은 제2형 당뇨병, 고혈압, 이상지질혈증, 지방간, 위장관장애, 폐쇄성수면무호흡, 다낭성난소증후군과 같은 만성질환의 유병률을 증가시킬 수 있다. 비만한 소아는 성인이 되어도 비만할 가능성이 많다.

4. 비만판정법

1 체격지수

(1) 체질량지수

체질량지수BMI : Body Mass Index는 간단하고 체지방량과의 상관관계가 높아 비만판정에 가장 보편적으로 사용된다. 그러나 근육 양이 많은 경우에도 비만으로 판정될 수 있는 단점이 있다.

$$\text{BMI} = \frac{\text{체중(kg)}}{\text{신장(m)}^2}$$

표 5-3 체질량지수(BMI)를 이용한 비만 평가

비만도 판정	BMI(kg/m²)		합병증 위험도
	아시아-태평양	WHO	
저체중	<18.5	<18.5	낮음 (그러나 다른 임상적 문제 증가)
정상	18.5~22.9	18.5~24.9	보통
과체중	23~24.9	25~29.9	증가됨
비만	≥25	≥30	
비만 1단계	25~29.9	30.0~34.9	중등도
비만 2단계	≥30	35.0~39.9	심함
비만 3단계		≥40	매우 심함

아시아인의 BMI에 의한 비만판정은 저체중은 체질량지수가 18.5 미만, 정상은 18.5~22.9, 과체중은 23~24.9, 비만은 25 이상이다. 비만 1단계는 25~29.9, 비만 2단계는 30 이상으로 분류한다 표 5-3.

(2) 표준체중 백분율

표준체중 백분율은 이상체중비%IBW : % Ideal Body Weight라고도 하며 비만도를 계산할 때 사용한다 표 5-4.

$$\text{비만도(표준체중 백분율, \%)} = \frac{\text{실제체중}}{\text{표준체중}} \times 100$$

표준체중ideal body weight은 브로카Broca 변법이나 체질량지수BMI를 이용하여 계산할 수 있다.

표준체중 계산법

▪ **브로카 변법**

- 키 > 160 cm : 표준체중 kg = (키 cm − 100) × 0.9
- 키 150~160 cm : 표준체중 kg = (키 cm − 150) × 0.5 + 50
- 키 < 150 cm : 표준체중 kg = 키 cm − 100

■ **체질량지수 이용법(대한당뇨병학회)**

- 남자 : 표준체중 = 키$(m)^2$ × 22
- 여자 : 표준체중 = 키$(m)^2$ × 21

표 5-4 표준체중 백분율의 평가 기준

% 표준체중	평 가
≥ 200	병적인 비만
≥ 120	비만
110～120	과체중
90～110	정상
80～90	저체중(경도의 영양불량)
70～80	극심한 저체중(중등도의 영양불량)
< 70	극심한 영양불량

자료 : 대한영양사협회(2010), 임상영양관리지침서 제3판

2 체지방량 측정

(1) 피하지방 두께 측정법

체지방의 50%는 피하에 존재하므로 피하지방 두께를 캘리퍼skinfold thickness caliper를 이용하여 측정한다. 상완 후면의 삼두근을 가장 많이 측정하며, 이외에 복부, 견갑골 하부, 대퇴부 등을 측정한다 그림 5-7.

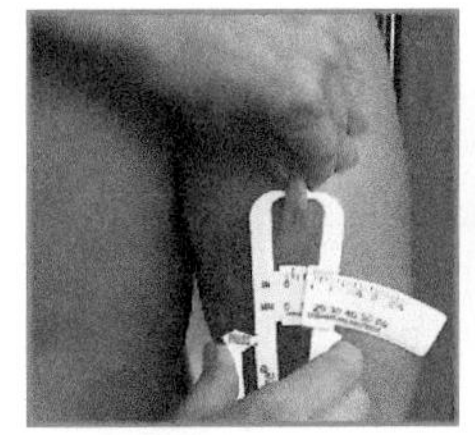

상완 삼두근

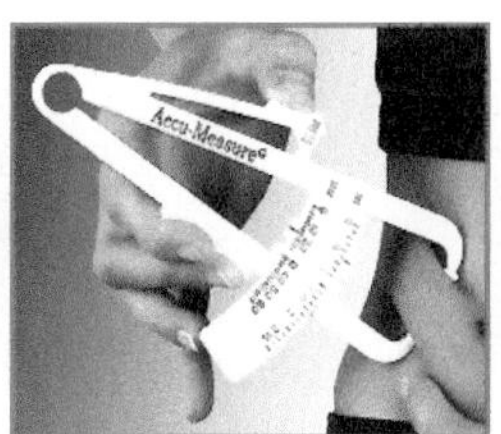

복 부

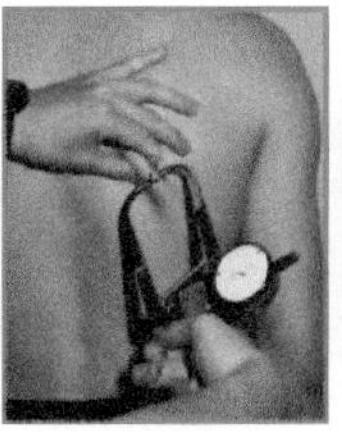

견갑골

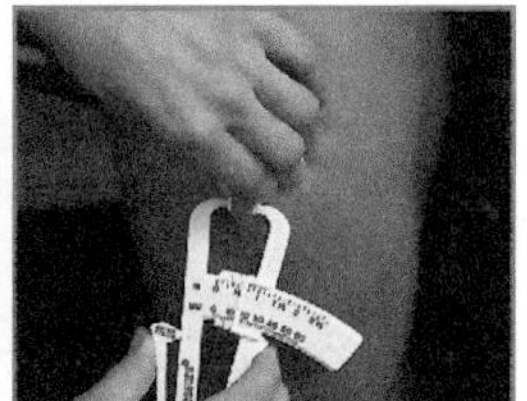

대퇴부

그림 5-7 피하지방두께 측정법

(2) 생체전기저항법

생체전기저항법bioelectrical impedance은 지방 조직이 수분, 칼륨 등의 전해질을 적게 함유하고 있어 전기 저항이 크다는 원리를 이용한 것이다 그림 5-8.

체지방률은 성별에 따라 다르며, 연령이 많을수록 증가한다. 체지방률을 이용하여 비만도를 판정하는 기준은 표 5-5와 같다.

표 5-5 체지방률 기준 비만판정

비만도	체지방률	
	성인 남자	성인 여자
정 상	8~15%	13~23%
약간 체중과다	16~20%	24~27%
체중과다	21~24%	28~32%
비 만	25% 이상	33% 이상

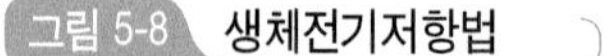

그림 5-8 생체전기저항법

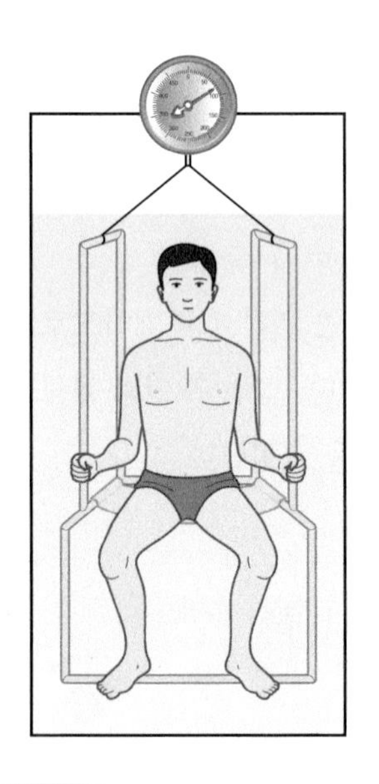

그림 5-9 수중체중측정법

(3) 수중체중측정법

수중체중측정underwater weighing은 체지방이 근육에 비해 밀도가 낮다는 원리를 이용한 것으로, 본래의 체중과 수중에서의 체중의 차이를 이용하여 체지방을 측정한다 그림 5-9. 비만한 사람일수록 수중에서의 체중은 적게 나가고, 물속에 들어갔을 때 넘치는 물의 양은 더 많다. 수중측정법은 비용이 많이 들고 건강한 사람에게만 적용할 수 있는 단점이 있다.

3 체지방 분포

(1) 허리둘레/엉덩이둘레 비율

허리둘레는 가장 들어간 부분, 엉덩이둘레는 가장 튀어나온 부분을 측정한다. 허리둘레/엉덩이둘레 비율WHR : Waist Hip Ratio은 남자는 0.95 이상, 여자는 0.85 이상이면 복부비만으로 판정한다.

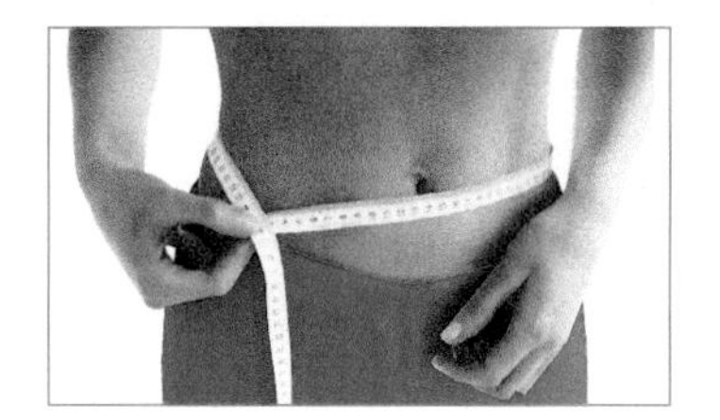

$$\text{허리둘레/엉덩이둘레 비율} = \frac{\text{허리둘레(cm)}}{\text{엉덩이둘레(cm)}}$$

(2) 허리둘레

허리둘레를 측정하여 남자 90cm 이상, 여자 85cm 이상이면 복부비만으로 판정한다.

(3) 컴퓨터 단층촬영법

컴퓨터 단층촬영CT이나 자기공명영상MRI을 이용하여 내장지방량과 피하지방량을 측정한다. 내장지방/피하지방의 비가 0.4 이상이면 내장지방형 비만으로 분류한다.

5. 비만의 식사요법과 치료

비만치료에는 식사요법, 운동요법, 행동치료, 약물치료와 수술치료 등이 있다.

1 식사요법

비만치료를 위한 식사요법의 목표는 합병증의 위험을 지속적으로 감소시키고 건강을 증진시키기 위한 수준으로 체지방을 감소시키는 것이다. 체중 조절을 위한 식사요법이 성공하기 위해서는 환자의 영양상태를 정확하게 파악한 후 개개인에게 적합한 식사관리계획을 수립하여 환자에게 교육하고 지속적으로 관리해야 한다.

(1) 에너지

① 에너지 섭취량 결정

비만자의 에너지 섭취량은 적정체중을 유지하는 수준으로 정한다. 에너지 섭취량은 실제 섭취량에 근거하여 결정하거나 환자의 1일 에너지 필요량을 계산한 후 체중감량을 위해 필요한 만큼의 에너지를 감소시켜 처방할 수 있다. 에너지 필요량은 실제 체중을 기준으로 하면 필요량이 과다하게 산정될 수 있으므로 비만도가 130% 이상인 비만자는 조정체중이나 표준체중을 적용한다 표 5-6, 5-7.

체중을 급격하게 줄이기 위해 심한 에너지 제한 식사를 장기간 지속하는 것은 위험하므로 하루 최소 1,000 kcal 이상을 공급한다. 에너지 영양소의 배분은 탄수화물 : 단백질 : 지방의 비율을 50～60% : 15～20% : 20～25%로 한다.

② 에너지 제한식

중등도 저에너지식moderate low calorie diet　중등도 저에너지식은 평소 에너지 섭취량보다 500～600 kcal를 감량하는 식사이다. 환자가 적응하기 쉬우며 장기간에 걸쳐 에너지 감량 효과를 얻고자 할 때 유용하다. 이 방법을 지속적으로 하면 에너지를 심하게 제한할 때보다 일정 기간 후 체중감소 효과가 더 크게 나타날 수 있다. 식품교환표를 이용하여 이상적이고 균형된 저에너지식을 계획한다.

저에너지식LCD : Low Calorie Diet　저에너지식은 하루에 1,200 kcal 정도의 에너지를 공급하는 식사이다. 에너지 섭취가 적으면 체중이 감소하지만 3대 영양소의 비율에 따라 체중감소 정도나 패턴이 다르게 나타나고 부작용도 다르다. 저에너지식에는 저지방, 중등도 탄수화물식과 같은 균형잡힌 저에너지식balanced LCD과, 저탄수화물 고지방식이나 저탄수화물 고단백식과 같은 불균형 저에너지식unbalanced LCD이 있다.

균형잡힌 저에너지식은 식품교환표를 이용한 식사 처방으로 평생 동안 이용할 수 있

표 5-6 활동에 따른 에너지 필요량

생활 활동 강도	직 종	단위 체중당 필요 에너지(kcal/kg)
가벼운 활동	일반 사무직, 관리직, 기술자, 어린 자녀가 없는 주부	20~30
보통 활동	제조업, 가공업, 서비스업, 판매직 외 어린 자녀가 있는 주부	30~35
강한 활동	농업, 어업, 건설작업원	35~40
아주 강한 활동	농번기의 농사, 임업, 운동선수	40~

자료 : 대한영양사협회(2010), 임상영양관리지침서 제3판

표 5-7 에너지 필요량과 처방 에너지량 계산

분 류	에너지 필요량 산출방법의 예
표준체중 이용 • 빠른 체중 감량을 원할 때 적용 • 아주 엄격한 방법	표준체중을 기준으로 활동 강도에 따라 처방 예) 여자, 신장 162 cm, 체중 69 kg, 보통활동 표준체중 : (162−100)×0.9=55.8 ➡ 56 비만도 : 69/56×100=123% ➡ 비만 1일 필요에너지 : 56 kg×30 kcal/kg = 1,680 kcal
조정체중 이용 • 현재 체중이 표준체중에 비해 많이 초과할 때 적용 (비만도가 130~140% 이상일 때) • 엄격한 방법	조정체중=표준체중+(현재체중−표준체중)/4 예) 여자, 신장 162 cm, 체중 75 kg, 보통활동 비만도 : 75/56×100=134% ➡ 고도비만 조정체중 : 56+(75−56)/4=60.75 kg ➡ 61 kg 1일 필요에너지 : 61 kg×30 kcal/kg = 1,830 kcal
현재체중 이용 • 서서히 감소되지만 오래 지속 가능 • 요요현상이 적음 • 관대한 방법	현재체중을 기준으로 활동 강도에 따라 처방 예) 여자, 신장 162 cm, 체중 69 kg, 보통활동 표준체중 : (162−100)×0.9=55.8 ➡ 56 비만도 : 69/56×100=123% ➡ 비만 1일 필요에너지 : 69 kg×30 kcal/kg = 2,070 kcal
평소 섭취량 이용 • 환자의 충격이 최소화됨 • 아주 관대한 방법	• 평소섭취량보다 하루 200 kcal씩 줄이거나 20% 정도를 감량하여 일주일에 0.4~0.5 kg(최대 1 kg)의 체중을 줄이는 방법이다. • 일주일에 2 kg 이상의 감량은 어지럽고 기운이 없어져서 오래 지속하기 어렵다.
처방 에너지량 계산 • 일주일에 0.4~0.5 kg 정도(최대 1 kg)의 체중을 줄일 경우 적용한 체중별 에너지 필요량에서 1일 300~500 kcal를 감량한 에너지를 처방한다. − 운동하지 않을 경우 : 500 kcal를 감량한 에너지량을 식사섭취량으로 처방한다. − 운동할 경우 : 300 kcal를 감량한 에너지량을 식사 섭취량으로 처방하고, 200 kcal에 준하는 운동을 권장한다.	

는 안전한 방법이다. 비만의 정도, 나이, 활동량 등을 고려하며 에너지 비율을 탄수화물 50~60%, 단백질 15~20%, 지방 20~25%로 한다. 그러나 갑작스런 식사량의 변화와 공복감으로 인하여 상당수가 식사 처방을 이행하지 못하기도 한다. 저에너지식을 이용하려면 환자의 생활습관과 식품에 대한 선호도를 고려해야 한다.

불균형 저에너지식은 저탄수화물 고단백식으로 육류를 주로 섭취하는 케토제닉 다이어트(일명 황제 다이어트), 사과나 포도, 감자 등 한 가지 식품만을 섭취하는 원푸드 다이어트one food diet, 상업용 조제식을 섭취하는 것 등을 말한다. 이들 식사요법은 일시적인 체중감량 효과가 있을 뿐 장기적으로는 체중 조절에 문제가 있다.

초저에너지식VLCD : Very Low Calorie Diet 초저에너지식은 하루에 400~800 kcal를 섭취하는 매우 적극적인 치료방법이다. BMI 30 이상으로 다른 식사요법으로 효과를 보지 못했거나 BMI 27 이상이고 비만으로 인한 합병증이 있는 사람에게 적용한다. 에너지 소모량보다 훨씬 적은 에너지를 섭취하므로 부족한 에너지를 체지방으로 보충하여 단기간에 체중이 감소된다. 그러나 목표 체중에 이르지 못하고 중도에 포기하는 경우가 많으며 기초대사량이 감소하여 원래 체중으로 돌아가기 쉽다. 보통 실시 기간은 12~16주로 의사의 관리하에 이루어져야 한다. 케톤증에 의해 생리불순, 탈수, 신부전, 통풍, 골다공증이 증가하고 저혈당, 메스꺼움, 구토, 변비 등이 초래되며, 기면, 피로, 어지럼증, 신경질, 구취, 건성피부, 탈모, 빈혈 등과 혈청 콜레스테롤 상승, 갑작스런 사망 등이 발생할 수 있다.

초저에너지식은 에너지는 제한하되 케톤증, 체조직 단백질과 전해질의 손실을 최소화하기 위하여 탄수화물, 생물가가 높은 단백질, 필수지방산을 포함하는 최소한의 지방, 권장섭취량을 충족시킬 수 있는 비타민과 무기질을 공급하여야 한다. 또한 기초대사량의 저하를 막고 근육 단백질을 보유하도록 운동을 권장한다. 일반적으로 초저에너지식은 액상 또는 분말형태의 상업적인 조제식을 많이 이용한다.

단 식 단식total fasting은 수분만 섭취하고 음식을 전혀 섭취하지 않는 체중감량방법이다. 단식을 하면 체지방이 분해되어 케톤체가 다량 생성되므로 케톤산증이 유발될 수 있다. 또한 단식은 근육 소실, 부정맥, 장기의 단백질 손실, 비타민과 무기질 결핍증이 유발될 수 있으며, 장기간 시행하면 요로결석, 신부전, 핍뇨, 무월경, 탈모 등이 나타날 수 있다.

체중감소량 계산법

■ 1일 필요 에너지에서 500 kcal씩 감량식을 하면 일주일 후 예상되는 체중감소량은?

500 kcal × 7(일) = 3,500 kcal
3,500 kcal ÷ 7.7 kcal = 454.5 g ⇨ 약 500 g

체지방 조직은 지방량이 85% 정도이므로 체지방 조직 1 g은 약 7.7 kcal의 에너지를 함유하고 있다. 따라서 일주일에 0.5 kg의 체중을 감량하려면 1일 필요 에너지에서 약 500 kcal씩을 감소시켜야 한다.

(2) 단백질

에너지를 제한하는 동안 근육 조직의 과다한 손실을 방지하기 위해 적정 수준의 단백질 섭취가 필요하다. 질소평형 유지를 위해 단백질은 표준체중 또는 조정체중 kg당 0.8~1.2 g을 섭취하며, 생체 이용률이 높은 양질의 단백질 위주로 공급한다.

(3) 지 방

지방은 고에너지원이므로 총 지방 섭취량을 제한하여 총 에너지의 20~25%를 넘지 않도록 한다. 포화지방산이나 콜레스테롤이 많은 식사는 혈중 지질대사 이상을 초래할 수 있으므로 전체 지방 섭취량 중 포화지방산과 다가불포화지방산의 섭취가 각각 10%를 넘지 않도록 하며, 콜레스테롤은 1일 300 mg 이하를 공급한다.

(4) 탄수화물

탄수화물은 단백질을 절약하고, 케톤증 및 심한 수분 손실을 예방하기 위해서 1일 100 g 이상 공급한다. 대체로 탄수화물은 총 에너지의 50~60%를 권장한다. 에너지 밀도가 높고 혈중 중성지방 수준을 높이는 단순당질보다는 복합당질을 공급한다.

식이섬유는 식사의 에너지 밀도를 낮추고 위 배출을 지연시키며, 공복감을 해소하고 대변의 용적을 증가시켜 변비를 방지해 주며, 혈중 지질 및 혈당 개선 효과가 있으므로 1일 20~25 g 이상 공급한다.

(5) 비타민과 무기질

1일 1,200 kcal 이하의 저에너지 식사를 할 경우 비타민과 무기질의 필요량을 충족시킬 수 없으므로 보충해 주어야 한다. 체중감량 식사는 어육류, 저지방 유제품, 채소와 과일류가 다양하게 포함되어야 하며, 비만자는 체내 산화적 스트레스가 증가된 상태이므로 식사를 통한 항산화 영양소가 부족하지 않도록 한다.

(6) 수 분

저에너지 식사를 하면 에너지원의 공급을 위해 단백질이 분해되어 질소산물이 증가하므로 이를 배설하기 위해 충분한 수분이 필요하다. 특히, 저탄수화물 식사를 하면 케톤체가 배설되기 위해 많은 양의 수분이 필요하므로 하루 1 L 이상 또는 1 kcal당 1 mL 이상의 수분을 공급한다.

(7) 알코올

알코올은 1 g당 7 kcal의 높은 칼로리를 내며, 체내에서 지방 산화를 방해하므로 체중조절을 할 때에는 삼가도록 한다. 음주를 하면 알코올 그 자체의 에너지와 함께 지방이나 에너지 함량이 높은 안주를 섭취하게 되어 에너지 섭취가 과다하게 된다.

쉬어가기

요요현상

요요는 내려갔다 올라갔다 하는 놀이기구인데, 어린이뿐 아니라 어른도 좋아하는 장난감이다. 요요현상(yo-yo effect)은 체중이 감량되었다가 다시 원래의 체중으로 복귀하거나 그 이상으로 증가하는 체중 순환(weight cycling)을 일컫는다.

여대생 P (24세)는 신장 162 cm, 체중 82 kg이다. 그녀는 체중 감소를 시도하였지만 뜻대로 되지 않자 단식원에 들어가서 10일 후 7 kg의 체중을 줄였다. 그러나 한 달 후 감량 체중보다 많은 10 kg의 체중이 불었다. 단식하는 동안 참았던 식욕이 다시 되살아났기 때문이었다. 그녀는 다시 체중감량을 시도했지만 감량 후 본래의 체중으로 돌아가는 기간은 더욱 짧아지고, 체중도 더 많이 늘곤 하였다. 그녀는 요요현상을 반복하고 있었다.

요요현상은 왜 일어나며, 어떤 영향을 미치는가를 생각해 보자. 식사량이 감소하면 신체는 이에 적응하기 위해 기초대사율을 감소시키므로 체내에서 필요로 하는 에너지가 적어진다. 그러므로 같은 에너지를 섭취하더라도 체중이 증가하게 되어 요요현상이 일어나는 것이다.

요요현상은 체내 단백질을 감소시키고 체지방을 증가시킨다. 감소된 체중 7 kg 중 5 kg이 지방이고 2 kg이 단백질이었다면, 증가된 체중 10 kg은 지방이 8.5 kg이고 근육은 1.5 kg에 지나지 않는다. 요요현상이 계속될수록 체내에 축적되는 지방의 양은 더욱 증가하게 되고 체중이 증가하는 기간도 더 단축된다.

요요현상을 방지하려면 꾸준한 식사요법과 함께 근육량을 늘려서 기초대사율을 증가시켜야 한다.

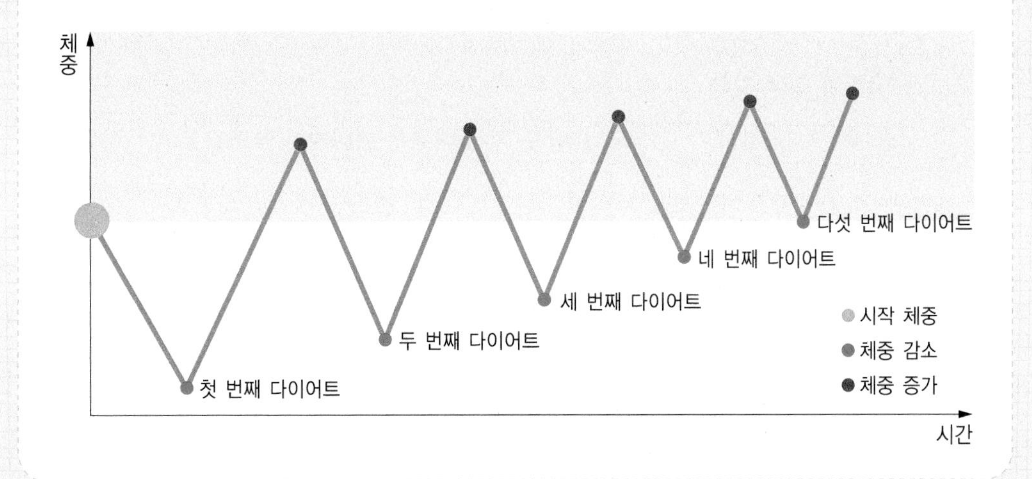

(8) 식사 패턴에 따른 식사 전략

① 식사량과 간식량이 모두 많은 경우

우선적으로 간식의 섭취량을 조절한다. 에너지가 적은 음식을 준비하고, 즉석식품이나 편의식품의 사용을 제한하며, 채소류를 충분히 제공한다. 식탁에 음식을 많이 놓지 않으며, 평소 음식을 눈에 띄는 곳에 두지 않는 것이 좋다.

② 세 끼 식사량이 많은 경우

제한된 에너지 내에서 포만감을 느끼도록 하고, 에너지 섭취를 줄인다. 작은 식기를 사용하고, 식사는 제시간에 천천히 하며 익힌 채소 등을 먼저 제공한다.

③ 식사량은 많지 않으나 간식이나 음료 섭취가 많은 경우

간식이나 음료 섭취를 줄여야 하는데, 그중 하나가 주위의 권유를 거절하는 것이다. 음료를 섭취할 때에는 물, 녹차, 블랙커피 등을 선택하고 커피, 과즙음료, 청량음료, 스포츠음료, 드링크류 및 가당음료를 피한다. 눈에 쉽게 띄거나 가까운 위치에 간식을 두지 않으며, 자주 이용하는 간식의 에너지 함량을 적어서 눈에 띄는 곳에 두도록 한다.

④ 외식을 자주하는 경우

외식의 빈도를 줄이는 것이 필요하며, 가능한 지방함량이 적은 음식을 선택하고, 음식의 양이 많은 곳은 피한다. 뷔페를 이용할 때에는 미리 먹을 음식의 종류와 양을 계획하고 한꺼번에 많은 양을 담지 않으며, 채소류를 먼저 먹도록 한다.

⑤ 음주가 잦은 경우

술을 제한하는 것이 가장 좋으며, 안주 역시 대부분 에너지가 높으므로 제한한다.

2 운동요법

운동은 에너지 섭취 조절과 함께 체중 조절 프로그램에서 필수적이다. 운동만으로 체중을 충분히 감소시킬 수는 없지만 운동으로 체지방을 감소시키고 기초대사율을 증가시킬 수 있다. 유산소운동aerobic exercise은 중등도의 강도에서 큰 근육을 사용하여 몸 전체를 움직이는 운동으로서 TCA 회로와 전자전달계를 통해 운동에 필요한 에너지를 공

급한다. 유산소운동을 지속적으로 하면 지방 소비를 증가시키므로 체지방의 연소에 좋으며, 운동이 끝난 후에도 수 시간 동안 계속해서 에너지를 더 연소하게 하여 대사율을 높여 주는 효과가 있다. 유산소운동은 자신의 최대 산소소모량의 60~80%의 운동 강도가 적당하며, 1회에 30분 이상, 일주일에 3일 이상 지속적으로 시행하는 것이 좋다.

저항성운동weight training은 체지방 소모보다는 근육량을 키우고 체단백질을 증가시키는 데 도움이 된다. 저항성운동은 섭취 에너지를 제한할 경우에도 근육량을 유지하면서 기초대사량이 저하되는 것을 방지하므로 요요현상을 막아준다. 따라서 체중을 감소시키고 감소된 체중을 지속적으로 유지하기 위해서는 유산소운동과 저항성운동을 병행하는 것이 효과적이다.

쉬어가기

체중감량 성공을 위한 3요소

- 섭취하는 에너지를 줄인다.
- 신체활동과 운동을 통하여 소비 에너지를 증가시킨다.
- 생활습관을 변화시켜 감소된 체중을 유지한다.

3 행동치료

행동치료의 목표는 환자의 식습관을 바꾸고 활동량을 증가시키는 것이다. 음식물 섭취에 앞서 일어나는 선행사항들을 확인하기 위해서는 식사와 관련된 행동을 스스로 관찰하여 기록한다. 섭취 음식의 종류, 섭취 장소, 음식 섭취를 자극하는 상황, 감정이나 기분 등을 기록하여 분석해 보면 음식물 섭취를 자극하는 요인들을 찾을 수 있다. 음식 섭취를 자극하는 요인을 제거하기 위하여 자극 조절방법을 활용할 수 있다.

체중감량을 위한 자극 조절방법의 예

- 하루 세 끼 식사를 거르지 않기
- 식사는 식탁에서만 하기
- 식사하면서 독서나 TV 시청 금지
- 조금씩 요리하기
- 같은 시간에 일정하게 먹기
- 식사에만 집중하기
- 작은 크기의 식기를 사용하기
- 비운 접시는 바로 설거지통에 넣기

환자 개개인의 효과를 극대화하기 위해서 무엇보다 중요한 것은 개인의 특성을 파악하여 치료 전략을 계획하는 것이다. 행동치료 시에는 기분, 시기, 활용 가능한 식품의 범위, 활동, 감정적 요인, 상황적 요인 등을 기록하여 먹지 말아야 할 때 먹게 만드는 상황을 구분할 수 있도록 하여야 한다. 일반적으로 TV 시청, 신문이나 책 읽기, 주변에 음식을 두어 음식을 보거나 냄새 맡기 등은 식욕을 유발하는 요인이 된다. 조리를 해야 먹을 수 있는 음식은 섭취를 자제하기 쉽지만, 이미 포장이 뜯어져 있는 간식 형태의 식품은 먹고 싶은 욕구를 자극한다.

식욕을 일으키는 요인들이 분명해지면 그것을 조절하거나 피하려는 노력을 수행하도록 한다. 소량씩 먹기, 천천히 먹기, 한 입 먹고 난 후에 수저 내려놓기 등의 방법이 도움이 될 수 있다. 환자가 먹고 싶어하는 음식을 금지하면 폭식으로 연결될 수 있으므로, 완전히 금지하기보다는 양을 조절하도록 한다.

쉬어가기

체중감량 중의 사회활동

체중감량을 하는 동안에도 회식과 파티 참가, 기타의 사회활동 등 사회생활을 유지하며, 휴식과 함께 스트레스를 줄여 건강한 생활을 영위할 수 있어야 한다. 체중감량은 그 자체가 목적이 아니라 삶의 질을 보다 높이기 위한 것이다.

행동치료는 체중감소율이 높지는 않으나 올바른 생활습관과 식습관을 생활화하게 되어 감소된 체중을 장기간 유지하는 데 도움이 된다.

4 약물치료와 수술치료

(1) 약물치료

약물치료는 식사 조절, 운동, 행동치료와 함께 도움이 될 수 있으나, 약물의 효과, 안정성과 투약 중지 후의 체중 재증가 등의 문제가 발생할 수 있다. 우리나라에서 사용 가능한 약물은 FDA에서 승인한 단기 사용 비만치료 약물이며, 4주 이내 사용을 권하고 있다.

비만치료제는 구강 건조, 구토, 식욕부진, 변비, 불면증, 어지러움, 복부팽만감, 복통, 설사, 지방변, 배변 증가, 배변 실금 등의 부작용이 나타날 수 있다.

비만치료용 약물

- **시부트라민(sibtramin)** : 중추에 작용하여 신경 말단에서 세로토닌과 노르에피네프린의 재흡수를 억제하여 식욕을 저하시킨다. 이 약물은 자연스러운 생리적 포만 기전을 활성화시키며 갈색 지방세포와 교감신경을 활성화하여 열 생산을 증가시키므로, 에너지 섭취 저하와 소비 증가의 두 가지 기전으로 체중을 감소시킨다. 그러나 미국 식품의약국(FDA)에서 뇌졸중, 심장발작 등 심각한 부작용이 우려되어 시판 중단을 권고하였고, 우리나라 식품의약품안전청에서도 시판 중단을 결정하였다.
- **올리스타트(olistat)** : 리파아제 활성 부위에 결합하여 리파아제의 작용을 저해하여 장내에서의 지방의 소화와 흡수를 저해한다. 따라서 섭취한 지방의 약 30%는 소화 · 흡수되지 않고 대변으로 배설된다. 상품명으로는 제니칼(Xenical) 등이 있다.

(2) 수술치료

고도비만자는 운동요법, 약물요법, 식사요법으로 체중을 감소시켜도 대부분 5년 이내에 다시 체중이 증가한다. 미국에서는 체질량지수가 40 kg/m^2 이상이거나 심한 수면무호흡증, 당뇨, 심장질환 등을 동반한 체질량지수 35 kg/m^2 이상을 수술 대상으로 하고 있다. 우리나라에서는 체질량지수가 35 kg/m^2 이상이거나 체질량지수가 30~35 kg/m^{2}이면서 심각한 동반 질환을 갖고 있는 경우를 수술 대상으로 한다. 환자가 고도비만 수술에 대하여 긍정적이며 적극적인 이해가 있어야 하고 또한 의료진에 협조적이어야 한다.

배리애트릭Bariatric, 위 절제술은 위나 소장의 일부를 잘라내어 음식 섭취량을 줄여 비만을 치료하는 수술법이다. 베리애트릭Bariatric은 그리스어로 체중이라는 뜻의 바로스baros와 치료라는 뜻의 이애트릭iatrike을 혼합한 합성어이다. 1990년대에 들어서면서 내시경 복강경 수술이 도입되었다.

위 조절 밴드술 위의 용적을 20 cc 정도로 줄일 수 있는 위치에 실리콘 재질의 위 조절 밴드를 돌려 삽입한 뒤 수술 후 조금씩 풍선을 부풀려 서서히 목을 조여 음식 섭취량을 줄이는 방법이다.

위 소매 모양 절제술sleeve gastrectomy 위의 일부를 소매 모양으로 절제하는 수술이다.

루앙와이 위우회술Roux-en-Y gastric bypass 위의 일부만 남겨놓고 잘라낸 뒤 음식물이 바로 소장으로 넘어가도록 우회로를 만드는 방법이다.

6. 저체중

저체중underweight은 체중이 표준체중보다 10% 이상 적게 나가는 경우이다. 미국의 경우 체중부족자는 10% 미만으로 비만에 비하여 그 발생률이 훨씬 적다. 그러나 우리나라의 경우 체중부족자는 초등학생 31%, 고등학생은 45%로 지속적으로 관심을 가져야 할 대상이다.

체중 부족이 건강에 미치는 영향

- 질병에 대한 저항력이 약하다.
- 추위에 민감하고 허약하다.
- 표준체중의 20% 미만인 어린이는 성장장애를 초래한다.
- 뇌하수체, 부신, 갑상선, 생식기계의 기능 저하가 나타난다.

(1) 원 인

저체중은 정상체중보다 지방세포의 수가 적거나, 지방을 저장하는 백색 지방세포보다

지방을 열로 방출시키는 갈색 지방세포가 많고, 적은 양의 음식으로 포만감을 느낀다. 저체중의 원인은 다음과 같다.

- 암, 감염, 고열, 대사성 질환 등 소모성 질환을 앓고 있다.
- 심리적으로 음식 먹기를 거부하거나, 뇌의 식욕중추에 장애가 있어서 식욕이 없거나, 경제적 어려움이나 식품 수급이 원활하지 않아서 음식 섭취가 충분하지 않다.
- 만성적인 설사, 위장관질환, 완하제의 남용 등으로 영양소 흡수장애가 있다.
- 갑상선기능항진증을 앓고 있어 에너지 필요량이 증가한다.
- 심한 신체활동을 하면서 에너지 섭취량은 적다.
- 비위생적인 환경에 거주하거나 집이 없어 음식의 섭취량이 충분하지 않거나, 음식을 불규칙적으로 섭취한다.
- 음식 섭취에 관심이 없다.

(2) 식사요법

저체중자의 체중을 증가시키는 것은 매우 어려운 일이다. 저체중의 영양관리방법은 원인에 따라 알맞은 계획을 세워야 하며, 궁극적으로 소모 에너지보다 섭취 에너지가 많아야 한다.

에너지 하루에 500~1,000 kcal를 증가시켜 고에너지 식사를 공급한다. 에너지 섭취를 증가시키는 방법으로는 음식을 먹고 난 후에 더 주든지, 간식을 섭취하도록 하며, 볶음밥, 버터 바른 빵, 튀김, 볶음, 전류, 견과류, 쿠키와 같은 농축음식을 공급한다.

단백질 조직 재형성을 위해 고단백식을 공급한다.

탄수화물 소화되기 쉬운 형태의 에너지 섭취를 위해 탄수화물이 많이 든 음식을 공급한다.

지 방 에너지 섭취를 증가시키므로 적정량 공급한다.

비타민과 무기질 비타민과 무기질을 충분히 공급한다.

쉬어가기

에너지 섭취를 증가시키는 방법

- 요리 솜씨가 좋아야 한다.
- 다양한 양념을 사용하여 음식을 만든다.
- 식사할 때 옆에서 서빙하면서 식욕을 증가시킨다.
- 여러 가지 식품을 공급한다.
- 음식은 소량씩 자주 공급한다.
- 기호식품을 이용한다.
- 농축된 영양보충 음료나 이유식을 제공하며, 빵에는 버터를 발라 준다.
- 고에너지 음식을 먼저 먹고 채소는 나중에 먹도록 한다.
- 위장관에 부담을 주지 않기 위해 음식의 양을 점진적으로 늘린다.
- 저체중이 심한 경우 경관급식이나 정맥영양을 공급한다.

7. 식사장애

식사장애eating disorder, 섭식장애는 식행동eating behavior에 대한 심리적인 두려움으로 음식을 정상적이지 않은 방법으로 섭취하는 질병이며, 신경성 식욕부진증과 신경성 대식증, 폭식장애의 세 가지로 구분할 수 있다. 신경성 식욕부진증은 정상적인 체중의 최저수준을 유지하는 것조차 거부하는 것이며, 신경성 대식증은 마구 먹은 후 부적절한 행동으로 이를 보상하는 일이 반복되는 것이다.

1 신경성 식욕부진증

(1) 특성과 진단기준

신경성 식욕부진증anorexia nervosa, 거식증은 왜곡된 신체상body image으로 인하여 체중을 줄이고자 음식 섭취를 극도로 제한하는 질병이다 그림 5-10.

신경성 식욕부진증은 평균 17세에 발병하며, 90% 이상이 여성에서 발생한다. 신경성 식욕부진증 환자는 기초대사율이 19~40% 저하되며, 면역기능이 저하되어 감기 등 질병에 대한 저항력이 감소하고, 여성의 경우 무월경이 나타나기도 한다.

신경성 식욕부진증의 진단 기준은 표 5-8과 같으며, 신경성 식욕부진증의 유형은 제한형과 폭식형/제거형으로 분류할 수 있다. 제한형restricted type은 체중이 극적으로 감소하도록 음식 섭취를 극도로 제한하며, 폭식이나 제거행위를 하지 않는다. 신경성 식욕부진증의 일차적 유형은 체중을 끊임없이 지나칠 정도로 줄이려는 동기이며, 다른 사람을 지휘 통제하려는 수단으로 이용되기도 한다. 이는 단지 체중 조절에 대해서만 관심을 갖는 환자에게서 나타나는 비전형적인 유형과는 구별된다.

그림 5-10 왜곡된 신체상

폭식형/제거형binge-eating type, purging type은 반기아상태와 음식 섭취를 통제하지 못하는 현상이 번갈아 나타나며, 폭식을 한 후 완하제나 이뇨제 사용, 구토 등 제거purging행동과 과도한 운동을 한다. 구토나 하제를 남용하는 경우 저칼륨혈증, 저나트륨혈증, 저인산혈증 등이 초래될 수 있다. 신경성 식욕부진증이 있는 여성의 50%는 폭식과 제거행위를 하는 것으로 보고되고 있다. 만성적인 신경성 식욕부진증 환자의 사망률은 18% 정도이며, 의학적으로 합병증과 자살이 주 원인이다.

표 5-8 신경성 식욕부진증의 진단기준

구분	내용
진단기준	• 최소한의 정상체중 유지를 거부하고, 표준체중의 85% 미만으로 유지하고자 함 • 저체중임에도 불구하고 체중과 체지방이 증가하는 것에 대하여 극도의 두려움을 가짐 • 체중이나 체형에 대한 잘못된 인식을 가지고 있으며, 현재 자신의 저체중 상태에 대한 심각성을 부정함 • 가임기 여성의 경우 연속해서 3회 이상 월경이 없음
유 형	• 제한형 : 신경성 식욕부진증이 있는 동안에 폭식이나 제거행위를 하지 않는 유형 • 폭식형/제거형 : 신경성 식욕부진증이 있는 동안에 정기적으로 폭식이나 제거행위를 하는 유형(구토제, 완하제, 이뇨제 및 관장약 남용)

자료 : 대한영양사협회(2010), 임상영양관리지침서 제3판

쉬어가기

식사장애 여성

의료 전문직에서 일하는 20대 여성 A는 저울에 올라가 체중을 재는 것으로 하루를 시작한다. 그는 저울 눈금이 44 kg에서 조금이라도 넘는 듯하면 그 순간부터 하루 종일 식사를 하지 않을 뿐 아니라 일이 손에 잡히지도 않는다. 회식을 하다가도 체중계의 눈금이 생각나면 곧 화장실로 달려가 먹은 음식물이 모두 나왔다고 생각할 때까지 구토를 반복한다. A는 체중에 연연하여 직장생활에 소홀하고 동료와의 관계가 소원해지는 자신을 이해하지 못하면서도 매일 아침 체중을 재면서 하루를 시작한다.

(2) 영양치료와 식사요법

신경성 식욕부진증은 비만에 대한 반작용뿐 아니라 청소년기 후반에는 우울증, 정신분열증 등의 정신질환과도 관련이 있으므로, 소아과 의사, 정신과 의사, 내과 의사, 영양사로 이루어진 팀이 도움이 된다.

신경성 식욕부진증 환자를 대상으로 한 영양치료의 일차적 목표는 굶는 습관을 교정하고 생리적인 균형을 회복하는 것이며, 이차적 목표는 체중을 증가시키는 것이다. 성인은 과거의 체중을, 청소년은 발육치를 기준으로 목표 체중을 정하며, 단계적으로 목표 체중을 세워 환자가 받아들이기 쉽게 한다.

① 식사력 조사

식사량이 감소되기 전부터 현재까지의 에너지 및 단백질 섭취, 식사와 간식의 횟수, 식사 내용과 식사 습관을 상세하게 조사한다. 식사를 제한하면서 싫어하게 된 음식, 신체활동의 종류와 횟수, 운동시간 등도 조사한다.

② 식사계획

식욕부진증 환자는 대사율이 저하되어 있어 계산 공식에 의하여 에너지 필요량을 결정하면 과다하게 산정될 수 있다. 기초대사량이 현재 섭취량보다 250~300 kcal 정도 많으면 기초대사량을 필요 칼로리로 정하고, 만약 차이가 적으면 기초대사량에 200~250 kcal를 추가하여 결정한다. 하루 최소 1,200 kcal 이상을 섭취하도록 권장하며, 50% 이상은 탄수화물로 공급한다. 초기에 증가되는 에너지는 탄수화물보다는 단백질로 공급해야 체내의 수분 과다 이동과 이로 인한 체중증가를 방지할 수 있다.

신경성 식욕부진증 환자의 식사계획 시 식품교환표를 이용하면 환자가 에너지에 대한 강박증을 덜 일으킬 수 있으며, 탄수화물 50%, 단백질 25%, 지방 25% 정도가 권장된다. 식사 후 복부팽만감으로 인해 느끼는 불쾌감은 정상적인 과정이며 식사를 꾸준히 하면 나아질 수 있음을 이해시킨다.

③ 체중 유지 및 추후 관리

식욕부진증 환자는 체중이 회복된 후에도 늘어난 체중을 유지하는 데 어려움이 있다. 회복률은 약 50% 정도이며, 적정 체중의 15% 이내에서 체중이 유지되면 회복된 것으로 판단한다. 체중 유지를 위하여 활동량, 운동 등을 고려하여 에너지를 조정한다.

2 신경성 대식증

(1) 특성과 진단기준

신경성 대식증bulimia nervosa, 탐식증은 고에너지 음식을 몰래 발작적으로 먹어치우거나 빠른 속도로 많은 양의 음식을 먹는 등의 폭식binge eating이 특징이다. 음식을 먹은 후에는 의도적으로 구토하거나, 하제나 이뇨제 복용 등의 강제적인 배설purging, 격심한 운동 등의 다양한 체중 조절방법을 시도하여 폭식 행동을 보상하려 한다. 즉, 신경성 대식증 환자는 음식을 먹고자 하는 욕구와 체중 증가를 피하고자 하는 욕구가 서로 충돌을 일으킨다.

신경성 대식증은 신경성 식욕부진증처럼 마른 외모에 집착하나, 체중은 정상체중 또는 과체중을 보인다. 폭식증 행동의 빈도와 강도에 따라 체중 변화가 심하게 나타나며, 음식은 격분, 절망, 분노, 지루함 등의 상징적인 의미를 갖는다. 신경성 대식증 환자는 하루에 1만~2만 kcal를 섭취하기도 하며, 음식을 먹거나 강제 배설하는 행동을 남에게 보이지 않으려는 특성이 있다.

신경성 대식증 환자는 반복되는 구토로 인해 치아의 에나멜층 침식, 식도 자극으로 인한 이하선 염증이나 감염 등이 나타나며, 구토제나 완하제, 이뇨제 남용으로 탈수, 저칼륨혈증, 전해질 이상 등이 초래될 수 있다. 과다한 완하제 사용으로 장의 염증, 신장 이상, 위장관 출혈, 대사성 알칼리혈증이 나타날 수 있으며, 장기간 완하제를 사용하다

표 5-9 신경성 대식증의 진단기준

구분	내용
진단기준	• 폭식이 반복적으로 나타나는 경우 폭식의 특징 – 일정한 시간 내에 일반 사람들이 먹을 수 있는 양보다 훨씬 많은 양의 음식을 먹음 – 폭식을 하는 동안에는 먹는 것을 통제하지 못함 • 체중 증가를 방지하기 위해 구토, 완하제, 이뇨제의 남용, 관장, 단식, 과다한 운동 등의 부적절한 보상행위를 반복함 • 3개월에 1주, 1주에 2회 이상 폭식과 부적절한 보상 행동을 모두 보임 • 체형이나 체중 때문에 자기 자신을 부정적으로 평가함 • 신경성 식욕부진증이 있는 동안에는 문제가 일어나지 않음
유 형	• 제거형 : 신경성 대식증이 있는 동안 구토, 완하제, 이뇨제 및 관장약을 남용하는 행위를 반복하는 유형 • 비제거형 : 신경성 대식증이 있는 동안 절식, 과다한 운동 등과 같은 보상 행위를 하지만, 구토제, 완하제, 이뇨제, 관장제를 남용하지 않는 유형

자료 : 대한영양사협회(2010), 임상영양관리지침서 제3판

가 중단하면 변비가 나타난다. 신경성 대식증 환자의 50%는 신경성 식욕부진증의 전력이 있다.

신경성 대식증의 진단 기준은 표 5-9와 같으며, 구토, 완하제, 이뇨제 복용, 관장약을 남용하는 제거형purging type과 절식, 과다한 운동 등의 보상 행위를 하지만 구토, 완하제, 이뇨제, 관장제를 남용하지 않는 비제거형non-purging type이 있다.

(2) 영양치료와 식사요법

신경성 대식증의 치료는 신경성 식욕부진증의 치료에 비해 잘 정립되어 있지 않으며, 폭식 · 제거 행위의 통제가 불가능하고 구토나 완하제, 이뇨제 남용으로 인한 저칼륨혈증이 심하면 입원이 필요하다. 위험한 식사행동이나 약물 사용의 예방과 조절을 위해 정신과에 입원하는 것도 도움이 된다. 신경성 대식증 환자는 강제 배설로 인하여 전해질 불균형, 탈수, 대사적 알칼리혈증 등이 있는지 확인하고, 이에 따른 적절한 영양관리가 필요하다.

신경성 대식증 환자의 식사요법 목표는 체중이 정상범위로 유지되는 경우가 많으므로 정상적으로 음식을 섭취하고, 폭식 행동을 하지 않아 체중을 안정시키는 것이다.

① 식사력 조사

폭식을 유발하는 원인, 빈도, 단식의 유무와 횟수, 기간 등을 조사한다. 폭식을 할 때 먹는 음식과 환자가 폭식에 대하여 어떻게 정의하는지를 아는 것이 필요하고, 이는 영양사가 환자와 친숙하게 지내는 과정에서 파악할 수 있으며, 영양교육의 자료로 활용할 수 있다.

② 식사계획

초기에 에너지 섭취량을 너무 늘리면 환자가 체중 증가를 두려워해 단식이나 제거 행위를 할 수 있으므로 초기에는 에너지 섭취량을 현재 체중을 유지하는 정도로 한다. 그러나 초기에 에너지를 너무 적게 제공하면 환자가 폭식을 할 수 있다. 일반적으로 하루 1,200 kcal 정도의 에너지를 공급한다. 하루 3끼의 규칙적인 식사가 중요하며, 탄수화물을 소량 공급하면 환자가 탄수화물에 대한 욕구로 인해 과식을 할 수 있으므로 적당량의 탄수화물을 공급한다.

③ 유지 및 추후 관리

신경성 대식증 역시 체중을 유지하도록 지속적인 관리가 중요하다. 환자가 적정 체중을 유지할 수 있는 자신감이 생기면 식사계획에 엄격하게 따르지 않고 유연하게 대처하도록 한다. 중정도의 운동 역시 도움이 된다.

신경성 대식증의 회복을 판단하는 기준

- 건강한 체중을 유지한다.
- 대사율이 정상화되었다.
- 다양한 음식을 섭취한다.
- 폭식 · 제거 행위로 인해 발생한 월경, 피부, 치아, 위장기능 등의 변화가 정상으로 회복되었다.
- 정상적인 체중 변동에 대하여 인정한다.
- 음식 섭취 패턴이 정상적이다.
- 공복감을 인식하고 이에 대해 정상적인 반응을 보인다.

쉬어가기

폭식장애

폭식장애(binge eating disorder)는 정신적 · 육체적 요구에 따라 광범위하게 나타나는 식사행동장애이다. 폭식 환자는 비만이 그 결과로 나타날 수 있다. 정상 또는 과체중인 경우는 음식을 하루 종일 제한하거나 거른 후 폭식 행위를 보인다. 대부분의 강박성 폭식은 신경성 대식증의 진단 기준에 적용되나, 체중조절의 수단으로 제거 행위를 규칙적으로 하지 않는 것이 예외적이다.

폭식을 하는 비만인은 폭식을 하지 않는 비만인에 비하여 더 심각한 우울증 증후군을 보인다. 폭식을 하면 체중이 더 많이 축적된다.

폭식증의 진단기준은 다음과 같다.

폭식증의 진단기준

- 폭식이 반복적으로 나타난다.
  - 일정한 시간(예 : 언제든 2시간 이내) 대부분 사람들이 비슷한 시간이나 상황에서 먹을 수 있는 양보다 훨씬 많은 양의 음식을 먹는다.
  - 폭식을 하는 동안에는 먹는 것을 통제할 능력이 없다.
    (예 : 먹기를 멈추거나 무엇을 얼마나 먹을지 조절하지 못한다는 것을 느낀다)
- 폭식 시 다음 3가지 이상 증상이 동반된다.
  - 정상보다 빨리 먹는다.
  - 불편할 정도의 만복감을 느낄 때까지 먹는다.
  - 배고프지 않아도 많은 양의 음식을 먹는다.
  - 많이 먹는 것이 부끄러워 혼자서 먹는다.
  - 폭식 후 자신에 대한 혐오감, 우울, 죄의식을 느낀다.
- 폭식으로 인해 상당한 고민을 한다.
- 최근 6개월 동안 일주일에 최소 2일 이상 폭식을 한다.
- 폭식 후 그릇된 보상 행위(하제 사용, 단식, 과다한 운동)를 하지 않으며, 이러한 특징이 신경성 식욕부진증이나 신경성 대식증에는 보이지 않는다.

자료 : 대한영양사협회(2010), 임상영양관리지침서 제3판

주요 용어

- **갈색 지방조직(BAT : Brown Adipose Tissue)** : 추울 때 열을 발생하여 에너지를 소비함
- **단식(total fasting)** : 수분만 섭취하고 음식을 전혀 섭취하지 않는 체중감량법
- **대사증후군(metabolic syndrome)** : 만성질환의 위험인자를 복합적으로 가지고 있는 상태로 복부비만, 고중성지방혈증, 고 HDL혈증, 고혈압, 고혈당 중 3개 이상에 해당할 경우 진단함
- **둔부비만(lower body obesity)** : 허리 아래쪽, 특히 엉덩이나 다리에 지방이 많이 축적된 형태
- **렙틴(leptin)** : 지방조직에서 분비되어 뇌에 작용하여 체내 지방의 양을 조절하는 호르몬
- **루앙와이 위우회술(Roux-en-Y gastric bypass)** : 위의 일부만 남겨놓고 잘라낸 뒤 음식물이 바로 소장으로 넘어가도록 우회로를 만드는 수술법
- **배리애트릭(Bariatric, 위 절제술)** : 위나 소장 일부를 잘라내어 음식 섭취량을 줄인 후 체중을 줄여 비만을 치료하는 수술법
- **백색 지방조직(WAT : White Adipose Tissue)** : 에너지를 저장하며, 복강, 피하, 신장 주변, 근육섬유 사이에 위치하여 장기를 보호함
- **복부비만(upper body obesity)** : 허리 위쪽, 특히 복부에 지방이 많이 축적된 형태
- **비만(obesity)** : 체내에 지방조직(adipose tissue)이 과다하게 축적되어 있는 상태
- **신경성 대식증(bulimia nervosa, 탐식증)** : 고에너지 음식을 빠른 속도로 많은 양을 먹은 후 체중 증가가 두려워 의도적으로 구토하거나, 하제나 이뇨제 복용으로 배설하는 것
- **신경성 식욕부진증(anorexia nervosa, 거식증)** : 왜곡된 신체상(body image)으로 인하여 체중을 줄이고자 음식 섭취를 극도로 제한하는 질병
- **야식증후군(night eating syndrome)** : 저녁 식사와 다음 날 아침 식사 사이에 1일 필요 에너지의 25% 이상을 섭취하는 것
- **위 조절 밴드술(adjustable gastric banding)** : 위에 실리콘 재질의 위 조절 밴드를 삽입하여 음식 섭취량을 줄이는 방법
- **저에너지식(LCD : Low-Calorie Diet)** : 1일 에너지를 800~1,200 kcal를 섭취하는 에너지 제한식
- **지방세포 비대형 비만(hypertropic obesity)** : 성인비만(adult onset obesity)이라고 하며, 지방세포의 크기가 증대된 것이므로 청소년기 비만에 비하여 체중 조절이 가능함
- **지방세포 증식형 비만(hyperplastic obesity)** : 소아와 청소년기에 발생하므로 소아비만(juvenile onset obesity)이라고 하며, 세포의 크기뿐 아니라 세포 수도 증가함
- **체질량지수(BMI : Body Mass Index)** : 체중(kg)을 신장$(m)^2$으로 나누어 계산함
- **초저에너지식(VLCD : Very Low Calorie Diet)** : 1일 에너지를 400~800 kcal를 섭취하는 에너지 제한식

CLINICAL NUTRITION

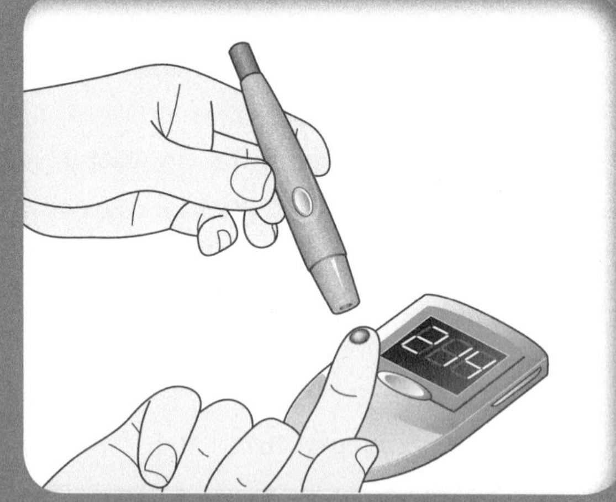

제 6 장

당뇨병

1. 당뇨병의 정의와 원인 ✻ 2. 당뇨병의 분류 ✻ 3. 당뇨병의 진단 ✻ 4. 당뇨병의 증상

5. 당뇨병의 대사 ✻ 6. 당뇨병의 합병증 ✻ 7. 당뇨병의 치료

당뇨병(diabetes mellitus)의 diabetes는 희랍어로 '관(siphon) 또는 통과한다(to pass through)'라는 말이고, mellitus는 라틴어로 '꿀(honey)'을 뜻한다. 이는 체내의 수분과 당이 인체를 관으로 하여 체외로 배출되는 것을 의미한다. 당뇨병은 발병하면 완치가 불가능하기 때문에 당뇨병으로 인한 증상을 개선하고 합병증을 막는 이차적인 예방과 관리가 필요하다. 따라서 당뇨병은 약물 사용과 관계없이 일생 동안 식사요법을 해야 하므로 환자 자신의 올바른 인식과 자기관리능력이 매우 중요하다.

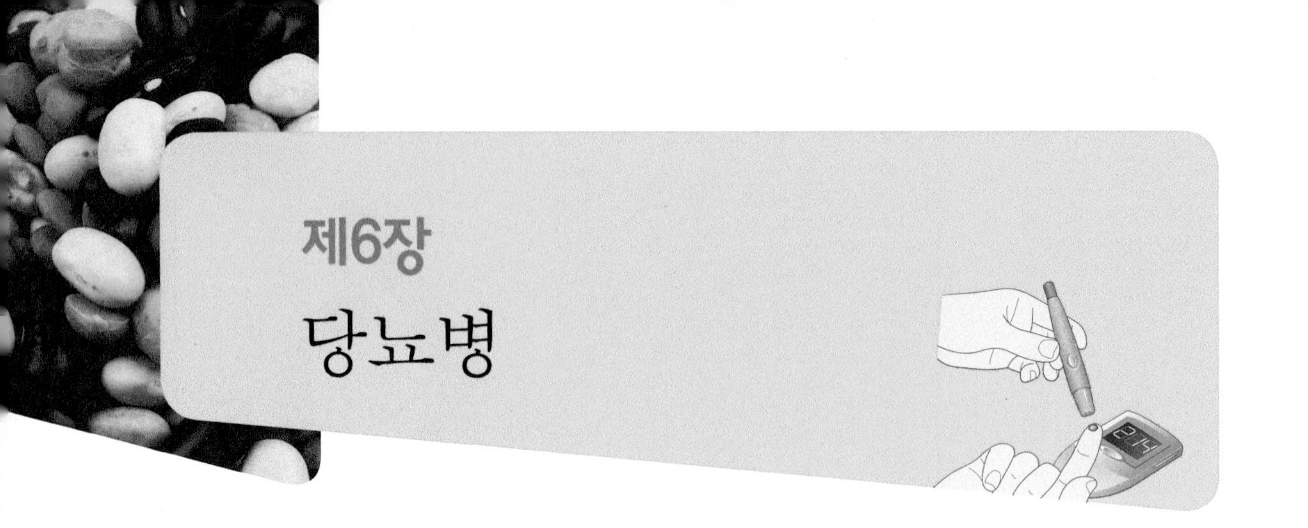

제6장 당뇨병

1. 당뇨병의 정의와 원인

1 당뇨병의 정의

당뇨병DM : Diabetes Mellitus은 췌장에서 분비되는 혈당 조절호르몬인 인슐린의 결핍이나 작용 결함으로 발생하는 질환이다. 인슐린은 췌장 랑게르한스섬islands of Langerhans의 베타-세포에서 분비된다. 당뇨병은 인슐린의 분비 저하로 인한 절대량의 부족과 인슐린 수용체insulin receptors 수의 감소와 활성 저하, 인슐린에 대한 감수성insulin sensitivity 저하 등 인슐린 작용의 결함에 의해 고혈당hyperglycemia과 당뇨glycosuria를 나타내는 만성대사 질환이다. 최근 경제가 발전하고 생활양식이 서구화됨에 따라 당뇨병 유병률과 사망률이 증가하고 있어 당뇨병의 예방 및 관리가 매우 중요하다.

2 당뇨병의 원인

(1) 유 전

제1형 당뇨병은 자가면역 결핍 관련 유전인자가 관여하고, 제2형 당뇨병은 인슐린 저항성 관련 유전인자에 의해 발생한다. 부모가 모두 당뇨병인 경우 자녀가 당뇨병이 발생할 가능성은 30%이고, 한쪽 부모가 당뇨병인 경우에는 15% 정도이다. 그러나 유전적 요인을 가지고 있다고 하여 모두 당뇨병 환자가 되는 것은 아니며, 유전적 요인을 가진 사람에게 여러 가지 환경적 요인이 함께 작용하여 당뇨병이 발병한다.

쉬어가기

우리나라 당뇨병 유병률

당뇨병 유병률(만 30세 이상, 표준화)은 2005년부터 최근 10년간 남자는 약 11% 수준을 유지하다가 2014년 12.6%로 약 2% 증가했으며, 여자는 약 7~9% 수준을 유지하고 있다. 연령별 유병률은 남녀 모두 연령이 높을수록 증가하여 남자는 60대, 여자는 70세 이상에서 가장 높았다.

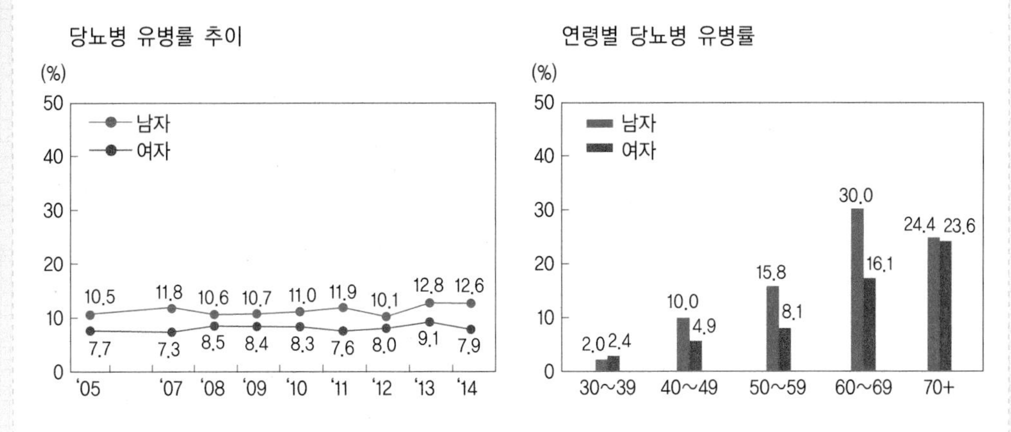

※ 당뇨병 유병률 : 공복혈당이 126 mg/dL 이상이거나 의사 진단을 받았거나 혈당강하제 복용 또는 인슐린 주사를 투여받고 있는 분율, 만 30세 이상
※ 2005년 추계인구로 연령표준화

자료 : 보건복지부 · 질병관리본부(2015), 2014 국민건강통계 I

(2) 비 만

비만인은 조직의 인슐린 수용체 수가 감소하고 인슐린 민감도가 저하되어 인슐린 저항성insulin resistance을 보인다. 그 결과 정상인에 비해 췌장에서 인슐린을 더 많이 분비하고, 장기간 지속되면 췌장이 피로해 인슐린 분비반응이 둔화되어 당뇨병이 유발된다.

(3) 연령과 성별

연령이 증가함에 따라 인슐린 합성이 감소하고 인슐린 수용체가 변화하여 당내성이 저하되므로 중년 이후에는 당뇨병 발병률이 높아진다. 당뇨병 발병률은 서구에서는 여자가 높고, 아시아에서는 남자가 높다.

(4) 스트레스

신체적 · 정신적인 스트레스를 받으면 부신수질 호르몬이 분비되어 내당능이 감소하고 혈당이 높아진다.

(5) 내분비 이상

당뇨병과 직접 관련이 있는 호르몬인 인슐린과 글루카곤 분비에 이상이 생기면 당뇨병이 유발되고, 뇌하수체, 갑상선, 부신호르몬 등 내분비계에 이상이 있어도 당뇨병이 발생한다.

(6) 감염 및 약물 복용

세균이나 바이러스 등에 감염되면 췌장의 베타-세포가 손상되고 인슐린 분비가 중단되어 당뇨병이 발생할 수 있다. 특히, 췌장염, 간염, 담낭염은 당뇨병을 일으킬 가능성이 크므로 신속하게 치료해야 한다. 약물 중 부신피질호르몬제, 이뇨제, 경구피임약, 소염진통제를 장기간 사용하는 경우에도 당뇨병이 유발되거나 악화될 수 있다.

2. 당뇨병의 분류

1 제1형 당뇨병

제1형 당뇨병type 1 diabetes은 췌장의 베타-세포가 파괴되어 인슐린의 절대적인 부족으로 심한 고혈당, 다뇨, 다갈, 다식, 체중감소, 탈수, 전해질 불균형 및 케톤산증ketoacidosis이 나타난다. 제1형 당뇨병은 케톤산증의 예방과 생명 유지를 위하여 인슐린이 필요하다.

주로 30세 이하의 젊은 층에서 발병되며 여자는 10~12세, 남자는 12~14세에서 가장 많다. 제1형 당뇨병의 발병은 동양인이 전체 당뇨병 환자의 1~2%이며, 서양인은 약 10%를 차지한다.

제1형 당뇨병은 면역매개성 당뇨병immune mediated diabetes과 특발성 당뇨병의 두 가지 형태가 있다. 면역매개성 당뇨병은 유전적 소인을 가진 사람이 환경요인에 의해 자가면역이 활성화되어 췌장의 베타-세포가 파괴되어 일어난다. 특발성 당뇨병은 영구

표 6-1 당뇨병의 분류

분류	내용
제1형 당뇨병	췌장 베타세포 파괴에 의한 인슐린결핍으로 발생한 당뇨병 • 면역매개성 • 특발성
제2형 당뇨병	인슐린 저항성과 점진적인 인슐린분비 결함으로 발생한 당뇨병
기타 당뇨병	베타세포 기능 및 인슐린 작용의 유전적 결함, 췌장질환, 약물 등에 의해 발생한 당뇨병
임신성 당뇨병	임신 중 진단된 당뇨병

적인 인슐린 결핍과 케톤산증을 나타내지만 자가면역성 파괴에 의해 일어난다는 증거는 없다. 특발성 당뇨병은 소수에서 발견되고 대부분 아프리카인과 아시아인에게 나타난다. 제1형 당뇨병은 인슐린치료가 절대적으로 중요하며 정상혈당을 유지하기 위하여 식사 및 운동요법이 필요하다.

2 제2형 당뇨병

제2형 당뇨병type 2 diabetes은 인슐린 분비 및 작용의 복합적 결함에 의해 인슐린 저항성과 점진적인 인슐린 분비 결함으로 발생한다. 제2형 당뇨병은 당뇨 환자의 90% 이상을 차지하며, 생존을 위해 인슐린치료가 반드시 필요하지 않은 경우가 많고, 초기에는 더욱 그렇다.

제2형 당뇨병은 서서히 발병하며 전형적인 임상 증상이 나타나지 않기 때문에 모르고 지내다가 혈당검사를 하여 알게 되는 경우가 많다. 전형적인 환자는 40대 이후에 발병하고 비만인 경우가 많으며, 제1형 당뇨병에 비해 혈당이 낮은 편이고 케톤산증이 잘 일어나지 않는다.

제2형 당뇨병은 혈액 내 인슐린 농도가 정상이거나 증가되어 있는 경우가 대부분이지만 인슐린 저항성을 보상할 정도까지 증가되어 있지는 않으며, 체중 감소나 고혈당 치료로 인슐린 저항성이 호전될 수 있으나 정상화되는 경우는 거의 없다.

한국인의 제2형 당뇨병은 인슐린 저항성보다는 인슐린 분비 결함이 주된 원인으로 인슐린 분비능력이 저하되어 나타난다. 제2형 당뇨병의 위험인자는 제1형 당뇨병에 비해 유전적 소인이 더 많이 작용하며, 연령의 증가, 비만, 당뇨병의 가족력, 임신성 당뇨

표 6-2 제1형 당뇨병과 제2형 당뇨병의 차이점

구 분	제1형 당뇨병	제2형 당뇨병
다른 이름	소아당뇨병 인슐린 의존형 당뇨병(IDDM)	성인당뇨병 인슐린 비의존형 당뇨병(NIDDM)
연 령	30세 미만	40세 이후
형 태	빠른 발병	서서히 발병
빈 도	10% 이하	90% 이상
원 인	인슐린 결핍 자가면역, 췌장파괴	인슐린 저항성, 인슐린의 상대적 부족 유전, 환경요인
증 상	다뇨, 다갈, 다식, 체중 감소	피로, 혈관 혹은 신경계 합병증
체 중	정상 혹은 마름	체중과다 또는 비만(20%는 정상체중)
혈청지방	콜레스테롤 상승	VLDL과 LDL 콜레스테롤의 상승
급성합병증	케톤산증	고삼투압성 비케톤성 혼수
약 물	인슐린 필요	20~30%는 인슐린 필요
식사요법	식사요법 필요	일부 환자는 약을 사용하지 않고 혈당 조절을 위해서 사용
운 동	다른 치료와 함께 조정	다른 치료와 함께 조정

인슐린 저항성의 원인

인슐린 저항성은 우리 몸에서 정상적으로 인슐린이 분비되지만, 제대로 작용하지 못하는 현상으로 내장지방 등이 영향을 미친다.

비만, 운동 부족, 에너지 섭취과다

↓

내장지방 증가, 혈중 유리지방산 증가

↓

목적 장기의 인슐린에 대한 반응성 감소, 인슐린 수용체 감소

↓

인슐린 저항성

병 경력, 당내인성 장애, 활동 부족, 인종이 포함된다.

3 기타 당뇨병

기타 당뇨병이란 특별한 유전적 증후군, 의약품, 감염 그리고 다른 질병으로부터 온 당뇨병을 말하며, 전체 당뇨병 환자의 1~2%를 차지한다.

4 임신성 당뇨병

임신성 당뇨병GDM : Gestational Diabetes Mellitus은 임신 중 처음으로 내당능장애가 발견된 것을 말하며, 전체 임신부의 약 7%에서 발병된다. 제1형 또는 제2형 당뇨병으로 진단받은 여성이 임신한 경우PGDM : Pregestational Diabetes Mellitus는 임신성 당뇨병으로 분류하지 않는다.

임신성 당뇨병은 임신 중기 혹은 후기에 진단되며, 임신 중 증가되는 인슐린 저항성에 인슐린 분비능이 적절하게 보상하지 못하기 때문에 발생한다. 임신성 당뇨병관리의 목표는 임신 중에 필요한 에너지와 영양소를 제공하여 임신부의 혈당을 정상범위로 유지하고, 태아의 정상적인 성장과 발달을 도모하며 태아 고인슐린혈증을 예방하는 것이다. 임신성 당뇨병을 가졌던 여성은 후에 제2형 당뇨병의 발병위험이 증가되어 임신성 당뇨병 경력을 가진 여성의 40%가 임신 이후에 당뇨병으로 진단되고 있다.

3. 당뇨병의 진단

1 당뇨병의 검사방법

(1) 요당검사

요당검사는 효소법인 스트립 검사가 매우 간편하고 정확하며, 최근에는 단계적으로 색조를 띠는 반정량법을 많이 사용하고 있다.

정상인은 소변으로 포도당이 거의 배설되지 않으나, 혈당 농도가 170~180 mg/dL 이상이 되면 포도당의 최대 세뇨관 재흡수량을 넘어 당뇨glucosuria가 나타나게 되는데, 이를 포도당의 신장역치renal threshold라고 한다. 노인이나 신부전 환자에서는 신장역치가 증가하는 경향이 있어서 혈당이 정상보다 높아도 요당이 음성인 경우가 많다. 반대로 신장역치가 낮아 혈당이 정상 이하에서도 요당이 양성으로 나오는 경우가 있는데, 이를 신성당뇨라고 한다.

(2) 혈 당

혈당은 동맥혈이 가장 높고 모세혈관혈, 정맥혈의 순이고, 음식 섭취 여부와 섭취시간에 따라서도 달라진다. 그리고 검체의 종류, 즉 전혈과 혈장이 다른데, 일반적으로 혈장이 약 10~15% 높은 수치를 보인다. 혈당 측정에는 일반적으로 혈장을 사용하는데, 채혈 후 혈액을 방치하면 해당 작용과 관련된 효소로 인하여 혈당 농도가 원래보다 10% 정도 낮아지기 때문이다. 정상인의 공복 시 혈당 농도는 70~100 mg/dL이다.

(3) 경구포도당부하검사

경구포도당부하검사OGTT : Oral Glucose Tolerance Test는 외부의 당부하에 대한 혈당반응을 평가하기 위한 구체적인 방법이다.

경구포도당부하검사는 검사방법이 번거롭고 시간이 많이 소요되며, 재현성이 낮고 검사비용이 많이 들어 개인병원에서의 활용도가 낮기 때문에 미국당뇨병학회에서는 당뇨병 진단용으로 권장하지 않는다. 그러나 한국인 당뇨병은 서양인에 비해 비 비만형이 많고 인슐린 분비능이 상대적으로 작아 공복혈당만으로는 당뇨병을 진단하지 못할 수 있으므로 당뇨병 진단을 위한 선별검사로 경구포도당부하검사를 필요에 따라 시행하고 있다.

경구포도당부하검사 방법은 공복과 식후 2시간에 채혈하는 WHO 제안이 보편적으로 인정되고 있으나, 보다 정확한 검사를 위해 30분, 60분, 90분 등의 추가적인 검사를 하기도 한다.

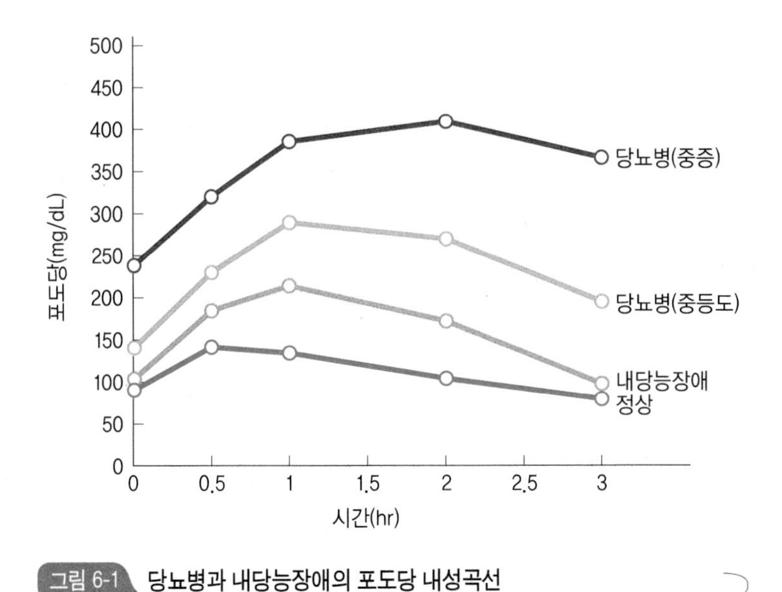

그림 6-1 당뇨병과 내당능장애의 포도당 내성곡선

자료 : 장유경 외(2011), 임상영양관리

경구포도당부하검사 방법

- 검사 전 적어도 3일 동안 평상시의 활동을 유지하고 하루 150 g 이상의 탄수화물을 섭취한다.
- 검사 전날 밤부터 10시간 내지 14시간 금식 후 공복혈장혈당 측정을 위한 채혈을 한다.
- 250~300 mL의 물에 희석한 포도당 75g이나 150mL의 상품화된 포도당용액을 5분 이내에 마신다.
- 포도당을 마신 2시간 후에 포도당부하 후 혈장혈당 측정을 위한 채혈을 한다(포도당용액을 마시기 시작한 시간을 0분으로 한다).
- 필요한 경우 포도당부하 후 30분, 60분, 90분에 혈장혈당을 측정할 수 있다.

자료 : 대한당뇨병학회(2015), 2015 당뇨병 진료 지침

(4) 당화혈색소

당화혈색소HbA1c : glycosylated hemoglobin는 헤모글로빈에 포도당이 비효소적으로 결합한 것으로 혈당이 높아지면 증가한다. 당화혈색소의 정상범위는 5.6% 미만이고,

5.7~6.4%는 당뇨병 전기, 6.5% 이상은 당뇨병으로 진단할 수 있다. 당화혈색소는 비교적 장기간에 걸친 혈당수준을 반영하므로 당뇨병의 일차적인 진단 목적보다는 당뇨병으로 확진된 환자의 혈당 조절 정도를 평가하는 데 사용한다. 적혈구의 평균 반감기가 7~8주이므로 혈당이 잘 조절된 후 5~6주 정도 경과해야 당화혈색소가 감소한다.

(5) C-펩타이드

인슐린 전구체proinsulin가 분해되면 인슐린 1분자와 C-펩타이드 1분자가 생기므로 혈액 속에는 이들 두 가지가 거의 같은 몰농도의 비율로 존재한다. 그러므로 C-펩타이드 농도를 측정하면 당 섭취 후의 인슐린 분비시간과 분비량을 예측할 수 있다. 인슐린을 투여하는 환자의 관리 시 유용한 검사이며, 정상 범위는 공복 시 1~2 ng/mL, 당부하검사 2시간 후 4~6 ng/mL이다.

2 당뇨병의 진단기준

대한당뇨병학회와 미국당뇨병학회에서는 당뇨병의 진단 기준을 공복 혈장혈당 140 mg/dL에서 126 mg/dL로 낮추고, 정상공복 혈장혈당의 기준을 110 mg/dL에서 100 mg/dL로 낮추었다. 이는 당뇨병을 조기에 진단하여 당뇨병 합병증 또는 당뇨병 자체를

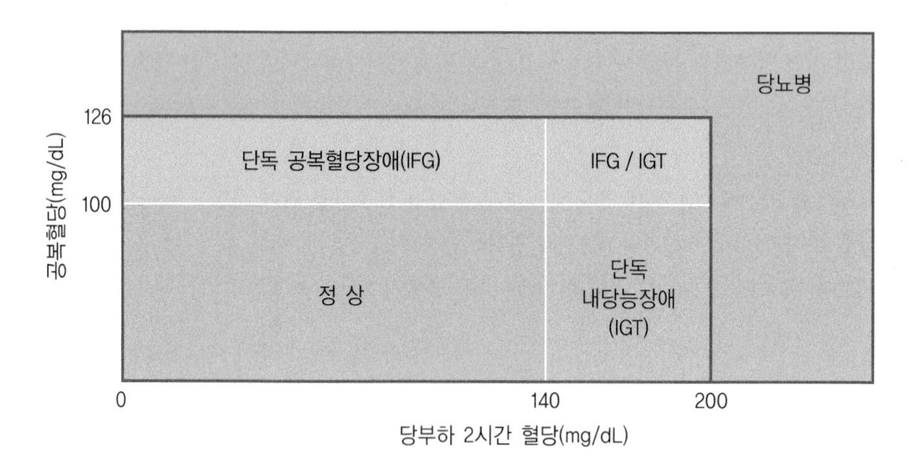

그림 6-2 공복혈당과 당부하 2시간 혈당을 기준으로 한 당대사 이상의 분류

자료 : 대한당뇨병학회(2015), 2015 당뇨병 진료 지침

예방하기 위해서이다. 공복혈당과 당부하 2시간 혈당을 기준으로 한 당대사 이상의 분류는 그림 6-2와 같다.

(1) 정상 혈당

① 최소 8시간 이상 음식을 섭취하지 않은 상태에서 공복 혈장혈당 100 mg/dL 미만
② 75 g 경구포도당부하 2시간 후 혈장혈당 140 mg/dL 미만

(2) 당뇨병

① 당화혈색소 ≥ 6.5% 또는
② 8시간 이상 공복혈장혈당 ≥ 126 mg/dL 또는
③ 75 g 경구포도당부하검사 후 2시간 혈장혈당 ≥ 200 mg/dL 또는
④ 당뇨병의 전형적인 증상(다뇨, 다음, 설명되지 않는 체중감소)과 임의 혈장혈당 ≥ 200 mg/dL

(3) 당뇨병 고위험군

① 공복혈당장애 : 공복혈장혈당 100~125 mg/dL
② 내당능장애 : 75 g 경구포도당부하 2시간 후 혈장혈당 140~199 mg/dL
③ 당화혈색소 5.7~6.4%

※ (2)-①, ②, ③인 경우 다른 날 동일한 검사를 반복하여 확인한다.
당화혈색소는 표준화된 방법으로 측정되어야 한다.

(4) 임신성 당뇨병의 진단

임신성 당뇨병의 진단기준은 일반적으로 경구포도당부하검사가 사용되며, 대한당뇨병학회와 미국당뇨병학회에서는 최근 Carpenter-Coustan 진단기준을 권장하고 있다 표 6-3.

모든 임신부는 임신 24～28주 사이에 경구포도당부하검사를 해야 한다. 초기 산전검사에서 임신성 당뇨병의 위험인자가 있는 경우에는 임신 24주 이전이라도 경구포도당부하검사를 시행하고, 결과가 임신성 당뇨병이 아닐 경우에는 임신 24～28주에 선별검사를 다시 실시한다.

표 6-3 임신성 당뇨병의 진단기준

구분	진단기준
초기 선별검사	50 g 경구포도당부하검사 1시간 후 혈장혈당이 140 mg/dL 이상이면 선별검사 양성으로 판정한다.
양성반응 시 확진	100 g 경구포도당부하검사 시 다음 기준 중 두 가지 이상을 충족하는 경우 임신성 당뇨병으로 진단한다. • 공복혈당 95 mg/dL 이상 • 당부하 1시간 후 혈장혈당 180 mg/dL 이상 • 당부하 2시간 후 혈장혈당 155 mg/dL 이상 • 당부하 3시간 후 혈장혈당 140 mg/dL 이상

자료 : 대한당뇨병학회(2015), 2015 당뇨병 진료 지침

쉬어가기

제2형 당뇨병의 위험인자

당뇨병 선별검사는 당뇨병 가능성이 높은 대상을 찾아내기 위한 것으로 40세 이상 성인이거나 위험인자가 있는 30세 이상을 대상으로 매년 시행한다.

제2형 당뇨병의 위험인자는 다음과 같다.

- 과체중(체질량지수 23 kg/m^2 이상)
- 직계가족(부모, 형제자매) 중 당뇨병이 있는 경우
- 공복혈당장애나 내당능장애의 과거력
- 임신성 당뇨병이나 4 kg 이상의 거대아 출산력
- 고혈압(140/90 mmHg 이상 또는 약제 복용)
- HDL-콜레스테롤 35 mg/dL 미만 혹은 중성지방 250 mg/dL 이상
- 인슐린 저항성(다낭난소증후군, 흑색극세포증 등)
- 심혈관질환(뇌졸중, 관상동맥질환 등)
- 약물(당류코르티코이드, 비정형항정신병 약물 등)

4. 당뇨병의 증상

당뇨병의 특징적인 증상은 당뇨glycosuria, 다뇨polyuria, 다갈polydipsia, 다식polyphagia이다. 섭취한 탄수화물은 포도당으로 가수분해되어 흡수되지만 인슐린이 부족하거나 인슐린 저항성이 있으면 포도당이 세포 내로 들어가지 못하고 혈액에 남아 신장역치인 약 180 mg/dL를 초과하여 소변으로 포도당이 배출된다. 고혈당으로 혈액 삼투농도가 증가하면 조직의 수분이 혈액으로 이동하여 소변배설이 증가하고, 잦은 배뇨로 인하여 탈수와 갈증이 나타난다.

세포 내에서는 인슐린 부족으로 인하여 영양적인 고갈이 일어나므로 식욕이 증가하여 음식을 많이 섭취한다. 그러나 세포가 당을 제대로 이용하지 못하므로 체중은 오히려 감소한다.

당뇨병의 대사 변화에 따른 증상은 그림 6-3과 같다.

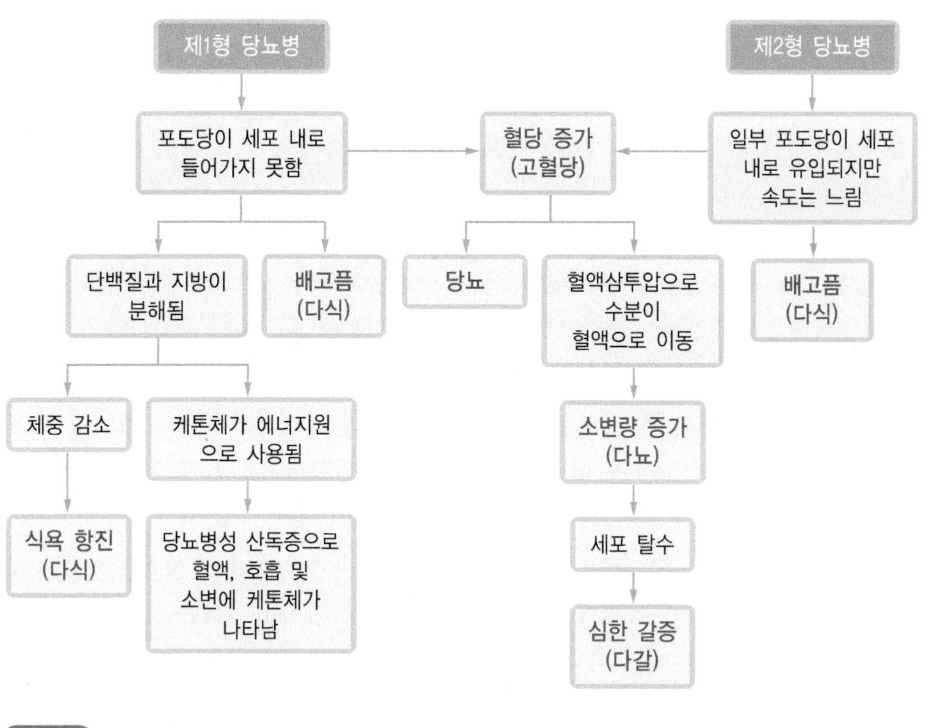

그림 6-3 당뇨병의 대사 변화에 따른 증상

자료 : 김인숙 외(2006), 임상영양과 식사요법

5. 당뇨병의 대사

정상인의 경우 혈당수준은 식후 상승하여 30~60분에 최고에 도달하며, 그 후 조직이 혈당을 이용함에 따라 서서히 소실되어 2시간 후에는 정상수준으로 되돌아가 일정한 범위 내에서 항상성을 유지한다. 혈당수준은 호르몬, 신경계 그리고 여러 조직에 의해서 조절된다.

당뇨병 환자의 인슐린 분비 및 작용 저하는 탄수화물 대사뿐만 아니라 지방, 단백질, 수분, 전해질 대사에 영향을 미쳐 대사 전반에 변화를 초래한다 표 6-4, 그림 6-4.

표 6-4 탄수화물, 지질 및 단백질 대사에서의 인슐린 작용

작 용	탄수화물	지 질	단백질
항이화작용 (분해 방지)	간에서 글리코겐 분해와 포도당 방출 감소	• 지질분해 저해 • 과잉의 케톤생성과 케톤산증 방지	• 단백질 분해 저해 • 당신생 감소
동화작용 (저장 촉진)	간과 근육에서 포도당이 글리코겐으로 전환되는 것을 촉진	• 피루브산의 유리지방산 전환 촉진 • 지방합성 촉진	단백질 합성 촉진
이 동	포도당이 근육과 지방세포로 이동하는 시스템 활성화	• 지단백 리파아제 활성화 • 중성지방이 지방조직으로의 이동 촉진	혈당수준과 평형되게 혈중 아미노산 저하

1 탄수화물 대사

인슐린은 혈액으로부터 세포 내로의 포도당 수송과 세포 내에서 포도당의 연소 및 글리코겐 형성을 촉진한다. 식사 후 혈당이 상승하면 인슐린이 분비되어 혈중 포도당이 간과 근육세포 내로 빠르게 운반된다. 포도당은 세포 내에서 해당과정, TCA 회로반응, 전자전달계를 거쳐 ATP를 만들며 여분의 포도당은 간이나 근육에서 글리코겐으로 전환되어 혈당 농도를 낮춘다. 식사 후 3~4시간이 지나 혈당이 공복 시 혈당으로 떨어지면 글루카곤에 의해 간의 글리코겐이 분해되어 포도당이 생성되고, 아미노산, 젖산이 포도당으로 전환되는 당신생gluconeogenesis에 의해 혈당치가 유지된다.

당뇨병 환자는 인슐린이 부족한 반면 글루카곤은 과잉으로 분비되어 말초조직에서

포도당 이용률이 저하되고 당신생이 활성화하여 혈당이 상승한다. 또한 과잉의 탄수화물을 섭취하여도 간에서 포도당이 글리코겐으로 거의 전환되지 않고 혈액에 남아 있게 되어 고혈당이 된다.

2 지질 대사

인슐린은 지방산 합성, 중성지방의 합성과 분해, 케톤체의 생성과 이용에 중요한 역할을 한다. 또한 인슐린은 간에서 젖산과 아미노산이 아세틸-CoA로 전환되는 것을 촉진할 뿐만 아니라 아세틸-CoA로부터 지방산의 합성을 촉진한다.

당뇨병 환자는 포도당의 이용 감소, 글리코겐 합성 저하, 간의 글리코겐 저장량 감소로 당 대사에 의한 에너지 공급이 부족하여 지방분해가 촉진된다.

지질 대사 이상에 의한 혈중 중성지방, 유리지방산, 콜레스테롤의 증가는 고지혈증과 동맥경화증 발병률을 증가시킨다. 대부분의 조직에서는 지방산이 산화되어 에너지원으로 사용되며, 간에서는 TCA 회로반응의 구연산 형성에 필요한 양보다 더 많은 아세틸-CoA가 축적되어 케톤체가 형성되고 케톤증이 유발된다. 케톤체가 혈액 중에 증가하면 당뇨병성 케톤산증diabetic ketoacidosis이 발생하고 심하면 당뇨병성 혼수diabetic coma 상태가 된다.

3 단백질 대사

인슐린은 근육과 지방조직으로 아미노산의 유입을 증가시키고 단백질 합성을 촉진한다. 당뇨병 환자는 인슐린이 부족하여 근육으로 분지아미노산이 유입되지 못하고 간으로 아미노산이 유입되어 당신생 반응에 의해 혈당이 증가한다. 이때 아미노산의 분해로 요소 합성이 촉진되어 소변으로의 질소 배설량이 증가한다. 치료하지 않은 당뇨병 환자는 음의 질소평형을 나타내며 근육량과 체중이 감소하고, 알부민 같은 혈장 단백질도 저하하여 점차적으로 쇠약해진다.

4 전해질 대사

당뇨병 환자는 혈당 상승으로 혈액의 삼투압이 증가하여 수분이 조직에서 혈액으로 이

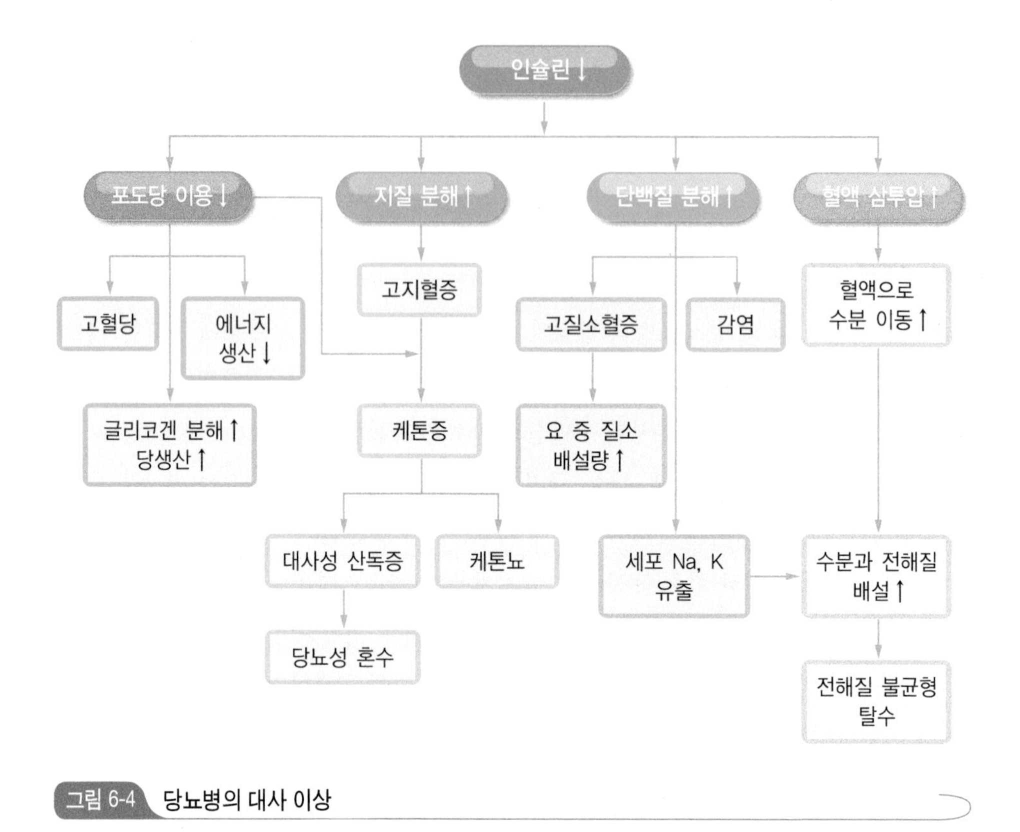

그림 6-4 당뇨병의 대사 이상

자료 : 이미숙 외(2010), 임상영양학

동한다. 혈중 포도당과 케톤체가 소변으로 배설될 때 다량의 수분이 함께 배설되어 요량이 증가하고, 탈수가 유발된다. 또한 체단백질 분해에 따라 세포 내 칼륨이 유출되며 나트륨, 칼륨 등 전해질이 케톤체와 함께 소변으로 배설된다.

6. 당뇨병의 합병증

1 급성합병증

혈당이 지나치게 높거나, 반대로 혈당이 너무 낮으면 당뇨병의 급성합병증이 나타난다. 심한 고혈당이 지속되면 당뇨병성 케톤산증과 고삼투압성 증후군의 급성대사성 합병증을 일으켜 의식장애와 심하면 사망에 이를 수 있다.

(1) 당뇨병성 케톤산증

당뇨병성 케톤산증diabetic ketoacidosis은 제1형 당뇨병에서 인슐린 결핍을 비롯하여 인슐린 길항호르몬의 과다 분비와 탈수 등 세 가지 요인의 상호작용으로 발생한다. 인슐린의 양이 부족하면 체지방이 에너지원으로 이용되는 과정에서 불완전 연소에 의해 중간대사물인 케톤체 생성이 증가하여 산독증이 일어난다.

증상은 오심, 구토, 식욕부진 등이 흔하며, 다갈, 다뇨와 함께 심한 복통도 동반된다. 탈수가 나타나고, 호흡 수와 맥박 수가 빠르며 호흡 시 아세톤 냄새가 난다. 이때 적절하게 치료하지 않으면 혼수상태에 빠질 수 있다.

당뇨병성 케톤산증의 치료는 효과적인 용량의 인슐린을 투여하고 탈수 및 전해질 불균형의 교정이 필요하다. 혼수상태일 때에는 소량의 인슐린 투여와 함께 정맥으로 전해질과 수분을 공급하고, 고혈당과 당뇨가 감소되면 혈당저하를 막기 위해 5% 포도당 용액을 공급한다. 혼수상태가 회복되면 과일주스, 탈지유, 채소즙, 맑은 국물을 주고 점차 상식으로 이행한다.

(2) 고삼투압성 비케톤성 혼수

고삼투압성 비케톤성 혼수hyperosmolar nonketotic coma의 특징은 혈당이 600 mg/dL 이상이고, 유효 삼투질 농도가 320 mOsm/dL 이상으로 삼투성 이뇨가 나타나 수분 손실이 심하여 탈수가 나타난다. 제2형 당뇨병 환자에서 흔히 볼 수 있고, 당뇨병성 케톤산증에 비하여 서서히 진행되며 혼수와 같은 중추신경계 증상, 심한 탈수, 신기능장애 등이 동반되어 높은 사망률을 보인다.

증상은 다뇨, 다갈 등을 비롯하여 심한 경우 저혈압, 각 장기의 혈액순환 부전, 빈맥 등이 나타난다. 고삼투압성 비케톤성 당뇨병은 인체 내의 심한 이화작용과 삼투성 이뇨로 인한 세포내액의 소실 등으로 체내 칼륨이 감소하기도 한다.

치료방법은 수분과 전해질을 공급하고 적당한 양의 인슐린 투여와 칼륨 보충이 필요하다.

(3) 저혈당증

저혈당증hypoglycemia은 혈당이 정상인보다 낮은 상태를 말하는 것으로 일반적으로 혈당이 50~60 mg/dL 이하로 떨어졌을 때 나타난다. 저혈당의 원인은 인슐린과 경구혈당

식사를 거른 경우　식사를 조금한 경우

평소보다 운동량이 많은 경우

약물을 과다하게 사용한 경우

저혈당의 원인

공복감

식은땀

현기증

초조

불안감

가슴 두근거림

떨림

두통

피로감

저혈당의 증상

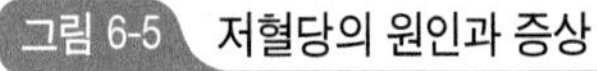

그림 6-5 저혈당의 원인과 증상

쉬어가기

당뇨병 인식목걸이와 인식표

당뇨병 환자가 당뇨병 인식 목걸이나 카드를 휴대하고 다니면 긴급 상황에서 본인이 당뇨병 환자임을 알리고 적절한 치료를 받을 수 있게 된다.

◆ 당뇨병 인식표 ◆

저는 당뇨병이 있습니다

만일 의식이 분명하지 못하든가 불안정한 상태가 의심스러울 경우에는 즉시, 사탕 혹은 당분이 함유되어 있는 음료수를 1/2컵 먹여 주십시오. 제 주머니에 사탕이 준비되어 있습니다.

만일 먹을 수가 없다든가, 곧 회복되지 않을 때는 즉시 가까운 병·의원으로 옮겨 주신 후 뒷면 연락처로 신속히 연락 주시면 감사하겠습니다

자료 : 송경희 외(2010), 식사요법 ; 연세대학교 강남세브란스 병원

강하제의 과량 사용, 식사량이 갑자기 줄었거나 식사시간이 지연되었을 경우, 운동량이 평소보다 늘었거나 공복상태에서 운동이나 과음을 하였을 경우에 발생한다 그림 6-5.

증상은 공복감, 식은땀, 현기증, 불안감, 가슴 두근거림, 떨림, 두통, 피로감 등이 나타나며, 저혈당으로 인한 혼수상태hypoglycemic coma가 오래 지속되면 영구히 뇌기능에 변화를 일으킬 수 있다.

치료방법은 의식이 있는 경우에는 설탕, 포도당 또는 5~20 g의 탄수화물이 든 과일주스, 꿀물을 마시도록 하며, 의식이 없는 경우에는 혈당 상승을 위하여 5% 포도당 25~50 mL 정도를 투여하고, 글루카곤 0.5~1.0 mg을 주사한다.

2 만성합병증

고혈당이 오랫동안 지속되면 여러 가지 혈관 이상을 초래한다. 당뇨병의 만성합병증으로는 망막병증, 신증, 신경병증의 3대 합병증과 고지혈증과 고혈압을 동반한 대혈관 질환이 발생한다.

(1) 당뇨병성 망막병증

당뇨병성 망막병증diabetic retinopathy은 망막의 혈관에 병변이 일어나는 것으로 실명의 주요 원인이며, 당뇨병이 20년 이상된 대부분의 환자에서 발견된다. 당뇨병성 망막병증은 모세혈관 기저막의 비후와 함께 혈관 주위 세포의 소실로 미세동맥류microaneurysm가 나타나므로, 당뇨병 환자는 반드시 정기적으로 안저 검사를 받아야 한다. 당뇨병 환자의 초기 혈당상태가 수년 후 생기는 당뇨병성 망막병증의 발생에 중요한 역할을 하므로 당뇨병성 망막병증의 생성과 진행을 예방하기 위해 혈당 조절이 중요하다.

(2) 당뇨병성 신증

당뇨병성 신증diabetic nephropathy은 당뇨병 환자에게 가장 위중한 장기적인 합병증으로, 단백뇨 발생에 이어 신부전으로 진행한다. 우리나라에서 신부전을 유발하는 질환 중에서 제2형 당뇨병이 가장 많으며, 당뇨병성 신증이 발생한 환자는 신질환이 발생하지 않은 환자보다 유병률과 사망률이 높다. 당뇨병성 신증의 발생을 예측할 수 있는 방법은 미세알부민뇨microalbuminuria의 측정이 조기 지표로서 널리 사용되고, 당뇨병 환자가 혈당을 엄격하게 조절하면 미세알부민뇨나 단백뇨의 발생을 감소시킬 수 있다.

(3) 당뇨병성 신경병증

당뇨병성 신경병증diabetic neuropathy은 당뇨병 환자의 20~50%에서 발생하는 가장 흔한 합병증이다. 당뇨병성 신경병증은 신경계 어느 부위에서나 나타날 수 있지만, 특히 말초신경계를 침범하여 다양한 증상을 나타낸다. 예를 들면, 발바닥을 담당하는 신경에 합병증이 오면 발바닥이 저릿저릿하고 화끈거리며, 아예 감각이 없는 경우도 있다. 밤에 통증이 심해져서 잠을 이루지 못하기도 하며 쥐어짜는 듯한 통증이나 쿡쿡 쑤시는 증상이 나타나기도 한다. 말초신경병증은 발궤양의 가장 흔한 원인이며 감염을 적극적으로 치료해야 한다. 궤양치료에 실패하면 절단해야 하므로 혈당을 엄격하게 조절하는 것이 중요하다.

쉬어가기

당뇨병 환자의 발관리 지침

- 발을 매일 관찰한다. 물집, 개방된 상처, 출혈, 발톱의 문제점, 발적 등을 관찰한다. 만약 스스로 할 수 없다면 다른 사람의 도움을 받도록 한다. 만약 문제를 발견하면 의료진에게 보이도록 한다.

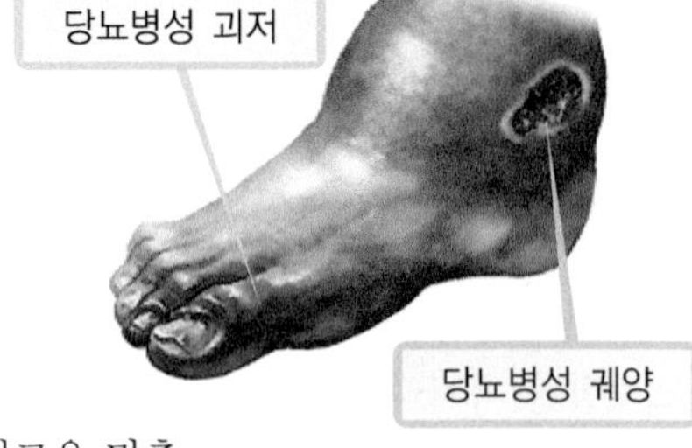

- 발을 보호한다. 발을 보호하기 위해 알맞은 신발을 신도록 한다. 고위험 발은 치료용 맞춤형 신발을 신도록 한다. 발을 청결하게 유지하도록 한다.

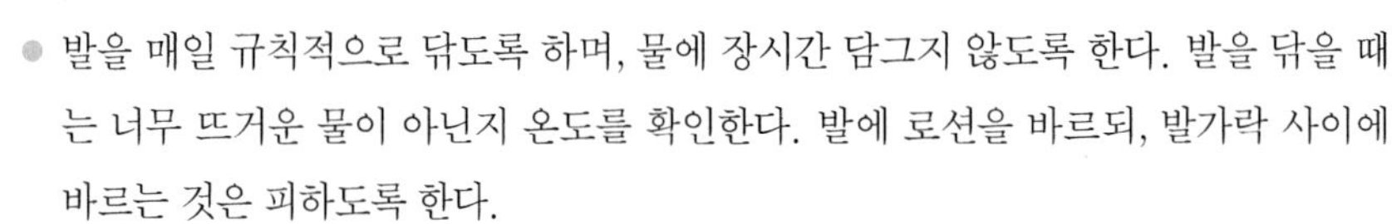

- 발을 매일 규칙적으로 닦도록 하며, 물에 장시간 담그지 않도록 한다. 발을 닦을 때는 너무 뜨거운 물이 아닌지 온도를 확인한다. 발에 로션을 바르되, 발가락 사이에 바르는 것은 피하도록 한다.

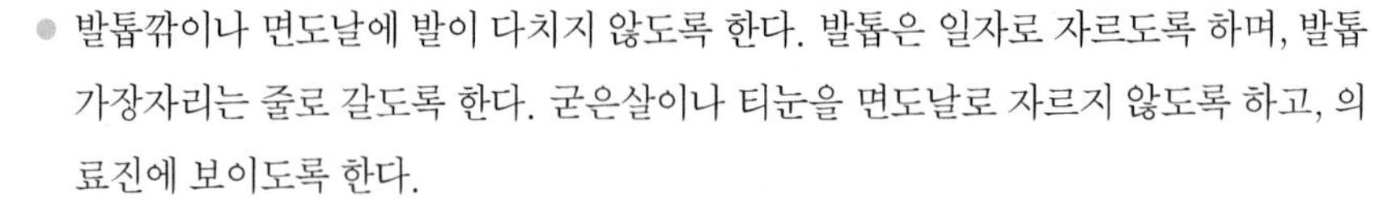

- 발톱깎이나 면도날에 발이 다치지 않도록 한다. 발톱은 일자로 자르도록 하며, 발톱 가장자리는 줄로 갈도록 한다. 굳은살이나 티눈을 면도날로 자르지 않도록 하고, 의료진에 보이도록 한다.

자료 : 대한당뇨병학회(2015), 2015 당뇨병 진료 지침

(4) 대혈관질환

대혈관합병증macrovascular disease인 죽상동맥경화증은 당뇨병의 가장 흔한 만성합병증의 하나이다. 제2형 당뇨병 환자가 혈당이 높든지 고혈당의 유병기간이 길면 대혈관합병증의 위험은 2배 이상 증가한다. 당뇨병 환자에서는 고지혈증, 고혈압, 비만 등 죽상동맥경화증의 일반적인 위험인자 이외에도 고혈당, 고인슐린혈증, 혈소판 기능 이상 등 당뇨병과 연관된 인자들이 죽상동맥경화증 발생에 관여하고 있다. 당뇨병 환자는 당뇨병이 없는 사람에 비해 심혈관질환으로 사망하는 상대적 위험도가 남자는 2.1배, 여자는 4.9배 높다. 대혈관질환의 위험성을 줄이기 위하여는 고혈당뿐만 아니라 이상지질혈증을 치료하고 고혈압을 조절하는 것이 필요하다 표 6-5.

표 6-5 성인 당뇨병 환자의 혈당조절 목표

지 표	목 표
공복혈당	80~130 mg/dL
식후 혈당	< 180 mg/dL
당화혈색소(HbA1c)(제1형 당뇨병)	< 7%
당화혈색소(HbA1c)(제2형 당뇨병)	< 6.5%

자료 : 대한당뇨병학회(2015), 2015 당뇨병 진료 지침

7. 당뇨병의 치료

최근 당뇨병 환자가 급속히 증가하고 있으며 지속적이고 적절한 치료를 하지 않아 당뇨병성 합병증의 발생이 증가하고 있다. 일단 당뇨병이 발병하면 완치가 불가능하기 때문에 당뇨병으로 인한 증상을 개선하고 급·만성합병증을 막는 이차적 예방이 중요하다.

당뇨병 치료방법은 식사요법, 운동요법, 약물요법이 있고, 당뇨병의 형태, 진행 정도, 합병증 여부 등에 따라 치료방법을 다르게 적용하여야 한다. 당뇨병 환자 치료의 목표는 당뇨병으로 인한 비정상적인 상태를 정상화하는 데 있다. 따라서 당뇨병은 일생 동안 치료와 관리가 필요하므로 환자 자신의 올바른 인식과 자기관리능력이 요구된다.

1 식사요법

당뇨병 환자는 당뇨병의 종류나 약물요법의 사용 여부와 관계없이 평생 동안 식사요법이 필요하다. 식사요법의 일차적인 목표는 혈당 조절, 혈중 지질의 정상화, 최적 영양상태 유지, 합병증 예방이다. 당뇨병 환자를 위한 영양관리는 알맞은 에너지 섭취와 3대 영양소의 균형 있는 배분, 비타민과 무기질의 적절한 공급, 규칙적인 식사습관, 교육을 통한 식사요법의 충분한 이해 그리고 다른 치료방법(운동, 경구혈당강하제, 인슐린주사)과의 조화를 이루는 식사시간과 식사간격을 고려하여야 한다.

당뇨병 환자의 임상영양요법

- 당뇨병 고위험군 또는 당뇨병환자는 임상영양사로부터 개별화된 교육을 받아야 한다. 임상영양요법은 당뇨병의 예후를 개선하며 비용대비 효과적이므로 반복교육이 필요하다.
- 과체중 또는 비만한 당뇨병환자는 건강한 식습관을 유지하면서 섭취량을 줄여야 한다.
- 일반적으로 총 에너지의 50~60%를 탄수화물로 섭취하도록 권고하나, 탄수화물, 단백질, 지방 섭취량은 식습관, 기호도, 치료목표 등을 고려하여 개별화 할 수 있다.
- 당뇨병성신증을 동반한 경우 초기부터 엄격한 단백질 제한은 필요치 않으나, 고단백질 섭취(총 에너지의 20% 이상)는 피하는 것이 좋다.
- 지방 섭취량은 대사적 문제(비만, 이상지질혈증 등)를 고려하여 개별화하며, 포화지방과 콜레스테롤, 트랜스지방의 섭취제한은 정상인과 동일하게 할 수 있다.
- 1일 나트륨 2,000 mg(소금 5 g) 이내로 제한을 권고한다.
- 당뇨병환자에게 비타민이나 무기질의 추가보충은 필요하지 않다. 단, 결핍상태이거나 제한적 식이섭취 시에는 별도로 보충한다.
- 당뇨병 예방을 위하여 식이섬유소는 전곡(whole grain)을 포함한 다양한 공급원을 통해 1일 20~25 g(12 g/1,000 kcal/day)을 섭취한다.
- 음주는 약물치료 중인 당뇨병환자에게 저혈당 발생 위험을 증가시키므로 혈당조절이 잘되는 경우에만 1일 1~2잔 범위로 제한하며, 간질환 또는 이상지질혈증을 동반하거나, 비만한 당뇨병환자에게는 금주를 권고한다.

자료 : 대한당뇨병학회(2015), 2015 당뇨병 진료 지침

(1) 에너지 섭취량의 결정

당뇨병의 에너지 필요량은 환자의 신장과 체중, 연령, 성별, 활동량에 따라서 결정해야 한다. 체중은 인슐린 요구량이나 인슐린 저항성과 혈당 조절에 크게 영향을 미치기 때문에 이상적인 체중을 유지하는 것이 중요하다.

① 표준체중 산출

표준체중을 산출하는 방법은 여러 가지 기준이나 공식이 이용되고 있으나 일반적으로 대한당뇨병학회에서 제안한 체질량 지수에 의한 계산 방법이 이용되고 있다.

체질량지수에 기초를 둔 표준체중

- 남자 : 표준체중(kg) = 신장(m)^2 × 22
- 여자 : 표준체중(kg) = 신장(m)^2 × 21

② 에너지 필요량 산정

당뇨병 환자의 에너지 필요량은 환자의 체격, 신체활동 정도, 체중 조절의 필요성, 평소의 칼로리 섭취량, 개인의 순응도 등을 고려하여 적정수준으로 결정한다. 일반적으로는 활동 정도를 기준으로 한 표준체중에 체중 kg당 필요한 에너지를 곱하여 총 에너지 필요량을 산정한다.

당뇨병의 에너지 필요량 산정법

- 육체활동이 거의 없는 환자 : 표준체중 × 25~30 kcal/kg
- 보통의 활동을 하는 환자 : 표준체중 × 30~35 kcal/kg
- 심한 육체활동을 하는 환자 : 표준체중 × 35~40 kcal/kg

체중을 적절한 수준으로 조절하는 것이 당뇨병과 관련된 위험을 줄이는 데 매우 중요하며, 이를 위해 신체의 에너지 균형을 조절하여야 한다. 비만은 인슐린 저항성을 증가시키므로 비만이나 과체중인 당뇨병 환자는 체중감량이 필요하다. 체중감량의 목표는 표준체중ideal body weight보다는 환자가 유지·달성할 수 있는 수준을 고려하여 체중의 5~7% 정도를 감량하고 이를 유지하도록 권장하고 있다.

체중감량을 위해서 1일 총 에너지 섭취량을 비만 정도에 따라 500~1,000 kcal 감소시키는데, 1,000 kcal 이상 급격하게 감소시키면 전해질이나 무기질, 비타민 등의 결핍을 초래하므로 주의해야 한다. 임신부와 수유부는 에너지 요구량이 증가하므로 계산량에 300~500 kcal를 추가해 주고 임신기간 동안에는 약 10 kg의 체중증가가 있도록 해야 한다.

(2) 3대 영양소의 균형 있는 배분

1일 총 에너지 섭취량이 결정되면 3대 영양소인 탄수화물, 단백질, 지방의 섭취량을 결정한다. 우리나라 당뇨병 식사요법 지침서에서 총 에너지에 대한 영양소의 배분율을 제1형 당뇨병은 탄수화물 45~60%, 단백질 15~20%, 지방 35% 미만으로, 제2형 당뇨병은 탄수화물 55~60%, 단백질 10~20%, 지방 20~25%로 권장하고 있다. 이 비율은 총 에너지의 증감이나 혈중 지질대사 상태, 합병증 유무 그리고 개인의 식습관 및 생활습관에 따라 달라질 수 있다.

총 에너지 섭취량과 3대 영양소 배분을 결정하는 예는 다음과 같다.

총 에너지 섭취량 결정과 3대 영양소 배분의 예

신장은 160 cm, 정상체중이고 보통 활동을 하는 40세 여자 제2형 당뇨병 환자의 경우

- 표준체중 : 1.6 × 1.6 × 21 = 53.76 kg = 54 kg
- 총 에너지 : 54 × 30 kcal(~ ×35 kcal) = 1,620~1,890 kcal
- 하루 총 에너지 필요량을 1,800 kcal로 했을 때
  총 에너지에 대한 배분, 즉 탄수화물 : 단백질 : 지방 = 57% : 18% : 25%
  - 탄수화물 : 1,800 kcal × 0.57 ÷ 4(kcal/g) = 257 g
  - 단백질 : 1,800 kcal × 0.18 ÷ 4(kcal/g) = 81 g
  - 지방 : 1,800 kcal × 0.25 ÷ 9(kcal/g) = 50 g

탄수화물　탄수화물은 식후 혈당수준을 결정짓는 중요한 요인이므로 당뇨병 환자의 경우 탄수화물 식품 섭취를 조절할 필요가 있으나, 하루에 130 g 미만의 지나친 탄수화물 섭취 제한은 권장되지 않는다. 실제로 중정도의 탄수화물식이 저탄수화물식보다 장기간의 혈당 조절에 더 효과적인 것으로 알려져 있다. 탄수화물은 형태보다는 총 섭취량이 혈당에 더 중요한 영향을 미친다. 설탕은 동량의 탄수화물을 함유하는 전분에 비해

당지수와 당부하지수

- **당지수(GI : Glycemic Index)** : 탄수화물 50 g을 함유한 특정식품을 섭취한 후 2시간 동안의 혈당반응곡선의 면적을 탄수화물 50 g을 함유한 표준식품(포도당 또는 흰빵)과 비교한 후 백분율로 표시한 값이다.
  당지수가 55 이하는 저당지수식품, 70 이상은 고당지수식품으로 분류한다.
- **당부하지수(GL : Glycemic Load)** : 당지수의 질적인 측면에 전형적인 1회 섭취분량의 영향을 반영한 값이다.
  당부하지수 = 당지수 × 1회 섭취분량에 함유된 탄수화물 양 / 100

식품명	당지수 (포도당=100)	1회 섭취분량(g)	1회 섭취분량당 탄수화물 양(g)	당부하지수
대두콩	18	150	6	1
우유	27	250	12	3
사과	38	120	15	3
배	38	120	11	4
밀크초콜릿	43	50	28	12
포도	46	120	18	8
쥐눈이콩	42	150	30	13
호밀빵	50	30	12	6
현미밥	55	150	33	18
파인애플	59	120	13	7
고구마	61	150	28	17
아이스크림	61	50	13	8
수박	72	120	6	4
늙은호박	75	80	4	3
콘플레이크	81	30	26	21
구운감자	85	150	30	26
흰밥	86	150	43	37
떡	91	30	25	23
찹쌀밥	92	150	48	44

자료 : 대한영양사협회(2010), 임상영양관리지침서 제3판

쉬어가기

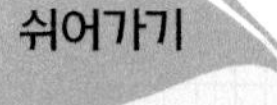

당지수를 낮추는 식사요령

- 흰밥보다 잡곡밥, 흰빵보다 통밀빵, 찹쌀보다는 멥쌀을 선택한다.
- 채소류, 해조류, 우엉 등 식이섬유 함량이 높은 식품을 선택한다.
- 주스 형태보다는 생과일, 생채소로 섭취하고, 잘 익은 과일, 당도 높은 과일은 피한다.
- 조리 시 레몬즙이나 식초를 자주 이용한다.
- 식사 시 한 가지 식품만 먹기보다 골고루 섭취한다.
- 음식은 천천히 꼭꼭 씹어 먹는다.

혈당을 더 상승시키지는 않으나 설탕이 많이 함유된 음식 중에는 지방이 많이 들어 있는 것이 있고, 과잉 섭취하게 될 위험이 높으므로 주의할 필요가 있다. 과당은 과자, 잼, 청량음료, 과일, 설탕 등에 많이 함유되어 있으며, 과잉 섭취 시 혈당 및 혈액 내 중성지방 상승을 초래할 수 있으므로 주의가 필요하다.

같은 양의 탄수화물을 함유한 식품을 섭취하여도 식품에 따라 식후 혈당 변화에 차이를 보이는데, 이를 비교할 수 있도록 수치화한 것이 당지수GI : Glycemic Index이며, 당지수가 낮은 식품을 이용하는 식사low GI diet가 당뇨병 환자의 혈당 조절에 도움이 된다.

식이섬유 중 펙틴, 구아검, 해조다당류 등 수용성 섬유소는 혈당을 낮추고 인슐린 필요량을 감소시킨다. 또한 위 통과 및 위 배출시간을 지연시키고, 불용성 섬유소에 비해 혈당, 혈청 콜레스테롤 및 중성지방을 효과적으로 저하시킨다. 수용성 섬유소는 과일, 채소, 말린 콩류, 완두콩, 오트밀에 많이 들어 있다. 일반적으로 1일 1,000 kcal당 14 g 이상의 식이섬유 섭취가 권장되는데, 일상적인 식생활에 껍질을 포함한 사과 1개, 각종 나물 100 g, 김치 50 g 정도면 권장량의 섭취가 가능하다.

당뇨병 환자의 식사에 음식의 맛을 증진시키기 위해 감미료를 사용할 수 있는데, 감미료마다 특성이나 단맛 정도, 안전량 및 혈당 등에 미치는 영향이 다양하므로 이를 고려하여 사용하도록 한다 표 6-6.

단백질 당뇨병 환자의 단백질 필요량은 일반인의 영양섭취기준과 마찬가지로 양질의 단백질을 섭취했을 때 권장섭취량은 체중 kg당 0.8 g이며, 혼합단백질을 섭취할 경우 체중당 1~1.5 g을 섭취하여야 한다. 하루 에너지 필요량의 10~20%를 권장하고 있으

표 6-6 인공감미료의 종류

분 류	종 류	상대적 감미도 (설탕=1)	함유 에너지 (kcal/g)	사용제품	허용량
당알코올류	솔비톨	0.6	1.8~3.3	사탕, 껌, 구강청정제	-
	만니톨	0.7	1.6	사탕	-
	자일리톨	0.9	2.4	껌	-
	말티톨	0.8	2.1	사탕, 제과류	-
대체감미료	아스파탐	180~200	4	다이어트 음료, 껌 감미료(열에 불안정함)	안전성 의심 < 50 mg/kg/일
	사카린	300~400	0	다이어트 음료(뒷맛이 씀)	안전성 의심
	아세설팜K	200	0	다이어트 음료, 껌, 제과, 제빵(온도에 안정함)	15 mg/kg/일
	슈크랄로스	600	0	제과, 제빵, 음료(온도에 안정함)	50 mg/kg/일

며, 단백질 섭취량의 1/3은 동물성 식품으로 섭취하도록 한다.

단백질은 정상적인 조직과 건강을 유지하고 합병증을 방지하며, 감염에 대한 저항력을 증가시키므로 당뇨병 환자의 식생활에서 매우 중요하다. 그러나 신장 합병증이 동반된 경우에는 단백질 섭취량을 조절해야 하며, 미세단백뇨가 있는 경우에는 체중 kg당 0.8~1.0 g으로 제한한다.

지 방 당뇨병 환자는 관상심장질환의 합병증을 예방하기 위하여 포화지방산, 트랜스지방산 및 콜레스테롤의 섭취를 제한하는데, 이는 혈청 LDL-콜레스테롤 수치를 개선하는 효과가 있다. 포화지방은 총 칼로리의 7% 이내, 콜레스테롤은 하루 200 mg 미만으로 섭취하며, 트랜스지방 섭취를 최소화하고, 총 지방 섭취는 25%가 넘지 않도록 조절한다. LDL-콜레스테롤을 줄이기 위해 포화지방산의 섭취를 줄이고 단일불포화지방산이나 다가불포화지방산을 섭취하도록 한다. 고중성지방혈증이 동반된 제2형 당뇨병 환자에게 오메가-3계 지방산을 보충하면 혈청 중성지방을 낮출 수 있으므로 등푸른생선 등을 일주일에 2~3회 정도 공급하는 것이 좋다.

식물성 스테롤은 소장에서의 콜레스테롤 흡수를 저해하기 때문에 당뇨병 환자의 경우 1일 2 g 정도의 식물성 스테롤 및 스타놀을 섭취하면 혈청 콜레스테롤 및 LDL-콜레스테롤을 줄일 수 있다.

(3) 식사시간과 간격의 적절한 분배

혈당 수준을 일정하게 유지하기 위해서는 균형 잡힌 식사를 규칙적으로 하며 식사량도 균등하게 나누어 섭취하는 것이 중요하다. 특히, 약물치료를 실시하는 환자에게는 약물과 식사 섭취량의 상호균형이 중요하고, 운동이나 여행 시에는 여러 가지 상황변동에 따라 적절하게 식품의 종류와 양을 선택하여야 한다.

(4) 식품교환표를 이용한 식사계획

당뇨병 환자의 식사계획 시 '당뇨병 식사요법 지침서의 식품교환표'를 기준으로 한다. 1일 식사구성, 끼니별 식단배분, 식단 작성법은 다음과 같다(제2장 참고).

① 1일 식사구성과 끼니별 식단 배분

제2형 당뇨병(성인)의 기본식은 앞에서 예를 들어 다루었듯이 1일 총 에너지 필요량과 3대 영양소의 함량을 정하고, 다음에는 식품군별로 먹어야 할 교환단위 수를 결정한다.

하루에 섭취해야 할 식품군의 교환단위 수가 결정되면 끼니별 식사 내용 배분표에 따라 아침, 점심, 저녁, 간식으로 구체적으로 계획한다 표 6-7. 당뇨병 식단의 기본형을 작성한 후 환자의 특성을 고려하여 식단을 다양하게 변형할 수 있고, 식품군 안에서 다

표 6-7 당뇨병환자의 식품교환법에 의한 식사구성과 끼니별 배분(1,800 kcal)

(탄수화물 249 g, 단백질 82 g, 지방 50 g)

식품교환군		교환 단위	에너지 (kcal)	탄수화물 (g)	단백질 (g)	지방 (g)	끼니별 배분			
							아침	점심	저녁	간식
곡류군		8	800	184	16	–	2	3	3	–
어육류군	저지방	3	150	–	16	6	–	1	2	–
	중지방	2	150	–	24	10	1	1	–	–
채소군		7	140	21	14	–	2	3	2	–
지방군		4	180	–	–	20	1	1.5	1.5	–
우유군	일반우유	2	250	20	12	14	–	–	–	2
과일군		2	100	24	–	–	–	–	–	2
계		–	1,770	249	82	50	–	–	–	–

표 6-8 당뇨병 환자를 위한 1,800 kcal 식단

식품군	총교환 단위수	아침	점심	저녁
곡류군	8	2	3	3
		70 g × 2교환 = 140 g 잡곡밥 2/3공기(140 g)	70 g × 3교환 = 210 g 조밥 1공기(210 g)	70 g × 3교환 = 210 g 흑미밥 1공기(210 g)
어육류군	5	1	2	3
		연두부 1교환 = 150 g	스테이크볶음 (쇠고기 1교환, 40 g) 오징어초무침 (오징어 1교환, 50 g)	돈육고추잡채 (돼지고기 1교환, 40 g) 동태전(동태살 1교환, 50 g)
채소군	7	2	3	2
		콩나물국 1교환(70 g) 미역줄기볶음 0.5교환(35 g) 나박김치 0.5교환(35 g)	들깨팽이버섯탕/스테이크 볶음/오징어초무침에 포함된 채소 1교환 연근조림 1교환(40 g) 청경채나물 1교환(70 g)	근대된장국 (근대 1교환, 70 g) 마늘종볶음 (마늘종 1교환, 40 g)
지방군	4	1	1.5	1.5
		식용유 1작은스푼(5 g) 미역줄기볶음용	들깻가루 0.5교환(4 g) 식용유/참기름 1작은스푼(5 g) 연근조림/청경채나물 조리용	식용유 1.5스푼(7.5 g) 마늘종볶음/동태전 조리용
우유군	2	식사시간 사이 간식으로 드세요 우유 1교환(1컵, 200 cc) 두유 1교환(1컵, 200 cc)		
과일군	2	식사시간 사이 간식으로 드세요 사과 1교환(1/3개, 80 g) 딸기 1교환(150 g)		

자료 : 대한당뇨병학회(2010), 당뇨병 식품교환표 활용지침

양한 식품을 선택할 수 있다. 식사를 계획할 때에는 환자의 개인 식습관, 생활상황, 인슐린 주사의 여부, 인슐린의 종류, 운동, 질병상태 등을 고려하여야 한다.

② 식단 작성

식품군 교환단위 수에 따라 식품교환표에 있는 각 군의 식품 종류와 양을 선택하여 표 6-8과 같이 식단을 결정한다.

식사계획에 따라 식단 작성 시 참고해야 할 점은 기름 사용에 유의하여 지방군이 누락되거나 중복되지 않도록 하며, 평소의 식사와 비교하여 대개의 경우 밥 양은 감소하나 반찬의 양이 증가하므로 100% 섭취가 이루어질 수 있는 조리방법을 선택하여야 한다. 간식은 식사량 내에서 섭취할 수 있도록 식단 작성 시 고려해야 하며, 섬유소의 섭취를 늘릴 수 있도록 계획한다.

2 운동요법

규칙적인 운동은 혈당 및 인슐린 감수성을 개선하고 심혈관질환의 위험을 감소시키며, 체중감량에도 도움이 된다. 제2형 당뇨병 고위험군에서는 당뇨병 발생의 예방과 지연에 효과적이다. 제2형 당뇨병 환자의 경우 운동을 하면 인슐린 감수성이 증가하여 운동을 하고 있는 동안뿐 아니라 운동 후에도 말초조직에 의한 포도당 사용이 증가하므로 혈당 조절이 용이해진다.

운동빈도는 중증도 강도의 운동을 30분 이상씩 가능한 한 일주일 내내 실시하는 것이 이상적이며, 제2형 당뇨병환자의 경우 유산소운동과 저항성운동을 병행하도록 권장하고 있다. 매일 유산소운동을 하기 어려운 경우 1회 운동 시간을 더 늘릴 수 있다. 보통 1회의 유산소운동이 인슐린감수성에 미치는 효과는 24~72시간 지속되기 때문에 연속해서 2일 이상 운동을 쉬지 않도록 하는 것이 필요하다. 저항성운동도 유산소운동과 동일한 정도로 인슐린감수성을 개선시킨다.

3 약물요법

당뇨병치료의 기본은 식사요법과 운동요법이며 이 두 가지만으로 혈당이 조절되지 않을 때 약물요법으로 경구혈당강하제나 인슐린을 사용하게 되는데, 약물요법은 식사요

당뇨병 환자의 운동요법

- 적어도 일주일에 150분 이상 중등도 강도(최대 심박수의 50~70%)의 유산소운동이나, 일주일에 90분 이상 고강도 유산소운동(최대 심박수의 70% 이상)을 실시한다. 운동은 일주일에 적어도 3일 이상 실시해야 하며 연속해서 이틀 이상 쉬지 않는다.
- 금기사항이 없는 한 일주일에 2회 이상 저항성운동을 실시한다.
- 필요시 운동시작 전에 운동전문가에게 운동처방을 의뢰할 수 있다.
- 운동 전후의 혈당변화를 알 수 있도록 혈당을 측정하고, 저혈당 예방을 위해 약제를 감량하거나 간식을 추가할 수 있다.
- 심한 당뇨병성 망막병증이 있는 경우 망막출혈이나 망막박리의 위험이 높으므로 고강도 유산소운동과 저항성운동은 주의하는 것이 좋다.

법과 운동요법을 병행하여야 효과를 볼 수 있다.

(1) 경구혈당강하제

제2형 당뇨병 환자의 혈당 조절에 사용되며, 세포의 인슐린 수용체의 민감도를 향상시키고 췌장을 자극하여 인슐린 분비를 촉진한다. 그동안 사용되어 왔던 설포닐요소제sulfonylureas는 췌장의 베타-세포를 자극하여 인슐린 분비를 증가시키고, 간에서의 포도당 신생을 억제하고 말초조직에서의 인슐린 저항을 감소시키는 효과가 있다.

작용 기전이 설포닐요소제와는 달리 인슐린 분비 촉진과는 상관이 없고 저혈당이 임상적으로 문제가 되지 않는 비구아니드제biguanides는 간에서 당신생을 감소시키고 소화관에서 당 흡수를 억제하며, 말초조직에서의 인슐린 감수성을 증가시킴으로써 혈당을 저하시킨다.

새로운 경구 약제인 알파-글루코시다아제 억제제α-glucosidase inhibitors는 알파-글루코시다아제의 활성을 가역적으로 저해하여 장내에서의 탄수화물 소화와 포도당 흡수를 지연시킨다 표 6-9. 제2형 당뇨병에서 한 가지의 경구혈당강하제 치료로 적절한 당뇨 조절이 되지 않을 때에는 두 가지 혹은 그 이상의 약제를 이용한 병합요법이 시도되고 있다.

표 6-9 경구혈당강하제의 종류와 특징

분류	작용	특징	부작용	약품
설포닐요소제(Sulfonylureas)	췌장에서 인슐린 분비 증가	• 혈당조절 용이 • 저비용	• 체중 증가 • 저혈당 위험성	• 글리피지드 • 글리메피라이드
비구아니드제(Biguanides)	간의 당생성 감소	• 체중증가 현상 없음 • 저혈당 위험 감소	소화기 장애 (오심, 구토, 설사)	메트포르민
알파-글루코시다아제 억제제 (α-glucosidase inhibitors)	단당류 흡수 억제	저혈당 위험 감소	소화장애	• 아카보스 • 보글리보스
티아졸리디네디온제 (Thiazolidinediones)	• 근육, 지방의 인슐린 감수성 개선 • 간의 당생성 감소	• 병용투여 시 타 약제 투여량 감소 • 저혈당 위험 감소	• 체중증가 • 혈색소 감소, 골절, 부종, 신부전	• 피오글리타존 • 로베글리타존

자료 : 대한당뇨병학회(2015), 2015 당뇨병 진료 지침

(2) 인슐린

인슐린은 제1형 당뇨병 환자, 식사요법이나 경구혈당강하제로 조절되지 않는 제2형 당뇨병 환자, 케톤산증이나 고삼투압성 비케톤성 혼수 등의 응급상황에 사용된다.

췌장은 식사 후 가장 많은 양의 인슐린을 분비하고, 식사 사이와 밤에 적은 양의 인슐린을 분비한다. 이상적인 인슐린치료란 췌장에서 인슐린이 분비되는 간격과 같게 하는 것이다. 인슐린은 표 6-10과 같이 효과발현 시간, 최대효과 시기, 효과의 지속 정도에 따라 초속효성, 속효성, 중간형, 지속형, 혼합형 등이 있다 그림 6-6.

속효성 인슐린은 빠른 작용시간과 짧은 지속시간을 특징으로 한다. 식전에 주사하여 식후혈당 상승을 교정할 수 있고, 즉각적인 혈당강하를 처치할 때 사용한다. 중간형 인슐린은 속효성과 지속형의 중간 정도의 지속시간을 갖고 있으며 속효성 인슐린에 비해 서서히 작용하므로 오전에 맞을 경우 오후에 최고에 달한다. 혼합형 인슐린은 중간형과 속효성 인슐린이 일정한 비율(70 : 30)로 섞여 있으며 가장 많이 사용되고, 1회 주사로 2회의 최고 작용시간을 갖는다.

제1형 당뇨병은 (초)속효성과 중간형 인슐린의 복합적인 주사나 인슐린 펌프로 가장

많이 관리한다. 인슐린을 투여하는 사람은 각 식사 전에 주입하는 인슐린의 양을 정확하게 결정하는 것을 배워야 한다. 인슐린 양은 식사에 포함된 탄수화물, 식전 혈당치, 그리고 개인의 체중과 인슐린 반응성에 따라 달라진다. 인슐린 반응성을 결정하기 위해서는 식품 섭취와 인슐린 사용량, 혈당수준을 꼼꼼히 기록하여 탄수화물에 따른 인슐린 비율을 결정해야 한다.

표 6-10 국내에서 유통 중인 인슐린 종류와 인슐린별 특성

인슐린 종류(상품명)	작용시작	최고작용	작용시간
식전 인슐린			
속효성인슐린유사체			
인슐린아스파르트(NovoRapid)	10~15분	1~1.5시간	3~5시간
인슐린리스프로(Humalog)	10~15분	1~2시간	3.5~4.75시간
인슐린글루리진(Apidra)	10~15분	1~1.5시간	3~5시간
속효성인슐린			
휴물린 R	30분	2~3시간	6.5시간
기저 인슐린			
중간형인슐린 휴물린 N	1~3시간	5~8시간	18시간까지
장시간형 기저인슐린			
인슐린 디터미어(Levemir)	90분	없음	디터미어 24시간
인슐린 글라르진(Lantus)	90분	없음	글라르진 24시간
인슐린 디글루덱(Tresiba)	60~90분	없음	디글루덱 42시간 이상
인슐린 글라-300(Toujeo)	6시간	없음	글라-300 36시간 이상
혼합형 인슐린			
NPH 70/30 (휴물린 70/30, 믹스타드 70/30) 노보믹스 70/30, 50/50 휴마로그 믹스 75/25, 50/50	바이알 또는 펜형 인슐린 안에 고정 비율의 인슐린이 섞여 있는 형태		

자료 : 대한당뇨병학회(2015), 2015 당뇨병 진료 지침

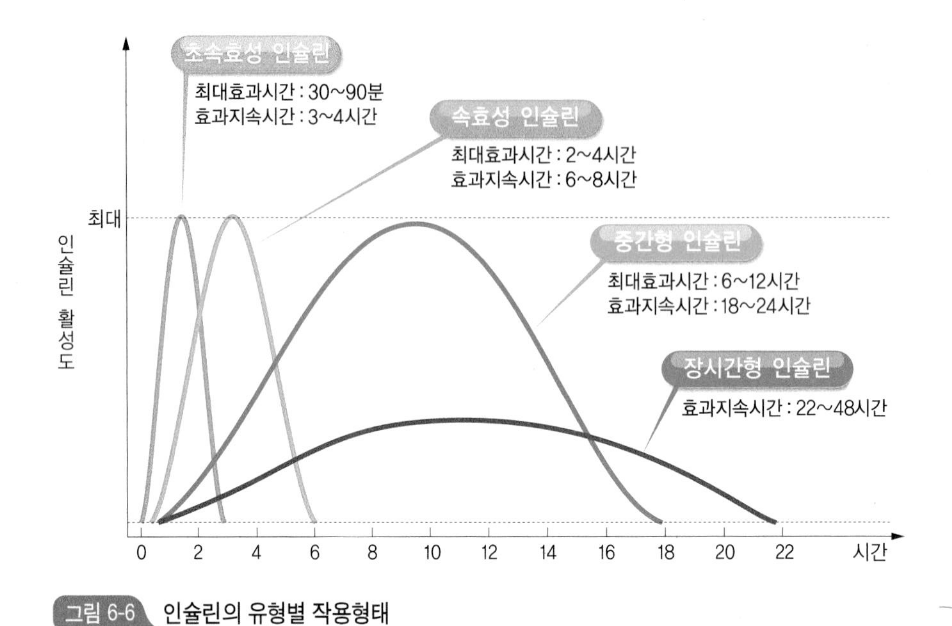

그림 6-6 인슐린의 유형별 작용형태

탄수화물 계산법(CHO counting)

탄수화물 계산법은 DCCT(Diabetes Control and Complication Trial)에서 사용하였던 식사요법으로 탄수화물의 종류보다는 총량이 더 중요하다는 과학적 증거로 인하여 더욱 관심을 가지게 되었다.

현재 사용하는 식품교환표를 이용하면 곡류군 1교환단위의 탄수화물 양은 23 g, 우유군은 10 g, 과일군은 12 g이므로 곡류군 0.5교환단위, 우유군 1교환단위, 과일군 1교환단위(대략 탄수화물 10 g 정도 포함)를 탄수화물 1선택단위로 조정하여 이용한다.

- 예 : CHO / insulin ratio가 10이라면 인슐린 1단위가 탄수화물 10 g을 조절할 수 있다는 의미이며, 평상시 한 끼에 80 g의 탄수화물을 섭취할 때 (초)속효성 인슐린 8단위를 맞으면 혈당을 조절할 수 있다.

쉬어가기

인슐린 펌프

인슐린 펌프는 지속적 피하 인슐린 주입법으로 혈당을 정상 또는 정상에 가까운 수준으로 유지하기 위해 당뇨병 환자에게 인슐린을 거의 생리적 수준에 맞추어 공급하는 방법이다. 인슐린 펌프는 인슐린이 분비되는 시간대와 각 시간대별로 필요한 인슐린 양을 24시간 자동주입하며, 식사 때에는 그에 알맞은 인슐린 양을 추가로 주입함으로써 공복과 식후 혈당 모두를 정상수준으로 유지한다.

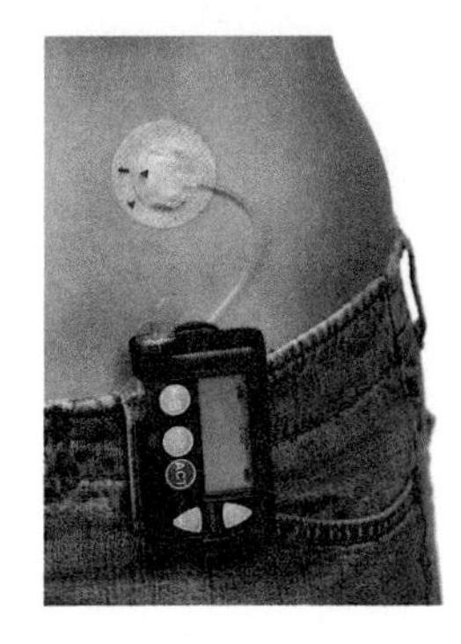

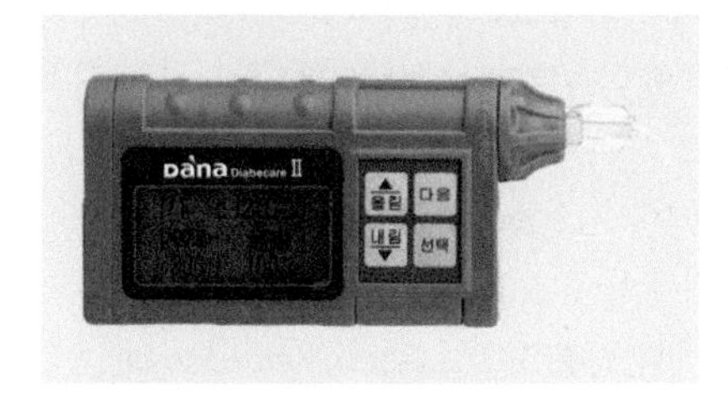

사진자료 : http://www.schmidtandclark.com ; http://www.sooil.com

주요 용어

- **경구포도당부하검사**(OGTT : Oral Glucose Tolerance Test) : 10시간 이상 금식 후 아침 공복에 75 g(임신 시 100 g)의 포도당과 물을 함께 섭취한 후 30분 간격으로 채혈하여 신체의 적응능력을 측정
- **경구혈당강하제**(OHAs : Oral Hypoglycemic Agents) : 구강으로 섭취하는 혈당을 내리는 약
- **고혈당성 고삼투압성 비케톤성 증후군**(HHNS : Hyperosmolar Hyperglycemic Nonketotic Syndrome) : 제2형 당뇨 환자에게서 발생할 수 있는 급성대사성 합병증으로 케톤은 상승하지 않으나 혈당은 매우 높음
- **고혈당증**(hyperglycemia) : 혈액 내의 포도당 수치가 정상보다 높은 것으로 신체가 충분한 양의 인슐린을 가지고 있지 않거나 인슐린의 기능이 감소되는 경우에 나타남
- **내당능장애**(IGT : Impaired Glucose Tolerance) : 정상과 당뇨병의 중간을 나타내는 용어로 내당능장애의 경우 당뇨병으로 이행될 확률이 정상인보다 높음
- **당뇨병성 케톤산증**(DKA : Diabetic Ketoacidosis) : 인슐린이 절대적으로 부족하여 신체에서 에너지원으로 포도당을 이용하지 못하면 지방분해가 촉진되어 케톤체가 과량 생성되는 현상으로 치명적 결과를 초래할 수 있음
- **당뇨병성 혼수**(diabetic coma) : 잘 조절되지 못한 제1형 당뇨병에서 고혈당, 탈수, 산독증에 의하여 의식이 없어져 쓰러짐
- **당화혈색소**(hemoglobin A1c, Hb A1c : glycosylated hemoglobin) : 혈당이 높을 때 헤모글로빈에 포도당이 결합하여 생성되며 3개월간의 혈당 조절상태를 검사하는 지표로 사용됨
- **미세동맥류**(microaneurysm) : 미세혈관에 나타나는 동맥류로 혈전성 자반병의 특징적 구조
- **C-펩타이드**(C-peptide) : 췌장 베타-세포에서 인슐린의 전 단계인 프로인슐린이 인슐린으로 생성되는 과정에서 만들어지며, 인슐린과 동일한 양으로 분비되므로 혈액 또는 소변 중의 농도를 측정하면 췌장에서의 인슐린 분비능력을 측정할 수 있음
- **자가혈당측정**(SMBG : Self Monitoring of Blood Glucose) : 환자 스스로 자가혈당 측정기를 이용하여 혈당을 측정하는 것으로 저혈당을 예방하고 혈당을 원활히 조절하기 위한 관리 방법
- **저혈당증**(hypoglycemia) : 혈당이 50~60 mg/dL 미만으로 낮아지는 것으로 배고픔, 식은땀, 두려움, 불안, 창백, 두통, 어지러움, 발한 등의 증상이 나타남
- **흑색극세포증**(acanthosis nigricaus) : 겨드랑이나 사타구니에 흑색반이 나타나는 질병

memo

CLINICAL NUTRITION

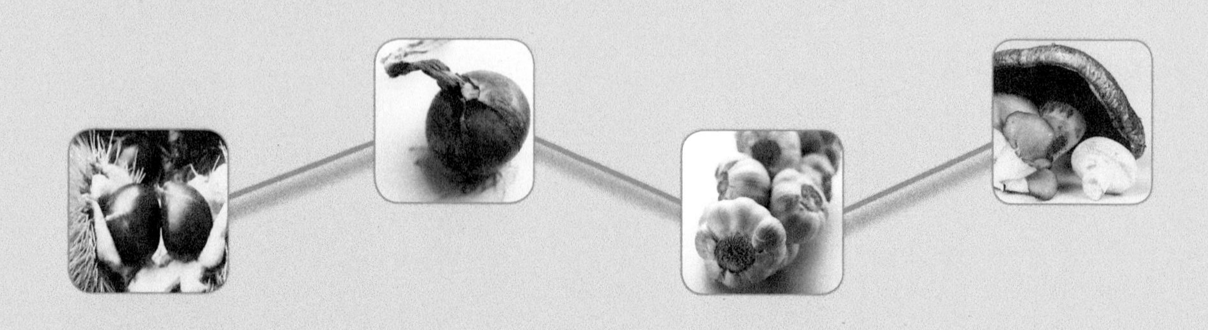

제 7 장

심혈관계 질환

1. 심혈관계의 구조와 기능 ✻ 2. 고혈압 ✻ 3. 고지혈증 ✻ 4. 동맥경화증
5. 뇌졸중 ✻ 6. 울혈성 심부전 ✻ 7. 허혈성 심장질환

한국인 사망원인 통계를 보면, 고혈압성 질환, 허혈성 심장질환, 뇌혈관질환을 포함한 심혈관계 질환은 높은 순위를 차지하고 있으며, 40대 이후 심혈관계 질환 발병률이 증가하고 있어 문제점으로 대두되고 있다. 더욱이 심혈관계 질환은 전 세계적인 건강문제로 전 세계 사망원인의 29% 이상을 차지하고 있다. 이들 심혈관계 질환의 주요 원인으로 유전, 성별, 연령과 같은 조절할 수 없는 요인도 있으나, 식습관, 음주, 흡연, 스트레스와 같은 조절 가능한 요인을 감소시키기 위해 노력한다면 심혈관계 발병률과 이에 따른 합병증의 위험을 줄일 수 있다.

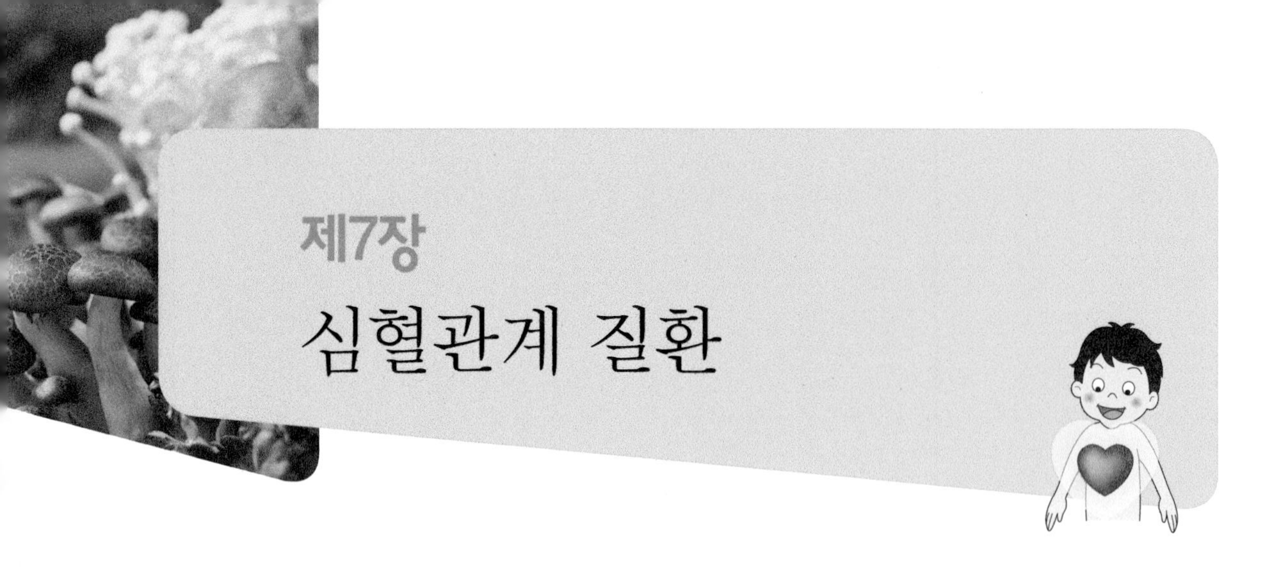

제7장
심혈관계 질환

1. 심혈관계의 구조와 기능

1 심 장

심장은 흉곽 속에 위치하고 있으며, 중량은 250~300 g이고 성인의 주먹 정도 크기이다. 심장은 정맥혈을 받는 2개의 심방인 좌심방과 우심방, 혈액을 동맥으로 내보내는 2개의 심실인 좌심실과 우심실로 구성된다. 심실중격에 의해 좌우 심방과 심실이 분리된다. 우심방과 우심실 사이에는 삼첨판, 좌심방과 좌심실 사이에는 이첨판(또는 승모

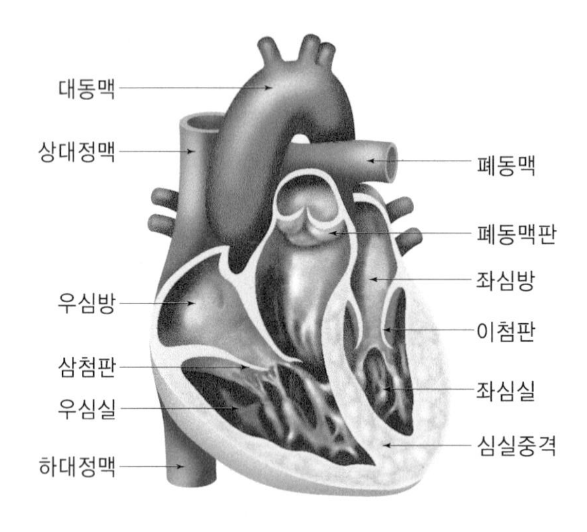

그림 7-1 심장의 구조

자료 : 박인국(2014), 생리학

판), 우심실과 폐동맥 사이에는 폐동맥판, 좌심실과 대동맥 사이에는 대동맥판이 있어 혈액의 역류를 막는다. 심박동수는 1분당 70~75회, 1회 박출량은 70~80 mL로, 1분당 약 5.5 L의 혈액을 방출한다 그림 7-1.

2 혈 관

혈관은 동맥, 정맥, 모세혈관으로 구성되어 있다. 동맥은 심장으로부터 각 신체 조직으로 혈류를 전달하는 혈관으로서 폐순환을 거쳐 산소가 풍부한 혈액을 공급한다. 관상동맥coronary artery은 심근세포에 산소와 영양소를 공급해 주는 동맥이다. 정맥은 말초의 혈액을 모아 심장으로 돌아가도록 하는 혈관이며, 정맥의 판막은 혈액의 역류를 막아준다. 동맥과 정맥의 혈관벽은 내피 세포로 이루어진 내막과 평활근 세포로 이루어져 탄력성을 주는 중막, 그리고 섬유상인 외막의 3개의 막으로 이루어져 있다 그림 7-2. 정맥과 크기가 비슷한 동맥을 비교하면 정맥에 비해 동맥의 중막이 두꺼운 것이 특징이다. 모세혈관은 한 층의 내피로만 구성되어 있어 혈액과 조직액 간의 물질 교환이 빠르게 일어난다.

혈액순환은 체순환과 폐순환으로 나눌 수 있다. 체순환은 심장으로부터 폐를 제외한 전신으로 혈액을 보내고 다시 돌아오게 하는 것으로 대순환계라고 한다. 폐순환은 심장으로부터 폐로 혈액을 보내고 폐에서 심장으로 돌아오게 하는 것으로 소순환계라고 한다.

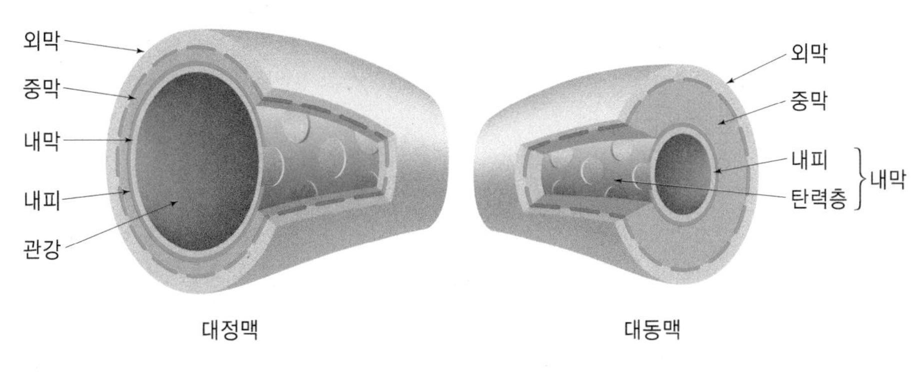

그림 7-2 대정맥과 대동맥의 구조

체순환(systemic circulation)

좌심실 → 대동맥 → 전신의 모세혈관 → 대정맥 → 우심방

폐순환(pulmonary circulation)

우심실 → 폐동맥 → 폐의 모세혈관 → 폐정맥 → 좌심방

2. 고혈압

(1) 진 단

혈압blood pressure은 혈액이 혈관 벽에 나타내는 압력으로서 심장이 혈액을 동맥으로 밀어 내는 펌프작용에 의해 생성된다. 혈압은 혈관의 위치나 내경에 따라 차이가 있는데, 일반적으로 동맥 내의 압력을 의미한다. 고혈압hypertension은 혈압이 과도하게 높아진 상태이다.

고혈압의 진단 기준은 수축기 혈압이 140 mmHg 이상, 또는 확장기 혈압이 90 mmHg 이상이다 표 7-1. 고혈압은 수축기 혈압이나 확장기 혈압 어느 한쪽이라도 높은 경우를 말하며, 확장기 혈압이 높은 경우 뇌졸중을 일으키기 쉽다.

표 7-1 우리나라 성인의 고혈압 진단기준

혈압 분류		수축기 혈압(mmHg)		확장기 혈압(mmHg)
정상혈압*		< 120	그리고	< 80
고혈압전단계	1기	120~129	또는	80~84
	2기	130~139	또는	85~89
고혈압	1기	140~159	또는	90~99
	2기	≥ 160	또는	≥ 100
수축기단독고혈압		≥ 140	그리고	< 90

* 심뇌혈관질환의 발병위험이 가장 낮은 최적혈압

자료 : 대한고혈압학회 진료지침제정위원회(2013), 2013년 고혈압 진료 지침

(2) 분 류

고혈압은 원인에 따라 본태성과 속발성으로 분류한다. 본태성 고혈압(1차성 고혈압)은 전체 고혈압의 90% 이상이며, 뚜렷한 원인은 불분명하나 유전, 연령, 식생활, 생활습관과 병리적 요인 등이 고혈압 발생에 영향을 미친다. 속발성 고혈압(2차성 고혈압)은 고혈압 환자의 5~10% 정도이고, 다른 질병으로 인하여 이차적으로 나타난다. 주 원인은 신장질환에 의한 경우가 가장 많으며, 그 외 내분비질환, 혈관질환, 임신 합병증, 신경질환이 있다.

(3) 혈압 조절 기전

① 물리적 요인

혈압은 크게 심박출량과 혈관 저항에 의해 좌우된다. 심박출량은 심박수와 1회 박출량의 영향을 받으며 강심제를 사용하거나 소금을 과잉 섭취하면 심박출량이 늘어나 혈압이 높아진다. 혈관 저항은 혈액 점성에 비례하고, 혈관 직경과는 반비례한다. 그러므로 혈액 점성이 커지거나, 혈관 수축이나 동맥경화로 인해 혈관 직경이 감소하면 혈관저항이 커져 혈압이 높아진다.

② 신경성 요인

혈압은 자율신경계의 교감신경과 부교감신경의 작용에 의해 조절된다. 스트레스를 받거나 화가 났을 때, 긴장, 불안 등을 느끼면 연수에 있는 심장과 혈관 조절 중추에서 교감신경 활성이 증가하고 부교감신경 활성은 감소한다. 그로 인해 심박수와 심박출량이 증가하고 혈관이 수축하여 혈압이 상승한다.

③ 체액성 요인

혈압 조절의 체액성 요인에는 레닌-안지오텐신-알도스테론계와 항이뇨호르몬이 있다.

레닌-안지오텐신-알도스테론계 혈류량이 감소하거나 혈압이 저하되면 신장에서 레닌이 분비되어 안지오텐시노겐을 안지오텐신 Ⅰ로 활성화시킨다. 안지오텐신 Ⅰ은 폐에 존재하는 안지오텐신 전환효소ACE : Angiotensin-Converting Enzyme에 의해 안지오텐신 Ⅱ로 전환된다. 안지오텐신 Ⅱ는 부신피질 호르몬인 알도스테론 분비를 촉진하여 신장에서 나트륨과 수분의 재흡수를 촉진하고, 혈관을 수축시켜 혈압을 높인다 그림 7-3.

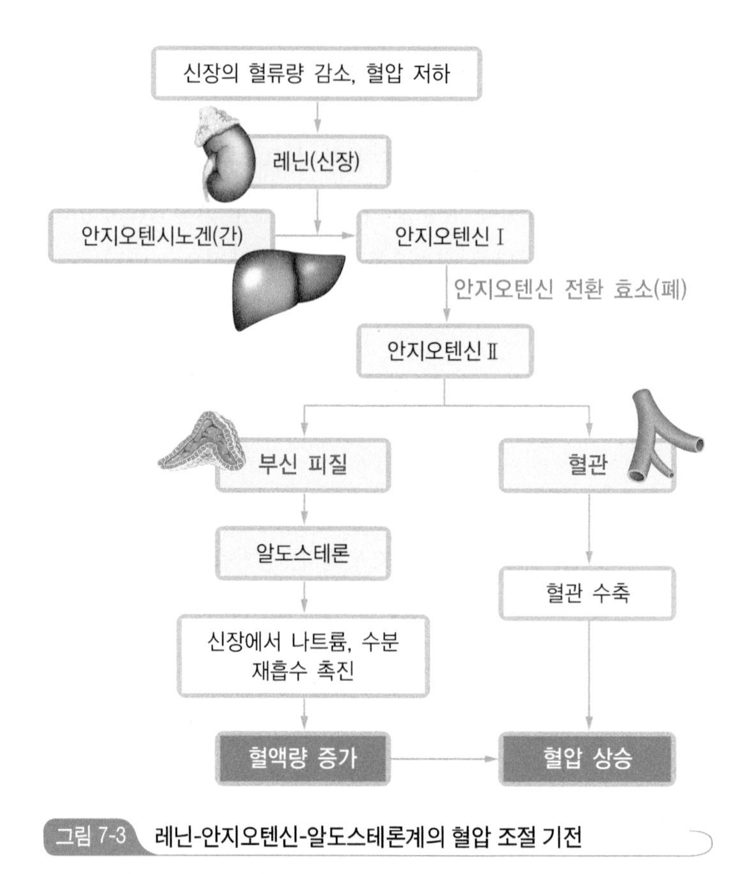

그림 7-3 레닌-안지오텐신-알도스테론계의 혈압 조절 기전

자료 : 박인국(2014), 생리학

쉬어가기

안지오텐신 전환효소 저해제

안지오텐신 전환효소(ACE : Angiotensin-Converting Enzyme) 저해제는 대표적인 혈압강하제로서 고혈압 환자의 혈압 강하에 사용되는 치료제이다. 혈압상승 전구 물질인 안지오텐신 I 은 ACE에 의해 안지오텐신 II로 전환되는데, 이것은 강력한 혈압 상승 작용이 있다. ACE 저해제는 이 효소를 저해하여 안지오텐신 II 생성을 억제함으로써 혈압강하 효과를 나타낸다. 이 외에 사용되는 고혈압치료제에는 교감신경차단제 약물인 베타-차단제, 말초 혈관 확장제인 알파-차단제, 수분과 나트륨 배설을 촉진하는 이뇨제 등이 있다.

항이뇨호르몬　항이뇨호르몬은 혈액의 삼투압이 높거나 혈압이 떨어졌을 때 뇌하수체 후엽에서 분비되어 신장에서 수분의 재흡수를 증가시키는데, 그 결과 혈액량이 증가해 혈압이 상승된다.

(4) 고혈압 발생 위험요인

고혈압 발생에는 여러 가지 위험요인이 관련되어 있다 표 7-2. 이러한 위험요인들 중 가족력, 인종, 연령 등은 조절이 불가능하지만, 식습관, 비만, 스트레스 등은 조절이 가

표 7-2 고혈압 발생 위험요인

구분		위험요인
조절할 수 없는 위험요인	가족력	본태성 고혈압은 유전의 영향을 받으며 부모 중 한쪽이 고혈압이면 자녀의 50%, 부모가 모두 고혈압이면 자녀의 70%가 고혈압 위험이 있다.
	인 종	발병률은 백인은 23%인데, 흑인은 32%로 더 높다.
	성 별 연 령	남성과 폐경 이후 여성, 60세 이후 노년층은 고혈압 유병률이 증가한다.
조절할 수 있는 위험요인	식습관	• 소금 섭취가 모든 사람들에게 혈압을 상승시키는 것은 아니다. 소금에 민감한 사람은 소금량에 따라 혈압이 변화하지만, 소금에 저항성이 있으면 그렇지 않다. 그러나 역학조사에서 소금 섭취량이 많은 나라일수록 고혈압 발생 빈도가 높다. • 칼륨, 마그네슘, 칼슘 섭취는 고혈압의 예방 요인이다. • 과량의 지방 섭취는 고지혈증과 동맥경화증을 유도하여 혈압을 상승시킨다. • 포화지방산과 콜레스테롤은 혈압상승 효과, 불포화지방산은 혈압감소 효과가 있다.
	음 주 흡 연	매일 3~4잔 이상의 알코올 섭취와 흡연은 고혈압 위험을 증가시킨다.
	비 만	비만으로 인슐린 저항성이 증가하여 고인슐린혈증이 되면 신장에서 나트륨을 보유하고 교감신경을 자극하여 고혈압을 일으킨다. 체중을 1 kg 감량하면 수축기 혈압은 1.6 mmHg, 이완기 혈압은 1.3 mmHg 정도 저하된다.
	스트레스	• 스트레스, 정신적 흥분, 불안, 과로, 긴장 등이 뇌와 자율신경계를 자극하여 혈압이 일시적으로 상승한다. • 갑자기 찬 곳을 접하게 되면 혈관이 수축하여 혈압이 상승한다.
	고지혈증 당뇨병	고지혈증과 당뇨병은 고혈압 발병의 주요 위험요인이다.

능하다. 따라서 이러한 조절 가능한 위험요인을 감소시키기 위해 꾸준히 노력한다면 고혈압 발생과 이에 따른 합병증의 위험을 줄일 수 있다.

(5) 합병증

고혈압은 합병증이 생기기 전까지는 별 증상 없이 머리가 무겁고 두통, 이명, 현기증, 숨이 차는 등의 증세를 보이다가 고혈압이 지속되면 여러 인체 기관들에 합병증을 일으키게 된다. 고혈압의 합병증으로 심부전, 협심증, 심근경색 등의 심장질환, 신경화, 신부전, 요독증 등의 신장질환, 뇌출혈, 뇌졸중 등의 뇌질환과 시력저하, 동맥류aneurism 등이 나타난다. 뇌의 작은 동맥의 동맥류는 뇌졸중과 실명을 일으킬 수 있고, 특히 대동맥에 동맥류가 있으면 대량의 출혈을 일으켜 사망할 수 있다.

(6) 식사요법

고혈압의 치료를 위해서는 식사요법, 운동요법, 약물요법을 적절히 시행해야 한다.

에너지　과체중인 고혈압 환자의 경우 체중감량은 혈압 조절에 가장 중요하다. 체중 감소만으로도 혈압을 낮추고, 심혈관계 질환 발생을 감소시킬 수 있다. 그러나 갑작스런 체중 감소는 피로, 호흡 곤란 등의 증상이 유발되므로 체중은 서서히 감소시킨다.

단백질과 지방　단백질 결핍은 뇌졸중 발생 위험을 높이므로 양질의 단백질을 1.0~1.5 g/kg 공급한다. 지방 섭취의 질적인 균형을 위하여 다가불포화지방산, 단일불포화지방산, 포화지방산의 섭취 비를 1 : 1 : 1로 한다. 오메가-6계 지방산과 오메가-3계 지방산의 섭취 비를 4~10 : 1로 한다.

나트륨　나트륨 제한 식사는 고혈압과 심혈관계 질환뿐 아니라 신장 · 간질환과 부종이 있는 경우에도 적용한다.

나트륨 환산방법

나트륨은 소금의 주 성분으로, 밀리그램(mg) 또는 밀리그램 당량(mEq)으로 표기한다. 소금에는 약 40%의 나트륨이 함유되어 있으며 환산방법은 다음과 같다.

■ **소금을 나트륨으로 환산할 때**

소금 양 mg × 0.4 = 나트륨 양 mg

예 소금 1g = 소금 1,000 mg × 0.4 = 나트륨 400 mg

■ **나트륨을 소금의 양으로 환산할 때**

나트륨 양 mg × 2.5 = 소금 양 mg

예 나트륨 400 mg × 2.5 = 소금 1,000 mg = 소금 1 g

■ **나트륨 mg을 mEq로 환산할 때**

나트륨 양 mg/23(나트륨 원자량) = 나트륨 양 mEq

예 1g 나트륨 = 1,000 mg/23 = 나트륨 43.5 mEq

고혈압의 정도에 따라 다음과 같이 나트륨을 제한할 수 있다.

- 제1기 고혈압(140~159/90~99 mmHg) : 나트륨 2,000 mg/일(소금으로 5 g/일)
  가공식품과 나트륨 함량이 높은 식품을 제한하고, 식탁에서의 소금 사용을 제한한다. 조리 시에는 정해진 양의 소금만 사용하도록 한다. 우유와 유제품을 하루에 500 mL 이상 섭취하지 않도록 하며 가능한 저염 제품을 사용한다.
- 제2기 고혈압(≥160/≥100 mmHg) : 나트륨 1,400~2,000 mg 이하/일(소금으로 3.5~5 g 이하/일)
  제1기 고혈압일 때 제시한 내용뿐만 아니라, 통조림식품, 치즈, 마가린, 샐러드드레싱 등을 사용할 때 저염 또는 무염 제품임을 확인하고 사용한다. 대부분의 냉동식품과 패스트푸드 등은 사용하지 않도록 하고 빵 종류는 하루에 2회 이하로 제한한다.

표 7-3 소금 1g(나트륨 400mg)에 해당하는 식품의 양

식품명	무게(g)	목측량	식품명	무게(g)	목측량
소 금	1	1/2작은술	마요네즈	85	6큰술
진간장	5	1작은술	토마토케첩	40	3큰술
우스터소스	25	1과 2/3큰술	버 터	50	3큰술
된 장	10	1/2큰술	배추김치	35	썰어서 3~4 cm 5쪽
고추장	10	1/2큰술	단무지	35	반달모양 직경 6 cm 5쪽

자료 : 대한영양사협회(2010), 임상영양관리 지침서 제3판

나트륨을 1,200 mg 이하로 아주 극심하게 제한해야 하는 경우에는 자연식품 중에서도 나트륨이 많이 들어 있는 채소류를 제한하고 음료나 조리에 증류수를 사용한다. 표 7-3은 소금 1g에 해당하는 식품의 양이다.

식사 중 섭취하는 나트륨 급원

- **장류** : 조리할 때와 식탁에서 사용하는 소금, 간장, 된장, 고추장 등
- **동물성 식품** : 육류, 생선, 가금류, 우유와 유제품, 달걀 등
- **식품첨가물** : 팽창제로 쓰이는 베이킹파우더, 식품의 맛을 증진시키는 MSG(Monosodium Glutamate), 아이스크림과 초콜릿 우유에 쓰이는 나트륨 알기네이트(sodium alginate), 곰팡이 성장억제와 방부 목적으로 쓰이는 나트륨 프로피오네이트(sodium propionate), 식품표백제로 쓰이는 나트륨 설페이트(sodium sulfate) 등
- **물** : 마시는 물, 특히 연수 처리한 물

칼륨 · 칼슘 · 마그네슘　칼륨은 혈압을 낮추는 작용과 감염효과를 증진시키거나 보조역할을 한다. 그러나 칼륨이 많은 식품을 섭취해도 나트륨 함량이 너무 많으면 혈압을 낮추는 효과가 적어진다. 따라서 칼륨 함량이 많은 과일과 채소의 섭취를 증가시켜서 나트륨/칼륨 비를 1 이하로 유지하도록 한다. 또한 칼슘과 고혈압에 관한 연구에서 적정한 칼슘 섭취는 혈압을 낮추는 것으로 보고되고 있다. 마그네슘도 혈관 수축을 억제하고, 레닌-안지오텐신-알도스테론계와 아세틸콜린 합성과 방출에 영향을 주어 혈압을 낮추므로 마그네슘 섭취가 부족하지 않도록 한다.

알코올　알코올 섭취량과 혈압은 양의 상관관계가 있으며, 나이, 비만, 운동, 흡연, 성별과는 상관없이 알코올 그 자체에 의한 영향인 것으로 나타났다. 하루에 소주 2잔(1잔은 50 mL) 이상은 고혈압과 뇌졸중의 발생빈도를 높이고, 알코올은 에너지를 내므로 체중조절에도 좋지 않다.

식이섬유　식이섬유가 많은 식품은 혈중 콜레스테롤과 중성지방을 낮추고 체중 조절에도 도움이 되므로 고혈압 식사에 권장된다. 식이섬유는 신선한 채소, 과일, 잡곡, 콩류, 해조류에 많다. 해조류에 들어 있는 알긴산은 혈압을 저하시킨다.

카페인　카페인은 혈압을 급격히 상승시킬 수 있다. 하루 150 mg의 카페인(하루 커피 3잔)은 혈압을 5~15 mmHg 상승시킬 수 있다. 그러므로 커피는 하루에 1~2잔 이하로 제한한다.

소금 섭취량을 줄이는 방법

소금이 적은 음식을 먹는 경우 처음에는 맛이 별로 없으나 반복해서 섭취하면 음식의 자연적인 맛과 향을 즐길 수 있다.

- 조리를 할 때 소금, 간장, 된장, 고추장 등을 적게 사용한다.
- 식초, 레몬즙, 오렌지즙 등의 신맛을 내는 즙을 많이 이용한다.
- 설탕, 물엿, 꿀, 파, 마늘, 생강, 양파, 고춧가루, 겨자와 후추 등을 적절히 이용한다.
- 간을 하지 않은 채로 조리한 후 식사 직전에 간을 하거나 식탁에서 양념장에 찍어 먹는다.
- 이미 간을 한 음식은 식탁 위에 소금, 간장, 된장, 고추장 등을 따로 놓지 않는다.
- 고염 제품 대신 저염 또는 무염제품을 사용한다.
- 소금보다는 콩 발효식품인 간장, 된장 등을 사용한다.
- 국이나 찌개 대신 숭늉이나 보리차를 이용한다.
- 옥수수, 보리, 콩 등의 뻥튀기와 감자, 밤, 고구마 등을 찌거나 구워서 먹는다.
- 패스트푸드, 인스턴트 음식, 가공식품은 소금 함량이 많으므로 피하고, 가공소시지, 토마토케첩, 피클, 젓갈, 장아찌, 베이컨, 치즈, 버터 등의 식품도 제한한다.
- 생선요리는 조림보다 구이로 한다.
- 빵을 만들 때 베이킹파우더보다 효모를 이용한다.
- 영양성분표시에서 소금에 관한 사항을 자세히 읽어본다.

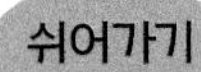

캠프너 식사

캠프너 식사(Kempner's diet)는 저나트륨, 저지방, 저단백질로 구성된 식사(2,000 kcal, 단백질 20 g, 지방 5 g, 나트륨 150 mg)로 고혈압성 혈관질환과 신장질환의 치료를 위해 사용한다. 이 식사는 주로 쌀과 과일로 구성되어 있으며, 소금을 첨가하지 않고 쌀 200~300 g(740~1,100 kcal)과 생과일 또는 통조림 된 과일(900~1,260 kcal)을 공급한다. 소금은 엄격히 제한하고 액체는 과일주스 700~1,000 mL로 제한한다. 이는 고혈압뿐만 아니라 다른 질병에도 유효하나 장기간 사용하면 영양 결핍이 나타나므로 단기간만 사용한다.

우리나라 고혈압 유병률

고혈압 유병률(만 30세 이상, 표준화)은 남자는 2007년 26.9%에서 2012년 32.2%로 증가한 이후 2014년 29.8%로 약간 감소하였다. 여자는 2007년 21.8%에서 2012년 25.4%로 증가 추세를 보였으며, 2014년 21.0%로 약간 감소하였다. 2014년 연령별 유병률은 30~50대는 남자의 고혈압 유병률이 여자보다 높으나, 60대 이상에서는 여자의 유병률이 더 높았다. 남녀 모두 연령이 높을수록 유병률이 높았다.

고혈압 유병률 추이

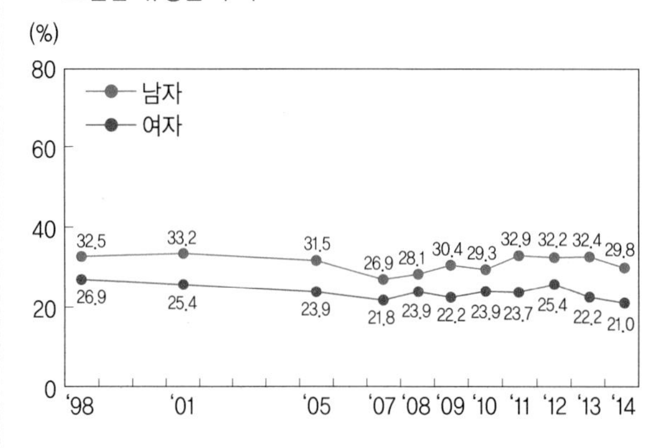

연령별 고혈압 유병률

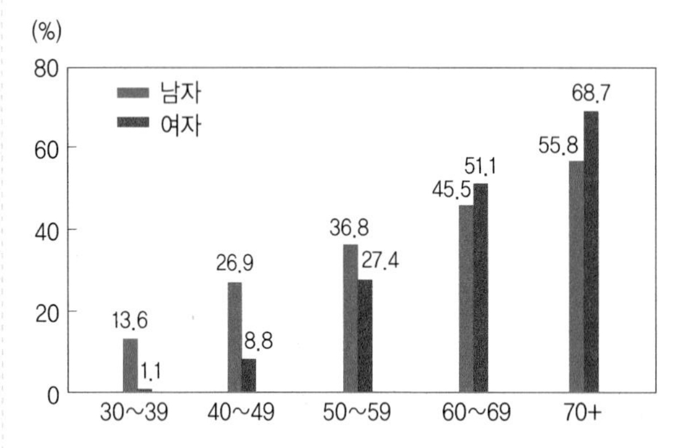

※ 고혈압 유병률 : 수축기혈압이 140 mmHg 이상이거나 이완기혈압이 90 mmHg 이상 또는 고혈압 약물을 복용한 분율, 만 30세 이상

※ 2011년 남자 팔높이 83 cm, 여자 팔높이 81 cm 기준으로 AHA(1967)에 근거하여 2008년 7월~2010년 측정치 보정 산출

※ 2005년 추계인구로 연령표준화

자료 : 보건복지부 · 질병관리본부(2015), 2014 국민건강통계 I

(7) DASH 요법

DASHdietary approaches to stop hypertension 요법은 미국의 NHLBINational Heart, Lung, and Blood Institute에서 연구한 결과를 바탕으로 혈압을 낮추기 위해 제시한 식사요법이다. 포화지방산, 콜레스테롤 및 총 지방량을 낮추는 식사계획으로서 과일과 채소, 무지방과 저지방우유 및 유제품을 강조한 식사이다. 이 식사에는 전곡류, 생선, 가금류 그리고 견과류가 포함되어 있으며, 적색의 육류, 당류, 설탕 함유 음료가 전통적인 미국의 식사에 비해 적게 들어 있다. 이 식사와 함께 생활습관을 개선하면 혈압을 낮추고 고혈압을 예방하는 데 도움이 될 수 있다. 특히, 혈압이 상당히 높지 않다면 식습관의 교정, 체중감량(과체중의 경우), 규칙적인 운동과 절주만으로도 혈압을 개선시킬 수 있다. 또한 LDL-콜레스테롤을 낮춤으로써 심장질환의 위험을 낮출 수 있다. DASH 요법의 1일 목표 영양기준량은 표 7-4와 같다.

표 7-4 DASH 요법의 1일 목표 영양기준량(2,000 kcal/일 기준)

영양소 종류	목표 기준량	영양소 종류	목표 기준량
탄수화물	총 에너지의 55%	나트륨[1]	2,300 mg
단백질	총 에너지의 18%	칼륨	4,700 mg
총 지방량	총 에너지의 27%	칼슘	1,250 mg
포화지방산	총 에너지의 6%	마그네슘	500 mg
콜레스테롤	150 mg	식이섬유	30 g

주 : 1) 나트륨 섭취를 더 낮추었을 때의 효과를 알아보기 위해 1,500 mg으로 나트륨 섭취량을 줄였을 때 더 효과적인 것으로 확인되었다.

저혈압

저혈압(hypotension)은 수축기 혈압이 남자 100 mmHg 이하, 여자 95 mmHg 이하로, 혈압이 정상보다 낮은 질환이다.

■ **분류**

- 본태성 저혈압 : 일반적으로 나타나는 저혈압으로서 명확한 근본 원인이 없다.
- 증후성 또는 속발성 저혈압 : 심장질환이나 내분비질환인 애디슨병, 기타 원인 질환이 있는 경우에 나타나는 저혈압이다.

- 기립성 저혈압 : 일어설 때에 혈압이 떨어지는 경우의 저혈압으로, 체위성 저혈압이라고도 한다.

■ **식사요법**

- 규칙적인 식사를 하고, 섭취하는 에너지가 부족하지 않도록 하며 비타민과 무기질도 충분히 공급한다.
- 평소 식사 시에 위장장애가 초래되지 않는 범위에서 소금과 수분(하루 2~2.5 L)을 충분히 공급한다.

■ **기타 주의사항**

- 취침 시 머리를 15~20도 이상 올린 상태로 잔다.
- 아침에 갑작스럽게 일어나지 않도록 하며, 잠에서 깬 후 수 분간 침대에 걸터앉아 있다가 서서히 일어나는 것이 좋다.
- 뜨거운 물로 오랫동안 샤워를 하거나 장시간 서 있는 것은 좋지 않다.
- 장시간 서 있을 때에는 다리에 정맥혈이 모이는 것을 막기 위해 탄력이 있는 스타킹을 신도록 한다.
- 규칙적이고 꾸준하게 운동을 한다. 그러나 과격하거나 심한 운동은 피한다.
- 쓰러질 것 같은 증상이 있으면 그 자리에 계속 앉아 있거나 서 있지 말고 눕도록 한다. 누워 있으면 대부분 실신하지는 않는다. 증상이 없어져도 바로 일어나지 말고 충분히 안정을 취한 후에 서서히 일어나는 것이 좋다.

3. 고지혈증

고지혈증hyperlipidemia은 혈액 내에 콜레스테롤이나 중성지방 등 지질이 증가된 상태이다. 고지혈증은 동맥경화증의 위험인자로서 심혈관계 질환의 원인이 된다. 콜레스테롤, 중성지방, 인지질 등 지질 성분은 혈액 내에서 지단백질의 형태로 운반되므로 고지혈증을 고지단백혈증이라고도 한다.

(1) 지단백질

혈액 내 지질은 아포단백질apoprotein이라고 하는 단백질과 결합한 지단백질의 형태로 혈액 내에 존재하고 이동한다. 지단백질은 중성지방, 콜레스테롤, 인지질 및 단백질의 혼합물로서 혈장지질의 운반형태이다. 지단백질은 밀도에 따라 다섯 가지, 즉 카일로마이크론CM : chylomicron, 초저밀도 지단백질VLDL : Very Low Density Lipoprotein, pre-β-LP, 중간밀도 지단백질IDL : Intermediate Density Lipoprotein, 저밀도 지단백질LDL : Low Density Lipoprotein, β-LP, 고밀도 지단백질HDL : High Density Lipoprotein, α-LP로 분류하며 이들의 특성은 표 7-5와 같다.

혈액 내 지질 및 지단백질의 바람직한 수준은 LDL 콜레스테롤 100 mg/dL 미만, 총 콜레스테롤 200 mg/dL 미만, HDL 콜레스테롤 60 mg/dL 이상, 중성지방 150 mg/dL 미만이다. 고지질혈증 발생 위험 수준은 LDL 콜레스테롤 160 mg/dL 이상, 총 콜레스테롤 240 mg/dL 이상, HDL 콜레스테롤 40 mg/dL 이하, 중성지방 200 mg/dL 이상이다 표 7-6.

(2) 고지혈증의 분류

WHO에서 고지혈증을 표현형에 따라 Ⅰ, Ⅱa, Ⅱb, Ⅲ, Ⅳ, Ⅴ형으로 분류하였다 표 7-7. 고지혈증은 어떤 유형의 혈중 지질 농도가 상승되어 있느냐에 따라 고콜레스테롤혈증, 고중성지방혈증, 혼합형으로 분류하고, 임상에서 흔히 나타나는 고지혈증은 Ⅱ형과 Ⅳ형이다.

표 7-5 지단백질의 종류와 특성

종 류	chylomicron	VLDL	IDL	LDL	HDL
중성지방	80~95% 식사 섭취	60~80% 내인적 합성	40% 내인적 합성	10~13% 내인적 합성	5~10% 내인적 합성
콜레스테롤	2~7%	10~15%	30%	45~50%	20%
인지질	3~6%	15~20%	20%	15~22%	25~30%
단백질	1~2%	5~10%	10%	20~25%	45~50%
밀 도	<0.095 제일 가볍다	0.095~1.006 다음으로 가볍다	1.00~1.03 가볍다	1.019~1.063 무겁다	1.063~1.210 제일 무겁다
크 기	80~500 제일 크다	40~80 다음으로 크다	245 중간 크기	20 작다	7.5~12 제일 작다
작 용	외인성 TG 운반	내인성 TG 운반	LDL전구체	콜레스테롤을 혈관으로 운반	콜레스테롤을 간으로 역운반
생성장소	소장	간	혈액	혈액	간, 소장
아포단백	A, B-48, C, E	B-100, C, E	B-100, E	B-100	A, C

표 7-6 한국인의 이상지질혈증 진단 기준 (단위 : mg/dL)

총 콜레스테롤		LDL 콜레스테롤	
높음	≥ 240	매우 높음	≥ 190
경계	200~239	높음	160~189
적정	< 200	경계	130~159
중성지방		정상	100~129
매우 높음	≥ 500	적정	< 100
높음	200~499	**HDL 콜레스테롤**	
경계	150~199	낮음	≤ 40
적정	< 150	높음	≥ 60

자료 : 한국지질동맥경화학회(2015), 이상지질혈증 치료지침

표 7-7 고지혈증의 분류

분류	발생 조건	증가하는 지단백	증가하는 혈액 지질
I	고지방식, 리포단백질 리파아제의 결핍	CM	중성지방↑↑↑ 콜레스테롤 ↑
IIa	고에너지식, 고포화지방산식, 고콜레스테롤식, LDL 수용체 결핍 (LDL 제거 불충분함)	LDL	콜레스테롤↑↑
IIb	고에너지식, 고포화지방산식, 고콜레스테롤식, 고탄수화물식, LDL receptor 결핍, 간에서 VLDL합성 증가, 복합형 고지혈증, 허혈성 심장질환	LDL VLDL	콜레스테롤↑↑ 중성지방↑↑
III	고지방식, 고탄수화물식, 죽상동맥경화증, 고요산혈증	IDL	콜레스테롤↑↑ 중성지방↑↑
IV	고탄수화물식, 간의 VLDL합성증가와 대사저하, 대부분 선천적	VLDL	콜레스테롤↑ 중성지방↑↑
V	고지방, 고탄수화물식, 고에너지식, I형과 IV형의 복합	CM VLDL	콜레스테롤↑ 중성지방↑↑

자료 : 이미숙 외(2010), 임상영양학

① 고콜레스테롤 혈증

고콜레스테롤혈증hypercholesterolemia은 IIa형이 해당되며, 유전, 고지방 식사가 주요 원인이지만 당뇨병, 폐쇄성 간질환, 신증후군, 갑상선 기능저하의 합병증으로도 생길 수

있다. 총 콜레스테롤이 증가하며 LDL의 농도가 높아진다.

② 고중성지방 혈증

고중성지방혈증hypertriglyceridemia은 I 형, IV형, V형이 해당된다. 중성지방 농도가 비정상적으로 증가하고 VLDL이 증가하며 총 콜레스테롤과 LDL이 약간 증가한다. 비만, 단순당과 포화지방산의 과잉 섭취, 음주, 운동부족, 당뇨병 등이 원인이다.

③ 혼합형

혼합형은 IIb형, III형이 속하고 총 콜레스테롤과 중성지방 농도가 정상보다 높다.

(3) 식사요법

고지혈증에서 식사요법은 가장 기본적인 치료방법이다. 과체중인 경우에는 에너지 섭취를 제한하고, 증가된 혈액 지질의 종류에 따라 섭취하는 지질의 양과 종류, 콜레스테롤, 탄수화물, 알코올의 섭취를 조절한다.

① 고콜레스테롤혈증

혈청 콜레스테롤은 콜레스테롤의 합성과 섭취에 의해 조절된다. 총 지질과 포화지방산 섭취 증가는 체내 콜레스테롤 합성을 증가시킨다. 지방은 총 에너지의 20%로, 다가불포화지방산 : 단일불포화지방산 : 포화지방산(P : M : S)의 비율은 1 : 1 : 1로 권장한다. 콜레스테롤-포화지방산 지수CSI : Cholesterol-Saturated fat Index가 높을수록 혈중 콜레스테롤을 높이므로 CSI가 낮은 식품을 선택한다 표 7-8. 트랜스지방산의 섭취를 줄이고, 식이섬유를 1일 30 g 이상 충분히 섭취하여 콜레스테롤의 장내 흡수를 줄인다.

CSI ={콜레스테롤(mg/100 g)} × 0.05 + 포화지방산(g/100 g)

② 고중성지방혈증

중성지방의 혈중 농도를 감소시키기 위해서는 총 에너지와 탄수화물 섭취를 줄이고, 특히 단순당과 알코올 섭취를 제한해야 한다. 생선에 다량 포함된 오메가-3계 지방산은 혈중 중성지방 농도를 낮출 뿐 아니라 혈소판 응집과 혈전 생성을 감소시키므로 자주 섭취하도록 한다.

표 7-8 주요 식품의 교환단위당 콜레스테롤과 포화지방산 함량 및 CSI

식품명	1교환 단위 (g)	콜레스테롤 (mg)	포화지방산 (g)	CSI/1교환 단위	CSI/100g
달 걀	55	261	1.73	14.8	26.89
돼지고기(삼겹살)	40	22	6.19	7.29	18.22
치 즈	30	24	4.81	6.01	20.02
오징어	50	114	0.07	5.77	11.54
우 유	200	22	4.34	5.44	2.72
쇠 간	40	97	0.37	5.31	13.28
돼지고기(등심)	40	22	3.98	5.08	12.70
쇠고기(갈비)	40	28	2.58	3.98	9.94
쇠고기(안심)	40	28	2.45	3.87	9.67
닭 날개	40	44	1.57	3.77	9.42
새우(닭새우)	70	67	0.08	3.40	4.86
참치(캔)	50	28	2.02	3.39	6.79
닭고기(가슴살)	40	28	0.22	1.62	4.06

자료 : 이미숙 외(2010), 임상영양학

4. 동맥경화증

동맥경화증arteriosclerosis은 주로 콜레스테롤이나 중성지방이 동맥 혈관 내에 침착하여 혈관이 좁아지고 탄력성이 감소하는 동맥질환이다.

(1) 분 류

동맥경화증은 다음과 같이 세 가지로 분류한다.

① 죽상동맥경화증

죽상동맥경화증atherosclerosis은 동맥경화증 가운데 가장 많이 발생하는 형태로 아테롬 경화증 또는 내막동맥경화증이라고도 한다. 일반적으로 대동맥, 관상

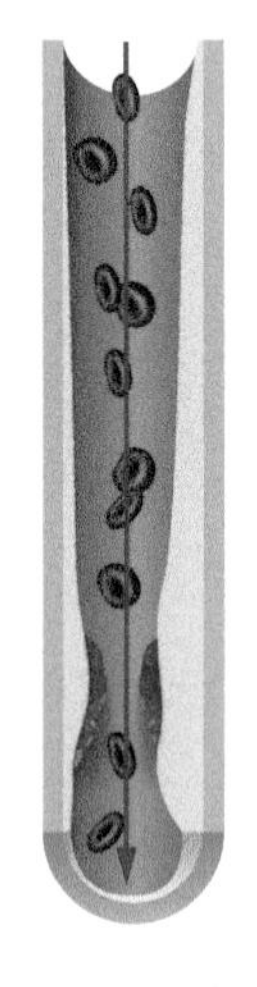
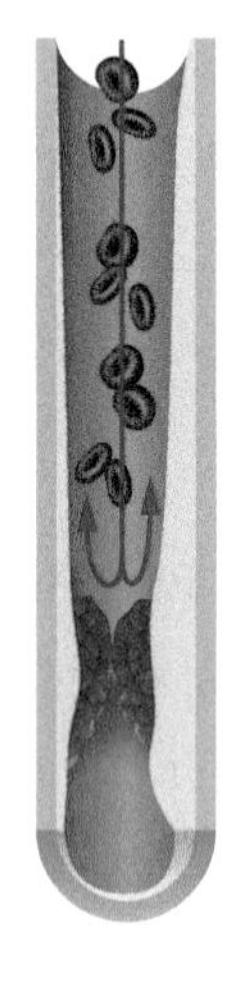

그림 7-4 죽상동맥경화 혈관

동맥, 뇌저동맥 등의 굵은 혈관에 주로 나타나며, 혈관의 내막에 콜레스테롤 등의 지질이나 섬유성 물질이 침착하여 죽상atheroma을 만들어 동맥 내막이 좁아진다. 심한 경우에는 석회가 침착하거나 궤양이 생겨 혈액이 응고되어 혈전이 나타날 때도 있다 그림 7-4.

② 중막동맥경화증

중막동맥경화증mediasclerosis은 목과 팔다리 등의 말초동맥의 중막에 칼슘이 침착되어 석회화가 일어나 발생한다. 석회화된 동맥벽은 약해져서 혈압에 의해 확장되어 동맥류를 형성한다. 중막동맥경화증은 X-선에 의해 석회화가 보이며, 죽상동맥경화증과 함께 발생하는 경우도 있다. 중막동맥경화증은 노화나 당뇨와 관련되어 있다.

③ 세동맥경화증

세동맥경화증arteriolosclerosis은 소동맥, 특히 신장, 비장, 췌장, 간 등의 내장 동맥에 경화가 일어나며 소동맥의 내피세포가 증식하고 중막이 비대해진다. 고혈압의 발생 요인이 되며 신경화, 뇌졸중, 뇌경색을 일으킬 수도 있다.

(2) 촉진인자

동맥경화증을 촉진하는 주요 세 가지 인자는 고지혈증, 고혈압, 흡연이며 이외에 성별, 유전 인자 등이 있다 표 7-9. 고지혈증은 동맥의 죽상 형성에 직접적인 영향을 주는 인

표 7-9 동맥경화증 촉진인자

구 분	위험인자
3대 주요인자	• 고지혈증 • 고혈압 • 흡연
성별, 유전인자	• 남성, 50세 이상 • 여성, 경구피임제 장기복용, 폐경 후엔 남성보다 위험률이 높아짐 • 가족력(당뇨병, 협심증, 심근경색증)
기타 인자	• 고콜레스테롤혈증 • 저HDL-콜레스테롤혈증 • 고리포단백(a)혈증 • 고도 비만 • 신체활동 부족

자이며, 고혈압은 동맥벽을 약하게 하여 콜레스테롤과 다른 지질의 축적을 촉진함으로써 동맥경화증을 악화시킨다. 흡연은 동맥경화의 개시 및 발전 인자로서 관상심장병의 다른 위험인자와 서로 상승장용을 한다.

(3) 식사요법

단백질 단백질은 혈관 탄력성 증진에 도움이 되므로 총 에너지의 15~20%로 양질의 단백질을 공급하며, 저에너지식이라도 단백질은 1.0~1.5 g/kg을 공급한다.

지 방 지방의 과잉섭취는 혈중 콜레스테롤을 증가시킬 수 있으므로 주의하고, 총 에너지의 15~20% 이내로 공급한다. 포화지방산은 혈중 콜레스테롤을 증가시키고 다가불포화지방산은 혈중 콜레스테롤을 감소시키는 작용이 있다. 그러나 포화지방산이 혈중 콜레스테롤을 증가시키는 작용은 다가불포화지방산이 혈중 콜레스테롤을 감소시키는 작용에 비해 두 배 이상의 영향을 미친다. 그러므로 다가불포화지방산 : 단일불포화지방산 : 포화지방산의 섭취 비율(P : M : S)을 1 : 1 : 1로 하고 오메가-6계 : 오메가-3계 지방산의 섭취비율을 4~10 : 1로 한다.

콜레스테롤 난황, 말린 오징어, 성게 및 새우 등에 콜레스테롤이 많기 때문에 주의를 요한다. 식사 중의 콜레스테롤은 하루에 200 mg 이하로 섭취한다.

에너지 체중이 감소하면 혈압, 혈청 콜레스테롤, 혈청 중성지방이 감소되어 동맥경화가 개선된다. 그러므로 동맥경화증 환자는 에너지를 제한하여 비만을 치료하는 것이 우선적으로 필요하다.

탄수화물과 식이섬유 탄수화물은 총 에너지의 60~65%로 공급하고, 설탕이나 과당과 같은 단순당은 피하며 복합 탄수화물의 형태로 공급한다. 식이섬유는 혈중 콜레스테롤을 낮추므로 하루에 20 g 정도 공급한다.

염 분 소금은 1,000 kcal당 1.0 g이면 전해질 균형에 적당하므로 하루에 3.0 g 이하를 공급한다.

기 타 그 외 알코올, 설탕, 커피를 제한한다. 항산화 작용이 있는 비타민 C, 비타민 E, 베타-카로틴이 풍부한 푸른잎 채소와 과일을 충분히 준다. 체내 호모시스테인이 메티오닌으로 전환되는 호모시스테인 대사에는 비타민 B_{12}, 비타민 B_6, 엽산이 필요하므로 이들 비타민의 적절한 섭취가 권장된다. 호모시스테인이 축적되면 동맥경화증이 유발될 수 있다.

5. 뇌졸중

뇌졸중cerebrovascular stroke은 뇌혈관 순환장애로 뇌의 일부 영역에서 허혈이나 출혈이 나타나 언어와 의식 및 운동장애가 나타나는 질환이다.

(1) 원인과 분류

뇌졸중의 원인으로는 의학적 원인과 생활습관으로 나눌 수 있다. 의학적 원인으로는 고혈압, 심혈관계 질환, 당뇨병, 고지혈증, 고호모시스테인혈증 등을 들 수 있다. 생활

표 7-10 뇌졸중의 분류

분류	종류	특징
허혈성	뇌경색	• 동맥경화증으로 인해 뇌동맥이 좁아지거나 막혀 혈액 공급 부족으로 뇌 기능을 상실함 • 뇌가 경색되면 그 부위가 물렁해지므로 뇌연화라고도 함 • 죽상동맥경화증, 고혈압, 당뇨병 환자에게 발생함
	뇌일혈	• 뇌조직의 가역적 허혈 • 일시적 뇌기능의 국소적 소실을 가져오므로 일과성 뇌허혈이라고도 함
	뇌혈전증	• 혈전으로 뇌동맥이 막힘 • 고령 환자에게서 자주 발생함 • 수면 중이나 아침 기상 시에 나타남 • 언어장애, 반신마비를 가져옴
	뇌색전증 (뇌전색증)	• 심장이나 목의 큰 혈관에서 혈전이 떨어져 나와 혈류를 타고 흐르다가 뇌혈관을 막음 • 작업 중이나 운동 중에 발생함 • 젊은 나이에도 발생함 • 신경학적 증상이 급격히 발생함
출혈성	뇌내출혈	• 대개는 고혈압으로 혈관 벽이 터져 뇌 안에 피가 고임 • 작업 중이나 운동 중에 발생함 • 단시간에 급격히 악화됨 • 구역, 구토 증상이 자주 있음
	지주막하 뇌출혈 (거미막하출혈)	• 뇌를 싸고 있는 지주막 밑에서 동맥류가 터져 출혈됨 • 뇌 조직 밖에 피가 고이므로 대개 반신마비 없음 • 단시간에 급격히 악화됨 • 심한 두통과 구역, 구토 증상이 반드시 있음
	경막하 뇌출혈, 경막외 뇌출혈	외상에 의함

습관으로는 흡연, 과음, 비만, 짜게 먹는 습관, 운동부족, 스트레스, 폭식 등이 있다. 이 중 생활습관은 개인이 스스로 조절함으로써 뇌졸중 발생을 줄일 수 있다.

뇌졸중의 병인과 기전은 매우 다양해서 여러 가지로 분류할 수 있지만 임상적으로 크게 허혈성과 출혈성으로 나뉘며, 발병률은 각각 80%, 20%이다. 허혈성 뇌졸중은 뇌경색, 뇌일혈, 뇌혈전증, 뇌색전증 등이고, 그중 뇌동맥의 폐색에 의한 뇌경색cerebral infarction이 가장 대표적이다. 뇌졸중 환자의 약 10%가 뇌일혈 발작 후 뇌경색을 일으킨다.

출혈성 뇌졸중은 두개내intracranial 혈관의 파열에 의해 발생하는 질환으로 뇌내출혈, 지주막하 뇌출혈, 경막하 뇌출혈, 경막외 뇌출혈 등이 있다. 일반적으로 뇌졸중이라 하면 뇌경색과 뇌내출혈을 의미한다 표 7-10.

(2) 증 상

뇌졸중의 증상은 전형적 증상과 비전형적 증상으로 나뉜다. 전형적 증상 중 전통적인 증상은 한쪽 팔, 다리의 마비와, 반쪽이 남의 살처럼 느껴지는 감각 이상 등이 오고, 비전통적인 증상은 두통, 안면통과 같은 통증이 있다. 비전형적 증상은 신경 증상으로서 메스꺼움, 딸꾹질 등이 있고, 비특이적으로 흉통, 호흡곤란, 심계항진이 나타난다 그림 7-5.

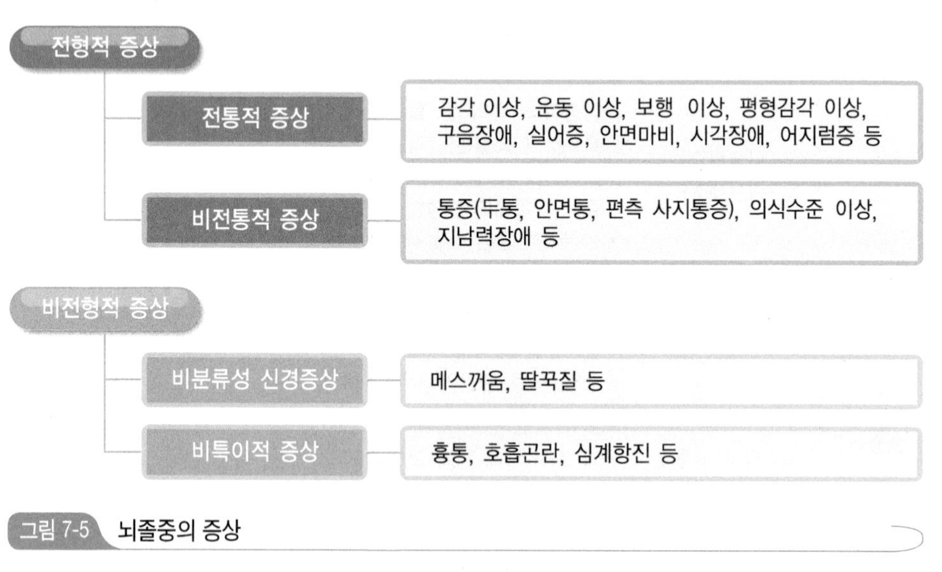

그림 7-5 뇌졸중의 증상

자료 : 이신득 외(2006), 급성 허혈성 뇌졸중 증상의 남녀차이에 대한 예비 연구

(3) 식사요법

뇌졸중 발작 직후에는 탈수가 오기 쉬우므로 수액을 공급하여 탈수를 예방한다. 구역, 구토가 있을 때에는 금식하고, 이런 증상이 없으면 유동식으로 시작하여 연식, 상식으로 이행한다. 연하장애와 의식장애가 있을 때에는 경관급식을 실시한다.

영양요구량　에너지는 환자의 체중변화를 확인하면서 필요량을 정하는데, 일반적으로 25~45 kcal/kg이 권장된다. 단백질은 1.2~1.5 g/kg의 섭취가 권장되는데, 욕창이 있거나 움직임 없이 고정되어 있는 환자는 양의 질소 평형을 위해 단백질이 더 필요할 수 있다. 혈전 용해제로 와파린 등을 사용하고 있는 경우에는 비타민 K의 섭취에 주의한다. 비타민 K 섭취량이 갑자기 달라지면 혈액 응고작용이 과하거나 부족해져서 환자에게 치명적일 수 있기 때문이다.

염 분　발작 후 상태가 좋아지면 재발을 막기 위해 가장 중요한 것이 혈압을 조절하는 것이다. 소금 섭취가 많아지면 순환 혈액량이 증가하여 혈압이 상승하면서 뇌졸중이 재발할 수 있으므로 감염식을 공급한다.

지 방　한국인 뇌졸중 환자는 정상인에 비해 혈압, 혈청 중성지질과 콜레스테롤 농도가 높다. 콜레스테롤이 높으면 동맥경화증이 진행되어 뇌경색이 일어나기 쉬우므로 혈중 콜레스테롤을 100~200 mg/dL로 유지하도록 한다.

식이섬유　뇌졸중 발작을 예방하거나 재발을 막기 위해 변비에 걸리지 않도록 해야 하므로 하루에 30g 이상의 식이섬유를 공급한다.

기 타　뇌졸중 환자의 40~50%에서 연하곤란이 나타나므로 식사를 처방하기 전 반드시 삼키는 기능이 완전한지 평가해야 한다. 이들 중 40%는 증상 없이 흡인이 나타나기도 한다. 흡인을 예방하기 위하여 식사하는 동안 앉아 있어야 하므로 쉽게 지치는 환자들은 식사 전 30분 정도 휴식을 취하도록 한다.

뇌졸중 환자의 1% 정도는 삼키는 기능이 완전히 소실되어 장기간 경장영양지원을 위해 위조루술이 필요하다.

6. 울혈성 심부전

울혈성 심부전congestive heart failure은 심장기능의 손상에 의해 심장에 들어오는 혈액을 충분히 박출하지 못하여 신체조직에 필요한 혈액을 제대로 공급하지 못하는 질환이다. 심장에서 박출되지 못한 혈액이 정맥으로 역류하면서 전신과 혈관에 울혈현상이 나타난다.

(1) 원인과 증상

울혈성 심부전의 발생 원인은 관상동맥경화증, 심근경색, 심근염, 고혈압, 판막증, 선천성 심장병 등이 있다. 좌심실의 기능저하는 폐순환에 울혈을 일으키고 우심실의 기능저하는 체순환의 울혈을 일으킨다. 대부분은 좌심부전에 이어 우심부전이 생긴다. 좌심부전의 증상은 기침, 담, 호흡곤란, 청색증, 천식, 폐수종 등이고, 우심부전의 증상은 간과 비장 등의 장기 부종, 하지부종, 흉수, 복수, 단백뇨, 소화장애 등이다.

(2) 식사요법

울혈성 심부전의 식사요법 목적은 부종을 제거하고 심장의 부담을 줄이면서 심근의 수축력을 증강시키는 것이다.

에너지　비만 환자의 경우 심장에 부담이 되지 않도록 하루에 1,000~1,200 kcal로 저에너지식을 공급한다. 그러나 영양상태가 좋지 못한 울혈성 심부전 환자의 경우에는 기초요구량의 30~50%까지 증가시킬 수 있다(35 kcal/kg). 특히, 심장악액질의 경우에는 영양 결핍을 보충하기 위해 에너지를 휴식대사량의 1.6~1.8배 정도 증가시킨다. 과식하면 횡격막을 압박하여 호흡곤란이 되므로 음식은 적은 양을 1일에 5~6회로 자주 공급한다.

단백질　심부전은 위, 장, 간 등에도 울혈을 일으켜 단백질의 흡수장애와 간에서의 알부민 합성 저하를 일으키므로, 심근을 보수, 강화하기 위하여 단백질을 충분히 공급한다. 경증일 때에는 하루에 1~1.5 g/kg, 중등증이나 중증에서는 1 g/kg을 양질의 단백질인 육류, 생선, 달걀, 두부, 저지방 우유 등으로 공급한다.

지 방　울혈은 혈류가 저하되고 혈전이 형성되는 등 혈관계 질병을 일으키기 쉬우므로, 혈중 콜레스테롤과 중성지방 농도를 낮추도록 노력해야 한다. 다가불포화지방산 : 단

일불포화지방산 : 포화지방산의 섭취 비율은 1 : 1 : 1로 하고, 오메가-6계 : 오메가-3계 섭취비율은 4~10 : 1로 한다. 따라서 포화지방산과 콜레스테롤 함량이 많은 동물성 지방보다는 식물성 기름을 이용하고 등푸른생선을 권장한다.

나트륨과 수분 심부전은 부종이 생기기 쉬우므로 나트륨을 제한하는 것이 중요하다. 심한 심부전 환자는 나트륨 섭취량을 하루에 1,000 mg 이하로 제한하고, 중등도 심부전 환자는 2,000 mg 이하로 제한한다. 퇴원 시에는 2,000~3,000 mg 나트륨 섭취가 권장되며, 이를 철저히 지키도록 한다. 부종을 제거하기 위해 이뇨제를 사용할 때에는 나트륨과 함께 칼륨도 배설되므로 저칼륨혈증에 주의해야 한다. 칼륨이 많은 식품은 바나나, 오렌지주스, 감자, 토마토 등이다. 수분 섭취는 부종을 예방하기 위하여 과거에는 엄중히 제한하였으나 환자가 저염식사를 잘할 경우에는 수분제한을 완화시킬 수 있다. 저나트륨혈증일 경우에는 하루에 1.5~2 L 정도로 수분을 제한하고, 급성심부전일 경우에는 1 L/일 이하로 제한한다.

알코올 알코올은 말초혈관을 확장시키고 심박수를 증가시켜 심장에 부담을 주므로 제한한다.

식이섬유 식이섬유는 장내 가스를 형성하여 심장에 부담을 주므로 제한하고, 탄산음료 등도 위와 장에 가스를 형성하여 심장에 자극을 주므로 제한한다.

7. 허혈성 심장질환

허혈성 심장질환ischemic heart disease은 심근 허혈이라고도 하며 심장 근육에 산소 공급이 불충분한 경우를 말한다. 허혈성 심장병에는 일시적으로 발생하는 협심증과 지속성이 있는 심근경색이 있다.

1 협심증

(1) 원 인

협심증angina pectoris은 심근에 일시적으로 산소부족상태가 나타나 갑자기 가슴이 아프거나 흉통 발작이 발생하는 질환이다. 협심증은 안정형, 불안정형, 이형(異形)으로 구

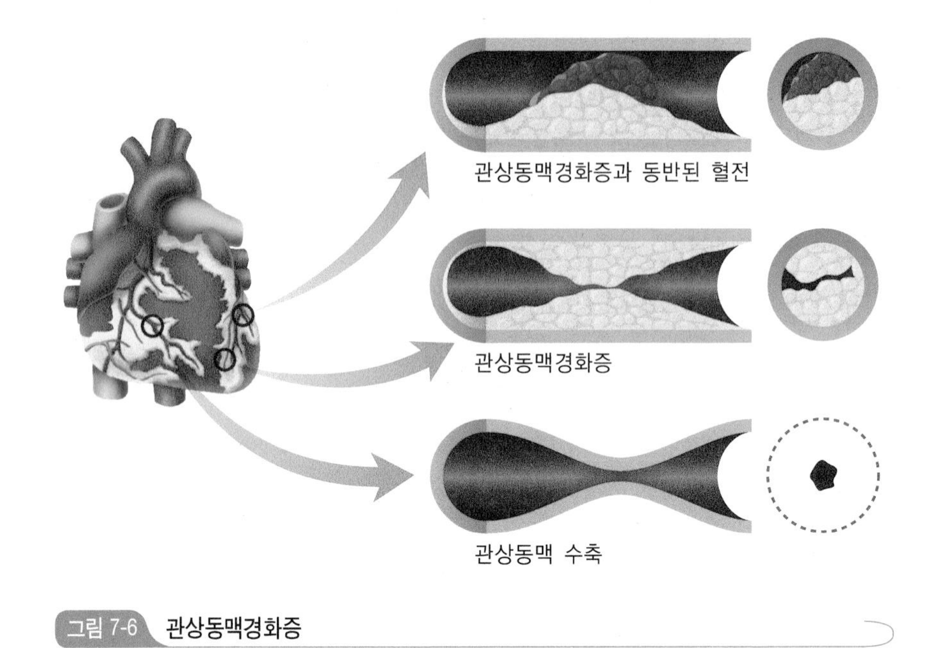

그림 7-6 **관상동맥경화증**

분한다. 안정형 협심증은 흡연, 과식, 스트레스, 추위 등 산소요구량을 증가시키는 인자들이 있을 때만 통증이 있는 경우이다. 불안정형 협심증은 최소한의 변화에는 물론 안정 시에도 통증이 있는 경우이다. 이 외에 이형 협심증은 수면 중 특히, 새벽에 혈관이 수축하면서 통증이 있는 경우이다.

협심증의 원인은 관상동맥의 경련 수축에 따른 기능적인 것과 관상동맥의 경화 또는 심근의 비후에 의한 기질적인 것, 이 두 가지가 같이 존재하는 것이 있다. 대부분의 협심증은 관상동맥의 죽상경화증에 의한다 그림 7-6.

흡연은 혈전 생성을 촉진하며 동맥경화를 빨리 진행시키고 혈압을 상승시켜 협심증을 일으킨다. 스트레스는 신경계에 작용하여 카테콜라민의 분비를 증가시켜 흥분을 일으키고 이로 인해 혈압상승, 심전도 이상, 부정맥이 나타난다.

(2) 증 상

협심증의 증상은 가슴을 짓누르는 듯한 압통이 있는 흉통으로 처음에는 가슴이 저리고 찡하며 답답하고 또한 체한 듯한 느낌이 2~3분 정도 계속되는데, 긴 경우에는 10~15분간 지속되기도 한다. 점차로 흉통이 왼쪽 어깨와 팔, 왼쪽 턱, 상복부에까지 퍼지며,

가슴의 압박감, 죄는 듯한 아픔 등과 함께 불안감과 호흡곤란, 부종 등을 동반한다 그림 7-7. 운동exercise, 흥분emotion, 과식eating은 협심증 발작의 3대 요인(3E)이며, 갑자기 사망할 수도 있으므로 세심한 주의가 필요하다.

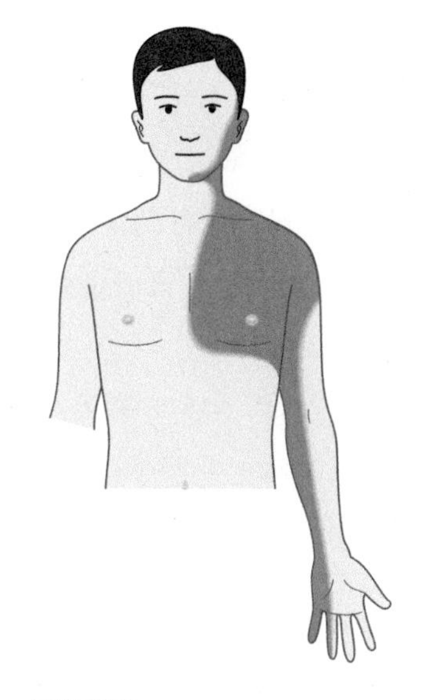

그림 7-7 협심증의 흉통 부위

(3) 치 료

협심증 환자는 우선적으로 과로, 불규칙한 생활, 흡연, 흥분, 스트레스 등을 피해야 한다. 그리고 약물로 조절하지 못하는 경우 혈관에 쌓인 콜레스테롤을 제거해 내는 죽상반 절제술을 받는다. 심근경색을 일으킬 위험이 있는 중증의 경우에는 관상동맥 우회로술과 관상동맥 풍선확장술, 심근레이저가 행해진다.

(4) 식사요법

허혈성 심장병의 위험인자인 고지혈증, 고혈압, 당뇨병, 비만 등의 치료를 위하여 염분과 에너지, 동물성 지방 섭취를 제한한다.

협심증의 원인이 주로 관상동맥경화증이므로 동맥경화증의 식사를 실시한다. 하루에 콜레스테롤 200 mg 이하, 다가불포화지방산 : 포화지방산 섭취비는 1~2 : 1로 하고, 비만은 심장에 부담을 주므로 체중감량을 위해 에너지를 1,500 kcal/일로 제한한다.

2 심근경색

심근은 심장의 표면에 있는 관상동맥으로부터 산소와 영양분을 공급받는다. 심근경색myocardial infarction은 심장으로 가는 관상동맥의 일부가 막혀 모세혈관에 혈액공급이 되지 않아 심근의 세포가 죽어 굳어지는 상태로 심장발작과 심장정지를 일으키는 질환이다. 발병 후 처음 5일간이 가장 위험하다.

(1) 원인과 증상

심근경색 원인의 95%는 관상동맥의 죽상경화로 인한 협착이나 폐색이고, 이때 혈관 내강이 좁아지면 혈액 순환이 어렵고 심근으로의 산소 운반도 감소된다. 그 외의 것으로는 고혈압, 비정상적 혈액 응고, 부정맥, 관상동맥의 경련, 류마티스 심장질환 등이 있다. 또한 대동맥류, 결핵, 신생물, 외상과 수술, 급성 출혈, 심한 정신 긴장 등이 원인이 된다.

그림 7-8 심근경색으로 인한 흉통

심근경색은 강한 흉통으로 시작된다. 가슴 부위와 상복부에 심한 통증을 느끼며, 30분 내지 수 시간 또는 수 일간 지속되는 경우도 있어 협심증보다 증상이 길고 심하다 그림 7-8. 절망감, 불안감과 함께 얼굴은 창백해지고 손발이 차고, 땀을 흘리며 혈압이 떨어져 맥박이 약해지고, 부정맥, 구토, 어지러움증 등이 나타난다. 중증인 경우에는 좌심부전과 쇼크를 동반한다. 흉통이 회복되어도 심근쇠약이 일어났기 때문에 심전도검사를 정기적으로 받아야 한다.

심근경색은 40세 이후 60세를 정점으로 하여 남녀 비율은 2~3 : 1로서 남성이 많고, 고혈압, 비만, 당뇨병, 흡연, 심혈관계 질병의 가족력이 있을 때와 탄수화물과 지질을 과잉 섭취할 때 발생률이 증가한다. 혈중 HDL 수준이 낮으면 심혈관 동맥경화증이 발생하기 쉽고, 기후가 한랭하거나 과로, 수면부족, 흥분, 과음, 폭식 등에서 혈전 형성이 쉬워지므로 심근경색의 발생률이 높다.

심근경색은 1~2시간 내에 사망할 수도 있으므로 흉통이 있으면 즉시 병원으로 이송해야 한다. 1시간 이내에 도착하면 50%가 치료 가능하고 6시간 이후에는 이미 심근이 괴사하여 효과가 없다. 그러므로 가장 중요한 것은 흉통 발생 후 즉시 환자를 병원으로 이송하는 것이다.

(2) 식사요법

① 급성기

심장발작 후 치료의 목표는 통증을 완화하고 심장의 리듬을 안정시키며 심장의 부담을 감소시키는 것이다. 심장 발작 환자는 처음에 쇼크에 빠지게 되는데, 쇼크가 사라질 때까지는 식사를 할 수 없다. 심장의 부담을 감소시키기 위해 에너지를 제한해야 한다.

심근경색의 발작 후에는 메스꺼움과 구토가 나타나므로, 처음에는 미음을 제공하고, 수액의 저류를 예방하기 위해 저염식을 주며, 심장에 부담을 주지 않도록 부드러운 음식을 제공한다. 음식이 너무 뜨거우면 심장 박동수가 떨어지므로 음식은 너무 뜨겁지도 차갑지도 않게 제공한다.

심장발작 후 몇 시간이 지나면 연식과 상식으로 이행해 나간다. 식사는 소량씩 횟수를 늘려서 하루에 1,000~1,200 kcal를 제공한다. 5~10일 후에는 개인의 기호를 고려하여 하루에 세 번의 식사를 제공한다. 심근경색 발작 후 처음 며칠간은 카페인을 완전히 제한하고, 그 후에도 적절히 제한한다.

② 회복기

동맥경화증 예방 식사요법을 기준으로 하여 콜레스테롤, 나트륨(<90 mEq, 2,000 mg), 포화지방산, 카페인, 에너지 등을 개인에 맞게 제한한다.

에너지 비만의 정도와 증상, 활동 정도에 따라 하루에 25~30 kcal/kg를 공급하는데, 1,500 kcal를 넘지 않도록 한다.

단백질 단백질은 심장세포의 회복을 위해 필요하므로 충분히 공급한다. 적정체중 kg당 1.2~1.5 g으로 하고, 총 단백질 필요량의 45~50%를 생물가가 높은 동물성 단백질로 공급한다.

지 방 동물성 지방 섭취를 제한하고, 식물성 유지와 어류를 이용하여 다가불포화지방산을 충분히 공급하고, 콜레스테롤이 적은 식품을 선택한다.

탄수화물 단순당인 설탕과 사탕류는 제한하는 것이 좋으며, 복합 탄수화물과 식이섬유 섭취를 권장한다. 과량의 탄수화물은 체내에서 쉽게 지질로 전환되므로, 특히 단순당 섭취를 제한한다.

염 분 고혈압이 있는 경우 소금을 하루에 3~5g 이하로 제한한다.

비타민 비타민을 충분히 공급하고, 특히 비타민 E를 충분히 공급한다.

기 타 알코올과 기호음료는 금지한다. 소량의 알코올은 혈관 확장력을 가지나 많은 섭취는 심장 부담을 증가시킨다. 커피도 흥분제로 작용하여 심장 부담을 증가시키고 정신안정을 방해하므로 제한한다.

쉬어가기

심폐소생술

심장과 호흡이 정지된 환자에게 4분 이내에 심폐소생술을 시작하고 즉시 전문 소생술이 뒤따른다면 살아날 가능성이 아주 높아지게 된다.

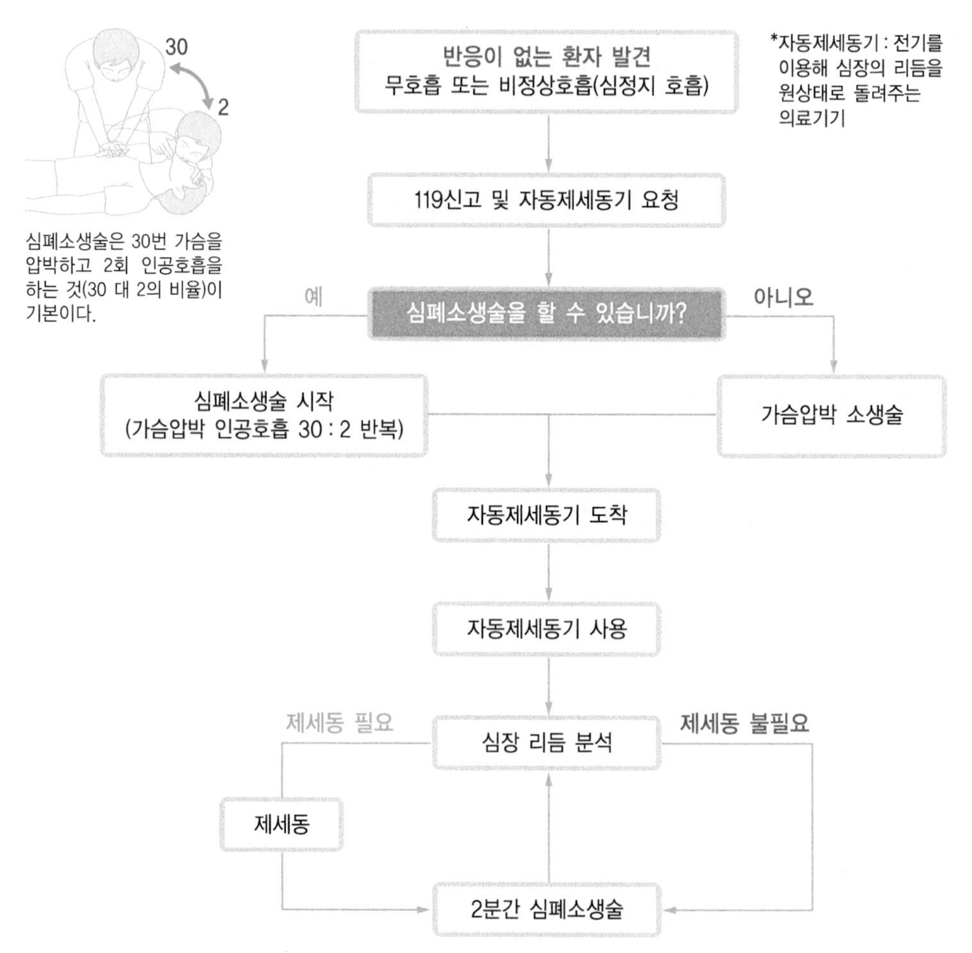

자료 : 대한심폐소생협회 http://www.kacpr.org ; 국민건강정보포털 http://health.mw.go.kr

주요 용어

- **고밀도 지단백질(HDL : High Density Lipoprotein)** : 간과 소장에서 합성되며 주로 말초조직에서 간으로 콜레스테롤을 운반함. 단백질이 많고 콜레스테롤과 중성지방이 적은 혈청 지단백질
- **대동맥판(대동맥 반월판, aortic valve)** : 좌심실과 대동맥 사이에 위치한 판막으로, 심장이 수축하여, 좌심실의 혈액이 대동맥을 통해 나갈 때 혈액이 좌심실로 역류하는 것을 방지하기 위한 판막
- **동맥류 (aneurysm)** : 동맥내강 국소적으로 확장된 상태. 동맥벽의 부분적인 취약(脆弱)과 내압증가로 인하여 생김
- **부정맥(arrhythmia)** : 심박동 리듬이 일시적 또는 지속적으로 일정한 박동이 되지 않는 상태
- **아포단백(apoprotein)** : 지단백의 단백질 부분. 아포 A~E로 구별됨
- **애디슨병(Addison's disease, adrenal insufficiency 부신부전증, 부신피질호르몬 기능장애, 원발성 부신피질 기능저하증)** : 부신피질이 결핵이나 암 또는 원인불명으로 손상을 입어 부신피질호르몬의 분비가 감소하여 일어나는 병. 혈중 코르티코스테로이드 호르몬이 부족하여 체내 전해질의 변화가 옴
- **저밀도 지단백질(LDL : Low Density Lipoprotein or β-LP)** : 순환 혈액 중 합성되고 동맥경화증과 관련이 깊은 지단백질이며 주로 말초혈관으로 콜레스테롤을 운반함
- **중간저밀도 지단백질(IDL : Intermediate low Density Lipoprotein or ILDL)** : 중간형의 리포단백질로 VLDL과 LDL의 중간치의 밀도를 가진 지단백질
- **청색증 (cyanosis)** : 푸른빛이 낀 피부착색. 특히, 혈액 중의 환원헤모글로빈 농도의 증가에 의해 생긴 피부 및 점막의 변색을 말함
- **초저밀도 지단백질(VLDL : Very Low Density Lipoprotein, pre-β-LP)** : 밀도가 낮은 지단백질이고 간에서 합성되며, 주로 내인성 중성지방을 이동시킴
- **카일로마이크론(CM : chylomicron, 유미지립)** : 가장 밀도가 낮은 지단백질이고 주로 외인성 중성지방을 이동시킴
- **폐동맥판(폐동맥반월판, pulmonic valve)** : 우심실과 폐동맥 사이에 위치한 판막으로 심실이 수축할 때 열리고, 심장이 이완할 때 폐동맥에 있는 혈액이 심실로 역류하지 못하도록 닫힘
- **폐수종(edema of the lungs, pulmonary edema)** : 폐가 울혈되고 폐포 속에 액체가 고인 상태. 심부전, 유독 가스의 흡입 따위가 원인이며, 심한 호흡 곤란이 오고 거품 섞인 가래가 많이 나옴

CLINICAL NUTRITION

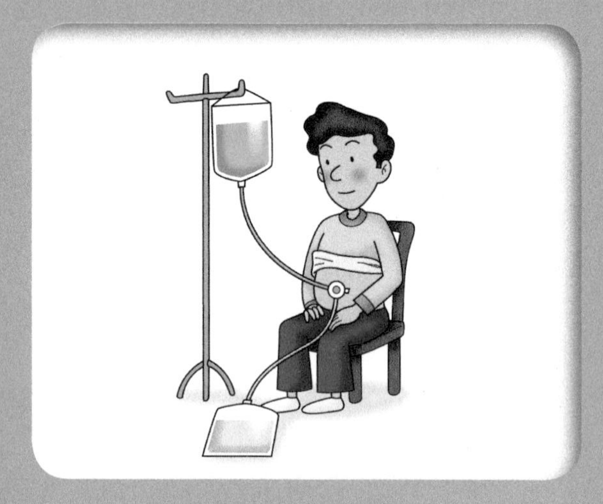

제 8 장

신장질환

1. 신장의 구조와 기능 ✻ 2. 신장질환 식품교환표 ✻ 3. 신증후군

4. 사구체신염 ✻ 5. 신부전 ✻ 6. 신장결석

신장은 하루 180 L나 되는 많은 양의 혈액을 여과하여 소변을 생성하는 기관이다. 신장의 구성 단위인 네프론은 예비력이 커서 60%까지 파괴되어도 환자가 자각 증상을 느끼지 못한다. 만성신부전 환자는 신장의 기능을 대체하기 위하여 혈액투석이나 복막투석을 실시하며, 최근에는 신장이식을 하는 환자도 증가하고 있다. 대한신장병학회에서는 신장질환을 '콩팥병'으로 명명하기로 하였다.

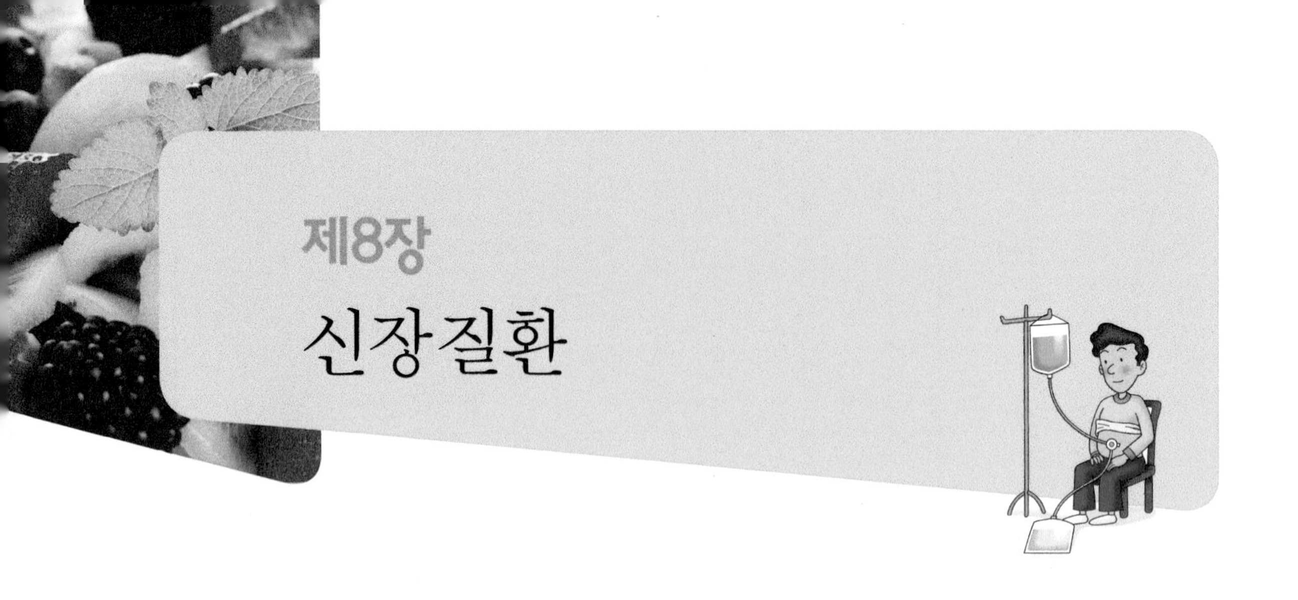

제8장
신장질환

1. 신장의 구조와 기능

1 신장의 구조

신장kidney, 콩팥은 척추를 중심으로 좌우에 위치하며 강낭콩 모양을 하고 있다. 신장의 하단은 배꼽보다 약간 위쪽에 놓여 있으며 간으로 인하여 오른쪽 신장은 약간 더 내려와 있다. 한쪽 신장은 무게 160 g, 길이 11 cm, 너비 5~7 cm이다 그림 8-1.

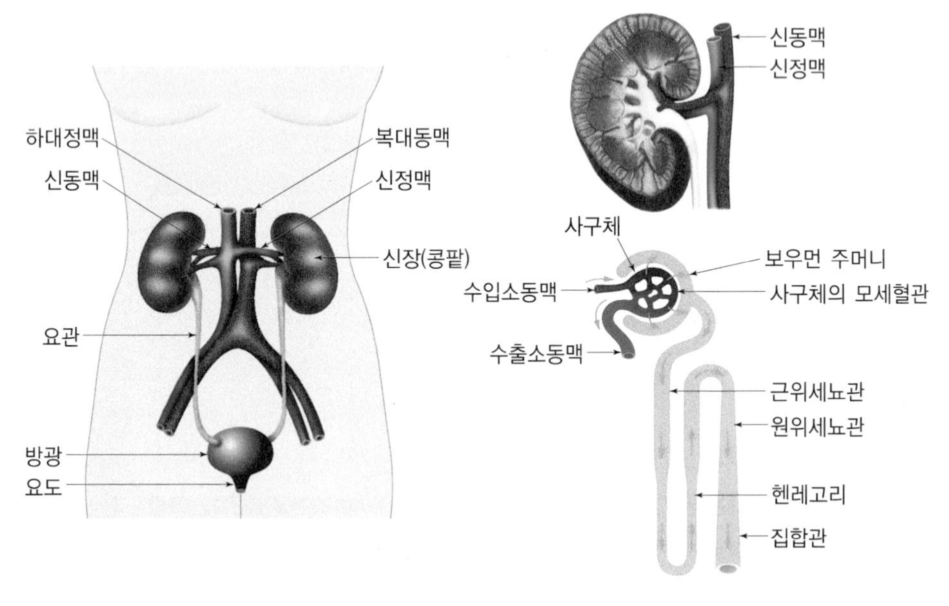

그림 8-1 비뇨기계의 구조

신장의 구성단위는 네프론nephron이며, 한쪽 신장에 100만 개씩 있다. 네프론은 신소체와 세뇨관으로 구성되어 있는데, 신소체는 모세혈관이 공 모양을 이루는 사구체와 이를 싸고 있는 보우먼 주머니를 일컫는다. 세뇨관은 근위세뇨관, 헨레고리, 원위세뇨관으로 구성되어 있으며 집합관, 신우, 방광으로 연결되어 있다.

네프론의 수입소동맥으로 들어온 혈액은 사구체를 거쳐 수출소동맥으로 흐른다. 혈액이 사구체를 통과하는 동안 분자량이 큰 혈구와 단백질 등은 수출소동맥으로 가고, 분자량이 작은 물질들은 여과된다. 여과된 물질은 근위세뇨관, 헨레고리Henle's loop, 원위세뇨관을 통과하면서 일부는 재흡수되고, 나머지는 집합관, 신우, 방광으로 가서 소변으로 배설된다.

신장은 예비력이 커서 네프론이 60% 파괴되어도 제 기능을 수행하며, 증상을 느끼지 못한다. 네프론은 한 번 파괴되면 재생되지 않는다.

2 신장의 기능

신장은 혈액을 여과하여 소변을 생성해 노폐물을 배설하고 체액의 항상성을 유지한다. 또한 효소와 호르몬을 분비하여 혈압 조절과 적혈구 합성에 관여하며, 비타민 D를 활성화하여 혈중 칼슘 농도를 조절한다.

(1) 배설기능

신장에서는 하루 심장 박출 혈액량의 20%인 180 L가 여과되고, 세뇨관에서 재흡수가 일어나 약 1.5 L의 소변을 생성·배설하여 체내 노폐물을 제거하고 항상성을 유지한다. 신장기능은 사구체 여과율GFR : Glomerular Filtration Rate로 측정하며, 정상치는 125 mL/분이다.

혈액은 사구체를 통과하면서 분자량이 작은 물질이 여과되고, 세뇨관을 거치면서 수분, 포도당, 아미노산 등이 재흡수된다. 크레아티닌, 요소, 요산과 같은 질소 대사산물과 약물, 독성 물질은 소변으로 배설된다. 신장기능에 이상이 있으면 소변에 적혈구, 단백질, 포도당 등이 나타난다.

(2) 조절기능

체액 산도 신장은 수소이온(H^+), 중탄산(HCO_3^-), 암모늄(NH_4^+), 인산(PO_4^-) 이온의 분

비와 배설을 통해 수소 이온 농도를 조절하여 체액의 산도를 일정하게 유지한다.

혈 압　혈액량이 적어지거나 혈압이 저하되면 신장에서 레닌renin 분비가 증가되어 레닌-안지오텐신-알도스테론계를 활성화시킨다. 레닌은 안지오텐시노겐을 안지오텐신 I 로 활성화시키고, 안지오텐신 I 은 폐에 많이 존재하는 안지오텐신 전환효소ACE : Angiotensin-Converting Enzyme에 의해 안지오텐신 II로 전환된다. 안지오텐신 II는 부신피질호르몬인 알도스테론 분비를 촉진하여 신장에서 나트륨과 수분의 재흡수를 촉진하고, 혈관을 수축시켜 혈압을 높인다.

뇌하수체 후엽에서 분비되는 항이뇨호르몬ADH : Antidiuretic Hormone은 세뇨관에 작용하여 수분 재흡수를 촉진하고 혈관을 수축시켜 혈압을 높인다.

혈중 칼슘　신장에는 비타민 D를 활성화하는 수산화효소1-hydroxylase가 존재하여 간에서 활성화된 25-(OH) D를 1,25-$(OH)_2$ D로 활성화시킨다. 비타민 D의 활성형인 1,25-$(OH)_2$ D는 소장에서의 칼슘 흡수와 세뇨관에서의 칼슘 재흡수, 골격으로부터의 칼슘 이동을 촉진하여 혈중 칼슘 농도를 높인다. 부갑상선호르몬은 비타민 D의 활성화를 자극하고, 칼시토닌은 이를 억제하여 혈중 칼슘 농도를 약 10 mg/dL로 일정하게 유지한다.

(3) 조혈기능

신장에서는 조혈호르몬인 에리트로포이에틴erythropoietin이 분비되어 적혈구의 생성과 성숙을 돕는다.

3 신장질환의 일반 증상

신장기능에 이상이 생기면 사구체를 통과하지 않던 물질이 사구체를 통과하며, 사구체를 통과하는 혈액 양이 감소한다.

(1) 소변 이상

단백뇨　사구체로 단백질이 여과되어 단백뇨가 나타난다. 여과된 단백질은 세뇨관에서 일부 흡수되고 소변으로 배출된다. 정상인의 소변 중 단백질은 하루 0.15 g 이하이며, 5 g이상 배출되면 단백뇨라고 한다. 신장질환자는 하루 10~20 g의 단백질이 검출되기도 한다.

혈 뇨 신장기능이 저하되면 사구체에서 적혈구가 여과되어 소변으로 배설된다. 신장에 염증이나 화농이 있으면 백혈구가 많이 검출되고, 소변에서 세균이 검출되면 세균 감염을 시사한다.

핍뇨와 다뇨 급성신부전은 소변 배설량이 감소하는데, 하루 소변량이 200 mL 이하는 무뇨anuria, 500 mL 이하는 핍뇨oligouria라고 한다. 세뇨관의 재흡수력이 떨어지면 소변 농축력이 약해져 엷은 색의 소변이 나오고 양도 증가하는데, 2,000~3,000 mL 이상 배설되면 다뇨polyuria라고 한다.

(2) 부 종

신장질환은 눈 가장자리가 붓는 것이 큰 특징이며, 전신 부종도 나타난다. 부종이 심해지면 흉수, 복수가 차오르고 호흡곤란을 겪는다.

부종의 원인

- 사구체의 혈류량이 감소하고 여과율이 저하되어 핍뇨가 발생하며, 체내에 수분과 나트륨이 보유되어 부종이 발생한다.
- 신혈류량의 저하로 레닌-안지오텐신-알도스테론계가 활성화되어 혈관 수축, 항이뇨호르몬 분비 증가, 알도스테론 분비 증가로 수분과 나트륨이 보유되어 부종이 발생한다.
- 단백뇨 배설로 저알부민혈증이 유발되어 삼투압이 저하되므로 수분이 혈관에서 조직으로 이동하여 부종이 발생한다.

(3) 고혈압

신혈류량과 사구체 여과량의 감소로 고혈압이 발생한다. 신장질환으로 야기된 고혈압은 신경화증과 신부전을 유발한다.

(4) 빈 혈

신부전 환자의 경우 적혈구와 헤모글로빈 수준이 저하되어 빈혈이 발생한다.

(5) 고질소혈증

고질소혈증azotemia은 신장질환으로 인하여 소변으로의 질소 배설능력이 저하되어 혈액 중에 요소, 요산, 크레아티닌 등 질소 화합물 수준이 증가하는 것이다. 정상인은 섭취한 단백질에 함유된 질소의 70~80%를 신장에서 배설하고, 나머지는 대변, 땀 등을 통해 배설한다.

신장질환 진단검사

- **소변검사** : 소변의 색, pH 등과 포도당, 혈뇨, 백혈구, 세균이 나오는지를 검사한다.
- **혈액검사** : 혈액의 요소, 요산, 크레아티닌, 총 단백질, 알부민, 칼슘 등의 수준을 검사한다.
- **영상의학검사** : 단순 X-선 촬영은 신장(kidney), 요도(ureter), 방광(bladder)을 촬영하므로 KUB라고도 하는데, 신장 종양과 신장결석의 85~90% 진단이 가능하다. 그 외에 초음파 촬영, 경정맥 요로술, 전산화 단층촬영, 자기공명영상 등으로 검사한다.
- **조직검사** : 신장 조직의 일부를 떼어 검사한다.

신장질환의 혈액 수준

신장 기능이 저하되면 노폐물이 제거되지 않으므로 혈액의 요소, 요산, 크레아티닌 수준이 증가하고, 총 단백질, 알부민, 칼슘 등의 수준은 정상치 이하로 떨어진다.

- **혈액 요소 질소** : 아미노산이 탈아미노기 반응으로 독성 물질인 암모니아를 생성하고, 암모니아는 간에서 요소 회로반응에 의해 요소(urea)로 전환되어 소변으로 배설된다. 신장이 질소산물이나 요소를 배설하지 못하면 혈액의 요소 질소(BUN : Blood Urea Nitrogen) 양이 증가한다.
- **혈청 요산** : 요산(uric acid)은 퓨린(purine)의 대사산물이며, 신장기능이 감소하면 혈청 요산 수준이 높아진다.
- **혈청 크레아티닌** : 크레아티닌(creatinine)은 근육량에 비례하여 소변으로 배설되는데, 신장이 질소 대사물을 배설하지 못하면 혈청 크레아티닌 수준이 높아진다. 혈청 크레아티닌치가 정상의 2배이면 신장기능이 50% 손상되었음을 의미한다.
- **크레아티닌 제거율 검사** : 크레아티닌 제거율(creatinine clearance test)은 매 분당 혈장에서 제거되는 크레아티닌의 양이며, 신장기능을 측정하는 척도이다. 크레아티닌 제거율은 남성 105 mL/분, 여성 95 mL/분이 정상치이며, 30~40 mL/분 이하가 되어야 환자가 자각 증상을 느낀다.

2. 신장질환 식품교환표

1 식품군별 영양소 함량

신장질환 식품교환표는 단백질, 나트륨, 칼륨, 인 등의 영양소 섭취를 조절할 필요가 있는 신장질환 환자를 위해 1997년 대한영양사회, 대한신장학회, 한국영양학회에서 공동으로 제작하였다. 신장질환 식품교환표는 곡류군, 어육류군, 채소군, 지방군, 우유군, 과일군, 열량보충군의 7가지 식품군으로 구성되어 있다. 채소군과 과일군은 각각 칼륨 함량을 기준으로 세분하였다 표 8-1.

1교환단위는 1회 섭취 분량이나 거래 단위를 기준으로 영양소 함량이 비슷한 분량을 정한 것이다. 심한 단백질 제한의 경우 부족한 칼로리를 보충할 수 있도록 열량보충식품도 포함되어 있다. 상용 식품을 대상으로 곡류군은 주식으로, 어육류군과 채소군은 부식으로, 지방군은 조리용 기름으로, 우유군, 과일군, 열량보충군은 간식으로 이용하여 식사를 계획한다.

표 8-1 신장질환 식품교환표의 식품군별 영양소 함량

식품군		단백질(g)	나트륨(mg)	칼륨(mg)	인(mg)	에너지(kcal)
곡류군		2	2	30	30	100
어육류군		8	50	120	90	75
채소군	1 (칼륨 저함량)	1	미량	100	20	20
	2 (칼륨 중등함량)			200		
	3 (칼륨 고함량)			400		
지방군		0	0	0	0	45
우유군		6	100	300	180	125
과일군	1 (칼륨 저함량)	미량	미량	100	20	50
	2 (칼륨 중등함량)			200		
	3 (칼륨 고함량)			400		
열량보충군		0	3	20	5	100

자료 : 대한영양사협회(2010), 임상영양관리 지침서 제3판

2 신장질환 식품교환군

(1) 곡류군

곡류군은 대부분 주식이 되는 식품으로 구성되어 있으며, 주된 에너지원일 뿐 아니라 약간의 단백질도 함유되어 있다. 곡류군 1교환단위와 곡류군 중 칼륨이나 인 함량이 많아 섭취를 주의해야 하는 식품은 표 8-2와 같다.

표 8-2 곡류군 1교환단위의 양

1교환단위의 영양소 함량	단백질(g)	나트륨(mg)	칼륨(mg)	인(mg)	칼로리(kcal)
	2	2	30	30	100

식품명	가식부 무게(g)	목측량	식품명	가식부 무게(g)	목측량
쌀밥	70	1/3공기	백설기	40	6×2×3 cm^3
국수(삶은 것)*	90	1/2공기	인절미	50	3개
식빵*	35	1쪽	절편(흰떡)	50	2개
가래떡	50	썰은 것 11개	카스텔라	30	6.5×5×4.5 cm^3
백미, 찹쌀	30	3큰스푼	크래커	20	5개
밀가루	30	5큰스푼	콘플레이크	30	3/4컵

주 : * 나트륨과 단백질 함량이 많으므로 나트륨과 단백질 제한 환자는 1일 1회 이하 섭취하도록 주의한다.

■ 곡류군 중 칼륨이나 인 함량이 많아 섭취를 주의해야 하는 식품

식품명	가식부 무게(g)	목측량	칼륨 주의 (60 mg 이상)	인 주의 (60 mg 이상)	식품명	가식부 무게(g)	목측량	칼륨 주의 (60 mg 이상)	인 주의 (60 mg 이상)
감자	180	대 1개	●	●	밤(생)	60	중 6개		●
고구마	100	중 1/2개	●		은행	60		●	●
토란	250	2컵	●	●	메밀국수(건)	30		●	
검정쌀, 현미쌀	30	3큰스푼	●	●	메밀국수(삶)	90			●
보리쌀	30	3큰스푼	●		시루떡	50		●	
보리밥	70	1/3공기	●		보리미숫가루	30	5큰스푼		●
현미밥	70	1/3공기	●	●	빵가루	30			●
녹두, 율무	30	3큰스푼	●	●	오트밀	30	1/3컵	●	●
차수수, 차조	30	3큰스푼	●	●	핫케이크가루	25			●
팥(붉은 것)	30	3큰스푼	●	●	옥수수	50	1/2개	●	●
호밀	30	3큰스푼	●		팝콘	20		●	

(2) 어육류군

어육류군은 질이 좋은 단백질로 구성되어 있으므로 허용된 범위 내에서 반드시 섭취해야 한다 표 8-3.

표 8-3 어육류군 1교환단위의 양

1교환단위의 영양소 함량	단백질(g)	나트륨(mg)	칼륨(mg)	인(mg)	에너지(kcal)
	8	50	120	90	75

식품명	가식부 무게(g)	목측량	식품명	가식부 무게(g)	목측량
고기류 쇠고기, 돼지고기	40	로스용 1장(12×10.3 cm, 탁구공 크기)	**건어물류 및 해산물** 뱅어포	10	1장
닭고기, 개고기	40	소 1토막 (탁구공 크기)	북어	10	중 1/4토막
소간, 우설	40	1/4컵	새우	40	중하 3마리 보리새우 10마리
소갈비	40	소 1토막	문어*, 물오징어*	50	
돼지족, 삼겹살, 돼지머리	40	썰어서 4쪽(3×3cm)	꽃게*	50	중 1/2마리
소곱창	60	1/2컵	굴*, 낙지*, 전복	70	굴 1/3컵
소꼬리	60	소 2토막	**알 및 콩류** 달걀, 메추리알	60	달걀 대 1개 메추리알 5개
생선류-각종 생선	40	소 1토막	두부	80	1/6모
			순두부	200	1컵

주 : * 염분이 약간 많으므로 물에 담가 염분을 뺀 후 조리한다.

■ **어육류군 중 칼륨이나 나트륨 함량이 많아 섭취를 주의해야 하는 식품**

식품명	가식부 무게(g)	목측량	칼륨 주의 (220 mg 이상)	나트륨 주의 (250 mg 이상)	식품명	가식부 무게(g)	목측량	칼륨 주의 (220 mg 이상)	나트륨 주의 (250 mg 이상)
검정콩, 노란콩	20	2큰스푼	●		치즈	40	2장		●
햄(로스)	50	1쪽 (8×6×1 cm)		●	잔멸치(건)	15	1/4컵		●
런천미트	50	1쪽 (5.5×4×2 cm)		●	건오징어	15	중 1/4마리 (몸통)		●
프랑크소시지	50	1.5개		●	조갯살, 깐홍합	70	1/3컵		●
생선통조림	40	1/3컵		●	어묵	80			●

(3) 채소군

채소군은 칼륨 함량에 따라 채소군 1(칼륨 저함량), 채소군 2(칼륨 중등함량), 채소군 3(칼륨 고함량)의 3개 군으로 분류하였으며, 1교환단위 분량은 대부분 목측량 1/2컵을 기준으로 통일되어 있다. 각 그룹의 칼륨 함량은 100 mg, 200 mg, 400 mg이다. 칼륨을 제한해야 하는 경우 채소군 3(칼륨 고함량)의 식품을 식단에서 제외한다 표 8-4.

표 8-4 채소군 1교환단위의 양

■ 채소군 1(칼륨 저함량)

1교환단위의 영양소 함량	단백질(g)	나트륨(mg)	칼륨(mg)	인(mg)	에너지(kcal)
	1	미량	100	20	20

식품명	가식부 무게(g)	목측량	식품명	가식부 무게(g)	목측량
당근, 달래, 더덕, 치커리	30	당근 생 1/2컵	생표고	30	중 5개
배추, 양상추	70	배추 소 3~4장	마늘종, 파, 팽이버섯	40	익혀서 1/2컵
녹두묵, 메밀묵, 도토리	100	1/4모	냉이, 무청, 양파, 양배추	50	익혀서 1/2컵
깻잎	20	20장	가지, 무, 오이, 고비(삶), 고사리(삶), 숙주, 콩나물, 죽순(통), 피망	70	익혀서 1/2컵
풋고추	20	중 2~3개	김	2	1장

■ 채소군 2(칼륨 중등함량)

1교환단위의 영양소 함량	단백질(g)	나트륨(mg)	칼륨(mg)	인(mg)	에너지(kcal)
	1	미량	200	20	20

식품명	가식부 무게(g)	목측량	식품명	가식부 무게(g)	목측량
도라지, 연근, 우엉, 풋마늘	50	익혀서 1/2컵	무말랭이	10	불려서 1/2컵
두릅	50	3개	상추	70	중 10장
고구마순, 열무, 느타리* 애호박, 중국부추	70	익혀서 1/2컵	셀러리	70	6 cm 길이 6개

주 : * 인이 많이 함유된 식품

■ 채소군 3(칼륨 고함량)

1교환단위의 영양소 함량	단백질(g)	나트륨(mg)	칼륨(mg)	인(mg)	에너지(kcal)
	1	미량	400	20	20

식품명	가식부 무게(g)	목측량	식품명	가식부 무게(g)	목측량
양송이*	70	중 5개	근대, 머위, 부추, 물미역, 미나리, 쑥*, 쑥갓, 취, 시금치, 죽순	70	익혀서 1/2컵
고춧잎, 아욱	50	익혀서 1/2컵			
단호박	100	익혀서 1/2컵			
늙은 호박*	150	익혀서 1/2컵			

주 : * 인이 많이 함유된 식품

(4) 지방군

지방군은 소화 흡수 후 노폐물을 거의 생성하지 않아 신장에 부담을 주지 않고, 적은 양으로도 많은 에너지를 낼 수 있어서 단백질을 제한하는 경우 농축 에너지원으로 사용하여 체단백의 손실을 막는다 표 8-5.

표 8-5 지방군 1교환단위의 양

1교환단위의 영양소 함량	단백질(g)	나트륨(mg)	칼륨(mg)	인(mg)	에너지(kcal)
	0	0	0	0	45

식품명	가식부 무게(g)	목측량	식품명	가식부 무게(g)	목측량
들기름, 미강유, 옥수수기름, 유채기름, 콩기름, 참기름, 카놀라유	5	1작은스푼	쇼트닝	5	1.5작은스푼
			마가린, 버터	6	1.5작은스푼
			마요네즈	7	1.5작은스푼

■ 지방군 중 단백질, 인, 칼륨 함량이 많아 섭취를 주의해야 하는 식품

식품명	가식부 무게(g)	목측량	식품명	가식부 무게(g)	목측량
베이컨	7	1조각	잣, 참깨, 해바라기씨	8	1큰스푼
땅콩	10	10개(1큰스푼)	피스타치오	8	10개
아몬드	8	7개	호두	8	대 1개(중 1.5개)

(5) 우유군

우유군은 양질의 단백질로 구성되어 있으나 대체로 칼륨, 인의 함량이 높기 때문에 하루 허용된 양 이상의 섭취는 금하는 것이 좋다 표 8-6.

표 8-6 우유군 1교환단위의 양

1교환단위의 영양소 함량	단백질(g)	나트륨(mg)	칼륨(mg)	인(mg)	에너지(kcal)
	6	100	300	180	125

식품명	가식부 무게(g)	목측량
요구르트(액상)*	300	1.5컵(100g 포장단위 3개)
요구르트(호상)*	200	1.5컵(100g 포장단위 2개)
우유, 락토우유, 저지방우유(2%), 두유	200	1컵
연유(가당)*	60	1/2컵
조제분유	25	5큰스푼
아이스크림**	150	1컵

주 : * 요구르트나 연유(가당)는 1교환단위의 에너지가 기준치의 1.5배임
** 아이스크림은 1교환단위의 에너지가 기준치의 2.5배임

(6) 과일군

과일군은 칼륨 함량에 따라 3개 그룹으로 분류하여 과일군 1(칼륨 저함량), 과일군 2(칼륨 중등함량), 과일군 3(칼륨 고함량)으로 나누었으며, 각 그룹의 칼륨 함량은 채소군과

표 8-7 과일군 1교환단위의 양

■ **과일군 1 (칼륨 저함량)**

1교환단위의 영양소 함량	단백질(g)	나트륨(mg)	칼륨(mg)	인(mg)	에너지(kcal)
	미량	미량	100	20	50

식품명	가식부 무게(g)	목측량	식품명	가식부 무게(g)	목측량
귤(통)*	80	18알	자두	80	대 1개
금귤	60	7개	파인애플	100	중 1쪽
단감, 연시	80	단감 중 1/2개	파인애플(통)*	120	대 1쪽
레몬	80	중 1개	포도, 깐포도(통)*	100	포도 19개
사과, 사과주스	100	사과 중 1/2개	푸르트칵테일(통)*	100	-

주 : * 과일 통조림은 시럽을 제외한 것임

■ 과일군 2 (칼륨 중등함량)

1교환단위의 영양소 함량	단백질(g)	나트륨(mg)	칼륨(mg)	인(mg)	에너지(kcal)
	미량	미량	200	20	50

식품명	가식부 무게(g)	목측량	식품명	가식부 무게(g)	목측량
귤	100	중 1개	수박	200	1쪽
대추(건)	20	8개	오렌지	150	중 1개
대추(생)	60	8개	오렌지주스	100	1/2컵
배	100	대 1/4개	자몽	150	중 1/2개
딸기, 백도, 황도	150	딸기 10개	포도(거봉)	100	11개

■ 과일군 3 (칼륨 고함량)

1교환단위의 영양소 함량	단백질(g)	나트륨(mg)	칼륨(mg)	인(mg)	에너지(kcal)
	미량	미량	400	20	50

식품명	가식부 무게(g)	목측량	식품명	가식부 무게(g)	목측량
곶감	50	중 1개	천도복숭아	200	소 2개
멜론(머스크)	120	1/8개	키위	100	대 1개
바나나	120	중 1개	토마토	250	대 1개
참외	120	소 1/2개	방울토마토	250	중 20개

같이 100 mg, 200 mg, 400 mg이다. 칼륨을 제한하는 경우에는 과일군 3(칼륨 고함량)의 식품들을 식단에서 제외시킨다 표 8-7.

(7) 열량보충군

단백질을 많이 제한하는 경우 열량보충군으로 에너지를 보충해 주면 체단백질의 손실을 막을 수 있으며, 소화 흡수 후 노폐물이 거의 생기지 않으므로 신장에 부담을 줄일 수 있다. 그러나 복막투석을 하고 있는 경우에는 투석액 내에 당분이 포함되어 있으므로 열량보충군의 섭취는 바람직하지 않다 표 8-8.

표 8-8 열량보충군 1교환단위의 양

1교환단위의 영양소 함량	단백질(g)	나트륨(mg)	칼륨(mg)	인(mg)	에너지(kcal)
	0	3	20	5	100

식품명	가식부 무게(g)
과당, 사탕, 설탕, 캐러멜, 칼로리-S	25
꿀, 녹말가루, 당면, 엿, 물엿, 젤리	30
양갱, 잼	35
마멀레이드	40

■ 열량보충군 중 칼륨, 인 함량이 많아 섭취를 주의해야 하는 식품

식품명	가식부 무게(g)
초콜릿	20
흑설탕, 황설탕	25
로열젤리	80

3. 신증후군

신증후군nephrotic syndrome은 사구체 모세혈관의 투과성이 증가하여 혈장 단백질이 소변으로 배설되는 것으로 네프로제nephrosis라고도 한다. 24시간 동안 소변을 통한 단백질 손실량이 3~4 g 이상이면 신증후군으로 진단한다. 신증후군이란 하나의 질병이 아니라 단백뇨, 저알부민혈증, 부종, 고지혈증 등의 여러 가지 증상이 나타나서 붙여진 이름이다.

(1) 원 인

신증후군은 사구체신염의 진전 및 감염, 신정맥의 혈액 응고, 당뇨병, 약물, 독성 물질에 의한 신장의 손상으로 나타난다. 당뇨병 환자에게 나타나는 신증후군은 신부전의 초기 증상일 수 있다. 신증후군 환자의 80%는 15세 미만이다.

(2) 증 상

신증후군은 심한 단백뇨와 함께 부종, 저알부민혈증, 혈중 지질 수준 증가, 단백질-에

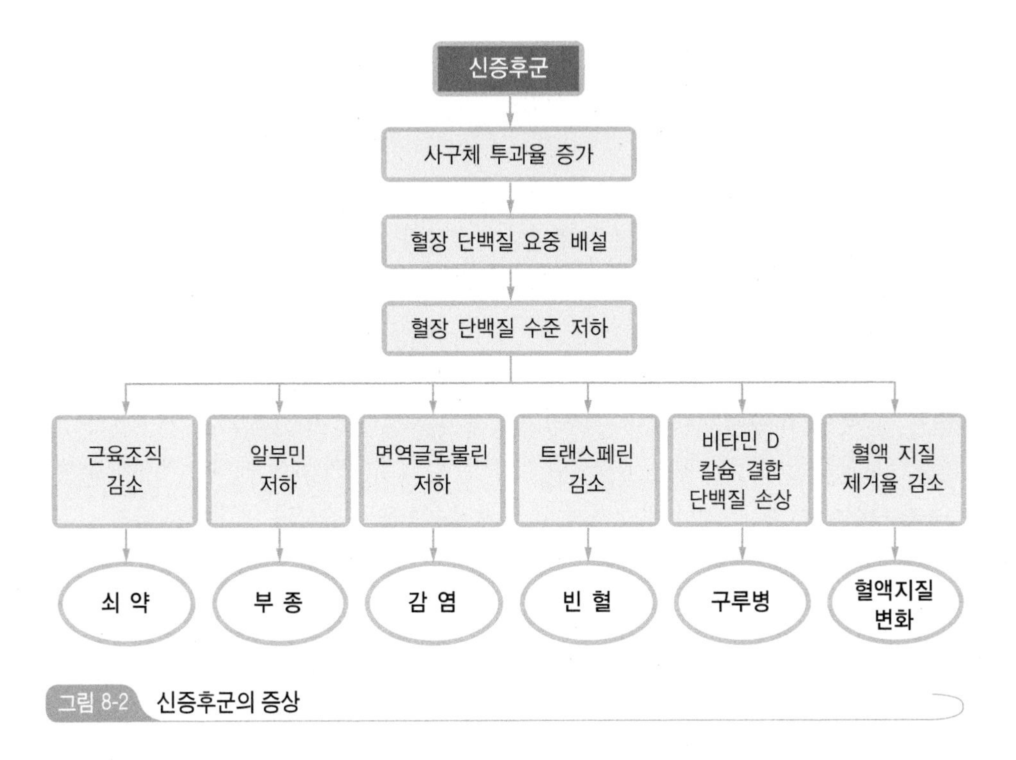

그림 8-2 신증후군의 증상

너지 영양불량, 감염, 혈액응고성 질환 등이 나타난다 그림 8-2.

혈장 단백질 수준 저하 및 영양 부족 신증후군에서는 혈장 단백질이 소변으로 배설되므로 혈액 내 단백질 수준이 급격히 저하된다. 혈액의 주 단백질인 알부민이 특히 감소하게 되고, 면역글로불린, 트랜스페린, 비타민 D 결합 단백질의 수준도 낮아진다.

면역글로불린 수준이 저하되면 감염되기 쉽고, 이는 전반적인 건강상태와 영양상태에 영향을 주게 된다. 철 운반 단백질인 트랜스페린의 손실로 빈혈이 유발된다. 비타민 D 결합 단백질이 소변 중으로 손실되면 비타민 D 수준이 저하되어 칼슘의 흡수가 감소된다. 특히, 어린이의 경우 신증후군은 구루병을 초래한다. 단백질 손실이 계속되면 근육 조직이 줄어들고, 단백질-에너지 영양불량과 일반적인 영양소의 부족을 초래한다.

부 종 저단백혈증은 삼투압의 저하로 부종을 일으킨다. 수액을 주사하면 수액이 세포간질에 들어가서 혈액량을 감소시키고, 신장은 나트륨과 체액를 보유하게 되므로 부종은 더 심해진다.

혈액 지질 수준 신증후군은 콜레스테롤, 중성지방, LDL, VLDL의 수준을 높이고 HDL의 수준을 저하시킨다. 이로 인하여 심혈관계 질환과 뇌졸중의 발병 위험이 증가하게 되고, 심혈관계 질환은 신장을 더욱 손상시킨다.

(3) 식사요법

신증후군 식사요법의 목표는 혈압을 조절하고 부종을 경감시키며, 소변으로의 단백질 손실을 줄이고 단백질 영양불량을 막는 것이다. 충분한 에너지를 공급하여 체조직 분해를 방지해야 한다.

에너지　에너지는 표준체중을 유지하고 단백질을 효율적으로 이용할 수 있도록 체중 kg당 35 kcal를 권장한다. 환자가 체중감소, 감염상태, 발열이 있을 때에는 에너지를 더 보충해 주어야 한다. 그러나 비만자는 혈중 지질수준을 조절하기 위하여 에너지 섭취를 감소시킨다. 환자는 식욕이 없으므로 식욕을 돋우는 식품을 선택하고 소화가 잘 되도록 조리한다.

단백질　신증후군 환자의 단백질 섭취는 표준 체중 kg당 0.8~1.0 g이 바람직하다. 단, 신장기능이 양호하면서 영양불량으로 인해 단백질 요구량이 높아지면, 1.5 g/kg까지 공급한다. 만약 사구체 여과율이 감소되면 0.6~0.8 g/kg에 24시간 소변 중으로 배설되는 단백질량을 더하여 공급한다.

지 방　지방은 총 에너지 섭취량의 20~25%로 공급하고, 포화지방산, 단일불포화지방산, 다가불포화지방산의 비율을 1 : 1 : 1로 유지한다. 콜레스테롤은 1일 300mg 이하로 제한한다.

나트륨　혈압 조절과 부종 경감을 위하여 나트륨을 1일 1,200~2,000 mg으로 제한한다. 부종이 사라지고 나트륨 평형이 이루어지면 엄격한 나트륨 제한식사를 할 필요가 없으나, 나트륨 제한식사는 지속해야 한다.

수 분　과량의 수분 섭취는 부종을 유발하므로 부종이 있을 경우에는 전날 소변량에 500 mL를 더한 양을 공급하고, 부종이 소실되었을 때에는 수분을 엄격하게 제한하지 않고 갈증을 해소할 수 있도록 한다.

4. 사구체신염

사구체신염glomerulonephritis은 사구체의 모세혈관에 염증이 생기는 질환이다. 급성사구체신염은 갑자기 발병되고 빠른 시일 내에 치료가 가능하나 치료되지 않으면 만성사구체신염이나 말기 신장질환으로 진행된다.

(1) 원 인

사구체신염은 세균이나 바이러스 감염이 주된 원인이나 자가면역이 문제가 되기도 한다. 세균이나 바이러스 등의 항원에 항체가 결합하여 항원-항체 복합체가 형성되면 이들 복합체는 네프론의 상피세포와 사구체의 기저막에 축적되어 사구체염의 원인이 된다.

급성사구체신염은 편도선염, 인두염, 감기, 중이염, 성홍열, 폐렴을 앓고 난 후 1~3주의 잠복기를 거쳐서 나타난다. 3~10세의 어린이에게 발병하기 쉬우며, 5% 정도의 환자는 50세 이후에 발병한다. 가을과 겨울에 많이 발생하고 한랭, 습윤, 과로도 발병의 원인이 된다.

급성사구체신염은 수주에서 수개월이면 치료되나 만성사구체신염으로 진행되기도 한다. 그러나 대부분의 만성사구체신염은 급성기를 거치지 않고 만성으로 진행된다.

(2) 증 상

사구체신염은 양쪽 신장에 동시에 감염되며, 혈액이 소변 중으로 빠져 나와 혈뇨가 나타나고, 단백뇨, 부종, 고혈압, 식욕 부진, 권태감, 두통, 요통이 나타난다.

급성사구체신염은 혈뇨와 단백뇨가 나타나고, 사구체 여과율 감소로 소변량이 감소하여 초기에는 핍뇨를 보이다가 악화되면 무뇨를 보이기도 한다. 소변량의 감소는 부종을 수반하고, 소변량이 증가하면 부종이 개선된다. 부종은 얼굴, 특히 눈가장자리에 나타나고, 하지와 전신 부종으로 이어지면 흉수와 복수를 동반하게 된다. 핍뇨와 부종은 고혈압을 초래하고 고혈압이 계속되면 심장에 영향을 주어 심부전을 일으킨다.

만성사구체신염은 증상이 없든지 경미하고 단백뇨, 혈뇨, 야뇨와 두통이 나타날 수 있다. 그러나 진행되면 고혈압과 단백뇨가 심해지고 부종이 나타나며, 말기에는 요독증, 식욕부진, 구토, 경련을 수반하며 심하면 사망에 이르기도 한다.

(3) 식사요법

급성사구체신염은 염증치료를 위해 항생제 등의 약물을 사용하고, 체내 대사를 줄여 신장의 부담을 줄이며 혈류량을 확보하고 이뇨를 돕기 위해 절대 안정bed rest과 보온이 필요하다. 만성사구체신염의 식사요법은 급성사구체신염의 회복기와 유사하나 증상에 따라 다르게 적용하여야 한다.

단백질　소변량이 감소되는 급성사구체신염 초기에는 단백질을 0.5 g/kg 이하로 제한한다. 점차 소변량이 증가하고 회복기에 들어서면 단백질을 1.0 g/kg까지 점차적으로 늘리며 양질의 단백질을 공급한다. 만성사구체신염은 단백뇨가 있을 경우 1.0 g/kg의 단백질을 공급한다.

에너지　급성사구체신염 초기에는 체조직의 분해를 막기 위해 에너지는 35~40 kcal/kg으로 충분히 공급한다. 에너지원으로는 단백질은 제한하고, 탄수화물 위주로 공급한다. 지방을 많이 섭취하면 케톤증, 고지혈증, 동맥경화증이 우려되므로 적정량 공급한다.

나트륨　소변량이 적고 부종과 고혈압이 있으면 나트륨 섭취를 제한한다. 소변량이 증가하면 점차 나트륨의 섭취량을 늘릴 수 있다. 나트륨은 핍뇨기에는 1,000 mg 이내(소금 3 g 미만), 이뇨기에는 1,000~2,000 mg(소금 3~5 g), 증상이 사라지는 회복기에는 2,000~3,000 mg(소금 5~8 g)을 공급한다.

수 분　핍뇨기에는 전날 소변량에 500 mL를 더한 양의 수분을 공급한다. 이뇨기에 들어서면 수분을 1,000~1,500 mL로 늘리며, 부종과 고혈압이 없어지는 회복기에는 수분 섭취를 제한하지 않는다.

칼 륨　핍뇨기에는 신장에서 칼륨 배설이 감소하여 고칼륨혈증으로 부정맥이 나타나 갑자기 심장마비가 올 수 있으므로 칼륨 섭취를 제한한다.

쉬어가기

나트륨과 고혈압

나트륨은 체내 혈액량을 조절하는 무기질로서 나트륨을 함유하고 있는 대표적인 식품이 소금이다. 나트륨은 스펀지와 같이 물을 빨아들여 혈액량을 증가시키는데, 신장은 많아진 나트륨과 수분을 소변을 통하여 배설하게 한다. 그러나 신장기능이 나빠지면 수분과 나트륨이 잘 배설되지 않으므로 혈액량이 증가하여 혈압이 높아지고 부종이 생긴다.

5. 신부전

1 급성신부전

신부전renal failure은 신장의 기능이 저하되어 체내 환경을 일정하게 유지할 수 없는 상태이다. 급성신부전ARF : Acute Renal Failure은 신장기능이 수 시간에서 수주 내에 급격히 저하되어 발생한다. 갑작스럽게 세뇨관이 손상되어 사구체 여과율이 떨어지고 질소 대사물이 소변으로 배설되지 못해 체내에 축적된다. 급성신부전은 발생 즉시 치료를 시작해야 하며, 사망률은 35~65%로 높고 수술 환자나 외상 환자의 사망률은 더 높다.

(1) 원 인

급성신부전의 원인은 외상, 약물 오남용, 패혈증, 넓은 부위의 화상, 수술 후 쇼크를 들 수 있다. 또한 특정 약제나 조영제, 환경오염 물질인 사염화탄소에 의해서도 발생한다. 급성신부전은 신전성prerenal, 신성renal, 신후성postrenal의 3요인으로 구분한다. 신전성 요인은 출혈, 심부전, 쇼크 등으로 신장으로의 혈류가 급격히 감소되는 것으로 혈류량이 정상화되면 신장기능도 신속히 회복된다. 신성요인은 감염, 독성 물질, 약물, 직접적인 외상 등에 의해 신장 조직이 손상된 것으로 신장기능은 수주에서 수개월에 걸쳐 서서히 회복된다. 신후성 요인은 요관 협착, 전립선암, 임신 등으로 요관이 폐색되어 소변 배설에 장애가 있는 것이다.

(2) 증 상

급성신부전은 의식 혼탁, 진전경련tremor 등의 신경계, 고혈압, 부정맥, 심낭염, 허혈성 심질환 등의 심혈관계, 폐부종, 출혈 등의 호흡기계, 식욕부진, 오심, 구토, 장 마비, 위장관 출혈 등의 위장관계 증상이 나타난다.

수분과 전해질 불균형 급성신부전 환자의 절반에서는 하루 소변 배설량이 400 mL 미만인 핍뇨증이 나타나며, 이로 인하여 체내에 수분과 나트륨이 축적되고 혈중 칼륨, 인, 마그네슘 농도가 상승한다. 고칼륨혈증은 심박수를 느리게 하고 심부전을 초래하며, 고인산혈증은 부갑상선호르몬의 분비를 자극하여 골격 칼슘 방출을 촉진한다. 그러므로 급성신부전에서는 수분, 칼륨, 인, 마그네슘, 나트륨 섭취를 제한한다.

부 종 부종은 급성신부전의 가장 흔한 증상으로 얼굴, 손, 발, 발목에 특징적으로 나타난다.

요독증 혈중 질소 대사산물인 요소질소, 크레아티닌, 요산이 축적되는 요독증이 나타나며, 이로 인하여 피로, 두통, 식욕부진, 메스꺼움, 구토, 설사 등이 나타난다. 요독증이 심해지면 혈압 상승, 빈맥, 발작, 착란, 혼수상태가 될 수 있다.

쉬어가기

인이 뼈에 미치는 영향

인(phosphorus)은 칼슘과 함께 뼈를 구성하는 무기질이며, 일부는 혈액 중에 존재하면서 신경과 근육운동을 도와준다. 신장기능이 저하되면 사구체 여과율이 감소되어 혈중 인산수준은 높아지는 반면 칼슘 흡수 저하로 혈중 칼슘수준은 낮아진다. 이로 인하여 부갑상선호르몬의 분비가 증가하고 뼈에서 칼슘이 방출되어 뼈가 약해져 골절되기 쉽다. 이를 신성 골이영양증(renal osteodystropy)이라고 한다. 따라서 뼈의 건강을 위해 혈중 인산을 정상수준으로 유지하는 것이 필요하다.

(3) 식사요법

급성신부전의 치료는 수분과 전해질 균형을 회복하고, 혈중 독성 물질을 최소화하는 데 목적이 있으며 투석, 약물요법, 식사요법을 병행한다.

식사요법은 신장질환 식품교환표를 이용하여 투석을 하지 않는 경우와 혈액투석 또는 복막투석을 하는 경우에 각각 다르게 적용한다.

에너지 체단백질 분해를 방지하고 식사 내 단백질이 에너지원으로 이용되지 않도록 에너지를 충분히 공급한다. 에너지는 하루 35~50 kcal/kg 또는 기초 에너지 소모량의 1.5배가 권장되는데, 단백질을 제한해야 하므로 탄수화물을 위주로 하고 지질은 적정량 공급한다. 에너지 섭취량이 충분한지를 확인하기 위하여 체중 변화를 주의 깊게 살펴야 한다.

단백질 단백질은 질소를 함유하고 있으므로 신장에 부담을 준다. 그러나 음의 질소평형과 근육 소모를 방지하기 위하여 단백질 섭취가 필요하므로 투석 시행 여부에 따라 조절하여 공급한다. 단백질은 투석을 하지 않을 경우 0.6~0.8 g/kg, 신장기능이 회복되었거나 투석할 경우 1.0~1.5 g/kg을 공급한다.

수 분 수분은 전날 소변량에 500 mL 더한 양을 공급하며, 구토나 설사 환자는 수분을 더 공급한다. 그러나 이뇨 시기에는 수분을 충분히 공급한다.

전해질 체내 수분 축적과 고혈압을 예방하기 위하여 나트륨 섭취를 제한하며, 특히 핍뇨기에는 하루 1,000~2,000 mg(소금 2.5~5 g)으로 제한한다. 급성신부전의 경우 체조직의 분해로 세포로부터 칼륨이 방출되고, 신장에서의 칼륨 배설이 감소하여 고칼륨혈증에 의한 심장마비가 일어날 수 있으므로 칼륨 섭취를 1일 2,000 mg 이하로 제한한다. 그러나 이뇨기에는 수분, 나트륨, 칼륨의 배설량이 증가하므로 이들을 보충한다.

칼륨 섭취를 줄이는 조리법

칼륨은 근육과 신경의 정상적인 활동에 관여하고 있다. 혈중 칼륨수준이 높으면 심장근육이 이완되고 박동이 느려져 심장마비를 초래할 수 있다. 칼륨은 짠맛을 내는 나트륨과 달리 맛으로 확인할 수 없으므로 다음의 방법으로 칼륨 섭취를 줄이도록 한다.

- 칼륨 함량이 적은 식품을 선택한다.
- 칼륨은 수용성이므로 되도록 잘게 썰어서 물에 담근 후 조리한다.
- 식품은 4~5배 정도 많은 물에 데치거나 삶은 뒤 헹구어 조리한다.
- 껍질이 있는 식품은 껍질을 제거한 후 조리한다.

2 만성신부전

(1) 원 인

만성신부전CRF : Chronic Renal Failure의 3대 원인은 당뇨병, 고혈압, 사구체신염이고, 우리나라에서는 만성신부전 환자의 40% 이상이 당뇨병에서 기인한다. 기타 원인으로는 감염, 독성 물질에의 노출, 세뇨관질환, 만성신우신염, 신장의 선천성 이상을 들 수 있다. 만성신부전의 초기 단계에서는 저하된 신장기능을 보완하기 위하여 네프론이 비대해져 기능을 수행한다. 그러나 네프론들이 파괴됨에 따라 나머지 네프론의 기능이 많아지고 이로 인하여 네프론이 퇴화하면서 전반적인 신장기능이 저하된다.

(2) 증상과 합병증

만성신부전은 신장기능이 점진적이며 비가역적으로 손상된 상태이다. 신장은 예비력이 커서 만성신부전 판정을 받을 때에는 신장기능의 75% 이상을 잃은 때가 대부분이다. 정상인의 사구체 여과율은 125 mL/분이나, 사구체 여과율이 25 mL/분 이하로 저하될 때까지 증상을 느끼지 못하는 경우가 많다. 만성신부전은 진행성 질환으로서 5단계로 구분한다 표 8-9.

표 8-9 만성신부전의 진행단계

구분	정 의	사구체 여과율(mL/분/1.73 m^2)
1단계	신장 손상(사구체 여과율 : 정상 또는 증가)	≥ 90
2단계	신장 손상(사구체 여과율 : 경한 감소)	60～89
3단계	신장 손상(사구체 여과율 : 중등도 감소)	30～59
4단계	신장 손상(사구체 여과율 : 심한 감소)	15～29
5단계	신부전	< 15(또는 투석)

주 : 사구체 여과율은 성인 남자의 체표면적인 1.73 m^2를 기준으로 함

자료 : 대한영양사협회(2010), 임상영양관리지침서 제3판

전해질과 호르몬 불균형 만성신부전이 되면 신장기능을 보완하기 위해 호르몬이 분비되어 전해질 농도가 유지되지만 이로 인하여 합병증이 발생한다. 알도스테론 분비 증가로 혈청 칼륨 상승을 억제하나 고혈압을 진행시키는 부작용이 나타나며, 부갑상선호르몬 분비 증가는 혈청 칼슘 농도를 높여 인 상승을 억제하지만 골격 칼슘 방출을 촉진하여 골질환을 유발한다.

요독증 만성신부전의 말기에 사구체 여과율이 15 mL/분 이하, 혈액 요소질소가 60 mL/dL 이상이 되면 질소 노폐물이 배설되지 못하고 혈액에 축적되어 중추신경계 이상을 비롯한 다양한 증상들이 나타나는데, 이를 요독증uremia이라고 한다.

요독증의 전신 증상

- **중추신경계** : 기억력과 집중력 저하, 수면장애, 두통, 의식장애, 착란, 경련, 혼수
- **말초신경계** : 불안다리증후군, 딸꾹질, 사지 저림, 자각 이상, 무기력감
- **자율신경계** : 현기증, 기립성 저혈압, 땀과 타액의 감소, 체온 조절 이상
- **체액 및 전해질** : 부종, 고칼륨혈증, 대사성 산증
- **피부계** : 색소 침착, 피부건조증
- **심혈관계** : 허혈성 심장질환, 고혈압, 심부전, 호흡 곤란, 부정맥
- **소화기계** : 식욕 부진, 오심, 구토, 설사, 미각장애, 구내염, 위장관 출혈, 복수
- **혈액계** : 빈혈, 혈소판 기능장애 및 출혈 경향의 증가
- **골격계** : 골다공증, 골연화증 등 신성 골이영양증

(3) 치 료

만성신부전 환자의 치료 목적은 질병의 진행 속도를 늦추고 증상을 완화시키는 것이다. 약물치료와 식사요법을 실시하며, 신장질환 말기에는 생존을 위하여 투석과 신장이식을 한다.

약물치료 고혈압, 심혈관계 질환의 예방과 치료를 위해 항고혈압제를 처방하고, 빈혈 치료를 위해 에리트로포이에틴을 주사한다. 혈청 인수준을 감소시키기 위한 인산염 결합제, 산독증 완화를 위한 중탄산염과 콜레스테롤 저하제 등을 처방한다. 혈청 칼슘과 부갑상선호르몬수준을 낮추기 위해 비타민 D 활성형 보충제를 처방하기도 한다.

투 석 투석은 신장기능을 대체하여 혈액의 과도한 수분과 노폐물을 제거하기 위한 목적으로 실시한다. 투석에는 혈액투석과 복막투석이 있으며, 혈액투석은 인공신장기(투석기)를 사용하여 혈중 노폐물을 제거하고, 복막투석은 복강 내로 투석액을 주입하여 혈액이 복막에 의해 여과되어 수분과 노폐물이 체외로 배설되도록 하는 방법이다.

(4) 식사요법

만성신부전의 식사지침은 투석을 하지 않는 경우, 혈액투석, 복막투석에 따라 다르다 표 8-10.

에너지 에너지는 표준 체중을 유지하고 근육 소모를 방지할 수 있도록 35 kcal/kg 이상 충분히 공급한다. 정상 체중을 유지하기 위하여 에너지 보충식품과 영양보충제 섭취, 경관급식도 고려한다.

단백질 신장질환의 진행 속도를 늦추기 위하여 0.6~0.8 g/kg 이하로 저단백식을 처방한다. 저단백식은 요독증 발생 위험이 적고 인 함량이 적으며 고인산혈증의 위험도 적다. 필수아미노산 섭취량을 늘리기 위하여 단백질의 60% 이상은 생물가가 높은 단백질이 함유되어 있는 달걀, 우유, 생선류, 육류로 공급한다.

지 질 고지혈증을 개선하고 심장질환의 위험을 낮추기 위하여 포화지방산과 콜레스테롤 섭취를 제한한다. 에너지를 충족시키기 위하여 고지방 식사를 할 경우에는 불포화지방산을 함유한 식품을 선택한다.

수분과 나트륨 신장질환은 대부분 나트륨과 수분이 체내에 보유되므로 나트륨 섭취를 1일 2,000 mg(소금 5 g)으로 제한하고, 부종이 심할 경우에는 1,000 mg 이하로 엄격히 제한한다. 소변 배설량이 정상이면 수분을 제한하지 않으나 소변 배설량이 감소하면 수분 섭취도 제한해야 한다.

표 8-10 만성신부전의 에너지와 영양소 권장량

영양소	투석 전	혈액투석	복막투석
에너지(kcal/kg)	60세 미만 : 35 60세 이상 : 30~35	60세 미만 : 35 60세 이상 : 30~35	60세 미만 : 35 60세 이상 : 30~35 (투석 칼로리 포함)
단백질(g/kg)	0.6~0.8	1.2	1.2~1.3
지질	정상 혈액수준 유지에 필요한 양	정상 혈액수준 유지에 필요한 양	정상 혈액수준 유지에 필요한 양
수분(mL/일)	요 배설 정상 시 제한 없음	요배설량+1,000	1,500~2,000 (세심한 주의 필요)
나트륨(mg/일)	2,000	2,000	2,000
칼륨(mg/일)	혈중 수준에 따라 개별 처방	2,000~3,000	3,000~4,000
칼슘(mg/일)	1,200	2,000 이하(식사+약제)	2,000 이하(식사+약제)
인(mg/일)	혈중 수준에 따라 개별 처방	800~1,000	800~1,000

자료 : 대한영양사협회(2010), 임상영양관리지침서 제3판

칼륨　환자의 혈중 칼륨수준에 따라 칼륨의 섭취수준을 결정해야 하며, 이뇨제로 인하여 혈중 칼륨수준이 낮아지면 칼륨 보충제를 복용하여야 한다.

무기질과 비타민　골질환 예방을 위해 신장질환 초기부터 칼슘과 비타민 D를 공급하고 인은 혈액수준에 따라 조절한다. 신장질환자는 식품 섭취를 제한하므로 비타민과 무기질 공급이 원활하지 않아 결핍될 수 있다. 엽산, 비타민 B_6 보충제를 복용하는 것이 좋고, 비타민 C는 1일 100 mg 이하로 제한하여 과잉 섭취로 인한 신장결석을 방지한다.

식사 순응도　신장질환자는 제한하는 식품이 많으므로 식사요법을 적용하는 데 어려움이 따른다. 식사요법을 잘하려면 환자가 식사요법에 대한 기본적인 지식을 갖고 있는 것이 필요하다. 에너지 섭취량을 증가시키기 위해 열량보충군을 활용하고, 적정한 양의 수분을 섭취하기 위한 방법과 채소에서 칼륨을 제거하는 방법 등을 익힐 필요가 있다.

당뇨병성 신장질환의 식사요법

당뇨병성 신장질환자의 식사요법의 목적은 혈당 및 혈압을 적절히 조절하고, 가능한 신장기능의 소실 속도를 늦추는 데 있다. 당뇨병의 합병증으로 신부전이 동반될 경우에는 일반적인 당뇨병 식사를 조정해야 한다.

- 단백질 제한이 필수적이며, 이에 따라 탄수화물과 지질 섭취를 상대적으로 증가시킨다.
- 적절한 에너지 공급을 위해 잼, 설탕, 설탕 절임 과일 등 단순당이 포함된 식품이 허용될 수 있다. 그러나 단순당 섭취는 혈당을 급격히 상승시킬 수 있으므로 하루 중에 골고루 배분하고 정확히 계산해야 한다.

3 투석

만성신부전으로 인해 노폐물 배설, 산·염기 균형, 나트륨–수분 항상성 유지가 보존요법conservative treatment으로 불가능한 경우에는 투석과 신장이식을 실시하는데, 이를 신장대치요법renal replacement therapy이라고 한다.

투석은 만성신부전 환자에게 신장을 대신하여 생명을 유지해 주는 방법이다. 투석은 수분과 전해질 평형을 유지하기 위해 급성신부전 환자에게 실시하기도 한다.

투석의 원리는 체내에 불필요한 노폐물을 확산, 삼투, 초여과의 과정으로 제거하는 것이다. 혈액투석에서는 투석기의 펌프를 이용하여 용질과 수분이 반투막을 통과하도록 하는데, 이를 초여과라 하며, 복막투석에서는 환자의 복막이 반투막으로 작용한다.

(1) 혈액투석

혈액투석hemodialysis은 동맥혈을 헤파린으로 항응고시켜 혈액 투석기로 들어가도록 하여 반투막을 사이에 두고 투석액과 물질 교환을 이룬 후 정맥으로 들어가도록 한다. 일주일에 3회 정도 실시하며, 1회 투석에 3~4시간이 소요된다. 일반적으로 환자는 병원의 인공신장센터를 방문하여 혈액투석을 실시한다 그림 8-3.

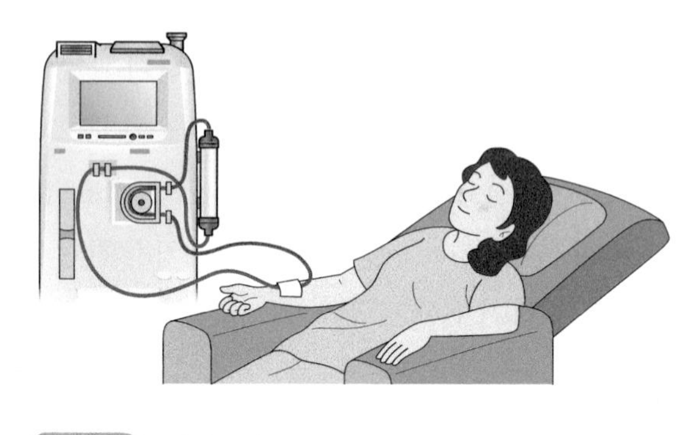

그림 8-3 혈액투석

혈액투석 환자의 76%에서 단백질-에너지 결핍이 나타나며, 영양상태가 불량하면 이환율과 사망률이 증가하고, 투석을 시행하여도 투석 간에 노폐물이 축적될 수 있으므로 투석에 따른 식사요법이 필요하다. 식사요법은 투석 빈도와 잔여 신장기능, 환자의 체격에 따라 달라진다.

(2) 복막투석

복막투석PD : Peritoneal Dialysis은 기계가 필요하지 않은 자가투석법이며, 기계로부터 자유롭고 엄격한 식사 제한에서 벗어날 수 있는 장점이 있는 반면 복막염이 발생할 수 있는 단점이 있다. 복막투석은 1~3 L의 투석액을 복강에 주입inflow한 후 일정 시간 동안 복막을 통해서 수분 및 용질 교환이 이루어진 후 배액outflow하는 것이다. 급성복막투석은 보통 1시간 간격으로 반

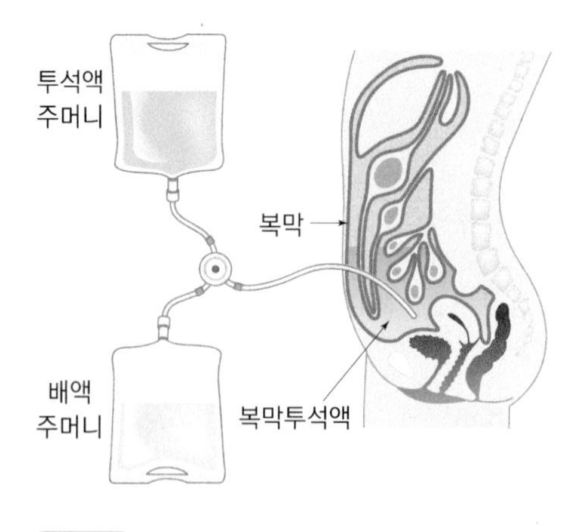

그림 8-4 복막투석

복하고, 지속성 외래 복막투석은 하루에 3~5회 반복한다 그림 8-4.

복막투석은 영아, 어린이, 심한 심혈관질환, 혈관 이용이 불가능한 당뇨병 환자, 여행을 원하는 사람, 집에서 투석을 원하는 사람에게 시행한다. 복막투석은 환자 스스로 하루 3~5회 복강 내로 투석액을 교환하는 작업이 수반된다. 투석이 지속적으로 이루어지므로 최종 대사산물, 전해질, 수분 등이 일정한 상태로 조정될 수 있으며, 투석액의 농도는 덱스트로스 1.5%, 2.5%, 4.25%의 세 종류가 있고, 용량은 1,000 mL, 1,500 mL, 2,000 mL가 있다.

(3) 투석 환자의 식사요법

혈액투석과 복막투석의 식사요법은 표 8-10과 같다.

에너지 혈액투석과 복막투석은 체단백의 이화작용을 막기 위해 에너지는 투석 전과 같이 35 kcal/kg를 공급한다. 그러나 복막투석은 투석액에서 하루 약 800 kcal의 에너지를 공급받으므로 에너지 섭취 시 이 양을 고려하여야 한다. 복막투석을 장기간 실시하면 체중 증가가 일어나기 쉽다.

단백질 질소 분해산물이 체내에 과량 축적되는 것을 방지하고, 양의 질소평형을 유지하기 위해 적당한 양의 단백질을 공급한다. 저단백식사는 근육 소모가 크고 투석에 의해 단백질이 손실되므로 단백질 섭취량을 증가시킨다. 단백질 권장량은 혈액투석의 경우 1.2 g/kg, 복막투석의 경우 1.2~1.3 g/kg이다.

수분과 나트륨 혈액투석의 경우에는 매 투석 간 하루 체중 증가량을 500 g 이하가 되도록 수분 섭취량을 조절한다. 수분 섭취량은 하루 소변 배설량에 1,000 mL를 더한 양을 공급한다. 복막투석의 경우에는 투석에 의해 수분이 제거될 수 있으므로 특별히 제한할 필요는 없다. 나트륨은 고혈압과 부종 예방을 위해 혈액투석과 복막투석 모두 투석 전과 같이 2,000 mg으로 제한한다.

칼륨 고칼륨혈증은 심장부정맥이나 심장마비를 일으킬 수 있으므로 혈액투석을 할 경우 칼륨 제한이 필수적이다. 복막투석의 경우에는 계속적인 투석에 의해 혈액 칼륨 수준이 정상으로 유지될 수 있으므로 항상 칼륨 제한이 필요하지는 않다.

칼슘과 인 투석을 할 경우에도 저칼슘혈증과 고인산혈증, 신성 골이영양증을 막기 위해 칼슘을 보충하고, 인 섭취를 제한해야 한다. 그러나 칼슘과 인 섭취 조절은 식사만으로는 어려우므로 식사 조절과 함께 인산결합제와 칼슘보충제의 사용이 필요하다.

비타민과 무기질 투석 환자는 수용성 비타민과 무기질이 투석으로 인해 손실되므로 보충제 복용이 필수적이다.

4 신장이식

신장이식renal transplantation은 말기 신부전 환자에게 투석을 대체하는 최선의 치료 방법이다. 이식 신장은 기존 신장의 아래에 위치한다 그림 8-5.

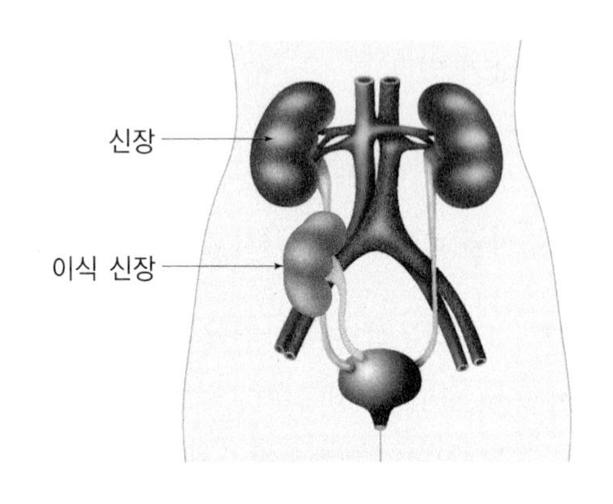

그림 8-5 이식 신장의 위치

(1) 수술 후 약물요법

신장이식은 신장 수용자가 공여자의 신장을 이물질로 인식하여 면역반응이 초래될 수도 있다. 이러한 거부반응을 억제하기 위하여 면역 억제제가 사용되는데, 이는 체내의 면역체계를 억제하여 감염을 일으킬 수 있다. 따라서 적절한 면역 억제제의 사용으로 거부반응을 막고 감염의 위험성을 줄이는 것이 신장이식을 성공시키는 주요 관건이다.

신장이식 후의 합병증으로는 면역 억제제 사용에 의해 혈관질환, 감염, 만성간질환이 나타날 수 있으며, 이 중 감염은 신장이식 환자의 주요 사망 원인이다. 그 밖에 심근경색, 뇌졸중 등의 심혈관계 질환, 고혈압, 피부암, 림프종 등의 악성종양, 골다공증, 적혈구 증다증, 위궤양, 간염, 스테로이드 사용에 따른 합병증 등이 있다.

(2) 식사요법

에너지 신장이식 수술로 인한 약물치료와 스트레스 증가로 이화작용이 증가하여 에너지와 단백질 요구량이 증가한다. 에너지는 초기에는 30~35 kcal/kg을 공급하고, 점차 건강체중을 유지할 수 있도록 25~30 kcal/kg을 처방한다.

단백질과 탄수화물 단백질은 초기에는 1.3~1.5 g/kg, 6~8주에는 1.0 g/kg을 공급한다.

고혈당인 경우 탄수화물은 혈당을 조절할 수 있도록 공급한다.

나트륨 체수분이 축적되고 고혈압이 있을 경우 소금은 1일 2~4 g으로 제한한다.

칼슘 · 칼륨 · 수분 칼슘은 약물치료로 인한 골 손실을 최소화하기 위하여 1일 1,200 mg을 공급한다. 혈액 칼륨수준에 따라 칼륨 섭취를 조절하며, 인과 수분은 제한하지 않는다.

6. 신장결석

신장결석kidney stones은 신장에 형성되는 결정체로 신석증nephrolithiasis이라고도 한다. 신장결석은 신장, 신우, 요관에서 발견되며, 성분에 따라 수산칼슘결석, 인산칼슘결석, 요산결석, 시스틴결석 등이 있다. 결석의 크기는 모래알만 한 것부터 매실만 한 것까지 다양하다 그림 8-6.

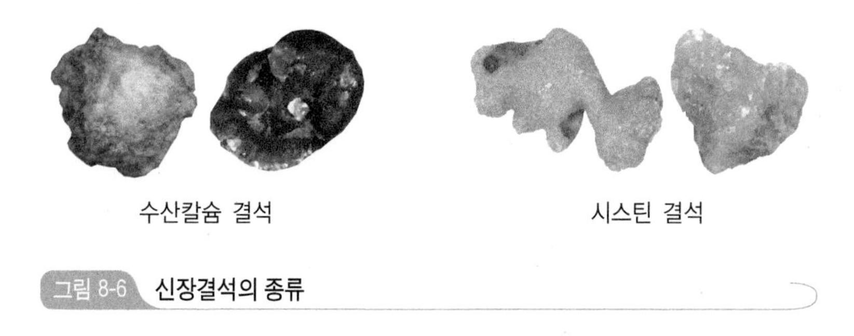

그림 8-6 신장결석의 종류

(1) 원 인

신장결석의 원인은 가족력, 식생활의 영향, 부갑상선 기능항진증, 통풍, 비타민 D 과다 섭취, 병상에 오랫동안 누워 있는 경우를 들 수 있다. 신장결석은 여자보다 남자, 노동보다 사무직 종사자, 농촌보다 도시에서 많이 발생하며, 겨울철보다는 땀으로 인해 소변이 농축되는 여름철에 발생 빈도가 높다.

(2) 증 상

신장결석이 있는지를 모르다가 방사선검사나 소변검사로 발견하는 경우가 있다. 진단은 소변검사, 혈액검사, 방사선검사, X선검사KUB, 경정맥요로술IVP, 초음파 촬영을 실시한다. 경정맥요로술은 결석의 크기와 위치를 확인할 수 있다.

격심한 통증　보통 증상이 없지만 결석이 신우의 출구 및 요도로 이동하면 갑자기 격심한 통증이 옆구리나 측복부에 생겨 하복부나 대퇴부까지 통증을 느끼게 되고, 자세를 바꾸어도 참을 수 없는 통증을 느낀다. 결석이 이동하는 중에 신장과 요관에 손상이 생기면 혈뇨를 보이며, 발열, 구토, 식은땀이 나기도 한다.

요로 합병증　결석의 위치에 따라 배뇨 불능 같은 합병증이 나타날 수 있고, 요관을 통과할 수 없는 결석은 요로 폐색이 되어 감염을 일으킬 수 있다.

쉬어가기

여름철에 증가하는 요로결석, 중년 남성 더 주의해야

최근 5년간(2009~2013년) 요로결석 진료 인원은 남자 63.7~65.1%, 여자 34.9~36.3%로 남자가 약 2배 많았으며, 진료 인원 3명 중 1명(31.3%)이 중년 남성이었다. 요로결석 월별 진료 인원은 여름철(7~9월)에 많으며, 특히 8월에 가장 많았다. 여름에 요로결석 발생률이 높은 이유는 땀으로의 수분 손실이 많아 소변이 농축되면서 결석 알갱이가 잘 뭉치기 때문이다. 수분 섭취가 충분하지 못하고 칼슘과 수산이 함유된 음식을 다량 섭취하면 결석 생성을 촉진한다.

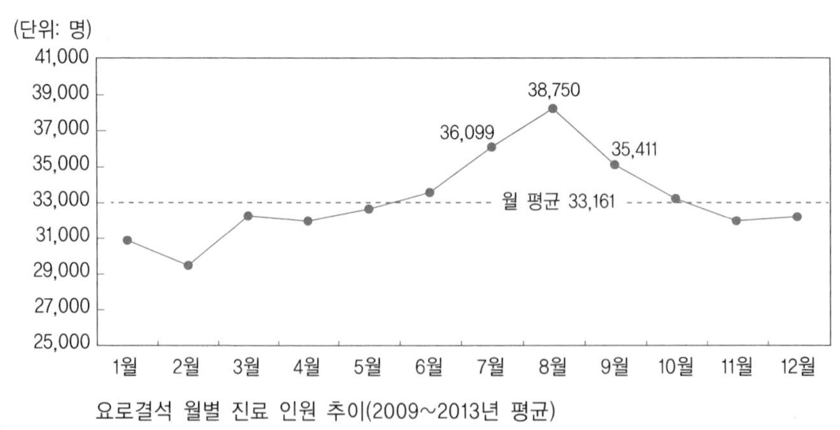

요로결석 월별 진료 인원 추이(2009~2013년 평균)

자료 : 건강보험심사평가원 홈페이지(http://www.hira.or.kr)

(3) 치 료

증상, 결석의 크기 및 위치, 요관 폐색 또는 요로 감염 유무, 요로의 해부학적 이상, 결석의 원인에 따라 치료법을 선택한다.

대기요법 대기요법expectant treatment은 결석의 크기가 1 cm보다 작을 경우 자연 배출되기를 기다리는 방법이다. 결석의 크기가 작을수록, 아래 부위에 위치할수록 빠져나올 확률이 크며, 1일 소변량이 2~3 L가 배출되도록 수분을 충분히 섭취하고, 줄넘기, 달리기 등의 운동을 한다.

체외충격파 쇄석술 충격파를 가하여 결석을 2 mm 이하의 작은 가루로 만들어 소변으로 자연 배출시키는 방법으로 대개 마취가 필요 없고 입원하지 않는 장점이 있다.

내시경적 쇄석술 경피적 신쇄석술은 피부에서 신장까지 통로를 만들어 신내시경을 삽입하여 결석을 제거하며, 요관경 제석술은 방광을 통하여 요관경을 진입하여 요관의 결석을 제거한다.

수술치료 피부를 절개하고 신장이나 요관을 노출하여 결석을 제거한다.

(4) 식사요법

결석이 한 번 생겼던 사람이 자연 배출이나 수술한 후 다시 결석이 생길 확률은 60~80%로 높다. 결석의 약 70%는 칼슘으로 구성되어 있으며, 나머지 20~30%는 기타 성분으로 되어 있다. 신장결석 식사요법의 목적은 이미 생성된 결석이 더 커지거나 결석이 생성되는 것을 방지하는 것이다.

신장 결석의 기본적인 식사요법은 하루 2~3 L의 다량의 수분을 섭취하는 것인데, 이는 소변을 희석하여 결정 물질을 용해하고 배설을 촉진하며, 결석 생성을 최소화하는데 효과적이다. 최소한 총 수분 섭취량의 절반은 물로 섭취해야 한다.

① 수산칼슘결석과 인산칼슘결석

단백질 동물성 단백질을 많이 섭취하면 칼슘 배설이 증가하므로 생선, 육류, 가금류, 달걀의 과량 섭취를 피한다.

칼 슘 칼슘결석 환자에게 흔히 나타나는 고칼슘혈증을 치료하고 고수산증과 음의 칼슘평형을 방지하기 위해 칼슘을 1일 600~800 mg 섭취한다.

나트륨 다량의 나트륨 섭취는 칼슘 배설을 증가시켜 칼슘 결정을 형성하므로 나트륨을 중정도(90~150 mEq)로 제한한다.

수산　수산은 칼슘보다 수산칼슘결석 형성에 더 큰 영향을 미친다. 칼슘은 수산 흡수를 저해하므로 칼슘을 심하게 제한하면 수산 흡수가 증가하고 소변으로 수산이 많이 배설될 수 있다. 그러므로 칼슘 섭취를 극도로 제한하지 말아야 한다. 소변 내 수산은 적은 양으로도 결석을 형성할 수 있고 식사의 성분에 따라 영향을 받으므로, 수산은 하루 50 mg 이하로 섭취한다. 수산이 많이 함유되어 제한해야 할 식품은 옥수수, 두부, 시금치, 고구마, 호박, 포도, 딸기, 귤, 견과류, 초콜릿 등이며, 우유, 육류, 달걀, 생선, 무, 감자, 완두콩, 유지류에는 수산이 적게 함유되어 있다.

비타민 C　수산은 비타민 C의 최종 대사산물이므로, 비타민 C 보충제를 사용할 경우에는 하루 1 g 미만으로 제한한다.

인　인산결석을 방지하기 위하여 저인산 식사와 인 결합약제를 사용한다. 팥, 녹두묵, 닭고기, 돼지고기, 메추리알은 인산이 많이 함유되어 있으므로 피한다.

수분　수분을 많이 섭취하여 소변을 하루 2 L 이상 배설하면 소변이 희석되어 결석 형성 물질의 농도를 상대적으로 낮추므로 수분 섭취량을 시간당 250~300 mL로 증가시킨다. 이는 밤중에도 소변을 보기 위해 일어나야 하는 양이다.

식이섬유　고식이섬유 식사는 칼슘 흡수를 방해하고 칼슘과 결합하여 대변을 통해 칼슘 배설을 증가시킨다. 밀기울은 피틴산을 많이 함유하여 칼슘과 결합하여 칼슘-피틴산염을 형성하여 대변으로 배설하므로 신장을 통한 칼슘 배설을 감소시킨다.

② 요산결석

요산결석은 우리나라 신장결석의 1% 이하이나 구미에서는 5~10%를 차지한다. 통풍 환자의 25%에서 요산결석이 발견된다.

알칼리성 식품　요산결석은 산성이므로 알칼리성 식품을 섭취한다. 육류, 전분류 등 산성 식품을 제한하고, 채소, 과일, 우유 등의 알칼리성 식품을 섭취한다.

금식　금식하면 소변이 산성화되므로 금식을 피한다.

퓨린　육류의 내장, 생선류 등 퓨린 함량이 높은 식품 섭취를 제한하고, 달걀, 곡류, 채소 등 퓨린 함량이 낮은 식품을 섭취한다.

③ 시스틴결석

유전성 질환인 시스틴뇨증 환자에서 발생한다.

단백질 시스틴결석은 저단백 식사를 해야 하는데, 거의 모든 단백질이 시스틴을 함유하고 있으므로 큰 효과는 없다. 메티오닌의 최종 대사산물이 시스틴이므로, 메티오닌의 섭취를 제한하고 과량의 단백질 섭취를 삼간다.

수분 물을 하루 4 L 이상 충분히 섭취한다.

알칼리 음식 제한 소변이 산성화할 경우 시스틴 용해성이 증가하므로, 알칼리성 음식 섭취를 삼가야 염화암모늄 같은 산성화 약제의 효과를 증대시킬 수 있다.

주요 용어

- **고질소혈증**(azotemia) : 신장질환으로 혈액 중에 요소, 요산, 크레아티닌 등 질소화합물이 증가하는 것
- **네프론**(nephron) : 한쪽 신장에 100만 개씩 있는 신장의 구성단위, 신소체와 세뇨관로 구성됨
- **다뇨**(polyuria) : 세뇨관의 재흡수력이 떨어져 1일 소변량이 2,000~3,000 mL 이상인 상태
- **레닌**(renin) : 혈액량이 적어지거나 혈압이 저하되면 신장에서 분비가 증가되어 혈관을 수축시켜 혈압을 높임
- **사구체신염**(glomerulonephritis) : 사구체의 모세혈관에 염증이 생기는 질환
- **사구체 여과율**(GFR : Glomerular Filtration Rate) : 사구체가 요를 여과하는 속도, 정상치는 125 mL/분임
- **신부전**(renal failure) : 세뇨관이 손상되어 사구체 여과율이 떨어지고 신장의 기능이 저하된 상태
- **신성 골이영양증**(renal osteodystropy) : 신장기능 저하로 혈중 인산수준은 높아지고 부갑상선호르몬 분비가 증가하여 뼈에서 칼슘이 방출되어 뼈가 약해져 골절되기 쉬운 상태
- **신소체** : 모세혈관이 공 모양을 이루는 사구체와 이를 싸고 있는 보우만 주머니를 일컬음
- **신증후군**(nephrotic syndrome) : 사구체 모세혈관의 투과성이 증가하여 혈장 단백질이 소변으로 배설되는 것으로 네프로제(nephrosis)라고도 함
- **에리트로포이에틴**(erythropoietin) : 신장에서 분비되어 적혈구의 생성과 성숙을 돕는 조혈호르몬
- **요독증**(uremia) : 신장의 기능장애로 혈액 중에 단백질 대사산물이 과도하게 축적된 상태
- **크레아티닌 제거율 검사**(creatinine clearance test) : 신장기능을 측정하는 척도로, 분당 혈장에서 제거되는 크레아티닌의 양을 측정함
- **투석** : 신부전으로 환자에게 시행하는 신장 대치요법(renal replacement therapy)으로 투석기를 사용하는 혈액투석(hemodialysis)과 투석액을 복강 내에 주입하는 복막투석(PD : Peritoneal Dialysis)이 있음
- **항이뇨호르몬**(ADH : Antidiuretic Hormone) : 뇌하수체 후엽에서 분비되어 세뇨관에 작용하여 수분 재흡수를 촉진하고 혈관을 수축시켜 혈압을 높임
- **혈중 요소질소**(BUN : Blood Urea Nitrogen) : 신장기능 저하로 혈액 속에 축적되는 요소나 질소산물
- **혈청 크레아티닌**(creatinine) : 근육량에 비례하여 소변으로 배설되는 물질로, 신장이 질소대사물을 배설하지 못하면 혈청 크레아티닌 수준이 높아짐

memo

CLINICAL NUTRITION

제 9 장

빈 혈

1. 혈액의 구성과 기능 ✻ 2. 빈혈의 진단과 종류

빈혈은 적혈구의 크기나 수 또는 헤모글로빈의 양에 결함이 있어 혈액과 조직세포 사이에 산소와 이산화탄소의 교환이 어려워진 상태이다. 빈혈의 대부분은 정상적인 적혈구 생성에 필요한 철과 비타민 등이 결핍되어 발생하는데, 용혈, 유전적 결함, 만성질환, 약물에 의한 독성으로도 발생한다.

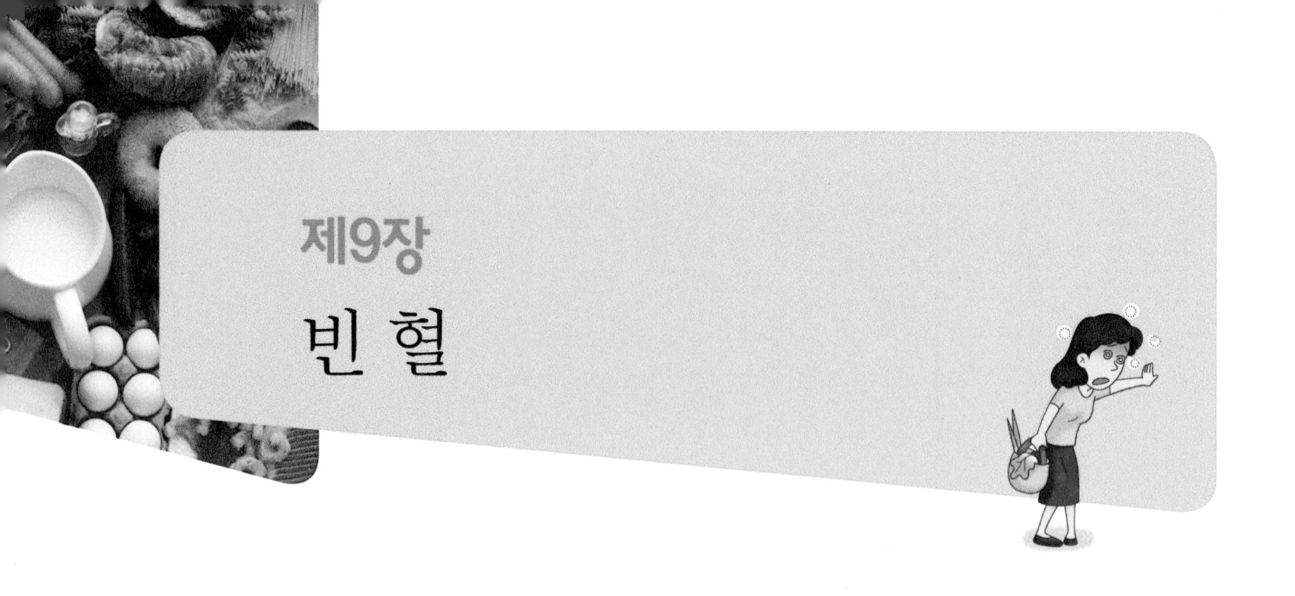

제9장 빈 혈

1. 혈액의 구성과 기능

1 혈액의 구성

정상 성인의 총 혈액량은 약 4~6L로 체중의 6~8%에 해당한다. 혈액의 약 42~47%는

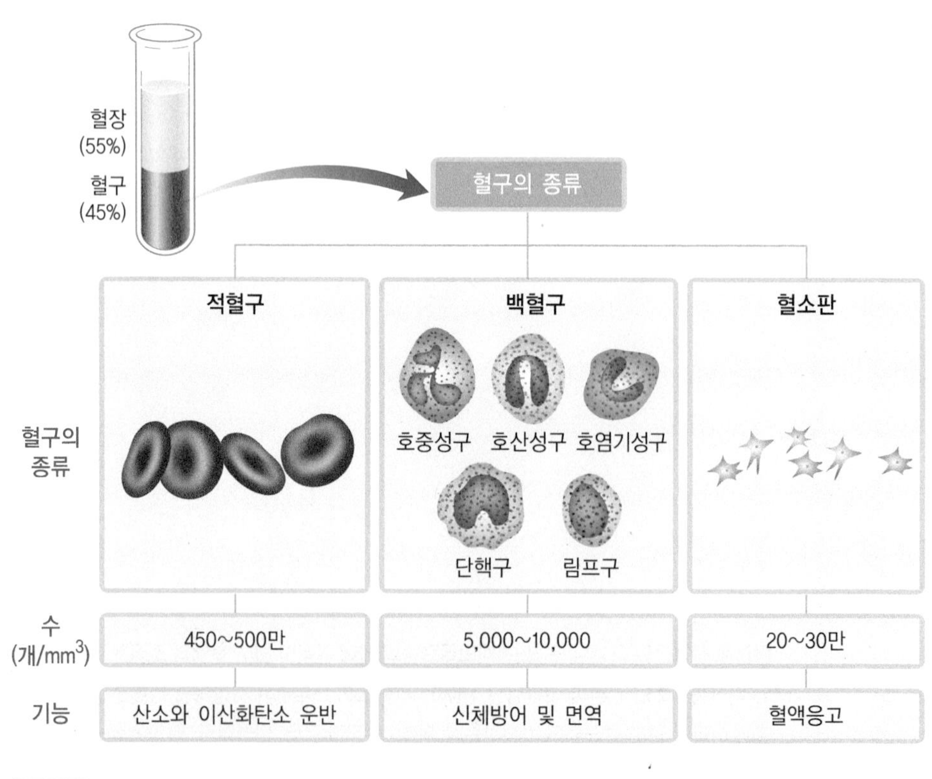

그림 9-1 혈액의 구성 성분과 혈구의 기능

고형 성분인 적혈구, 백혈구, 혈소판이고, 나머지 53~58%는 액체 성분인 혈장이다. 혈장성분 중 혈액 응고에 관여하는 피브리노겐이 제거된 것이 혈청이다. 혈액의 구성 성분과 혈구의 기능은 그림 9-1과 같다.

(1) 적혈구

적혈구RBC : Red Blood Cell, erythrocyte는 원반형 모양으로 중앙부가 오목하게 들어가 있으며, 일반 세포와는 달리 성숙세포에 핵이 없다. 적혈구의 수는 정상 성인 남자의 경우 약 500만 개/mm^3, 여자는 약 450만 개/mm^{3}이다. 적혈구는 골수에서 생성되어 순환계로 나온 후 기능을 수행하다가 120일을 전후하여 주로 비장에서 파괴된다.

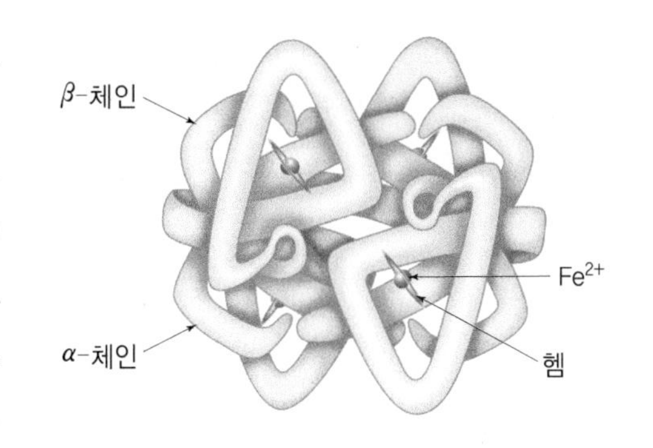

그림 9-2 헤모글로빈의 구조

적혈구의 구성은 수분 63~64%, 헤모글로빈hemoglobin, Hb 33~34%, 기타 2~4%로 이루어져 있다. 적혈구의 기능은 곧 헤모글로빈의 기능이라고 할 수 있으며, 산소와 이산화탄소를 운반한다. 헤모글로빈은 4개의 글로빈globin에 철이 함유된 헴heme이 각각 1개씩 결합한 4개의 소단위로 구성되어 있다 그림 9-2.

(2) 백혈구

백혈구WBC : White Blood Cell, leukocyte는 핵이 있고 부정형이며 적혈구보다 크다. 골수에서 생성되고, 정상 성인의 백혈구 수는 5,000~1만 개/mm^{3}로 평균 7,500개/mm^{3}이다. 백혈구는 세포 내에 과립이 있는 과립 백혈구와 과립이 없는 무과립 백혈구로 분류한다. 과립백혈구에는 호중성구, 호산성구, 호염기성구의 3종류가 있고, 무과립 백혈구에는 단핵구와 림프구가 있다. 백혈구는 식작용과 면역체 형성을 통하여 신체 방어 및 면역기능에 관여한다.

백혈병leukemia은 혈액암blood cancer이라고도 하는데, 백혈구가 1만~10만 개/mm^3 이상까지 증가한다. 백혈병에 걸리면 골수 자체의 이상 증식으로 초기에는 백혈구 모세포가 빠른 속도로 백혈구를 과잉 생산하여 미숙 백혈구가 증가한다. 시간이 경과하면 골수와 림프절의 이상 증식으로 골수가 파괴되고, 적혈구와 혈소판 생성이 감소되어 빈혈, 출혈, 세균감염 등의 증상이 나타난다.

(3) 혈소판

혈소판platelet은 핵이 없고 부정형이며 골수에서 생성된다. 정상 순환혈액 내에 20만~30만 개/mm^3가 함유되어 있고 수명은 3~5일이다. 중요한 기능은 출혈 시 트롬보플라스틴thromboplastin과 같은 물질을 생성하고 동시에 혈액 응고인자를 동원하여 혈액 응고에 관여한다.

(4) 혈 장

혈장plasma은 원심분리 시 상층에 나타나는 맑고 연한 붉은빛의 액체 성분이다. 혈액의 약 55%를 차지하며, 90~92%의 수분이 함유되어 있다. 수분 이외의 유기 물질에는 혈장단백질이 7~8%로 가장 많고, 나머지는 포도당, 아미노산, 지방 등 영양 물질, 대사 및 조절 물질, 산소와 탄산가스 등이 포함되어 있다.

혈장단백질에는 알부민, 글로불린, 피브리노겐이 있다. 알부민은 혈장 내에서 교질삼투압의 주된 인자로 작용하므로 혈장 알부민량이 감소하면 부종이 유발된다. 글로불린은 면역기능을 하고, 피브리노겐은 혈액 응고에 중요한 역할을 한다.

2 혈액의 기능

(1) 운반작용

적혈구 내의 헤모글로빈은 폐에서 산소와 결합하여 전신의 조직에 산소를 공급하고, 조직의 세포호흡에 의해 생긴 이산화탄소를 폐로 운반하여 체외로 배출한다. 또한 혈액은 위와 장에서 흡수된 영양 물질을 조직으로 운반하고, 각 조직에서 생성된 대사 물질을 신장이나 간으로 운반하여 체외로 배설한다. 혈액은 내분비계에서 생성된 호르몬을 각 기관으로 운반한다.

(2) 조절작용

혈액은 조직액과 서로 수분을 교환하고, 혈장 내 단백질이나 전해질은 혈액 중의 삼투압을 일정하게 유지함으로써 수분평형을 유지한다. 특히, 알부민은 이 평형을 잘 유지하는 성질이 있으므로 혈장의 pH가 7.4 부근에서 평형을 이루는 데 큰 역할을 하고 있다.

혈액 내의 수분은 조직에서 생긴 열을 흡수하고, 폐나 피부에서의 수분 증발로 인해 소모된 열을 조절하여 인체가 항상 36.5℃를 유지하게 한다.

(3) 방어 및 식균작용

백혈구 중에는 식균작용을 하는 대식세포macrophage가 있어 혈관이나 조직 내에 침입한 이물질이나 미생물을 제거하여 신체를 보호한다. 또한 혈장 중의 감마-글로불린은 항체를 형성하여 독소, 세균, 바이러스 등에 대항하여 신체를 방어한다.

(4) 지혈작용

혈액 내에는 여러 가지 혈액 응고인자와 혈소판이 있어 상처가 났을 때에 혈액을 응고시켜 출혈을 방지한다.

2. 빈혈의 진단과 종류

1 빈혈의 진단

빈혈판정에 가장 많이 사용하는 지표는 헤모글로빈 농도와 헤마토크릿치이고, 이외에도 적혈구 수를 비롯하여 다양한 지표를 사용한다 표 9-1.

표 9-1 빈혈 진단을 위한 지표

지 표	정 의	정상 범위(성인)
적혈구 수(RBC counts)	혈액 1 mm^3 속의 적혈구 수	• 남자 410~530만 개/mm^3 • 여자 380~480만 개/mm^3
헤모글로빈 농도 (hemoglobin)	혈액 100 mL 속의 헤모글로빈 g 수	• 남자 14~18 g/dL • 여자 12~16 g/dL
헤마토크릿치 (hematocrit)	전체 혈액량에 대한 적혈구의 용적 비율	• 남자 40~54% • 여자 37~47%
혈청페리틴 농도 (serum ferritin)	혈청 페리틴 농도 측정, 철 결핍에 대한 가장 민감한 지표	100 ± 60 ㎍/L

(계속)

지 표	정 의	정상 범위(성인)
혈청 철 함량(serum iron)	혈청 중 총 철 함량	115 ± 50 ㎍/dL
총 철결합능(TIBC : Total Iron Binding Capacity)	혈청 트랜스페린과 결합할 수 있는 철의 양 측정. 철 결핍 시 수치 증가	300~360 ㎍/dL
트랜스페린 포화도 (transferrin saturation)	철과 결합된 트랜스페린의 백분율	35 ± 15%
적혈구 프로토포르피린 함량(protoporphyrin)	헴(heme)의 전구 물질, 철 결핍 시 적혈구 내에 축적되어 수치 증가	30 ㎍/dL
적혈구 지수 평균 적혈구 용적(MCV)	적혈구 한 개의 평균 용적	80~100 fL
평균 적혈구 헤모글로빈 양(MCH)	적혈구 한 개의 평균 헤모글로빈 양	26~34 pg
평균 적혈구 헤모글로빈 농도(MCHC)	적혈구 한 개의 평균 헤모글로빈 농도	32~36 g/dL

2 철 결핍 빈혈

철 결핍 빈혈iron deficiency anemia은 철 결핍상태가 장기화되었을 때 나타나는데, 체내 저장 철이 정상 적혈구 형성에 필요한 양보다 감소되어 발생한다. 저장 철이 먼저 결핍되고 이어 적혈구 생성에 장애가 온다. 전형적인 철 결핍 빈혈은 적혈구의 크기가 작고 헤모글로빈 양이 감소하며, 혈청 철, 혈청 페리틴, 트랜스페린 포화도가 감소한다.

(1) 발생 원인

- 철 섭취 부족
- 철 흡수불량 : 설사, 무산증, 장질환, 위축성 위염, 위 절제, 약물에 의한 저해
- 철 유용률 저하 : 만성위장질환, 만성염증성 질환
- 철 필요량 증가 : 성장기, 임신, 수유에 의한 필요량 증가
- 철 손실량 증가 : 가임기 여성, 용혈, 만성궤양에 의한 혈액 손실, 출혈성 치질, 식도정맥류, 국부성 장염, 궤양성 결장염, 기생충 감염

쉬어가기

빈혈 유병률

빈혈 유병률(만 10세 이상, 표준화)은 남자의 경우 1998년 4.8%에서 2007년 2.6%로 감소한 이후 2% 수준을 유지하였다. 여자는 2007년 이후 지속적인 감소 추세로 2007년 16.5%에서 2014년 9.8%로 약 7% 감소하였으며, 남자보다 약 5배 높았다. 남자는 연령이 높을수록 유병률이 높아 70대 이상에서 13.7%로 가장 높았고, 여자는 40대(16.3%), 70대 이상(14.0%)의 순으로 높았다.

빈혈 유병률 추이

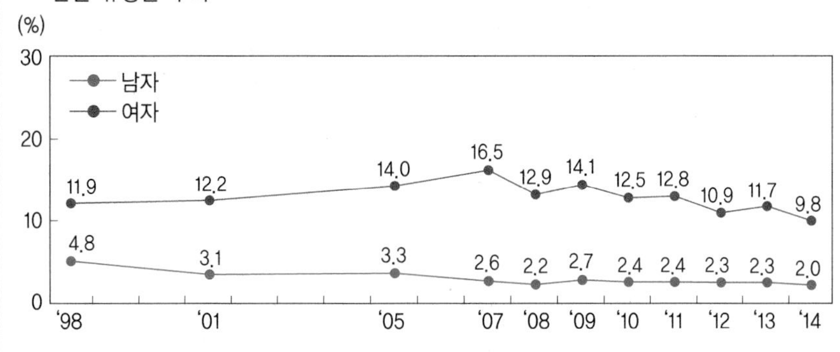

연령별 빈혈 유병률

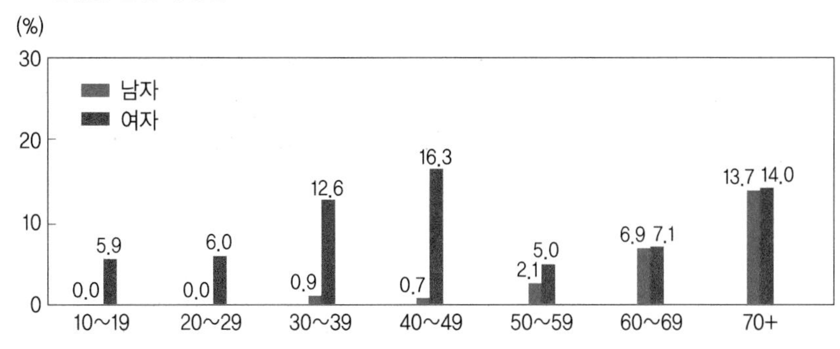

※ 빈혈 유병률 : 현재 빈혈(헤모글로빈 기준)을 가지고 있는 분율, 만 10세 이상
- 헤모글로빈(g/dL) : 10~11세-11.5 미만, 12~14세-12 미만, 15세 이상 비임신 여성-12 미만, 임신여성-11 미만, 남성-13 미만

※ 2005년 추계인구로 연령표준화

자료 : 보건복지부 · 질병관리본부(2015), 2014 국민건강통계 I

철 결핍 빈혈의 발생단계

- **1단계** : 저장 철이 고갈되고 있으나 적혈구 생성에 필요한 철 함량은 유지되는 상태 혈청 페리틴 농도 감소(<12 ㎍/L), 총 철결합능 증가(>400 ㎍/dL)
- **2단계** : 조혈과정에 필요한 철 함량이 부족한 상태이지만 임상적으로 빈혈증세는 없는 상태 트랜스페린 포화도 감소(<16%), 적혈구 프로토포르피린 농도 증가(>70 ㎍/dL)
- **3단계** : 철 결핍 빈혈이 발생한 상태, 헤모글로빈 농도 감소(남성 <13 g/dL, 여성 <12 g/dL), 평균적혈구용적(MCV) 감소(<80fL)

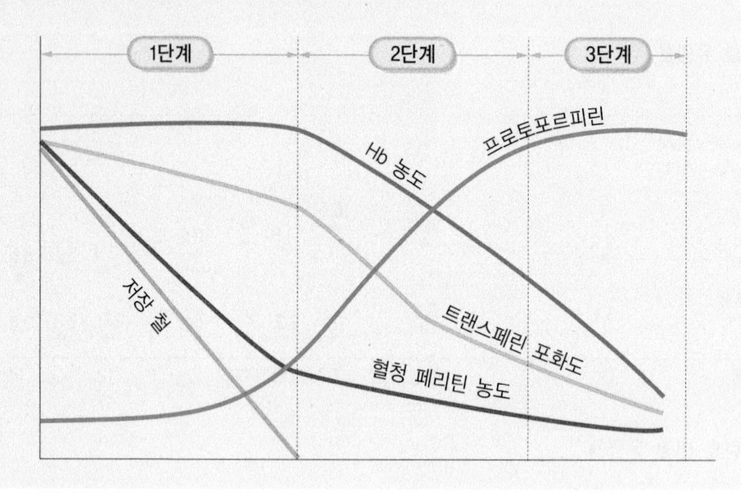

표 9-2 WHO의 빈혈판정기준

대 상	헤모글로빈 농도(g/dL)	헤마토크릿치(%)
성인 남자	< 13	< 39
성인 여자	< 12	< 36
임신부	< 11	< 33

(2) 증 상

빈혈은 만성적이고 장기적인 철 결핍에 의해 발생하므로 신체의 여러 가지 기능저하에 따른 증상이 나타난다. 철 결핍의 초기 증세는 면역능력이 감소되어 감염에 취약해지고, 근육기능이 저하되어 운동 지구력이 감소한다. 또한 피로, 식욕감퇴, 이식증異食症, pica이 나타난다. 어린이에게 철 결핍이 있으면 인지발달이 비정상으로 되고, 성장 이상, 피부 이상 및 위산저하증이 나타난다.

철 결핍 빈혈이 심해지면 상피조직, 특히 혀, 손톱, 입과 위의 기능과 구조에 결함이 생긴다. 피부가 창백해지고 손톱은 편평해지며 수저 모양으로 휘어진다. 혀의 유두가 위축되어 쓰리고 충혈되며, 연하곤란, 구각염, 위염이 자주 발생하고 무산증에 이르기도 한다.

(3) 치 료

우선 철 결핍 빈혈을 초래한 원인을 밝혀내고 이를 치료해야 하며, 다음으로 빈혈을 교정하고 부족한 체내 저장철을 보충한다. 비타민 C는 철을 환원된 상태로 유지하여 철 흡수를 증가시킨다.

(4) 식사요법

조혈기능을 촉진하기 위하여 철, 에너지, 단백질, 비타민을 충분히 공급한다. 철이 많은 식품에는 간, 쇠고기, 난황, 건조 과일, 건조 콩, 견과류, 푸른잎 채소, 당밀, 정제되지 않은 곡식 빵, 강화 시리얼 등이 있다.

철 흡수율은 개인의 철 저장량이나 식품 중 철의 형태에 따라 달라진다. 정상인의 철 흡수율이 5~10%인 데 비해 철 결핍 빈혈인 경우 20~30%로 증가한다. 또한 육류, 어류, 가금류MFP : Meat, Fish, Poultry에 들어 있는 헴철heme iron은 달걀, 곡류, 채소, 과일 중의 비헴철nonheme iron에 비해 흡수가 잘 된다.

철 흡수는 철과 결합하여 화합물을 형성하는 탄닌, 수산, 인산, 피틴산에 의해 저해될 수 있다. 섬유소는 비헴철의 흡수를 저해하고, 식사와 함께 차를 마시면 차 속의 탄닌이 비가용성 철 화합물을 형성하여 철 흡수를 감소시킨다.

헴철과 비헴철

철은 식품에 헴철(heme iron)과 비헴철(nonheme iron)의 형태로 들어 있다. 헴철은 혈액의 헤모글로빈, 근육의 미오글로빈의 성분으로 존재하며, 흡수율은 약 20%로 비헴철에 비해 2배 이상 높다. 육류, 어류, 가금류의 동물성 식품의 철은 40%가 헴철이고 60%는 비헴철인데, 곡류나 채소 등 식물성 식품의 철은 모두 비헴철 형태로 존재한다.

3 거대적아구성 빈혈

거대적아구성 빈혈megaloblastic anemia은 골수와 말초혈액에서 적혈구 DNA 합성이 저해되어 발생하는 빈혈질환이다. 엽산이나 비타민 B_{12}가 결핍되면 적혈구 세포가 DNA를 합성하지 못해 성숙한 적혈구로 분열되지 못하고 미성숙한 거대적아구상태로 있게 된다. 따라서 성숙한 적혈구 수의 감소로 산소 운반능력이 저하되어 빈혈 증상이 나타난다. 말초혈액 소견은 정색소성normochromic, 대혈구성macrocytic 적혈구 출현, 망상적혈구reticulocyte 감소, 유핵적혈구 출현, 혈중 빌리루빈과 철 농도의 증가를 보인다.

(1) 엽산 결핍 빈혈

엽산은 처음에는 채소에서 분리했는데, 채소와 육류에 모두 들어 있다. 엽산의 주요 대사적 기능은 단일 탄소체 운반으로 DNA 합성에 관여한다. 엽산이 DNA 합성에 필요한 단일탄소를 공급하기 위해서는 비타민 B_{12}가 필요하다. 비타민 B_{12}가 부족하면 엽산이 메틸화된 형태로 갇히게 되는 메틸엽산 트랩methylfolate trap상태가 되어 단일 탄소 운반이 어려워지므로 DNA 합성이 저해된다 그림 9-3, 9-4.

① 원 인

엽산 결핍 빈혈은 엽산 섭취량 저하, 흡수 및 이용률 저하, 성장이나 임신으로 인한 필요량 증가에 의한 엽산 결핍으로 인해 발생한다. 알코올 중독자는 엽산 섭취량 및 흡

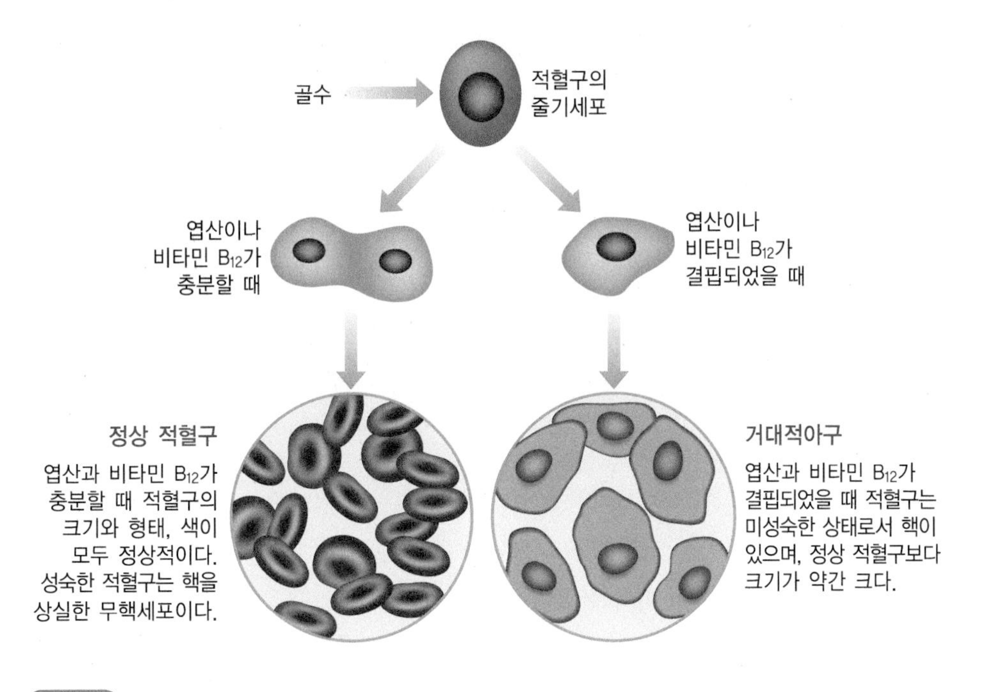

그림 9-3 정상 적혈구와 거대적아구

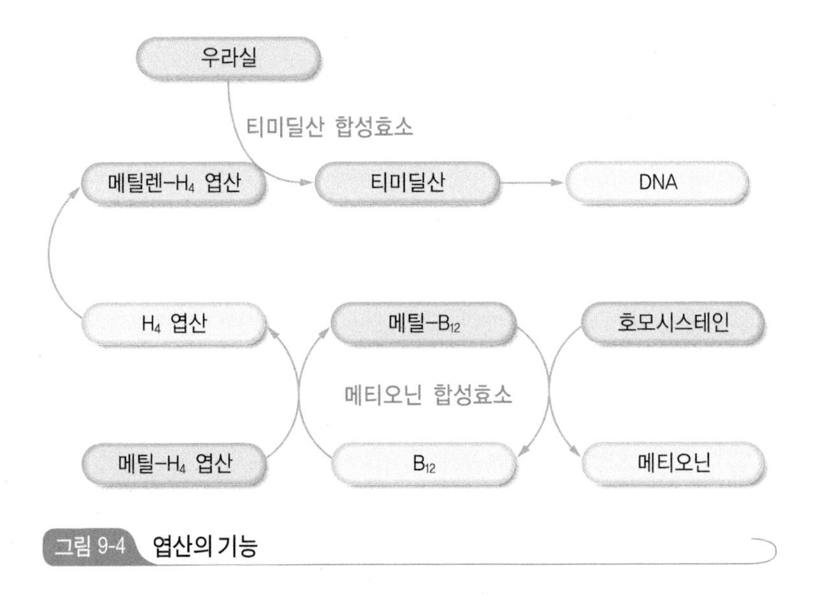

그림 9-4 엽산의 기능

수 · 이용률 저하, 배설량과 분해의 증가로 엽산 결핍 빈혈이 나타나기 쉽다. 또한 열대성 스프루환자와 엽산이 부족한 산모에게서 태어난 아기에게도 엽산 결핍 빈혈이 나타나기 쉽다.

② 증 상

엽산이나 비타민 B_{12}의 결핍은 같은 임상 증상, 즉 거대적아구성 빈혈을 보인다. 엽산 결핍증은 피로, 운동 지구력 감소, 어지럼증 등 빈혈의 일반적인 증세를 보이고, 혀가 쓰리고 매끈해지는 설염, 식욕부진, 설사, 체중감소 등이 나타난다.

③ 치료와 식사요법

거대적아구성 빈혈은 치료하기 전에 우선 원인을 정확히 진단하는 것이 중요하다. 엽산을 보충하면 거대적아구성 빈혈은 교정되지만 비타민 B_{12} 결핍에 의한 신경학적 손상이 가리어져 신경 손상이 회복 불능상태까지 진행될 수 있다. 엽산 저장량을 보충하기 위하여 매일 엽산 1 mg을 2~3주간 복용하고, 저장량을 계속 유지하기 위해서는 엽산을 매일 50~100 ㎍씩 식품이나 보충제로 섭취해야 한다.

엽산이 풍부한 식품에는 신선한 채소와 과일, 간, 육류, 어패류, 견과류 등이 있다. 엽산은 열에 쉽게 파괴되므로 채소와 과일은 신선한 상태로 섭취하는 것이 좋다.

(2) 비타민 B_{12} 결핍 빈혈

① 원 인

비타민 B_{12} 결핍 빈혈은 비타민 B_{12}의 불충분한 섭취, 위나 회장문제로 인한 흡수불량, 필요량 증가에 의해 발생한다. 비타민 B_{12}는 주로 동물성 식품에 들어 있으나 1일 필요량이 적고, 체내에 충분량이 저장되어 있으므로 완전 채식자 외에는 섭취 부족으로 결핍증에 걸리는 경우는 매우 드물다.

비타민 B_{12}가 흡수되기 위해서는 위 점막에서 분비되는 당단백질인 내적인자IF : Intrinsic Factor가 필요한데, 노인의 경우에는 위액 분비가 저하되므로 비타민 B_{12} 흡수가 저하될 수 있다. 부분적 또는 완전히 위를 절제했을 경우에 내적인자를 분비하는 점막이 없어지므로 비타민 B_{12} 결핍증에 걸리기 쉽다. 비타민 B_{12}는 회장에서 흡수되는데, 회장질환이나 심한 흡수불량증, 열대성 혹은 비열대성 스프루일 경우 흡수가 저해된다. 임신부나 용혈성 빈혈 등 비타민 B_{12}의 필요량이 증가된 경우에도 결핍증이 나타날 수 있다.

② 증 상

비타민 B_{12} 결핍 빈혈을 악성빈혈이라고 하는데, 거대적아구성 빈혈 증상뿐 아니라 소화기관과 말초 및 중추신경계에 영향을 미친다. 신경세포의 수초가 불충분하게 형성되어 신경계 증상이 나타나며, 특히 손과 발이 마비되고 떨린다. 또한 기억력이 감퇴하고 심할 경우 환각증세도 나타난다. 결핍증이 계속되면 신경세포가 손상되어 비타민 B_{12} 치료로도 회복되지 않는다.

③ 치료와 식사요법

치료는 보통 일주일에 한 번 비타민 B_{12} 100 ㎍을 근육이나 피하로 주사하는데, 반응이 호전되면 한 달에 한 번 주사하고, 증상이 해소될 때까지 투여 횟수를 줄여나간다.

식사요법은 비타민 B_{12}와 함께 단백질, 철, 엽산, 비타민 C를 충분히 공급한다. 비타민 B_{12}가 풍부한 식품에는 육류, 가금류, 어류, 조개류, 달걀, 우유와 유제품 등이 있다. 고단백식은 간 기능과 조혈작용에 도움이 된다. 동물의 간은 단백질 외에 철, 비타민 B_{12}와 엽산의 좋은 급원식품이며, 녹황색 채소에는 철, 엽산, 비타민 C가 풍부하다.

4 구리 결핍 빈혈

구리 함유 단백질인 세룰로플라스민ceruloplasmin은 저장 철을 혈장으로 이동하는 데 필요하다. 따라서 헤모글로빈이 정상적으로 형성되기 위해서는 철뿐만 아니라 구리도 필수적이다. 구리가 결핍되면 철이 정상량 저장되어 있음에도 불구하고 혈장으로 이동되지 않아 혈청 철 농도가 낮고 헤모글로빈 수치가 낮아진다.

정상적인 헤모글로빈 합성에 필요한 구리의 양은 너무 적어 보통의 식사만으로 충분히 공급된다. 그러나 구리가 결핍된 조제유를 먹는 유아, 구리가 결핍된 중심정맥영양TPN을 장기간 공급받을 경우, 흡수불량증일 경우에는 구리 결핍 빈혈이 발생할 수 있다.

5 단백질-에너지 영양불량에 의한 빈혈

단백질은 헤모글로빈과 적혈구의 정상적인 생성과 성숙에 필수적이다. 따라서 단백질-에너지 영양불량PEM : Protein-Energy Malnutrition의 경우에는 적혈구 수가 감소하고 헤모글로빈 농도가 낮은 빈혈이 나타나 철 결핍 빈혈과 비슷한 양상을 보인다.

단백질-에너지 영양불량 빈혈은 철이나 다른 영양소의 결핍, 감염, 기생충 감염, 흡수불량에 의해 복합적으로 발생할 수 있다. 단백질이 결여된 식사는 보통 철, 엽산, 비타민 B_{12}가 결핍되기 쉬우므로 균형 잡힌 식사와 함께 이들 영양소를 보충해 주어야 한다.

쉬어가기

겸상적혈구 빈혈과 말라리아

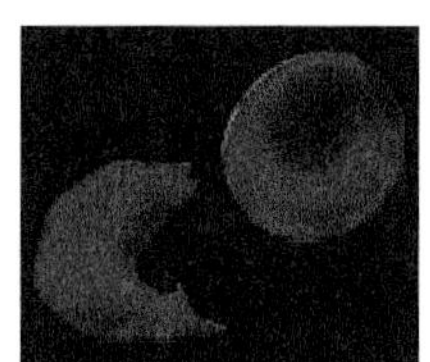

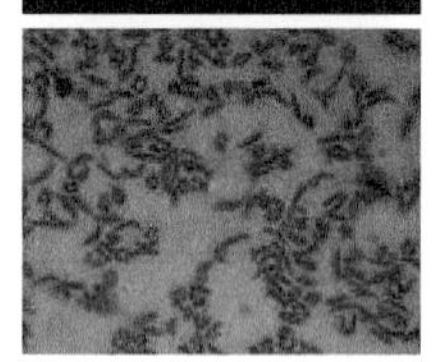

겸상적혈구 빈혈(sickle cell anemia)은 헤모글로빈의 구조에 이상이 생겨 적혈구가 낫 모양으로 변형되는 유전성 질환으로 아프리카 흑인에게 흔하다. 빈혈의 보통 증상과 함께 비정상적인 모양의 적혈구에 의해 말초혈관이 폐색되어 통증이 나타난다. 겸상적혈구는 또한 혈관벽에 부딪혀 파괴되기 쉬우므로 용혈성 빈혈 증상을 보인다. 열대지역에 많이 발생하는 말라리아는 적혈구에 유충이 기생하는데, 겸상적혈구가 있는 사람은 적혈구가 쉽게 파괴되므로 말라리아 유충이 충분히 자라지 못하고 죽게 된다. 즉, 심한 말라리아 증상이 나타나기 전에 유충이 죽으므로 말라리아로부터 보호받을 수 있다.

겸상적혈구 빈혈의 특별한 치료법은 없으나 위급한 경우 통증을 경감시키기 위해 교체수혈을 시행한다. 겸상적혈구 빈혈 환자는 철 저장량이 많으므로 철이 많은 식품은 제한하고, 적혈구의 산소 친화력을 증가시키는 아연을 보충해 준다. 또한 적혈구가 계속해서 파괴되기 때문에 적혈구 생성에 필요한 엽산을 보충해 준다.

사진자료 : http://citylabatucla.org ; http://sac.edu

주요 용어

- **거대적아구성 빈혈**(megaloblastic anemia) : 골수와 말초혈액에 DNA 합성장애로 크고 미성숙한 적혈구가 나타나는 빈혈질환으로 엽산이나 비타민 B_{12} 결핍이 주요 원인임
- **겸상적혈구 빈혈**(sickle cell anemia) : 유전에 의해 주로 흑인에게 발생하는 만성용혈성 빈혈로 헤모글로빈 합성에 결함이 생겨 적혈구가 낫 모양으로 변형됨
- **소혈구성 빈혈**(microcytic anemia) : 철 결핍 빈혈의 특징으로 적혈구의 크기가 작고 헤모글로빈의 농도가 적음
- **악성빈혈**(pernicious anemia) : 비타민 B_{12} 결핍과 내적인자의 결핍으로 거대적아구성 빈혈과 신경장애가 나타나는 빈혈
- **이식증(異食症**, pica) : 음식물로 이용되지 않고, 영양적 가치가 거의 없는 흙이나 종이 등을 즐겨먹는 증상
- **총 철결합능**(TIBC : Total Iron Binding Capacity) : 혈청 트랜스페린과 결합할 수 있는 철의 양으로 철 결핍 시 수치가 증가함
- **트랜스페린**(transferrin) : 베타-글로불린 단백질로 철과 결합하여 철을 소장벽에서 조직으로 운반함
- **트랜스페린 포화도**(transferrin saturation) : 철과 결합된 트랜스페린의 백분율
- **페리틴**(ferritin) : 철의 주요 저장형태로 간, 비장, 골수에 있음
- **평균 적혈구 용적**(MCV : Mean Corpuscular Volum) : 적혈구 한 개의 평균 용적으로 철 결핍 빈혈에서는 수치가 감소하고, 엽산이나 비타민 B_{12} 결핍 빈혈에서는 증가함
- **평균 적혈구 헤모글로빈**(MCH : Mean Corpuscular Hemoglobin) : 적혈구 한 개의 평균 헤모글로빈 양으로 철 결핍 빈혈에서는 수치가 감소함
- **평균 적혈구 헤모글로빈 농도**(MCHC : Mean Corpuscular Hemoglobin Concentration) : 적혈구 한 개의 평균 헤모글로빈 농도로 철 결핍 빈혈에서는 수치가 감소하고, 거대적아구성 빈혈에서는 정상 수치를 보임
- **프로토포르피린**(protoporphyrin) : 금속이온이 없는 포르피린의 전구 물질로서 철, 단백질과 결합하여 헤모글로빈이나 미오글로빈을 형성함
- **피브리노겐**(fibrinogen) : 혈액응고과정에 작용하는 단백질로 섬유소원이라고도 함. 혈관이 상처를 입으면 일련의 반응을 거쳐 불용성인 피브린으로 되어 혈액을 응고시킴

CLINICAL NUTRITION

제 10 장

선천성 대사 이상

1. 페닐케톤뇨증 ✻ 2. 단풍당뇨증 ✻ 3. 호모시스틴뇨증

4. 갈락토오스혈증 ✻ 5. 당원병 ✻ 6. 과당불내증

선천성 대사 이상은 영양소의 대사에 필요한 효소의 결함에 의해 뇌와 장기 등에 손상을 초래하는 질환으로서 초기에 발견하여 치료하지 않으면 정상회복이 어려워 평생 정신지체와 발육장애 등을 겪을 수 있다. 우리나라 보건소에서는 신생아를 대상으로 생후 일주일 이내에 갑상선기능저하증, 페닐케톤뇨증, 호모시스틴뇨증, 단풍당뇨증, 갈락토오스혈증, 선천성 부신과형성증 등 6종의 선별검사를 무료로 실시하고 있다.

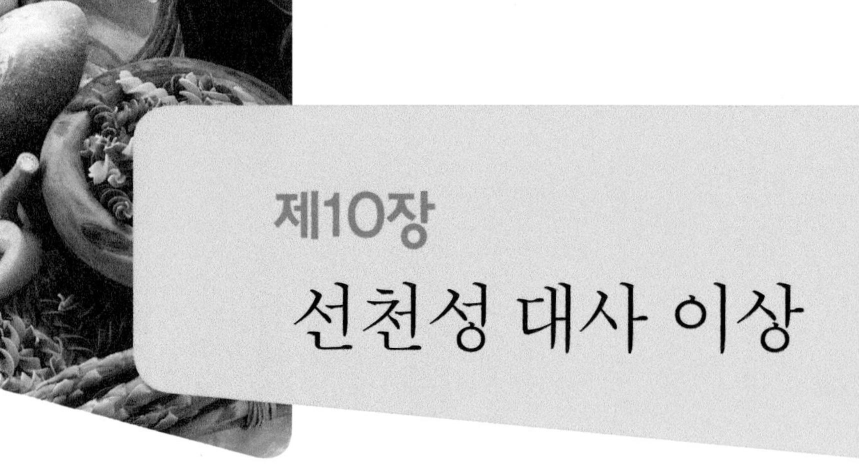

제10장 선천성 대사 이상

1. 페닐케톤뇨증

(1) 원인과 증상

페닐케톤뇨증PKU : Phenylketonuria은 간 내 페닐알라닌 수산화효소phenylalanine hydroxylase의 활성이 낮아 페닐알라닌이 티로신으로 전환되지 못하여 혈중 페닐알라닌 농도가 현저히 증가하고 페닐알라닌, 페닐피루브산phenylpyruvic acid, 페닐아세트산phenylacetic acid 등의 대사산물이 소변으로 배출되는 유전적 대사질환이다 그림 10-1. 페닐케톤뇨증은 백인에게서 많이 발병하는데, 미국에서는 신생아 1만 1,000명 중 1명, 우리나라에서는 7만 명 중 1명 정도로 발생한다.

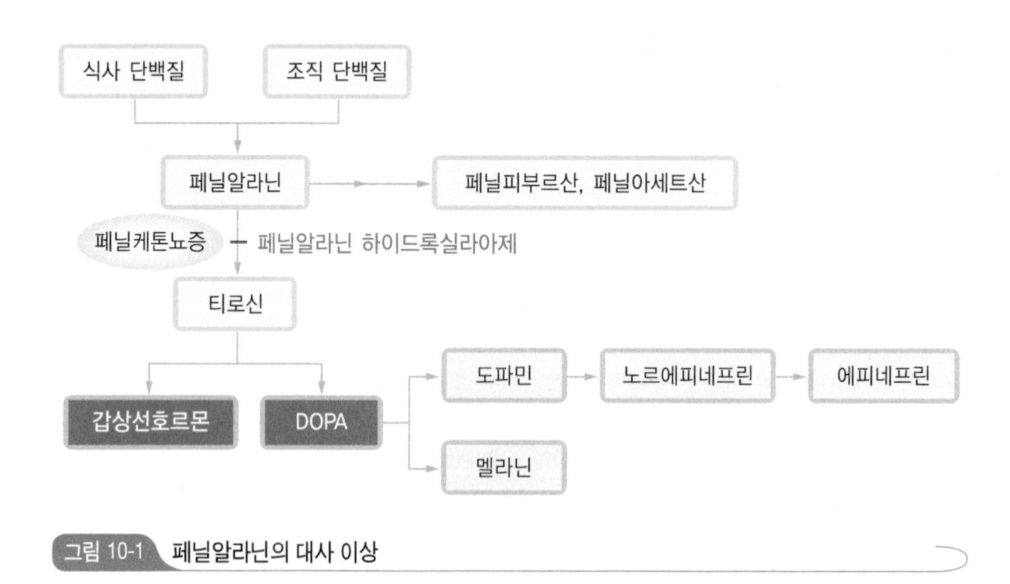

그림 10-1 페닐알라닌의 대사 이상

페닐케톤뇨증의 증상은 티로신 합성이 중단되어 멜라닌 생성이 감소하므로 피부와 머리색, 안구 빛깔이 퇴색되고, 소변에서 강한 방향성 냄새가 난다. 또한 페닐알라닌과 그 대사물의 축적으로 중추신경계가 손상되어 경련, 과다행동증 및 정신지체가 발생한다. 그러나 생후 1개월 이내에 발견하여 치료하면 이러한 문제를 해결할 수 있으므로 가능한 한 빨리 식사요법을 실시하는 것이 중요하다.

페닐케톤뇨증의 진단기준은 혈청 페닐알라닌 농도가 항상 20 mg/dL 정도인 반면, 혈청 티로신 농도가 3 mg/dL 이하이고, 소변 내에 페닐피루브산, 페닐아세트산이 존재하면 PKU로 진단한다.

(2) 영양관리

개인의 상태에 따라 페닐알라닌의 섭취량을 조절해야 한다.

① 혈청 페닐알라닌 수준 조절

정상적인 성장과 발달을 위해 필수아미노산인 페닐알라닌을 공급하되 혈청 페닐알라닌의 상승으로 인한 정신지체를 방지할 수 있도록 페닐알라닌의 섭취를 제한해야 한다. 정상적인 성장과 발달을 위해 혈청 페닐알라닌이 2～10 mg/dL 범위에서 유지되도록 하는 것이 가장 적절하다. 엄격한 조제식을 하는 영아는 혈청 페닐알라닌 농도를 2～4 mg/dL로 유지하고, 10세 이상 환자는 2～8 mg/dL 수준에서 유지하도록 한다. 생후 1년까지는 주 1회씩 혈청 페닐알라닌의 수준을 측정하고, 조절이 잘 되는 1세 이상은 월 1회 측정한다.

페닐알라닌이 결핍되면 소아의 경우 성장속도가 저하되고 성인의 경우에는 체중이 감소하며 빈혈, 저단백혈증, 정신지체, 탈모, 혈중 알부민의 양이 감소한다. 정상적인 성장발달을 위하여 페닐알라닌을 함유한 단백질을 제한하면서 에너지, 탄수화물, 지방, 비타민, 무기질은 정상 아동의 경우와 동일하게 공급하고, 수분은 최소 1 mL/kcal를 공급한다.

② 모유영양

모유의 페닐알라닌 함량이 일반우유나 조제분유보다 적기 때문에 영아에게 모유영양을 할 수 있다. 그러나 모유만 먹이면 페닐알라닌을 많이 섭취하게 되므로 페닐알라닌 함량을 조절한 특수조제유와 병행해야 한다. 특수조제유를 먹이기 시작한 초기에는 주

2~3회 페닐알라닌 농도를 측정하여 특수조제유의 양과 모유의 제공 빈도를 조정하도록 한다.

③ 특수조제식

에너지나 단백질 섭취가 부족하면 조직의 이화작용이 활발해져서 혈중 페닐알라닌 농도가 높아지므로 특수조제식을 이용하여 단백질을 필요한 만큼 보충해야 한다. 국내에서 생산되는 특수조제식에는 PKU-1, 2 포뮬러(매일유업)가 있고, 외국 제품으로는 Phenyl free 1, 2(Mead Johnson), Periflex(Nutricia), XP Analog(SHS), PKU 1, 2, 3(Milupa) 등이 있다 그림 10-2. 이들 제품에는 영양권장량을 충족시킬 수 있는 양의 비타민과 무기질이 함유되어 있으며, 페닐케톤뇨증 환자에게 필수 아미노산인 L-티로신이 함유되어 있다. 인공감미료인 아스파탐은 페닐알라닌 함량이 높아 페닐케톤뇨증 아동에게 사용해서는 안 되므로 식품표시를 주의 깊게 살펴보아야 한다.

(3) 식사요법

식사요법은 계속 변화하는 아동의 에너지, 단백질, 페닐알라닌 필요량을 충족시키고 식습관 변화에 맞추기 위해 자주 조정해 주어야 한다. 식사요법은 다음과 같은 순서로 진행한다.

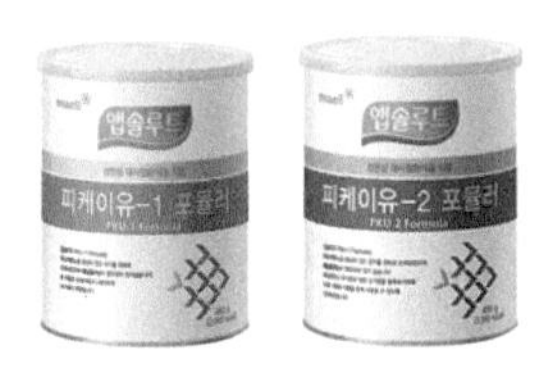

PKU-1, 2 포뮬러(매일유업)

Phenyl free 1, 2(Mead Johnson)

Periflex(Nutricia)

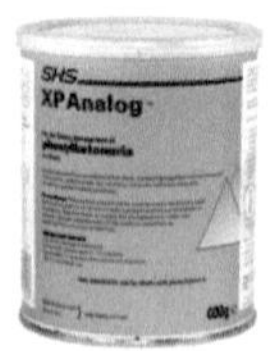

XP Analog(SHS)

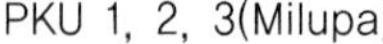
PKU 1, 2, 3(Milupa)

그림 10-2 PKU 특수 조제식

① 아동의 에너지, 단백질, 페닐알라닌의 필요량 결정

페닐알라닌, 티로신, 단백질, 에너지의 권장량에 대한 지침은 표 10-1과 같다.

표 10-1 페닐케톤뇨증의 페닐알라닌, 티로신, 단백질, 에너지 권장량

연 령	페닐알라닌	티로신	단백질	에너지
영 아	(mg/kg)	(mg/kg)	(g/kg)	(kcal/kg)
1~3개월 미만	25~70	300~350	3.0~3.5	120(95~145)
3~6개월 미만	20~45	300~350	3.0~3.5	120(95~145)
6~9개월 미만	15~35	250~300	2.5~3.0	120(95~145)
9~12개월 미만	10~35	250~300	2.5~3.0	120(95~145)
소 아	(mg/일)	(g/일)	(g/일)	(kcal/일)
1~4세 미만	200~400	1.72~3.00	≧30	1,300(900~1,800)
4~7세 미만	210~450	2.25~3.50	≧35	1,700(1,300~2,300)
7~11세 미만	220~500	2.55~4.00	≧40	2,400(1,650~3,300)
여 아	(mg/일)	(g/일)	(g/일)	(kcal/일)
11~15세 미만	250~750	3.45~5.00	≧50	2,200(1,500~3,000)
15~19세 미만	230~700	3.45~5.00	≧55	2,100(1,200~3,000)
19세 이상	220~700	3.75~5.00	≧60	2,100(1,400~2,500)
남 아	(mg/일)	(g/일)	(g/일)	(kcal/일)
11~15세 미만	225~900	3.38~5.50	≧55	2,700(2,000~3,700)
15~19세 미만	295~1,100	4.42~6.50	≧65	2,800(2,100~3,900)
19세 이상	290~1,200	4.35~6.50	≧70	2,900(2,000~3,300)

자료 : 대한영양사협회(2010), 임상영양관리지침서 제3판

② 특수조제식의 1일 사용량 결정

아동의 페닐알라닌과 단백질 권장량에 따라 특수조제식 사용량을 결정하고, 단백질과 에너지의 적절한 섭취를 위하여 저페닐알라닌 조제식으로부터 하루 단백질 필요량의 85~90%를 공급한다.

③ 일반식품의 1일 사용량 결정

적절한 페닐알라닌 섭취를 위해 영유아에서는 우유나 두유를 추가하고, 나이가 들어 일반 식사를 하는 경우에는 다양한 식품을 이용할 수 있다.

④ 조제식에 첨가하는 물의 양

조제식은 단백질과 탄수화물이 농축되어 있기 때문에 조제식을 먹는 아이들은 모유나 일반 조제유를 먹는 아이들보다 갈증을 더 많이 느낀다. 이런 경우 식사와 식사 사이에 수분을 추가로 공급한다.

⑤ 고형 음식의 양과 형태 결정

정상아와 마찬가지로 4~6개월부터 고형식을 시작한다. 1일 페닐알라닌, 단백질, 에너지 처방량에서 페닐알라닌 조제식으로부터 공급되는 양을 제외한 나머지 양을 고형식으로 제공한다.

⑥ 특수 조제식품의 분배

식사 때마다 특수 조제식을 공급하여 식이 단백질이 효과적으로 이용될 수 있도록 한다.

쉬어가기

선천성 대사 이상 환자를 위한 '햇반 저단백밥' 개발

쌀의 단백질 함량은 7%로 밥 한 공기를 먹으면 단백질을 6.3 g 섭취하게 되어 PKU 환자가 쌀밥을 먹으면 부담이 될 수 있다.

'햇반 저단백밥'은 일반 쌀밥에 비해 단백질 함량이 1/10이고 페닐알라닌 성분이 약 90% 제거된 상태이므로 PKU 환자가 먹을 수 있는 식품이다.

2. 단풍당뇨증

(1) 원인과 증상

단풍당뇨증MSUD : Maple Syrup Urine Disease은 류신, 이소류신, 발린과 같은 분지아미노산BCAA : Branched Chain Amino Acid의 산화적 탈탄산화oxidative decarboxylation를 촉진하는 효소의 결핍에 의해 혈액과 소변에서 분지아미노산과 그로부터 유래된 케토산이 축적되어 심한 신경 증상이 나타나는 질환이다. 소변에서 단풍나무 시럽 같은 단 냄새가 나기 때문에 단풍당뇨증이라고 부른다. 단풍당뇨증은 신생아 22만 5,000명 중 1명의 비율로 발생하며, 출생 시에는 정상으로 보이지만 3~4일 후에 수유 곤란, 구토 등이 나타난다. 이때 치료를 받지 않으면 저혈당, 대사성 산혈증, 신경계 손상, 혼수가 나타나고 심하면 사망할 수도 있다.

(2) 영양관리와 식사요법

단풍당뇨증 영양치료 시에는 성장상태와 영양 섭취의 적절성을 평가하고 분지형 아미노산의 혈중 수준을 주의 깊게 관찰하여야 한다. 혈청 류신수준이 2~5 mg/dL로 유지될 수 있도록 분지아미노산 섭취량을 지속적으로 조절한다. 혈청 류신이 10 mg/dL 이상으로 상승하면 알파-케토산혈증과 신경 증상이 발생하므로 분지아미노산 섭취를 줄이고 단백질 분해를 억제하기 위해서 탄수화물 섭취를 증가시킨다.

단풍당뇨증 아동의 영양섭취기준은 정상 아동과 같다. 분지아미노산의 요구량은 연

표 10-2 단풍당뇨증의 이소류신, 류신, 발린, 단백질, 에너지 권장량

연령	이소류신	류신	발린	단백질	에너지
영 아	(mg/kg)	(mg/kg)	(mg/kg)	(g/kg)	(kcal/kg)
1~3개월 미만	36~60	60~100	42~70	3.0~3.5	120(95~145)
3~6개월 미만	30~50	50~85	35~60	3.0~3.5	120(95~145)
6~9개월 미만	25~40	40~70	28~50	2.5~3.0	120(95~145)
9~12개월 미만	18~33	30~55	21~38	2.5~3.0	120(95~145)
소 아	(mg/일)	(mg/일)	(mg/일)	(g/일)	(kcal/일)
1~4세 미만	165~325	275~535	190~400	≥30	1,300(900~1,800)
4~7세 미만	215~420	360~695	250~490	≥35	1,700(1,300~2,300)
7~11세 미만	245~470	410~785	285~550	≥40	2,400(1,650~3,300)
여 아	(mg/일)	(mg/일)	(mg/일)	(g/일)	(kcal/일)
11~15세 미만	330~445	550~740	385~520	≥50	2,200(1,500~3,000)
15~19세 미만	330~445	550~740	385~520	≥55	2,100(1,200~3,000)
19세 이상	300~450	400~620	420~650	≥60	2,100(1,400~2,500)
남 아	(mg/일)	(mg/일)	(mg/일)	(g/일)	(kcal/일)
11~15세 미만	325~435	540~720	375~505	≥55	2,700(2,000~3,700)
15~19세 미만	425~570	705~945	495~665	≥65	2,800(2,100~3,900)
19세 이상	575~700	800~1,100	560~800	≥70	2,900(2,000~3,300)

자료 : 대한영양사협회(2008), 임상영양관리지침서 제3판

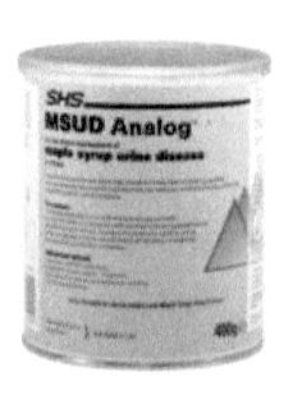

BCAA-프리 포뮬러 (매일유업) MSUD diet powder (Mead Johnson) MSUD Analog (SHS) MSUD Anamix (SHS)

그림 10-3 단풍당뇨증 특수 조제식

령, 성장률, 효소 결핍 정도에 따라 조절하며, 연령이 어릴수록 체중 kg당 권장량이 증가한다 표 10-2.

단풍당뇨증 환자를 위한 특수조제식에는 적정량의 탄수화물, 지방, 무기질과 비타민이 함유되어 있으며, 치료를 시작할 때에는 적은 양부터 시작하고, 특히 필수아미노산인 분지아미노산의 결핍증이 일어나지 않도록 해야 한다.

대부분의 단백질 식품에는 분지아미노산이 3.5~8.5% 함유되어 있으므로 식사에서 분지아미노산을 제거하기가 쉽지 않다. 따라서 분지아미노산 제한식이를 위하여 정제된 특수조제식을 사용한다 그림 10-3. 국내 제품으로는 BCAA-프리 포뮬러(매일유업)가 있고, 외국 제품은 MSUD diet powder(Mead Johnson), MSUD Analog(SHS), MSUD Anamix(SHS) 등이 있다.

3. 호모시스틴뇨증

(1) 원인과 증상

호모시스틴뇨증homocyctinuria은 메티오닌에서 시스테인 합성과정에 시스타치오닌 합성효소cystathione β-synthase가 선천적으로 부족하여, 중간대사물인 호모시스틴이 혈액과 소변 중에 증가하는 유전성 질환이다. 지능저하, 경련, 척추기형, 발육장애, 심혈관계 장해 등의 증상을 보인다.

(2) 식사요법

음식 중 메티오닌 섭취를 제한하고 시스틴을 공급한다. 저메티오닌 고시스틴 우유를 제공하며 부족한 메티오닌은 자연 단백질로 보충한다. 시스타치오닌 합성효소는 조효소로 비타민 B_6를 필요로 하므로 비타민 B_6를 하루에 200~1,000 mg 정도 다량 투여하면 효소의 활성도를 높여 대사 이상을 조절할 수 있고, 엽산 섭취를 증가시켜 혈중 호모시스틴 농도를 낮출 수 있다.

4. 갈락토오스혈증

(1) 원인과 증상

갈락토오스혈증galactosemia은 갈락토키나아제GALK : galactokinase, 갈락토오스-1-인산-우리딜 전이효소GALT : galactose-1-phosphate uridyl transferase, UDP-갈락토오스-4-에피머라아제GALE : UDP-galactose- 4-epimerase 중 한 가지 효소가 부족하여 발생하는 유전성 대사질환이며, 이 중에서 GALT의 결핍이 가장 흔하다 그림 10-4.

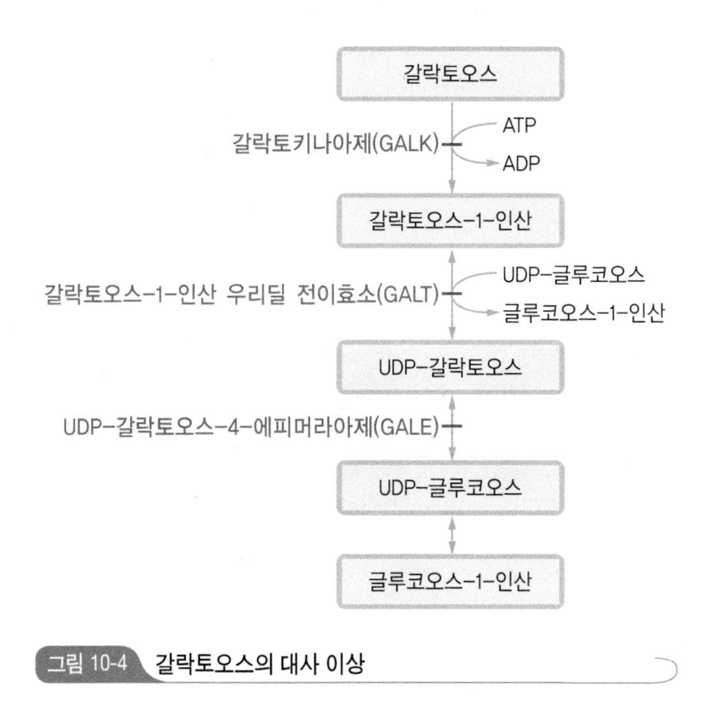

그림 10-4 갈락토오스의 대사 이상

갈락토오스혈증은 신생아 2만 5,000~5만 명 중 1명 정도의 비율로 발생하며, 출생 후 영아가 모유나 유당이 함유된 조제유를 섭취하면 수일 내에 구토와 설사, 황달, 체중 감소, 간비대 등의 증상이 나타난다. 제대로 치료하지 않을 경우 백내장, 간경화, 성장 부진, 정신 지체가 나타날 뿐 아니라 패혈증에 의한 치사율도 높다.

혈중 갈락토오스-1-인산 농도가 5 mg/dL 이상이거나 임상적인 증상이 나타나면 바로 갈락토오스 제한식사를 시행한다. 조기에 진단하여 잘 조절한 영아의 경우 정신상태와 지적 기능이 개선되지만 정상아에 비해서 지적 수준이 낮고, 신경계 결함 등이 있다.

(2) 영양관리와 식사요법

영양관리의 목표는 영아와 소아에서는 정상적인 성장발달, 성인에서는 적절한 체중과 영양상태를 정상으로 유지하는 것이다. 유당은 모유에 6~8%, 우유에 3~4% 함유되어 있으며, 시판 조제분유에는 7% 함유되어 있으므로 갈락토오스 함량이 낮은 특수조제유로 대체하여 사용해야 한다. 갈락토오스혈증에는 유당을 함유한 조제분유를 제한하고 카제인 가수분해 분유나 콩단백질 분유를 사용한다.

콩단백질 분유에는 유당은 함유되어 있지 않으나 갈락토오스를 함유한 올리고당인 라피노스와 스타키오스가 들어 있어 체내의 장점막에서 흡수되나 미량이므로 우유 대용품으로 사용하고 있다.

갈락토오스혈증에 사용할 수 있는 국내 제품으로는 베이비웰 소이(매일유업)가 있고 외국 제품으로는 Isomil(Similac), Prosobee(Mead Johnson), Nursoy(Wyeth), Soyalac(Loma Linda) 등이 있다 그림 10-5.

베이비웰 소이 (매일유업)

Isomil (Similac)

Prosobee (Mead Johnson)

Nursoy (Wyeth)

Soyalac (Loma Linda)

그림 10-5 갈락토오스혈증 특수조제식

표 10-3 갈락토오스 제한식의 허용식품과 제한식품

식품 종류	허용식품	제한식품
음료수	콩단백질 분유, 탄산음료, 토마토주스, 커피	우유, 유제품
빵 류	우유나 유제품을 넣지 않은 빵, 바게트빵, 대부분의 베이글, 가염 크래커	우유, 유당을 함유한 빵, 머핀, 비스킷, 팬케이크
곡류, 감자류	감자, 고구마, 마카로니, 스파게티, 국수, 쌀	우유나 버터가 들어간 매쉬드포테이토
유지류	땅콩버터, 견과류, 식물성기름, 동물성지방, 유제품이 함유되어 있지 않은 드레싱	버터, 크림, 치즈, 시판 샐러드드레싱, 크림소스 제품
과일류	모든 생과일, 냉동과일, 통조림 과일	유당을 함유하고 있는 과즙음료나 제품
육류, 어류	쇠고기, 돼지고기, 햄, 닭고기, 칠면조고기, 오리고기, 어패류 등	분유를 함유하고 있는 제품(소시지류), 간, 췌장, 뇌, 신장, 심장 등의 조직
수 프	허용된 재료로 만든 수프	우유로 만든 크림수프, 시판 수프
당 류	설탕, 꿀, 메이플시럽, 콘시럽, 젤리, 잼	버터스카치, 캐러멜, 밀크초콜릿
채소류	허용되지 않는 식품을 제외한 모든 채소	조리 중 유당이 함유된 제품

식사 조절이 충분하지 못하면 정신발달에 손상을 입으므로 엄중한 갈락토오스 제한식사를 평생 동안 지속해야 한다. 어린이가 성장하면서 고형식을 먹을 때 많은 제품에 우유가 첨가되어 있으므로 제품의 영양표시를 자세히 살펴보고 유당을 섭취하지 않도록 주의해야 한다. 갈락토오스는 유당의 구성 성분이므로 식사에서 우유를 모두 제한하고, 치즈, 버터, 생크림 등 유당을 함유하고 있는 제품도 제한한다. 환자가 우유나 유제품의 대체 음식을 적절하게 섭취하지 못할 경우 비타민 D와 칼슘의 보충이 필요하다. 갈락토오스 제한식의 허용식품과 제한식품은 표 10-3과 같다.

5. 당원병

당원병glycogen storage disease은 글리코겐을 포도당으로 전환하지 못하여 글리코겐이 간이나 근육조직에 비정상적으로 축적되어 일어나는 대사질환이며, 결핍되거나 기능에 결함이 있는 효소의 종류에 따라 I, IIb, III, IV, VI형으로 분류한다 표 10-4.

표 10-4 당원병의 분류

분류	경로	증상	영양관리
I	글루코오스-6-포스파타아제 결핍 및 이동저하	저혈당, 고지혈증, 간비대, 성장지연, 골다공증, 대사성산증	• 과당과 유당 제한 • 전분함량이 많은 식사를 자주 섭취 • 취침 시 경관급식을 하거나 생옥수수 전분 섭취
II b	알파-1,4-글루코시다아제 활성결함	근육약화, 근력저하	단백질 섭취 증가
III	아밀로-1,6-글루코시다아제 결손	간비대, 성장부전, 고지혈증, 공복 시 저혈당	• 단백질 섭취 증가 • 소량씩 자주 식사 • 옥수수전분 또는 지속적인 경관급식
VI	간의 포스포릴라아제 활성감소		
IV	알파-1,4-글리칸-6-글리코실 전이효소의 활성결함	성장부전, 간경변, 문맥고혈압, 복수, 식도정맥류	취침 시 경관급식이나 경구용 옥수수 전분 섭취

(1) 제I형 당원병

제I형 당원병은 가장 일반적인 형태로, 간과 신장에서 글리코겐이 포도당으로 전환되는 마지막 단계에 작용하는 효소인 글루코오스-6-포스파타아제glucose-6-phosphatase의 결핍과 이동저하로 생기는 질환이다. 이 때문에 간에 글리코겐 및 지방이 축적되어 간비대가 발생하며, 당원병을 조절하지 못할 경우 성장부전, 혈청 내 젖산, 중성지방, 콜레스테롤, 요산 농도의 상승, 단백뇨증, 골다공증 등이 나타난다. 제I형 당원병의 영양치료의 목표는 체내 산증을 최소화하고 저혈당을 예방하는 것이다. 저혈당을 예방하기 위해서 낮에는 식사를 소량씩 자주하고 취침 전에는 옥수수전분을 먹으며, 취침 중에는 경관급식을 지속적으로 공급한다.

(2) 제IIb형 당원병

제IIb형 당원병은 글리코겐을 리소좀 내에서 분해하는 알파-1,4-글루코시다아제α-1,4-glucosidase의 부족으로 발생하는 유전질환으로 드물게 발생한다. 글리코겐이 근육세포의 리소좀 내에 축적되어 근육기능의 손상으로 호흡곤란이 나타나며, 심장 근육 약화로 심근병증이 동반된다. 치료방법은 호흡 부전에 따른 인공호흡치료, 운동과 물리치료가 있으며, 고단백 저탄수화물 식사관리가 필요하다.

(3) 제Ⅲ형, 제Ⅵ형 당원병

제Ⅲ형 당원병은 간의 탈분지효소amylo-1,6-glucosidase가 결핍되고, 제Ⅵ형 당원병은 간의 인산화효소phosphorylase의 활성이 감소되어 나타난다. 증상으로는 간에 글리코겐이 축적되어 간비대가 일어나며 공복 시 저혈당이 생기지만 당신생이 정상이기 때문에 저혈당증세가 제Ⅰ형 당원병보다 심하지 않다. 고단백 저당질 식사를 소량씩 자주 섭취하고 단순당질 섭취를 제한하는 것을 원칙으로 하며, 식사를 자주하여 저혈당을 예방한다.

(4) 제Ⅳ형 당원병

제Ⅳ형 당원병은 분지효소α-1,4-glycan-6-glycosyltransferase의 활성 결함으로 아밀로펙틴과 같은 다당류가 축적되는 대사 이상 질환이다. 출생 시에는 정상상태이지만 간질환 악화에 의한 성장부전, 간경변, 문맥고혈압, 복수, 식도정맥류 등이 일어나 4세 이전에 사망한다. 저혈당 예방을 위해 취침 시 옥수수전분이나 지속적인 경관급식을 이용하는 것이 효과적이다.

6. 과당불내증

(1) 원인과 증상

과당불내증fructose intolerance은 과당의 대사 이상으로 생기는 유전성 질환으로 본태성 과당뇨증, 유전성 과당불내증, 유전성 과당-1,6-디포스파타아제 결핍증 등 3종류가 있다.

유전성 과당불내증HFI : Hereditary Fructose Intolerance, 은 과당-1-인산fructose-1-phosphate과 과당-1,6-이인산fructose-1,6-diphosphate이 삼탄당 인산triose phosphate으로 전환하는 데 필요한 효소인 알돌라아제aldolase의 결핍으로 신생아 2만~4만 명 중 1명 정도의 비율로 발생한다.

증상으로는 조직 내에 과당-1인산이 축적되어 삼투성 작용으로 장의 통증, 급성복통, 구토, 간비대, 간부종, 신장기능 부전, 저인산혈증, 저혈당, 고젖산혈증, 고요산혈증 등이 나타난다.

(2) 영양관리와 식사요법

유전적 과당불내증을 조절하지 않으면 장기 부전, 대사성 불균형, 간과 신장의 손상 등이 나타나므로 과당 함유식품을 제한해야 한다. 과당을 적절히 제한하면 간과 신장기능을 정상화하고, 급성 증상의 재발을 방지할 수 있다.

유전적 과당불내증의 영양치료 목표는 성장 속도와 발달을 유지하는 것이며, 이를 위해 과당 섭취를 제한하는 것이다. 아동의 연령, 체격, 활동 정도에 알맞은 에너지와 성장에 필요한 단백질, 적절한 비타민과 무기질이 공급될 수 있도록 식사를 계획하고, 과당은 하루 1.5 g 미만을 섭취하도록 조절한다. 3세 이전까지는 과당, 솔비톨, 설탕을 엄격하게 제한해야 하며 영아용 조제식에는 과당이 함유되어서는 안 된다. 3세 이후 간과 신장기능이 정상인 경우에는 과당을 하루 10~20 mg/kg 허용한다. 그러나 엄격하게 과당을 제한할 때에는 소아와 청소년에게 과일, 과일주스, 과자, 케이크, 사탕, 탄산음료 등의 음식을 모두 금해야 한다 표 10-5.

과당 제한과 함께 반드시 에너지별 단백질이 영양섭취기준에 맞는지 확인하여야 한다. 에너지 섭취가 부족하면 영유아 및 아동의 경우 체중이 정상적으로 증가하지 않고, 성인의 경우 적절한 체중이 유지되지 못한다.

표 10-5 과당 제한식의 허용식품과 제한식품

허용식품	제한식품
• 설탕이나 과당이 없는 영아용 조제식 • 우유, 설탕이 첨가되지 않은 유제품 • 육류, 가금류, 생선, 달걀 • 설탕이 첨가되지 않은 지방, 젤라틴, 차, 커피 • 포도당, 갈락토오스, 유당	• 설탕이나 과당이 함유된 영아용 조제식 • 과일, 설탕이 함유된 제품(가공육 포함) • 과당, 전화당, 솔비톨, 설탕, 메이플시럽, 꿀, 당밀

주요 용어

- **갈락토오스혈증(galactosemia)** : 간에서 갈락토오스가 포도당으로 전환되는 데 필요한 효소의 결핍으로 혈액 중 높은 농도의 갈락토오스를 함유하고 있는 열성 유전 대사성 질환의 일종
- **고페닐알라닌혈증(hyperphenylalaninemia)** : 페닐알라닌 수산화효소(phenylalanine hydroxylase)의 부재나 기능 부족으로 페닐알라닌으로부터 티로신으로의 대사가 일어나지 않는 선천성 질환으로 대표적인 것이 페닐알라닌뇨증임
- **과당불내증(fructose intolerance)** : 과당-1-인산-알돌라아제(fructose-1-phosphate aldolase)의 결핍으로 유아에게서 과당을 포함한 식사 후 저혈당, 과당뇨, 과당혈증, 식욕 결핍, 구토, 발육부진, 황달, 비종을 포함한 각종 증세를 수반하는 상염색체 열성유전의 대사 이상증
- **단풍당뇨증(maple syrup urine disease)** : 케토산 탈탄산효소(keto acid decarboxylase)의 활성저하로 혈중 류신, 이소류신, 발린의 수준이 증가하고 산성증, 정신지체 등을 나타내는 대사 이상증의 일종
- **당원병(glycogen storage disease)** : 글리코겐을 포도당으로 전환하지 못하여 글리코겐이 간이나 근육 조직에 비정상적으로 축적되어 일어나는 대사질환
- **본태성 과당뇨증(essential fructosuria)** : 프락토키나아제(fructokinase)의 결핍으로 혈중 과당농도가 상승하여 소변으로 과당이 배설되지만 경미한 형태로 치료가 필요 없음
- **선천성 부신과형성증(congential adrenal hyperplasia)** : 부신과 성선의 스테로이드 호르몬 결핍을 나타내는 열성 유전질환으로 심한 화학적인 불균형, 탈수, 유아기 사망을 초래
- **솔비톨(sorbitol)** : 포도당과 같은 육탄당을 환원하여 얻는 알코올의 일종으로 감미도는 설탕의 60% 정도임
- **케토산혈증(ketoacidemia)** : 혈중 케토산이 증가하는 대사 이상증의 일종
- **페닐케톤뇨증(phenylketouria)** : 페닐알라닌 가수분해효소(phenylalanine hydroxylase)의 결핍이나 기능 부족으로 페닐알라닌으로부터 티로신으로의 대사가 일어나지 않는 선천성 질환
- **호모시스틴뇨증(homocyctinuria)** : 메티오닌에서 시스테인 합성과정에 시스타치오닌 합성효소(cystathione β-synthase)가 부족하여 호모시스틴이 혈액과 소변 중에 증가하는 유전성 질환

CLINICAL NUTRITION

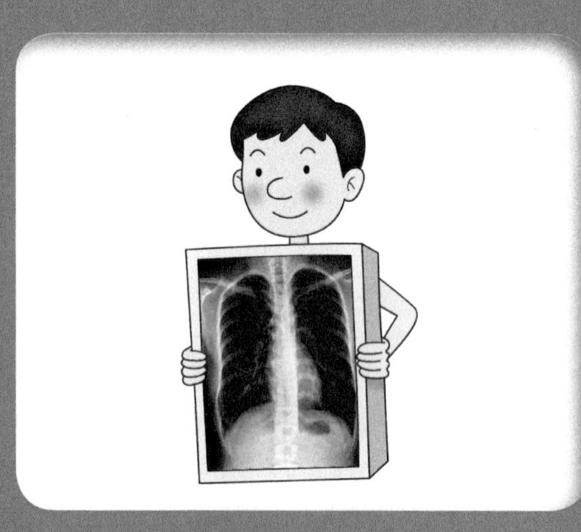

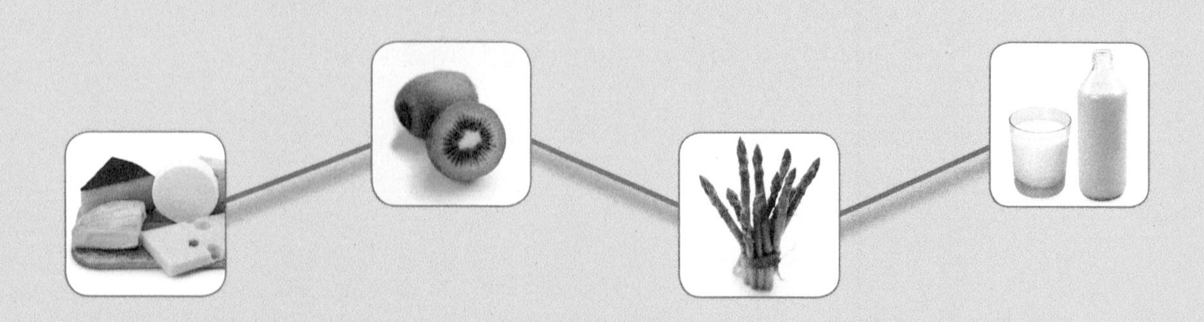

제 11 장

골격계와 신경계 질환

1. 골다공증 ✻ 2. 통풍 ✻ 3. 관절염 ✻ 4. 파킨슨병 ✻ 5. 치매 ✻ 6. 간질

평균 수명이 증가하면서 노인 인구가 증가되어 골다공증, 관절염과 같은 골격계 질환과 치매, 파킨슨 병 등 일부 신경계 질환의 발생률이 지속적으로 증가하고 있다. 골격계 질환과 신경계 질환은 심한 경우 행동의 제약을 받을 뿐 아니라 질환이 오래 지속되어 삶의 질이 저하되므로 적절한 영양관리가 필요하다.

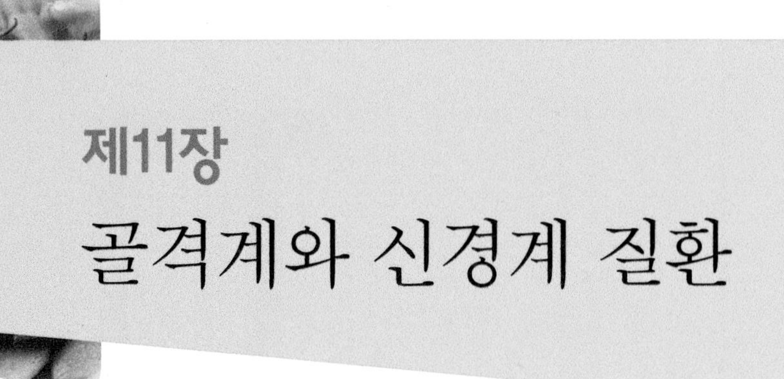

제11장
골격계와 신경계 질환

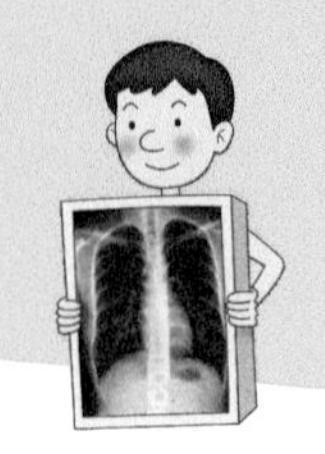

1. 골다공증

골다공증osteoporosis은 골질량의 감소와 미세 구조의 이상을 특징으로 하는 전신적인 골격계의 질환으로, 골격이 약해져서 부러지기 쉬운 상태가 되는 질환이다. 골다공증은 골격의 분해량이 골격의 생성량을 초과함으로써 골밀도가 감소되어 발생한다 그림 11-1.

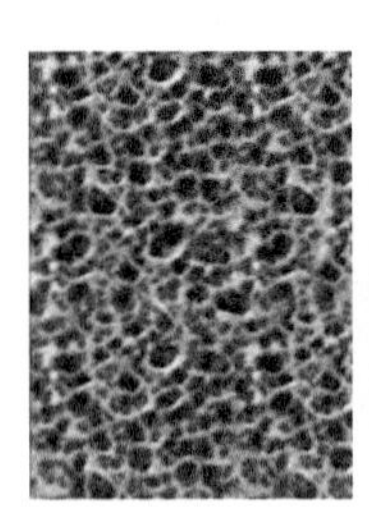

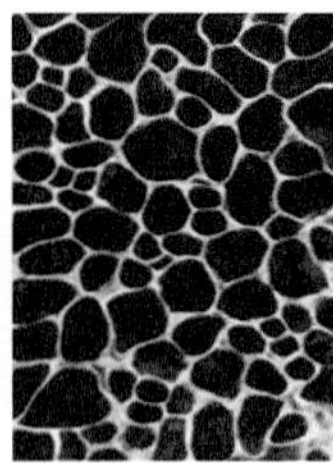

정 상 골다공증

그림 11-1 골다공증의 골격 조직

자료 : 국가건강정보포털
http://health.mw.go.kr

1 골격의 구조와 대사

(1) 골격의 구조

골격은 유기질과 무기질로 구성되어 있다. 유기질의 주성분은 콜라겐이며, 무기질은 칼슘과 인의 복합체인 하이드록시아파타이트hydroxyapatite, $Ca_{10}(PO_4)_6(OH)_2$ 가 주 성분이다.

골격은 구조에 따라 단단한 치밀골(피질골)과 스펀지 상태인 해면골(소주골)로 나눈다 그림 11-2. 치밀골은 골격의 약 80%를 차지하고 팔과 다리 등 사지를 구성하는 긴 뼈(장골)에 대부분 들어 있다. 나머지 20%인 해면골은 장골 끝부분의 우둘투둘한 곳, 팔목뼈와 발목뼈 등을 구성하는 짧은 뼈(단골)에 있고, 대사에 의해 쉽게 영향을 받는다.

(2) 골격의 생성과 분해과정

골격의 생성은 조골세포bone forming cell, osteoblast에 의해서 콜라겐의 망상구조가 만들어

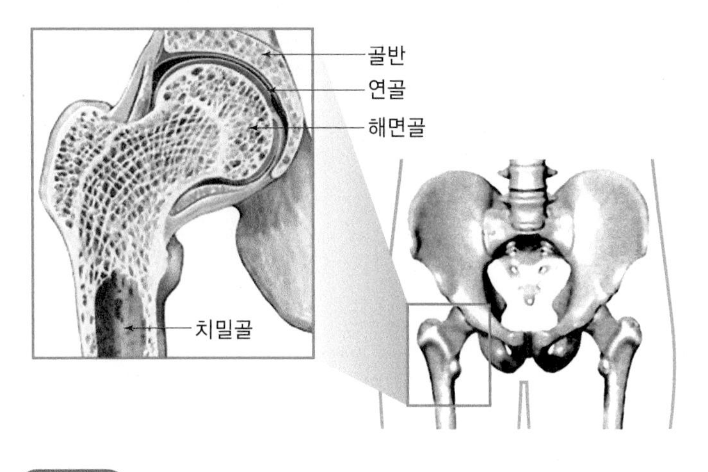

그림 11-2 골격의 구조

자료 : http://orthopedics.healthanimations.com

지고, 그 안에 인산칼슘이 침착하는 석회화 과정에 의해서 이루어진다. 골격의 분해는 파골세포bone resorbing cell, osteoclast에 의하여 콜라겐 기질을 세포 내에서 분해하는 과정과 골격의 무기염을 용해하는 탈무기질과정에 의해서 이루어진다. 골격의 생성과 분해는 일생 동안 반복적으로 일어난다. 나이가 어릴수록 골격 칼슘의 교체율이 빨라 생후 1년 동안에는 골격 칼슘의 100%가 교체되고, 아동기에는 약 10%, 성인은 2~4%가 교체된다. 골격의 생성에 필요한 영양소는 칼슘 외에 단백질, 인, 마그네슘, 불소, 비타민 A, 비타민 C, 비타민 D, 비타민 K 등이 있다.

(3) 혈중 칼슘과 골격 대사

정상적인 골질량을 유지하기 위해서는 혈중 칼슘 농도를 정상적으로 유지하는 것이 가장 중요하다. 체내 칼슘 중 99%는 골격과 치아를 형성하고 1%는 혈액에 존재하는데, 여러 가지 생리적 기능을 위해 혈액 속에서 항상 일정한 농도인 9~11 mg/dL를 유지하고 있다. 혈중 칼슘 농도를 조절하는 주요 호르몬은 부갑상선호르몬, 칼시토닌, 비타민 D이다 그림 11-3.

부갑상선호르몬 부갑상선호르몬PTH : Parathyroid Hormone은 혈중 칼슘이 저하될 때 분비되어 칼슘의 저장소인 골격으로부터 칼슘의 용출을 촉진하고, 신장에서 칼슘의 재흡수

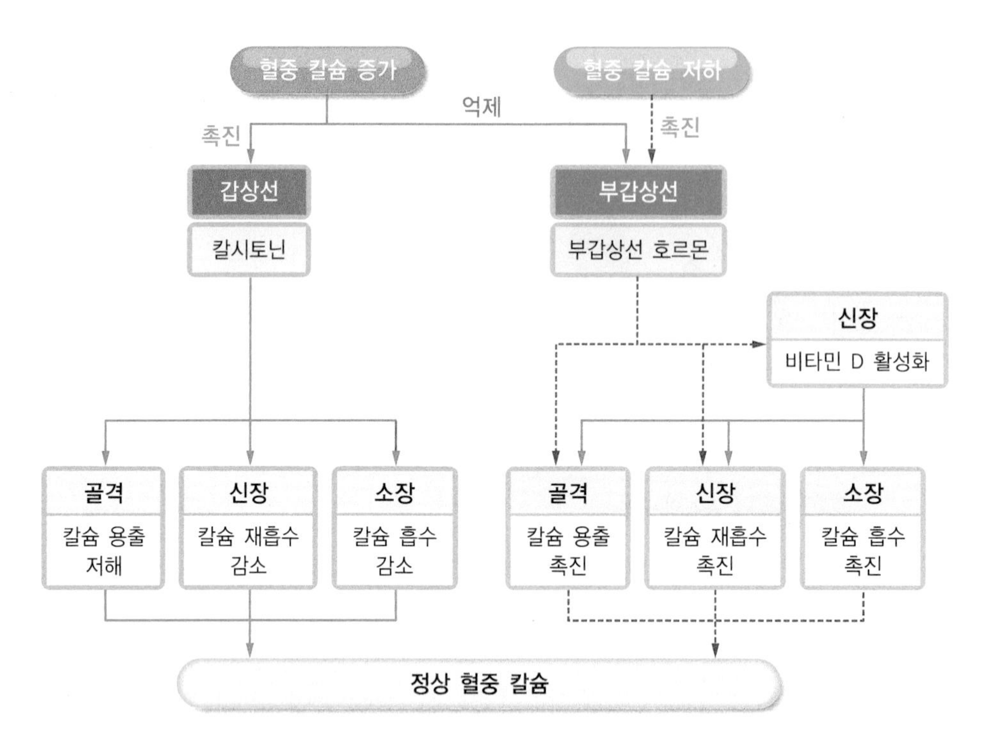

그림 11-3 혈중 칼슘의 항상성 유지

를 촉진한다. 또한 신장에서 비타민 D를 1,25$(OH)_2$D로 활성화하여 소장에서 칼슘 흡수를 촉진한다.

칼시토닌　칼시토닌calcitonin은 혈중 칼슘이 증가할 때 분비되어 파골세포의 활성을 억제하고 골격에 칼슘 침착을 증가시킨다. 신장에서 칼슘의 재흡수와 소장에서 칼슘 흡수를 감소시킨다.

비타민 D　비타민 D는 신장에서 활성형인 1,25$(OH)_2$D가 되어 소장에서 칼슘의 흡수를 촉진하고, 신장에서 칼슘 재흡수와 골격에서 칼슘 용출을 촉진하여 혈중 칼슘 농도를 높인다.

기 타　에스트로겐은 골격에 대한 부갑상선호르몬의 작용을 억제하고 칼시토닌의 작용을 촉진한다. 에스트로겐 분비가 부족하면 골격의 칼슘 용출을 촉진하여 골다공증을 유발한다. 성장호르몬은 연골과 콜라겐 합성을 자극할 뿐만 아니라, 1,25$(OH)_2$D의 활성과 칼슘 흡수를 증가시킨다. 갑상선호르몬은 골격의 재흡수를 촉진하는데, 부족하면 어린이는 성장이 지연되고, 성인은 골격의 전환율이 감소된다. 인슐린은 조골세포에 의한 콜라겐 합성을 촉진하므로, 부족하면 성장이 저해되고 골질량이 감소한다.

2 골다공증의 발병요인

(1) 유전과 인종

최대 골질량은 유전적인 영향을 받으므로 가족 중에 골다공증이 있는 경우 발병 확률이 높다. 흑인은 백인이나 아시아인에 비해 골밀도가 높아 골다공증 발병 위험률이 낮다.

(2) 연령과 성별

골질량은 사춘기와 청장년기에 급격히 증가하여, 30~35세에 최대 골질량이 되고 그 이후에는 연령 증가에 따라 골소실이 진행된다. 여성은 40세 정도에 골질량이 감소되기 시작하여 10년 동안에 약 3%, 폐경 후 10년 동안에 약 9%의 뼈가 손실된다. 골다공증의 발병률이 남성보다 여성이 높은 이유는 여성의 최대 골질량이 남성보다 낮고, 칼슘 섭취량이 적으며, 폐경기에 에스트로겐이 감소하기 때문이다 그림 11-4.

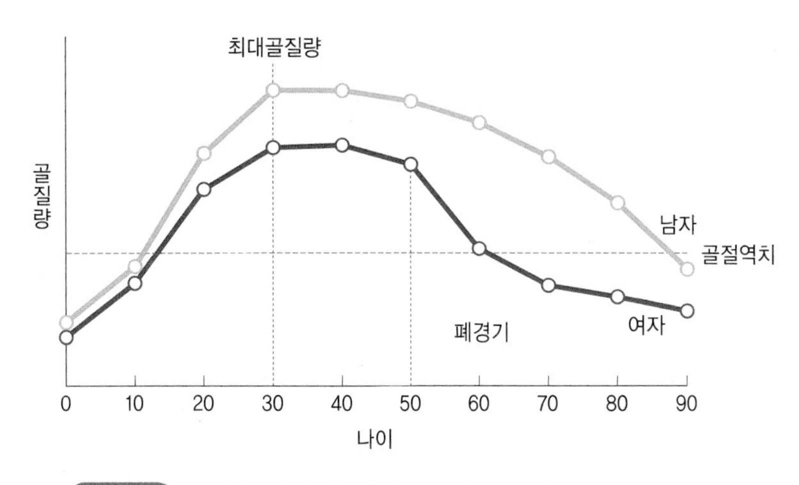

그림 11-4 최대골질량의 형성과 나이에 따른 골소실

자료 : 대한골대사학회 지침서편찬위원회(2015), 골다공증의 진단 및 치료 지침 2015

(3) 신체활동

체중을 실어주는 운동은 골밀도를 증가시키는 반면, 오랫동안 누워 있거나 체중 비부하 상태가 지속되면 골소실이 일어난다. 여성의 경우 폐경기 이전부터 운동하는 것이 폐경기 이후에 운동하는 것보다 효과적으로 골밀도를 상승시키므로 폐경기 이전부터 지속적으로 운동을 하는 것이 중요하다.

(4) 호르몬

부갑상선호르몬의 증가는 골다공증을 일으킨다. 부갑상선호르몬은 노령화될수록 분비가 증가하고, 여성이 남성보다 많이 분비된다. 칼시토닌은 골격에서 칼슘의 용출을 저해함으로써 칼슘 대사를 개선하는데, 연령 증가에 따라 감소하고 여성이 남성보다 적게 분비된다.

에스트로겐은 파골세포의 활성을 억제하고, 골격에 대한 부갑상선호르몬의 작용을 억제하며, 칼시토닌의 작용을 촉진함으로써 골격으로부터 칼슘 용출을 감소시킨다. 에스트로겐 분비가 불충분하거나 불균형일 가능성이 큰 무월경, 생리 불순, 조기 폐경, 출산 무경험 등의 여성에서 골다공증 발생률이 높다.

(5) 식사요인

칼슘 섭취 부족과 식이섬유, 피틴산, 수산의 과잉 섭취는 칼슘 흡수를 저하시키고, 단백질, 인, 나트륨, 카페인의 과잉 섭취는 소변으로의 칼슘 배설을 증가시킨다.

(6) 기타 요인

과음은 조골세포기능을 저하시키고 칼슘, 마그네슘, 비타민 D, 단백질 섭취 부족을 초래한다. 흡연은 에스트로겐 분비를 저해하여 골소실을 증가시킨다. 또한 코르티코스테로이드, 갑상선호르몬, 헤파린 등의 약물은 소변으로의 칼슘 배설을 증가시킨다.

3 골다공증의 증상

골질량이 감소하기 시작하면 허리, 척추, 발목 등에 미세한 통증을 느끼기도 하지만, 대부분의 경우 골절이 되거나 척추가 파손될 때까지 자신이 골다공증인지 잘 알지 못한다. 골다공증 환자는 골밀도가 낮아져 심하게 다친 것도 아닌데, 쉽게 골절이 되고, 등

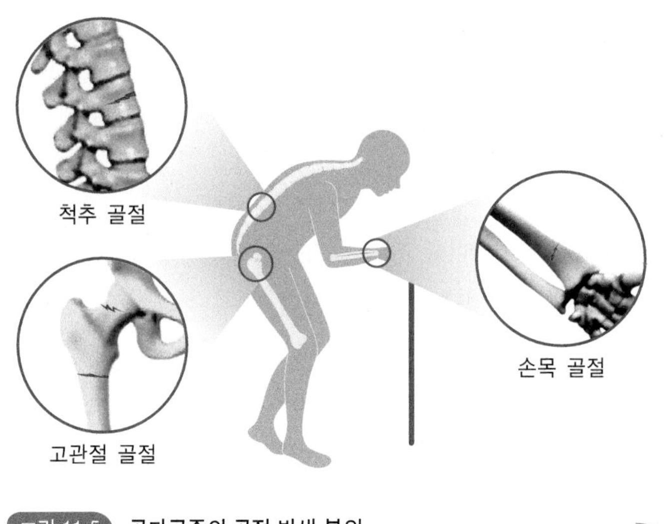

그림 11-5 골다공증의 골절 발생 부위

자료 : 국가건강정보포털 http://health.mw.go.kr

뒤나 허리가 아프고 등이 둥글게 굽게 되며 키가 줄어드는 현상이 나타난다. 골다공증으로 인한 골절이 잘 발생하는 부위는 척추, 고관절, 손목 순이다 그림 11-5.

쉬어가기

꼬부랑 할머니

'꼬부랑 할머니'라는 동요가 있듯이, 옛날에는 허리가 굽은 할머니가 많았다. 이러한 할머니는 골다공증이 심한 환자였을 것이다. 그러나 요즘엔 이러한 꼬부랑 할머니를 쉽게 볼 수 없는데, 영양상태가 좋아진 것이 원인 중 하나일 것이다.

4 골다공증의 분류

골다공증은 1차성 골다공증과 2차성 골다공증으로 나뉜다.

(1) 1차성 골다공증

1차성 골다공증primary osteoporosis은 청장년층에게서 일어나는 원인 불명성 골다공증과 퇴행성이 있고, 퇴행성은 표 11-1과 같이 1형 폐경기성 골다공증과 2형 노인성 골다공증으로 분류한다.

폐경기성 골다공증 폐경기성 골다공증postmenopausal osteoporosis은 폐경 후 에스트로겐의 분비 부족으로 대부분 해면골의 소실로 발생한다. 폐경 초기 5~10%의 여성에게서 발생하며, 주로 손목과 척추, 요추 부위에 골절이 발생한다. 폐경 후 골다공증 여성은 요추 부위의 골무기질 함량과 골밀도가 같은 연령의 정상인보다 33% 정도 낮다. 폐경기성 골다공증은 에스트로겐 분비 부족이 주된 원인이므로 에스트로겐 치료가 필요하다.

노인성 골다공증 노인성 골다공증age associated osteoporosis은 노화에 따른 골소실이 주 원인으로, 해면골과 치밀골 모두에서 골질량이 감소한다. 대개 70세 이후에 발병하며, 여성 노인의 50%, 남성 노인의 25%에서 발생한다. 고관절과 척추 골절이 많으며, 80세 이상의 여성 노인은 거의 고관절의 골절 위험을 가지고 있다. 노인성 골다공증은 노화와 관련되므로 칼슘을 보충하는 것이 효과적이다.

표 11-1 폐경기성 골다공증과 노인성 골다공증의 특징

구분	폐경기성 골다공증(1형)	노인성 골다공증(2형)
주요 원인	폐경(에스트로겐 분비 저하)	노화로 인한 칼슘 흡수 감소, 골격 무기질 손실 증가
골소실 부위	해면골	해면골과 치밀골
발병 연령	폐경 후(50세 이상)	70세 이상
발병 대상	주로 여성(여성 : 남성=6 : 1)	여성과 남성(여성 : 남성=2 : 1)
골절 부분	손목, 척추, 요추	고관절, 척추
골질량 감소 속도	빠름	느림
부갑상선호르몬 수준	정상 이하	정상 이상
칼슘 흡수	정상 이하	정상 이하

(2) 2차성 골다공증

2차성 골다공증secondary osteoporosis은 약물 복용, 특정 질병이나 수술 등에 의해 최대 골질량 형성에 장애가 있거나 골소실이 증가되어 발생한다. 원인 약물로는 글루코코르티코이드가 가장 흔하며, 헤파린, 갑상선호르몬 등이 있다. 갑상선기능항진증, 부갑상선기능항진증, 신장질환도 2차성 골다공증을 일으킬 수 있다.

5 골다공증 진단

골다공증 진단이 내려졌을 때에는 치료효과를 거의 기대할 수 없고 골절의 가능성이 높기 때문에 예방이 강조된다. 골다공증 진단은 이중에너지 방사선흡수법DEXA : Dual Energy X-ray Absorptiometry, 정량적 전산화단층촬영QCT : Quantitative Computed Tomography, 정량적 초음파 측정QUS : Quantitative Ultrasound 등이 있으며, DEXA가 가장 많이 사용된다. DEXA의 골밀도 측정단위는 면적밀도인 g/cm^{2}이며, 골밀도는 T-값이나 Z-값으로 환산하여 진단한다. WHO에서는 T-값이 −2.5 이하는 골다공증, −2.5~−1.0은 골감소증, −1.0 이상은 정상으로 판정한다 그림 11-6.

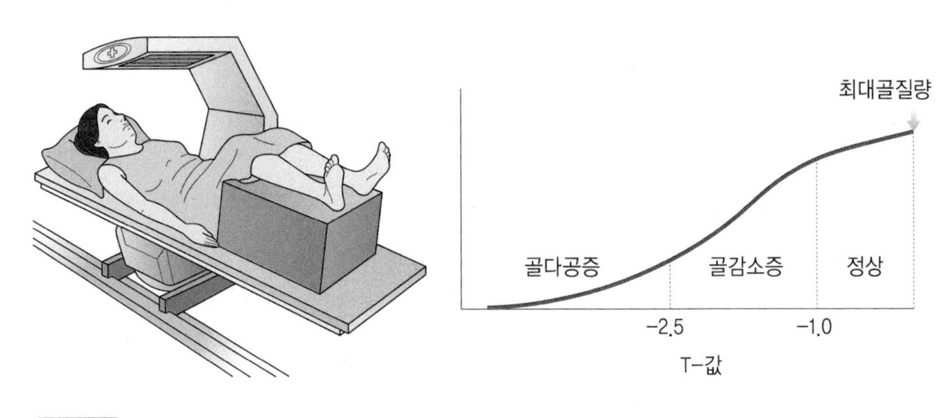

그림 11-6 DEXA를 이용한 골다공증의 진단 기준

6 골다공증의 식사요법과 치료

손실된 뼈의 양을 완전히 회복시켜 골다공증을 치료할 수 있는 방법이 없으므로 최대골질량 형성 시기에 골밀도를 높이는 것이 골다공증을 예방하는 가장 좋은 방법이며, 식사요법과 운동요법을 병행한다.

(1) 식사요법

칼슘, 단백질, 인, 비타민 D는 정상적인 골격구조와 기능에 필수 성분이며, 이 외에도 여러 비타민과 미량 영양소도 골격에 중요하다. 이소플라본과 같은 피토에스트로겐도 에스트로겐과 유사한 기능을 수행하여 골격 조직의 상태를 향상시킬 수 있다.

칼 슘　우리나라 성인의 1일 칼슘 권장섭취량은 남자가 800 mg, 여자가 700 mg이며, 폐경 후 여성이나 골다공증 환자에게는 1일 1,000～1,500 mg의 칼슘이 권장된다. 골다공증의 예방과 치료를 위해서 칼슘이 풍부한 우유와 유제품, 뼈째 먹는 생선류, 해조류, 두류, 곡류, 녹황색 채소류 등을 충분히 공급하도록 한다.

단백질　골격 건강을 위해서는 적당량의 단백질이 필요하지만 과량의 단백질은 오히려 소변으로의 칼슘 배설을 증가시킨다.

인과 마그네슘　적당량의 인 섭취는 칼슘 흡수에 도움이 되지만 칼슘 섭취가 부족한 상태에서 과량의 인을 섭취하면 부갑상선호르몬 분비를 촉진하여 골격 칼슘 용출을 증가시킨다. 따라서 칼슘과 인은 1 : 1 동량으로 섭취할 것을 권장한다. 탄산음료, 가공식품, 인스턴트식품에는 인의 함량이 많으므로 과잉 섭취하지 않도록 한다. 골격의 형성에 필요한 마그네슘은 해조류, 참깨, 가루녹차, 콩, 조개, 생선에 많이 들어 있다.

비타민 D　비타민 D는 칼슘의 흡수를 도와주므로 비타민 D가 풍부한 정어리, 방어, 꽁치 등의 생선과 육류의 간, 버터, 난황, 표고버섯 등을 충분히 공급한다. 일광욕을 하면 자외선에 의해 피부에서 비타민 D가 합성되므로 하루 한 시간 정도의 일광욕이 필요하다. 그러나 외출이 적은 사람과 노인에게는 비타민 D 강화식품이나 비타민 D 보충제 복용을 권장한다.

식이섬유　식이섬유는 칼슘과 결합하여 칼슘 배설을 촉진하고, 장운동을 증가시켜 칼슘 흡수를 저해한다. 그리고 고섬유식품에는 일반적으로 수산이나 피틴산이 많아 칼슘의 체내 이용률이 감소될 수 있다. 따라서 식이섬유를 1일 35 g 이상 섭취하지 않도록 주의한다.

지방과 나트륨　과잉의 지방 섭취는 장관 내에서 칼슘과 결합하여 칼슘 흡수를 저하시키고, 과잉의 나트륨은 신장에서 칼슘 배설을 증가시킨다.

(2) 운동요법

적당한 운동은 골소실을 억제하며 폐경 후 여성의 골밀도를 증가시킬 수 있으므로 걷기, 가벼운 산책, 조깅, 등산 등 체중이 실리는 운동을 규칙적이고 지속적으로 하는 것이 효과적이다.

(3) 약물요법

골다공증의 약물치료는 골질량을 증가시켜 골절을 예방하기 위한 것으로, 골흡수 억제제와 골형성 촉진제가 있다. 골흡수 억제제로는 칼슘 보충제, 비타민 D가 함유된 종합비타민, 에스트로겐, 프로게스테론, 칼시토닌, 비스포스포네이트bisphosphonate 등이 있으며, 골형성 촉진제로는 불소, 부갑상선호르몬, 스트론튬 라네레이트strontium ranelate, 스타나졸롤stanazolol 등이 있다.

쉬어가기

골다공증 약물치료제 : 비스포스포네이트와 부갑상선호르몬

비스포스포네이트 제제는 가장 널리 사용되는 골다공증 치료제로서 파골세포의 기능을 저하시키고 그 수를 줄여 뼈의 파괴를 막는다. 알렌드로네이트(alendronate), 리세드로네이트(risedronate), 이반드로네이트(ibandronate), 졸레드로네이트(zoledronate) 등이 이 계통의 약제이다.

부갑상선호르몬은 현재 골다공증 치료를 위해 사용되는 약제 중에서 유일하게 FDA 공인된 골형성 촉진제이다. 그러나 부갑상선호르몬은 적은 용량으로는 골모세포(뼈모세포)를 활성화시켜 골형성을 촉진하지만 고용량으로는 골 손실을 유도하는 상반된 효과를 나타낸다. 또한 가격이 비싸고 주사로 투여해야 하는 것이 단점이다.

2. 통풍

통풍gout은 혈액 내 요산 농도가 증가하여, 불용성 요산나트륨 결정이 관절이나 관절 주위의 조직 등에 침착되는 질환이다. 바람만 불어도 관절에 통증이 있다고 하여 통풍(痛

風)이라 부른다.

(1) 원 인

식사나 체내에서 생합성된 퓨린은 요산으로 전환되어 신장과 장관을 통해 배설된다 그림 11-7. 통풍은 요산 합성이 증가하거나 요산 배설이 감소하여 혈중 요산이 증가해 발생한다.

요산 합성의 증가는 백혈병, 악성림프종, 골수암, 용혈성 빈혈, 감염 등으로 인한 세포의 이화작용 촉진, 퓨린의 생합성 증가, 식사 중 퓨린 섭취 증가, 유전적인 효소 결함, 정신적 스트레스, 수술, 과로 등이 있다. 요산 배설이 감소되는 원인은 알코올 중독증, 임신 중독증, 당뇨병성 신증에 의한 신세뇨관 기능저하 등이 있다.

성인의 정상 혈중 요산 농도는 남성이 3~7 mg/dL, 여성이 2~6 mg/dL이다. 고요산혈증은 일반적으로 요산 농도가 7 mg/dL 이상일 때를 말하며 통풍이나 신장 요산결석의 발생빈도가 정상인의 2배 정도로 높아지고, 9 mg/dL 이상이면 통풍 발작이 생길 가능성이 증가한다. 통풍의 남녀 발생비율은 20 : 1이며, 주로 30세 이후의 남성, 갱년기 이후의 여성에게서 발생한다.

(2) 증 상

혈중 요산이 요산나트륨 결정을 형성하여 관절과 관절 주위의 연조직에 침착하는데, 이

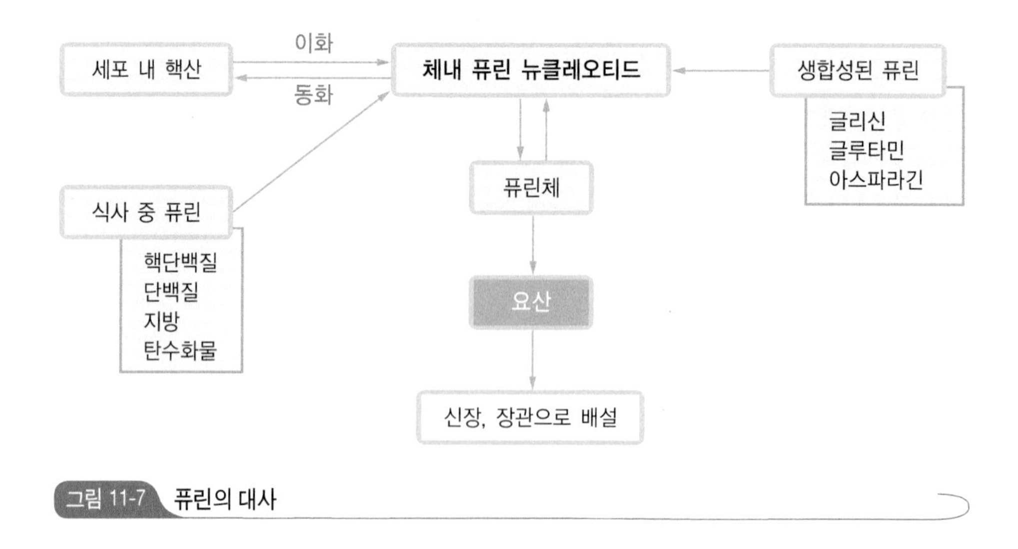

그림 11-7 퓨린의 대사

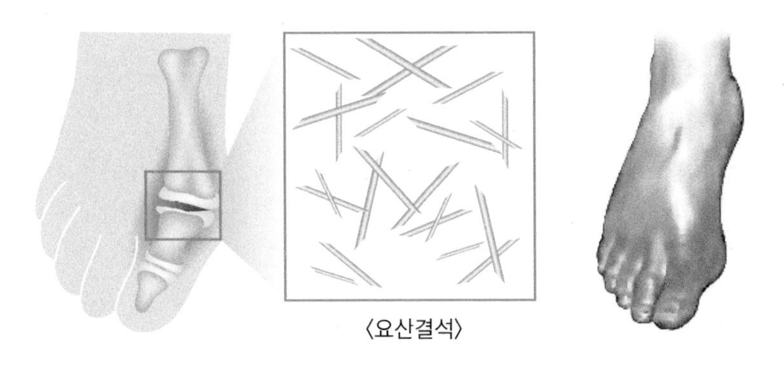

그림 11-8 통풍 환자의 발

자료 : 국가건강정보포털 http://health.mw.go.kr

를 통풍결절이라고 한다. 통풍은 일반적으로 관절염 증상을 동반하며 통풍 환자의 90% 이상이 엄지발가락 부위의 관절염 증상을 호소한다 그림 11-8. 초기에는 한 군데 급성적으로 나타났던 관절염이 점차 증가하여 다발성 관절염polyarthritis 증상을 보인다. 돌발적인 격통이 있다가 다시 사라지면서 차츰 통증의 주기가 빨라지고, 발작시간도 길어지며 때로는 발열, 오한, 두통, 위장장애가 나타난다.

(3) 식사요법

통풍치료의 목표는 급성기 통증을 감소시키고 증상의 재발을 방지하며, 통풍 결절의 형성을 막는 것이다.

퓨린과 단백질 혈중 요산수준을 낮추기 위하여 단백질을 1 g/kg 이하로 공급한다. 그러나 이러한 제한만으로는 효과가 적으므로 약물요법을 사용하면서 퓨린 함량이 높은 식품을 제한하여야 한다. 저퓨린식은 퓨린 섭취를 하루 600~1,000 mg으로 제한하며, 심하면 100~150 mg까지 제한한다.

통풍 환자의 식단을 작성할 때에는 퓨린 함량별 식품군을 참고로 하여, 허용식품과 1일 허용량을 식단에 반영한다 표 11-2.

지 질 지질은 요산의 정상적인 배설을 방해하고 통풍의 합병증인 고혈압, 심장병, 고지혈증, 비만 등의 발병을 촉진하므로, 과량의 지방 섭취를 피하고 포화지방산보다는 불포화지방산의 공급을 늘린다.

표 11-2 퓨린 함량별 식품군 (식품 100g당)

구 분	많은 식품(150~800 mg)	중간 식품(50~150 mg)	적은 식품(0~15 mg)
식 품	내장 부위(심장, 간, 지라, 신장, 뇌), 육즙, 거위, 생선류(정어리, 청어, 멸치, 고등어, 가리비)	고기류, 가금류, 생선류, 조개류, 콩류(강낭콩, 완두콩), 채소류(시금치, 버섯, 아스파라거스)	달걀, 우유, 치즈, 곡류(오트밀, 전곡 제외), 빵, 채소류(나머지), 과일류, 설탕
섭취 여부	급성기와 증세가 심할 때에는 섭취할 수 없음	회복 정도에 따라 소량 섭취할 수 있음	제한 없이 섭취할 수 있음

자료 : 대한영양사협회(2010), 임상영양관리지침서 제3판

탄수화물 통풍 환자는 단백질과 지질을 적정량으로 제한함에 따라 나머지 필요 에너지를 탄수화물에서 얻도록 식사가 계획되므로 식사 중 탄수화물의 비율이 높아진다. 단순당보다는 곡류, 감자류와 같은 복합탄수화물의 형태로 공급한다.

수 분 통풍 환자에서 다량의 수분은 요산을 제거하는 데 도움이 되며, 소변 농도를 묽게 하여 요산결석 형성을 방지하고 신장의 손상을 지연시키므로 1일 3 L 정도로 수분을 충분히 공급한다.

체중 조절 통풍은 비만인에게 발병률이 높으므로, 통풍 환자는 체중을 정상체중보다 10~15% 낮게 유지하도록 권장한다. 급격한 체중감소는 케톤체 형성으로 요산 배설을 방해하여 급성발작을 일으킬 수 있으므로, 체중은 균형 잡힌 저에너지식으로 5~6개월에 걸쳐 서서히 감량하도록 한다.

알코올 과량의 알코올은 소변으로의 요산배설을 감소시키고, 알코올의 이뇨작용에 의해 고요산혈증을 일으킨다. 맥주는 퓨린 함량이 높고, 알코올로 인한 고요산혈증의 상승작용이 있으므로 주의한다.

3. 관절염

관절염arthritis은 관절에 염증이 생겨 통증이 나타나는 질환으로 국소적인 골관절염과 전신에 나타나는 류마티스 관절염이 있다. 관절은 두 뼈가 닿은 부위로서 부드럽게 움직일 수 있도록 관절 연골과 활액, 관절을 단단하게 고정하는 건과 인대로 구성되어 있다.

1 골관절염

(1) 원인과 증상

골관절염osteoarthritis은 퇴행성 관절염으로 불리는 매우 흔한 질병으로 노화, 비만, 여성 등이 위험요인이다. 골관절염은 만성적인 관절연골의 질병으로 체중을 지탱하거나 자주 사용하는 관절인 척추, 엉덩이, 무릎, 발목, 팔꿈치 등에 발생한다. 연골이 손상되면 통증, 부종, 운동능력 손실, 관절 변형이 나타나고, 심해지면 골격의 기형이 일어나기도 한다 그림 11-9.

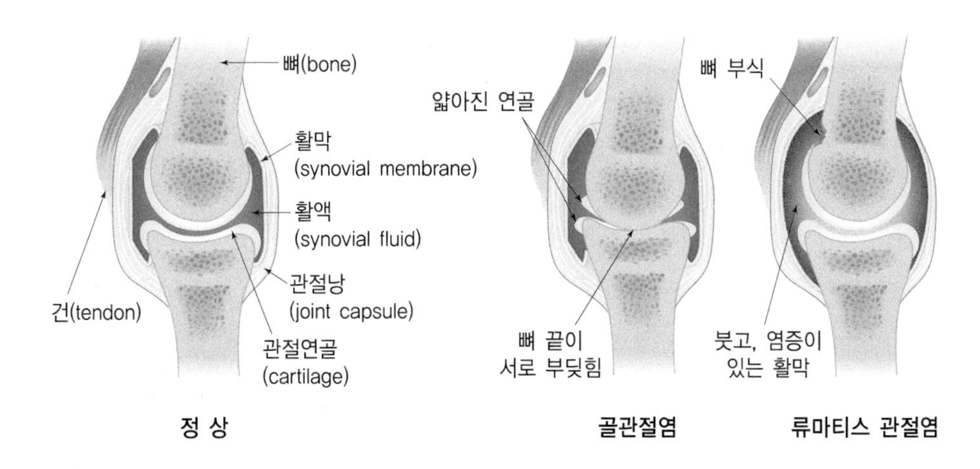

그림 11-9 골관절염과 류마티스 관절염

(2) 치 료

골관절염의 치료 목적은 관절의 통증을 감소시키고 관절의 파괴와 변형을 예방하며 기능의 손상을 최소화함으로써 질병의 진행속도를 늦추는 데 있다. 치료법은 약물치료, 물리치료, 운동과 휴식 그리고 수술 등이 있다.

(3) 식사요법

골관절염 환자는 체질량지수가 증가할수록 골관절염의 위험이 증가하므로 적정 체중에 도달하고 유지할 수 있는 균형 잡힌 식사가 중요하다. 에너지 섭취를 제한하여 비만을 개선하도록 하고, 단백질, 비타민, 칼슘, 철을 충분히 공급한다.

2 류마티스 관절염

(1) 원인과 증상

류마티스 관절염rheumatoid arthritis의 정확한 원인은 아직 밝혀져 있지 않지만 자가면역현상이 주요 원인이고, 그 외 유전적 소인과 세균, 바이러스 감염 등이 있다. 관절의 활막에 염증이 생겨 부으면서 파손되고, 다른 관절에까지 퍼져 골과 연골 조직까지 감염이 확대되어 통증, 부종과 관절기능을 상실하는 만성적 질환이다 그림 11-9.

발병률은 골관절염보다 낮지만 증상은 훨씬 심하다. 여성이 남성보다 발병률이 높으며, 주로 20~30대에 발생한다.

류마티스 관절염의 초기에는 증상이 거의 없지만, 질병이 진행되면서 주로 아침에 관절이 뻣뻣해지고, 손이 비틀리거나 관절이 붓는 등의 전형적인 증상이 나타난다.

(2) 치 료

류마티스 관절염 환자의 치료 목적은 환자의 통증을 줄여주고 염증을 억제하여 관절파괴를 예방하며, 관절의 기능을 보호하고 호전시키는 데 있다. 치료방법은 약물요법, 운동요법, 물리치료, 작업요법, 정형외과적 치료 등이 있다. 염증이 있는 관절을 많이 사용하지 않도록 하고, 지팡이 등 보조기구를 사용하여 관절의 부담을 줄인다.

(3) 식사요법

류마티스 관절염으로 인한 증상들이 여러 가지 측면에서 환자의 영양상태에 영향을 준다. 관절의 증상으로 인해 장보기나 식사준비, 식사 등에 제약이 있을 수 있고, 구강과 턱관절에 염증이 있으면 씹고 삼키는 데 문제가 있어서 식품의 질감이나 점도 조정이 필요할 수도 있다. 염증반응으로 인한 대사율의 증가로 영양요구량이 증가되어 섭취량이 부족할 수 있다.

관절에 부담을 주지 않기 위해 이상체중을 유지해야 하므로 적절한 에너지를 공급하도록 한다. 그리고 체단백질 분해가 증가하므로, 하루에 1.5~2.0 g/kg 정도의 충분한 단백질이 필요하다. 식사 중 지방은 오메가-3 지방산을 충분히 공급하는 것이 좋다. 류마티스 관절염 환자는 칼슘, 엽산, 비타민 B군, 비타민 E, 아연, 셀레늄 섭취량이 부족한 경우가 많으므로 이들 영양소도 적당량 공급한다. 또한 류마티스 관절염의 경우 칼슘과 비타민 D 흡수불량과 골격의 무기질 손실로 인해 골다공증이나 골연화증이 초래되므로 이들 영양소를 충분히 공급한다.

4. 파킨슨병

파킨슨병Parkinson's disease은 회복이 불가능한 신경계의 만성퇴행성 질환이다.

신경계는 각 기관계를 연결하여 하나의 유기체로 통일하는 신경조직 계통의 기관으로서 자극에 반응하는 기관을 연결하는 감응경로를 포함한다 그림 11-10. 만일 이러한 신경조직과 그 지지조직에 이상이 생기는 경우 파킨슨병과 같은 신경계 질환이 발생한다.

(1) 원인과 증상

파킨슨병의 병리학적 원인은 대뇌 흑질의 도파민 신경세포가 점차적으로 사멸하여 도파민 분비가 감소하는 것인데, 신경세포의 사멸원인은 아직 확실하게 밝혀져 있지 않다. 보통 50~60대 이후에 발생하고, 발병률은 남자가 여자보다 약간 높다.

주요 증상으로는 운동능력의 현저한 상실, 운동 완서bradykinesia라고 불리는 느리고

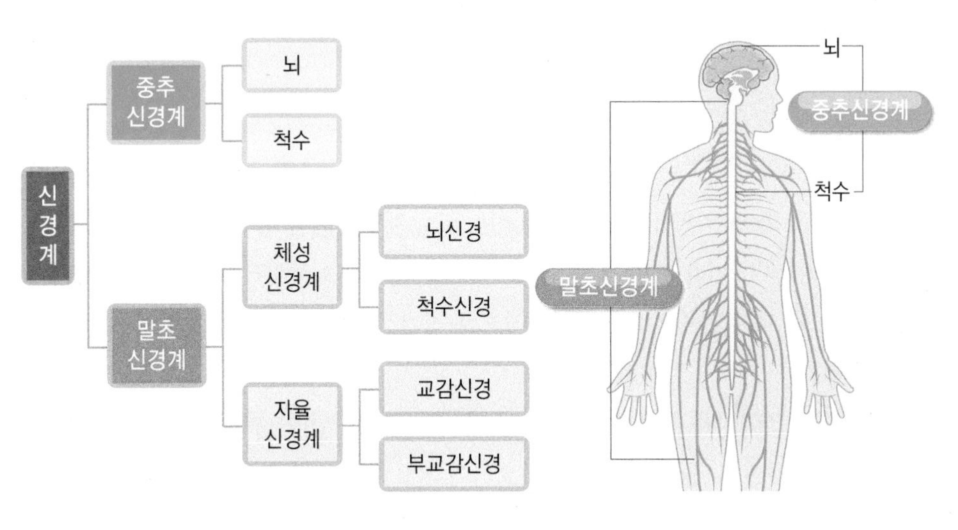

그림 11-10 신경계 분류와 분포

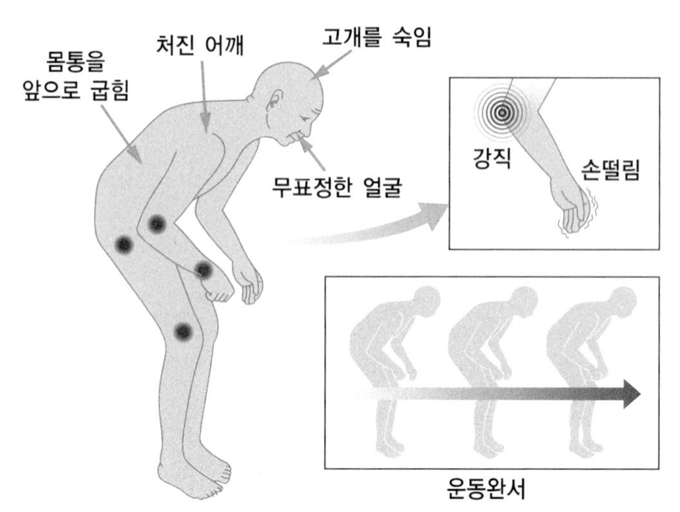

그림 11-11 파킨슨병의 증상

자료 : 국가건강정보포털 http://health.mw.go.kr

뻣뻣하게 종종걸음으로 걷는 자세, 근육 긴장성이 증가하는 강직이 있고, 흔히 안정 시에 손·발이 떨리는 진전tremor 등이 나타난다. 얼굴의 무표정함, 구부정한 자세, 목소리 크기 감소, 근육통, 관절통, 우울증, 연하장애 등도 나타난다 그림 11-11.

(2) 식사요법

파키슨병의 치료는 부족한 도파민을 공급하기 위해 엘-도파L-dopa, levodopa를 경구 투여한다. 발린, 류신, 이소류신, 트립토판, 티로신, 페닐알라닌 등과 같은 중성 아미노산은 뇌 혈관벽을 통과할 때 엘-도파와 경쟁하므로 제한하여야 한다. 이를 위해 단백질 제한식을 권장한다. 비타민 B_6 또한 엘-도파의 효과를 감소시키므로 제한한다. 파킨슨병 환자는 보통 체지방량과 체중이 감소하므로 정기적인 체중 평가와 함께 충분한 에너지를 공급한다.

약물 부작용으로 식욕부진, 변비, 구토, 후각기능 감소, 입 안 건조 등의 증상이 나타나므로 이를 완화할 수 있는 적절한 식사요법이 필요하다.

5. 치 매

치매는 일상생활을 정상적으로 유지하던 사람이 뇌기능장애로 인해 후천적으로 지적 능력이 상실되는 질환이다. 젊은 연령에서 조기 치매가 나타나기도 하지만 치매는 주로 60세 이상의 노인층에 발생한다. 치매를 진단하기 위한 검사법은 여러 가지가 있으며, 한국에서 개발한 간이정신상태검사MMSE-KC는 표 11-3과 같다.

표 11-3 치매진단검사

구분	검사 내용
시간 지남력 (5점)	올해는 몇년도 입니까? 지금은 무슨 계절입니까? 오늘은 며칠입니까? 오늘은 무슨 요일입니까? 지금은 몇 월입니까?(피검사자가 음력을 사용하면 음력으로 묻는다)
장소 지남력 (5점)	우리가 있는 이곳은 무슨 도/특별시/광역시입니까? 여기는 무슨 시/군/구입니까? 여기는 무슨 읍/면/동입니까? 우리는 지금 이 건물의 몇 층에 있습니까? 이 장소의 이름은 무엇입니까?
기억 등록 (3점)	지금부터 제가 세 가지 물건의 이름을 말씀드리겠습니다. 끝까지 다 들으신 다음에 세 가지 물건의 이름을 모두 말씀해 보십시오. 그리고 몇 분 후에는 그 세 가지 물건의 이름들을 다시 물어볼 것이니 들으신 물건의 이름들을 잘 기억하고 계십시오. 나무, 자동차, 모자 이제 _____님께서 방금 들으신 3가지 물건의 이름을 모두 말씀해 보세요.
주의력 (5점)	지금부터 제가 ____님께 다섯 글자로 된 단어 하나를 말씀해 드릴 것이니 따라 해 보십시오. '삼 천 리 강 산' 잘 하셨습니다. 이번에는 이 단어를 맨 뒤 글자부터 거꾸로 말해보십시오.
기억 회상 (3점)	조금 전에 제가 기억하라고 말씀드렸던 세 가지 물건의 이름이 무엇인지 말씀하여 주십시오.
언어능력 (3점)	(열쇠를 보여 주며) 이것을 무엇이라고 합니까? (도장을 보여 주며) 이것을 무엇이라고 합니까? 제가 하는 말을 끝까지 듣고 따라해 보십시오. 한 번만 말씀드릴 것이니 잘 듣고 따라 하십시오. 간 장 공 장 공 장 장

(계속)

구 분	검사 내용
실행능력 (3점)	지금부터 제가 말씀드리는 대로 해보십시오. 한 번만 말씀드릴 것이니 잘 들으시고 그대로 해보십시오. 제가 종이 한 장을 드릴 것입니다. 그러면 그 종이를 오른손으로 받아, 반으로 접은 다음 무릎 위에 올려 놓으십시오.
시공간능력 (1점)	(겹쳐진 오각형을 가리키며) 여기에 오각형이 겹쳐져 있는 그림이 있습니다. 이 그림을 아래 빈곳에 그대로 그려 보십시오.
판단능력 (2점)	옷은 왜 빨아 입나요? 다른 사람의 주민등록증을 주웠을 때 어떻게 하면 쉽게 주인에게 돌려줄 수 있습니까?

판정 : 30점 만점 중 24점 이하는 치매 의심으로 판정한다.

자료 : 생애전환기 2차건강진단 심화교육과정연구회(2008), 생애전환기 건강진단 상담 매뉴얼(심화과정)

(1) 분 류

치매는 알츠하이머성 치매, 뇌혈관성 치매, 기타 약물과 영양 결핍 등으로 인한 치매가 있다.

① 알츠하이머성 치매

알츠하이머성 치매는 60세 이후에 주로 발생하고 65세의 5~10%, 80세 이상의 20%는 중등도 또는 심한 알츠하이머성 치매를 앓고 있다. 특징적 병리요인으로는 뇌의 전반적인 위축, 베타-아밀로이드 침착, 신경세포 소실 등이 있다. 이러한 변화는 기억력과 인지능력을 관장하는 부위인 뇌하수체와 대뇌 피질에서 많이 나타난다.

알츠하이머성 치매의 진행 증상은 3기로 구분한다 표 11-4.

② 뇌혈관성 치매

뇌혈관성 치매는 뇌혈관에 이상이 생겨 발생하며, 원인은 다음 세 가지로 나눌 수 있다. 첫째, 고혈압, 고지혈증, 동맥경화증, 심장병, 당뇨병, 저혈당 등의 원인으로 뇌혈관이 파열되어 출혈된 주변의 뇌 조직이 손상되어 발생한다. 둘째, 뇌경색으로 인하여 혈전이 혈관을 막아 혈액 순환이 순조롭지 못하고 뇌세포에 필요한 산소와 영양을 공급하지

표 11-4 알츠하이머성 치매의 진행과 증상

구분	증상
제1기 (1~3년)	• 건망증 – 최근의 일을 잊어버리고, 물건의 이름을 기억하지 못한다. – 날짜와 시간, 장소, 사람을 알아보지 못한다. • 무기력 • 우울증
제2기 (2~10년)	• 기억력이 없고 말을 이해하지 못하며 대화가 되지 않는다. • 혼자서 옷을 입을 수 없고 남이 하는 동작을 따라 할 수 없다. • 자기가 있는 장소를 알지 못한다. • 무관심, 무기력, 이유 없이 사람을 의심하고 마음이 불안정하며 배회한다.
제3기 (8~12년)	말이 없고, 움직이지 않고 누워 있어 사지가 강직된다.

못하여 발생한다. 셋째, 뇌염, 뇌종양, 두부 손상 등으로 일어난다.

뇌혈관성 치매는 정신과 신경기능의 장애, 즉 신체 마비, 언어장애, 기억력장애가 나타나고, 여기에 이해력과 판단력, 사고능력, 감정, 행동, 인식, 인격, 성격 등의 장애가 나타나 일상적인 생활과 인간관계에 어려움이 있다.

(2) 식사요법

치매 환자는 지적 능력 상실과 우울증으로 인해 음식 섭취량이 감소하고, 계속해서 어슬렁거리거나 안절부절하며 돌아다니기 때문에 에너지 소비량이 증가되어 체중이 감소한다. 에너지와 영양소 섭취 부족으로 인한 영양불량과 탈수증이 나타날 위험성이 높다. 처음 진단받았을 때 체중과 혈청 알부민을 측정하고 매달 체중을 측정하여 적절한 영양을 공급하도록 한다. 단백질은 1.0~1.25 g/kg을 권장한다.

환자가 식품, 갈증, 포만감을 인식하지 못하므로 보호자는 에너지가 높은 음식을 제공하고, TV나 라디오 등 소음이 없는 조용한 분위기에서 식사하도록

한다. 보호자가 식탁에 함께 앉아 환자가 따라할 수 있도록 행동하고 식사 섭취를 유도하는 것이 도움이 된다. 탈수되지 않도록 수분을 충분히 공급하고, 자꾸 돌아다니는 환자에게는 손가락으로 집어먹을 수 있는 음식을 도시락 등의 용기에 담아 들고 다니면서 먹도록 한다. 음식을 급하게 먹는 환자에게는 큰 음식 조각을 주면 위험하다. 체중감소가 계속되면 영양 보충 음료를 추가하고, 거의 침대에 누워 있고 스스로 식사를 할 수 없으면 경장영양지원을 고려한다.

쉬어가기

치매 예방법

- 매일 신문을 읽고 책을 읽는다. 일상 생활에서 습관화한다.
- 매일 아침 산책을 하며 적절한 운동과 신선한 공기를 마신다.
- 바둑이나 장기, 윷놀이를 한다.
- 봉사 활동에 참가한다. 삶의 보람을 느끼면서 정신 건강을 유지한다.
- 사람을 사귀고 대화를 하여 혼자 지내는 시간을 가급적 줄인다.
- 부부 간에 대화를 많이 나눈다.
- 매일 일기를 쓰거나 하루 일을 회상하고 내일 할 일을 생각한다.
- 하루에 7~8시간의 충분한 수면을 취한다.
- 자녀들의 문화를 이해하려고 노력한다.

6. 간 질

(1) 원인과 증상

간질epilepsy은 대뇌 피질과 피질하에 있는 신경원의 비정상적인 전기 방전이 급격하게 나타나 발생하는 질환이다. 이 질병의 어원은 그리스어인 발작seizure으로서 '경기'라고도 한다. 간질은 원인을 알 수 없는 것이 60~70%이고, 그 외 선천성 질환, 감염, 종양, 뇌졸중, 퇴행성 질환, 머리 손상 등이 있다.

간질의 특징적인 증상은 발작이며, 일시적으로 의식을 상실하여 눈꺼풀을 가볍게 깜

박이는 것부터 몸 전체를 격심하게 떨거나 전신이 강직되는 것까지 다양하다. 발작 중에 쓰러지는 경우 외상을 입거나 혀를 깨물기도 하고, 실뇨를 하기도 한다. 혀를 깨무는 것을 방지하기 위해 입을 벌리고 설압자 등을 넣어 두어야 한다. 그러나 무의식상태의 환자에게 억지로 입을 벌리려고 하면 더 큰 손상이 있을 수 있으므로 주의한다.

(2) 치료와 식사요법

대부분의 경련은 항경련제 복용으로 조절되지만 약물로 치료되지 않는 난치성 간질환자는 수술이 필요하다.

항경련제에는 카르바마제핀carbamazephine, 페노바비탈phenobarbital, 페니토인phenytoin 등이 있다. 항경련제는 간의 비타민 D 대사를 증가시켜 칼슘의 장 내 흡수를 방해하는 등의 부작용을 일으키므로 장기간의 약물 복용에 의해 성인은 골연화증, 어린이는 구루병이 발생할 수 있다.

케톤체는 항경련 효과가 있으므로 체내에서 케톤체의 생성을 유도하는 케톤식을 이용하여 간질을 조절한다. 케톤성 식사ketogenic diet는 탄수화물의 양을 엄중하게 제한하고, 총 에너지의 75～85%를 지방에서 섭취하는 저탄수화물, 고지방식사이다.

케톤성 식사

- 케톤증을 단기간에 유발하기 위하여 1～2일간 금식시킨다. 금식기간 동안 하루에 수분은 60～70 mL/kg를 공급하며 1회 수분 섭취가 120 mL를 넘지 않도록 한다.
- 처음에는 탄수화물을 75 g으로 시작하여 나중에는 15～30 g이 되도록 감소시킨다. 이러한 식사로 산독증을 일으키는 데 약 일주일이 걸린다.
- 산독증상태가 되었는지는 소변에서 케톤체(ketone body)검사를 통하여 쉽게 알 수 있다.
- 케톤성 식사를 한 후 3개월 동안 발작을 일으키지 않으면 탄수화물 섭취량을 하루에 5 g씩 늘려 하루에 50～60 g까지 공급하고, 지방 공급량은 그에 비례하여 감소시킨다.
- 케톤성 식사는 비타민, 칼슘, 철 등의 영양소가 부족되기 쉬우므로 비타민제를 보충하고, 설탕을 첨가하지 않은 오렌지주스, 고깃국물, 차 등을 섭취하도록 한다.
- 단음식을 좋아하는 환자에게는 인공감미료를 사용한다.

주요 용어

- **간질**(epilepsy) : 대뇌 피질과 피질하에 있는 신경원들의 비정상적인 전기 방전이 급격하게 나타나 발생하는 질환
- **골관절염**(osteoarthritis) : 나이가 들어감에 따라 관절 연골이 소실되고 관절이 변형되어 국소적인 퇴행성 변화가 나타나는 퇴행성 만성관절염
- **골다공증**(osteoporosis) : 골량의 감소와 미세구조의 이상을 특징으로 하는 전신적인 골격계의 질환으로, 골격이 약해져서 부러지기 쉬운 상태가 되는 질환
- **관절염**(arthritis) : 관절의 염증성 변화로, 연골과 골격이 손상되며, 관절 압통이 있고 관절이 부으며, 관절의 운동범위가 감소하는 질환
- **다발성 관절염**(polyarthritis) : 몇 개의 관절을 동시 침범하는 관절염
- **류마티스 관절염**(rheumatoid arthritis) : 자가면역질환의 일종으로 관절의 활막에 염증이 생겨 부으면서 파손되고, 다른 관절에까지 펴져 골과 연골조직까지 염증이 확대되어 통증, 부종과 관절기능을 상실하는 만성적 질환
- **운동완서**(bradykinesia) : 비정상적으로 운동이 느려지는 증상
- **조골 세포**(**골아세포**, bone forming cell, osteoblast) : 골격 생성에 관계하는 골격세포
- **치매**(dementia) : 일상생활을 정상적으로 유지하던 사람이 뇌기능장애로 인해 후천적으로 지적 능력이 상실되는 질환
- **치밀골**(**피질골**, cortical bone) : 골격 구성의 약 80%를 차지하고, 장골의 외층과 피층으로 된 치밀한 골격
- **통풍**(gout) : 퓨린 대사의 이상으로 인해 퓨린의 최종 대사 산물인 요산의 과량 생산 및 배설 저하로 고요산 혈증을 일으키고, 여러 관절이나 조직에 요산나트륨(monosodium urate) 결정이 침착하여 관절염 증상을 나타내는 질환
- **파골세포**(osteoclast) : 골격의 흡수와 분해에 관계하는 골격세포
- **폐경기성 골다공증**(postmenopausal osteoporosis, type I) : 폐경 후 에스트로겐의 분비 부족으로, 해면골을 포함한 골밀도의 저하로서 손목, 요추와 척추의 골절이 일어나기 쉬움
- **퓨린**(purine) : 세포 핵단백질의 성분으로 질소 염기인 아데닌과 구아닌을 말하며 최종대사 산물은 요산임
- **하이드록시 아파타이트**(hydroxyapatite) : 유기물인 콜라겐 기질에 인산화 칼슘과 탄산칼슘으로 구성된 결정구조로서 골격과 치아의 강도와 견고성을 가져옴

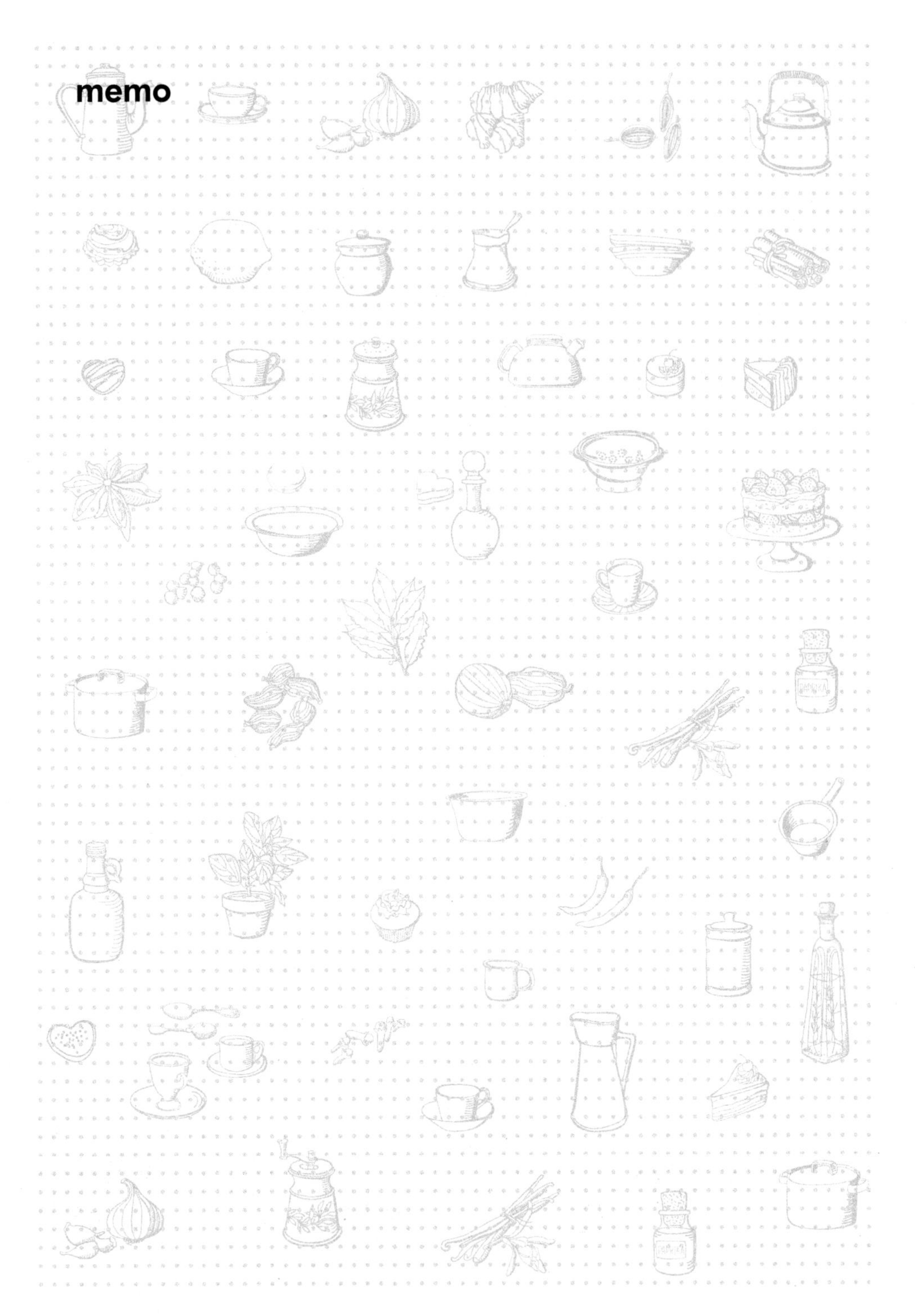
memo

CLINICAL NUTRITION

제 12 장

감염 · 수술 · 화상

감염성 질환은 세균이나 바이러스 등 병원체가 인체에 침입하여 발생하는 질환으로 신체의 일부분에 국한될 수도 있고 전신에 발생할 수도 있다. 호흡기 질환은 비강, 기관지, 폐 등의 호흡기계에 발생하는 질환으로 감염이나 영양을 비롯한 환경요인의 영향을 받는다. 수술은 조직을 절개하여 시행하는 외과적 치료로서, 영양상태는 수술 결과와 합병증, 사망률에 영향을 미친다. 화상은 불이나 뜨거운 물에 의한 피부 조직의 상해로서 환자의 영양상태는 상처의 치료와 회복에 영향을 미친다.

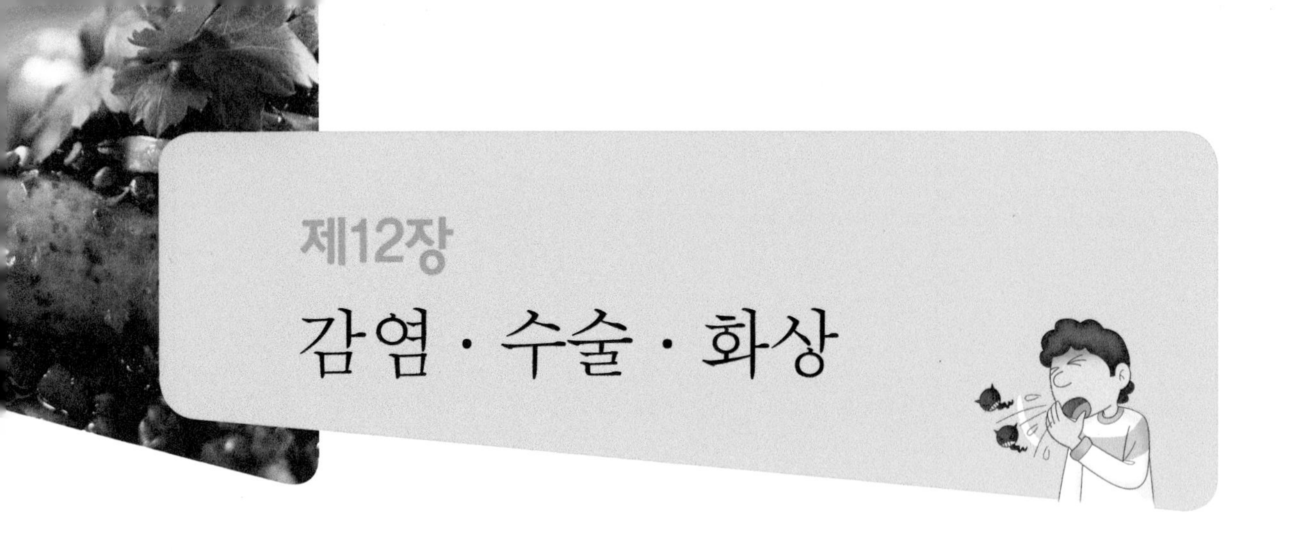

제12장 감염 · 수술 · 화상

1. 감염성 질환

감염성 질환infectious disease은 세균이나 바이러스 등 병원체가 인체에 침입하여 발생한다. 병원체는 우리 생활 주변에 널리 퍼져 있어 접촉을 피할 길이 없다. 그러나 병원체와 접촉되었다고 감염성 질환이 발병하는 것은 아니고, 인체의 저항력과 병원체의 발육, 증식력 등에 따라 발병한다.

1 일반적 증상과 식사요법

(1) 증 상

전신 증상 감염성 질환에 걸리면 흔히 피로하고 의욕이 없어지며, 두통과 근육통이 생기고 식욕이 저하된다. 진행되면 안면 홍조, 탈수, 의식장애가 나타난다.

발 열 감염성 질환은 병원체와 감염 부위에 따라 증상이 다르게 나타나지만, 대부분 열이 나고 체온이 상승한다. 정상인은 시상하부의 체온 조절 중추에 의해 일정한 체온이 유지되지만 감염과 염증이 있으면 체온 조절 중추가 자극되어 체온이 상승한다. 발열 전에 오한이 있고, 해열될 때에는 흔히 땀이 난다.

기초대사량 증가 체온이 1℃ 상승하면 기초대사량은 약 13% 증가하여 에너지 소모가 많아진다.

호르몬 분비 증가 글루카곤과 당질 코르티코이드 등 이화호르몬 분비가 증가되어 체내 글리코겐 저장량이 감소하고 혈당이 상승하며, 혈청 알부민 양이 감소한다. 급성기에는 근육 단백질이 분해되어 에너지원으로 사용된다.

탈수와 전해질 손실 감염성 질환에서는 탈수와 전해질 손실이 일어난다. 그 이유는 식욕 부진으로 음식 섭취량이 감소하고, 체온 상승으로 인한 신진대사 증가와 땀 분비에 의해 수분이 손실되며, 구토나 설사에 의해 수분과 전해질이 손실되기 때문이다.

(2) 식사요법

감염성 질환은 원인균에 대한 약물치료가 필요하며, 충분한 영양을 공급하고 안정을 취해야 한다.

에너지 감염성 질환으로 열이 나면 기초대사량이 항진하므로 에너지를 충분히 공급한다. 발열이 심하면 식욕과 소화기능이 저하되므로 탄수화물 위주의 농축 에너지 식품을 유동식이나 연식으로 소량씩 자주 공급한다.

감염되면 체내 단백질이 분해되어 음의 질소평형이 나타나므로 손실된 체조직을 보충하고, 면역체 형성을 위하여 고단백식을 공급한다. 충분한 에너지 공급을 위해 지방 섭취가 필요하나 식욕과 소화 · 흡수능력이 떨어진 감염 환자에게는 지방음식을 많이 공급할 수 없다. 튀김 등의 기름진 음식을 제한하고 소화하기 쉬운 버터, 크림, 우유 등의 유화지방으로 공급한다.

수분과 전해질 땀, 구토, 설사로 손실된 수분과 전해질을 보충하고, 체내 대사산물이 원활하게 배설되도록 보리차, 옅은 차, 과즙, 맑은 국물 등으로 하루 3~4 L의 수분을 충분히 공급한다. 경구 섭취가 어려울 경우에는 정맥 주사로 보충해 준다.

비타민과 무기질 에너지 섭취 증가와 대사 항진으로 인해 비타민을 충분히 공급해야 한다. 특히, 에너지 대사에 관여하는 비타민 B 복합체의 섭취량을 증가시키고, 조직의 재생과 분화, 면역력 증강에 필요한 비타민 A와 비타민 C를 충분히 공급한다.

열이 나면 나트륨과 칼륨의 배설이 증가하므로 고기국물, 우유, 과즙 등으로 보충한다. 철은 미생물의 성장에 이용될 수 있으므로 감염 시에는 보충하지 않는다.

2 장티푸스

(1) 원인과 증상

장티푸스typhoid fever는 살모넬라 티피균*Salmonella typhi*의 감염으로 발생하는 수인성 전염병이다. 환자나 보균자의 대소변에 의해 오염된 음식이나 물을 통해 감염되며, 잠복기는 약 1~2주일이다. 우리나라에서는 계절에 관계없이 연중 산발적으로 발생하고 있다.

장티푸스는 40℃ 정도의 고열이 일주일 이상 지속되고, 오한, 심한 두통, 무기력, 전신 권태감이 나타난다. 발병 초기부터 설사하는 환자는 20% 정도이고, 발병 2주째에는 설사하는 환자가 많아지고 장출혈로 인한 혈변도 나타난다. 합병증으로 장출혈과 장천공, 신경계 질환이 나타난다.

(2) 치료와 예방

장티푸스 치료는 항생제를 사용하며, 환자는 반드시 격리하여 치료한다. 환자는 용변을 보고 난 후 손을 깨끗이 씻어야 하며, 음식을 조리하지 말아야 한다. 장티푸스 예방을 위해 대중식당의 위생관리를 철저히 하고, 음료수는 끓여서 마신다.

(3) 식사요법

장티푸스 환자에게 항생제를 투여하면 수일 내에 열이 내리고 식욕도 회복되지만 회장에 생긴 궤양은 쉽게 치료되지 않으므로 식사요법을 실시한다. 고열로 인해 대사율이 증가하고 단백질 분해가 증가하므로 고에너지와 고단백식을 공급한다. 발열과 설사 증상이 있으면 수분을 충분히 공급하고, 자극성이 없고 소화가 잘 되는 음식을 유동식으로 공급한다. 비타민과 무기질을 충분히 공급하고 장을 자극하는 섬유소가 많은 채소는 제한한다. 장출혈이 있을 경우에는 금식한다.

3 콜레라

(1) 원인과 증상

콜레라는 병원체인 비브리오 콜레라균*Vibrio cholerae*이 입을 통해 소장으로 들어가 장독소enterotoxin를 만들어 설사하게 되는 급성장관질환이다. 오염된 식수와 음식물, 특히 어패류 등을 통해 감염되며 집단적으로 발생한다. 잠복기는 수 시간에서 5일이며 보통 2~3일이다.

콜레라는 몇 차례 설사를 하는 정도의 경증 환자부터 설사를 시작한지 한 시간 이내에 쇼크에 빠지고 2~3시간 후에는 사망할 정도로 심한 설사를 하는 초급성 중증 환자도 있다. 갑자기 설사가 시작되면서 누런 색깔과 냄새가 없어지고 쌀뜨물 같은 대변이 계속 쏟아져 나온다. 극심한 설사로 심한 탈수 증세를 보이고, 호흡이 빨라지며 소변량이 감소한다. 환자는 불안해하며 갈증을 느끼고, 기면상태로 접어들기도 한다.

(2) 치료와 예방

콜레라는 항생제로 치료하고, 탈수 정도를 파악하여 손실된 수분 및 전해질을 신속히 보충해 준다. 환자를 격리시키고 콜레라 발생 지역에서는 모든 음료수를 끓여서 사용해야 한다.

(3) 식사요법

탈수가 심하지 않으면 경구로 수분과 전해질을 공급하고, 탈수가 심하거나 물을 마시지 못하는 환자에게는 정맥주사로 공급한다. 설사가 멈출 때까지는 유동식이나 반유동식을 공급한다.

4 세균성 이질

(1) 원인과 증상

세균성 이질shigellosis은 시겔라균*Shigella*의 감염으로 발생하는 전염성 질환이다. 환자나 보균자의 대변에 섞여 배출된 이질균에 오염된 물이나 음식물을 통해 감염된다. 세균성 이질은 집단적으로 발생하기 쉬우며, 특히 소수의 세균으로 감염되므로 선진국에서도 유병률이 쉽게 감소하지 않고 있다. 잠복기는 1~3일 정도이다.

세균성 이질은 이질균이 대장 하부의 점막을 침범하여 궤양성 병변을 형성하므로 심한 복통과 경련이 일어나고, 고열, 오심, 구토와 함께 하루에 20~30회 정도 설사를 한다. 심한 경우에는 변에 혈액이나 점액, 농 등이 섞여 나온다.

(2) 치료와 예방

이질의 증상은 환자에 따라 경중이 다른데, 점액변이나 혈변이 있으면 항생제를 복용한다. 지사제를 사용하면 증상이 장기화될 수 있고, 증상이 심한 경우에는 과다한 탈수의 위험이 있다. 세균성 이질 환자는 격리하고 환자의 옷과 침구는 삶아서 소독한다. 예방을 위하여 용변을 본 후와 음식물을 조리하기 전에 반드시 손을 씻는다.

(3) 식사요법

탈수가 심하지 않으면 경구로 물과 전해질을 공급하고, 탈수가 심하거나 물을 마시지 못하는 환자에게는 정맥영양으로 수분을 보충한다. 설사가 멈출 때까지는 유동식과 반유동식을 주고 점차 정상적인 식사를 제공한다.

5 류마티스열

(1) 원인과 증상

류마티스열rheumatic fever은 연쇄구균*Streptococcus* 감염에 의해 관절과 심장에 염증이 나타나는 질환이다. 연쇄구균을 공격하기 위해 생성되는 항체가 관절이나 심장 조직을 공격하여 발생하는 자가면역 질환이다. 4~18세의 어린이와 청소년, 영양상태가 좋지 않은 경우, 생활환경이 불결한 경우 발병 위험이 높다.

손목, 팔꿈치, 무릎, 발목에 동통, 발적, 부종, 미열을 수반하는 관절염 증세를 보인다. 관절염은 보통 10~14일간 지속되지만 치료하지 않으면 다른 관절 부위에도 감염된다. 합병증으로 심장 판막이 손상되어 울혈성 심부전이 발생할 수 있다.

(2) 치 료

염증치료를 위한 스테로이드제나 항염증제, 체액 저류 감소를 위한 이뇨제, 연쇄구균 제거를 위한 항생제를 투여한다.

(3) 식사요법

증상이 가라앉을 때까지 절대 안정을 취한다. 초기에는 유동식이나 연식으로 부드러운 음식을 주고 점차 단백질, 에너지, 비타민이 풍부한 정상 식사를 공급한다. 급성기에는 염증치료를 위해 스테로이드제를 처방하는데, 이 약제는 체내에 수분을 보유하므로 나트륨 섭취를 제한한다.

2. 호흡기질환

1 호흡기의 구조와 기능

폐는 흉부 늑골 아래 심장의 뒤쪽에 위치해 있고, 폐 순환계로 혈관과 연결되어 있다 그림 12-1. 산소가 포함된 공기가 코와 입을 통해 체내로 들어오면 중심의 기관trachea으로 내려와 두 개의 기관지bronchi로 갈라져 좌우에 위치한 양쪽 폐로 들어간다. 두 개의 기관지는 다시 세기관지bronchioles로 갈라지고 이것은 포도송이 모양의 폐포alveoli로 전개된다. 폐에는 약 3억 개의 폐포가 있고, 폐포의 총 면적은 70~90 m^2로 사람 체표면적의 40~50배이다. 작은 폐포의 얇은 막을 통해 산소와 이산화탄소가 혈액으로부터 확산되어 들어오고 나간다.

영양불량은 폐 조직의 기능을 떨어뜨리고 호흡기관의 근육을 소모시키며, 환기력을 감소시켜 호흡부전의 위험과 유병률 및 사망률을 높인다. 또한 폐의 감염률도 증가하고 호흡운동량이 증가하면서 단백질이 소모되어 면역기능이 손상된다.

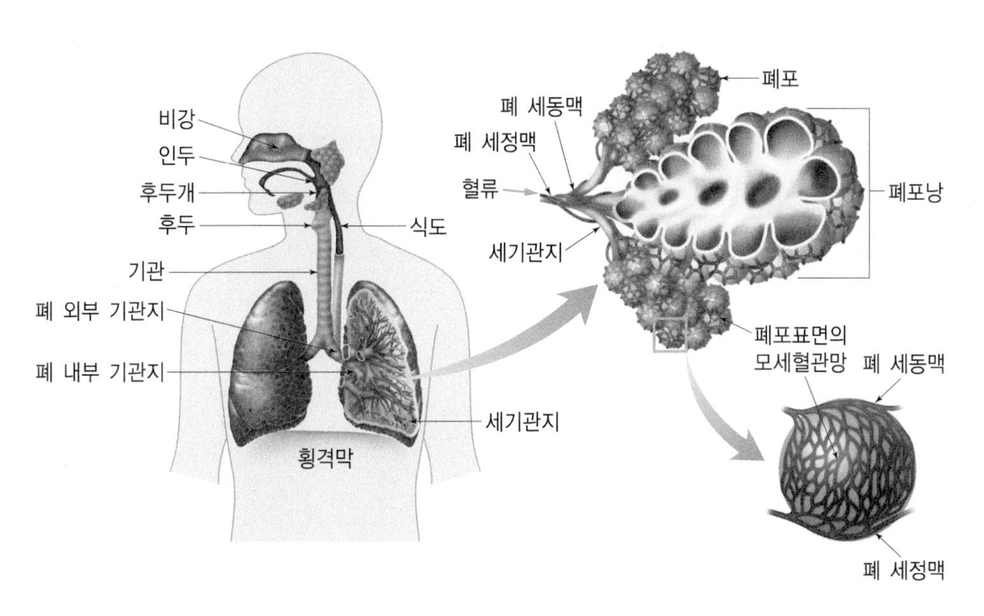

그림 12-1 호흡기의 구조

2 감기

(1) 원인과 증상

감기common cold는 바이러스에 의한 상부 호흡기계의 감염질환으로 흔히 발생한다. 가장 흔한 감기 병원체는 리노바이러스*Rhinovirus*이고, 다음으로 코로나바이러스*Coronavirus*이다. 감기 원인 바이러스는 항원성이 다른 200여 종이 있으므로 반복 감염될 수 있다. 잠복기는 1~4일 정도이다.

감기 증상은 바이러스의 종류에 따라 다를 수 있는데, 초기에는 약간 피곤하고 콧물이 나오면서 코가 막히고, 2~3일이 지나면 더 심해진다. 일부 환자에게서는 기침이나 쉰 목소리도 나타난다. 감기는 대개 일주일 내에 치유되지만 심한 경우에는 부비동염(축농증), 중이염, 기관지염 등의 합병증이 나타날 수 있다. 감기에 걸리면 면역력이 생기지만 효과가 강하지 않고 오래 지속되지도 않으므로 재감염될 수 있다.

(2) 치료와 예방

병원체인 바이러스에 대한 치료제가 없기 때문에 증세를 완화시키는 대증요법이 실시된다. 두통이나 열이 있으면 해열 진통제, 콧물에는 항히스타민제, 기침에는 진해제를 투여하며, 세균 합병증이 있을 때에는 항생제를 사용한다.

감기는 호흡기 감염이므로 환자가 기침을 하면 기도 분비물이 대기 중에 수포 형태로 나가게 되고, 그 속에 병원균이 존재하다가 다른 사람에게 흡입되면 건강상태에 따라 발병하게 된다. 병원균, 특히 바이러스는 대기 중에만 분포하는 것이 아니고, 손을 통해 여러 가지 물건들의 표면에 부착되어 있으므로 물건을 만지면 손에 균이 오염되고, 오염된 손으로 눈이나 코를 만지면 감염되어 감기에 걸린다. 따라서 손을 자주 씻고 손으로 눈, 코, 입을 만지지 말며, 다른 사람과 수건 등의 일상 용품을 함께 쓰지 않는 것이 좋다. 환자는 자신이 감염원이라는 점을 인식하여 감기 바이러스가 다른 사람에게 전파되지 않도록 주의해야 한다.

또한 감기를 예방하기 위해서는 음식을 골고루 먹고 규칙적인 운동과 충분한 휴식을 통해 신체의 면역력을 키워야 한다. 실내가 너무 건조하지 않도록 온도는 20℃ 정도, 습도는 50~60%로 유지하는 것이 좋다.

(3) 식사요법

감기 환자는 발열로 인해 대사량이 증가하므로 에너지를 충분히 공급한다. 고열로 소모된 에너지를 보충하기 위해 체조직 단백질이 소모되므로 단백질도 충분히 공급한다. 항산화기능에 의한 면역력 증강을 위해 비타민 C를 보충하고, 에너지 대사를 돕는 비타민 B 복합체도 보충해 준다. 따뜻한 유자차나 콩나물국 등으로 수분을 충분히 공급한다.

3 폐 렴

(1) 원인과 증상

폐렴pneumonia은 세균, 바이러스, 곰팡이 등의 병원체 감염으로 폐에 염증이 생기는 질환이다. 폐렴의 90% 정도는 폐렴구균*Streptococcus pneumonia*에 의한다. 항생제 사용으로 폐렴 사망률이 많이 감소되었지만 노인과 영유아의 경우에는 아직도 위험성이 크며, 특히 노인은 혈액순환장애로 인하여 사망하기도 한다. 미생물에 의한 감염성 폐렴 이외에 화학물질이나 방사선치료 등에 의한 비감염성 폐렴이 발생할 수 있다.

세균성 폐렴의 전형적인 증상은 오한과 발열로 시작하여 기침, 가래, 식욕부진, 빈번한 호흡과 호흡곤란이 오고 흉통이 나타난다. 폐에 염증이 광범위하게 발생하여 산소교환에 심각한 장애가 생기면 호흡부전으로 사망할 수 있다.

(2) 치 료

세균성 폐렴일 경우 항생제를 투여하고, 가스 교환이 불충분하여 저산소혈증이 생기면 산소를 흡입시킨다. 진해제는 가래가 배출되는 것을 막으므로 사용하지 않는다.

(3) 식사요법

감염과 고열로 인해 체내 대사가 항진되지만 식욕부진으로 음식물 섭취가 어려워진다. 고에너지, 고단백질 식품을 소량씩 자주 공급하고, 우유나 요구르트, 고기국물, 과즙 등 영양이 풍부한 음료를 충분히 준다. 충분한 수분 공급은 탈수증세를 치료할 뿐만 아니라 폐의 분비물과 가래의 배출을 돕는 데 도움이 된다.

4 폐결핵

(1) 원인과 증상

폐결핵pulmonary tuberculosis은 결핵균*Mycobacterium tuberculosis*의 감염으로 폐에 만성염증이 일어나 폐가 파괴되는 질병이다. 후진국 질병 중의 하나인 폐결핵은 과거에는 우리나라에 매우 흔한 질병이었으나 근래에는 많이 감소되었다. 그러나 아직도 선진국에 비하면 유병률과 사망률이 높다.

결핵은 전염성이 있는 폐결핵 환자가 말을 하거나 기침, 재채기를 할 때 나온 결핵균이 부유하다가 다른 사람의 폐 속으로 들어가 감염된다. 따라서 좁은 공간에서 결핵 환자와 오랫동안 함께 거주하는 사람들이 감염될 수 있다. 감염되기 쉬운 연령층은 3세 미만의 어린이와 13~25세의 청소년, 60세 이상의 노인이다. 질병에 대한 저항성이 있는 사람은 균이 몸속으로 들어오더라도 면역에 의해 발병이 억제되지만, 당뇨나 영양불량 등으로 면역기능이 저하된 경우에는 발병 위험이 높다.

결핵은 초기 증상은 잘 나타나지 않으나, 질병이 진전됨에 따라 기침, 혈담, 객담, 객혈, 호흡곤란 등의 호흡기 증상이 나타나고, 발열, 피로감, 식은 땀, 체중감소, 식욕부진, 소화불량 등의 전신 증상이 나타난다.

(2) 치 료

결핵치료제는 최소한 6개월 이상 매일 꾸준히 복용해야 한다. 결핵약 복용을 도중에 중단하거나 약제를 함부로 바꾸면 체내에 내성균이 생겨 치료가 어려워진다. 따라서 결핵 환자는 자신에게 알맞은 결핵 약제를 의사에게 처방받아 매일 꾸준히 복용하여 완치시켜야 한다.

(3) 식사요법

에너지와 단백질　결핵은 체조직의 소모가 심하게 일어나는 소모성 질환이므로 에너지와 단백질을 충분히 공급한다. 그러나 에너지 과잉 섭취는 비만, 당뇨병, 동맥경화증의 원인이 될 수 있으므로 정상 체중을 유지할 수 있는 범위로 한다. 에너지는 1일 2,000~2,500 kcal, 단백질은 체중 kg당 1.5 g으로 1일 75~100 g 공급한다. 단백질은 양질의 육·어류, 난류, 유제품, 콩류로 선택하고, 소화가 잘 되도록 부드럽게 조리한다.

비타민과 무기질 비타민 A와 비타민 C는 결핵에 대한 저항력을 증진시키는 데 도움이 되므로 신선한 녹황색 채소와 과일을 충분히 공급하고, 에너지 대사에 필요한 비타민 B 복합체도 보충한다. 칼슘은 결핵 병소를 석회화하여 세균의 활동을 억제하는 데 도움이 되므로 우유 및 유제품으로 보충해 준다. 또한 폐결핵으로 인한 객혈과 소화관 점막 궤양으로 빈혈이 나타나므로 조혈작용에 필요한 철과 구리를 보충해 준다.

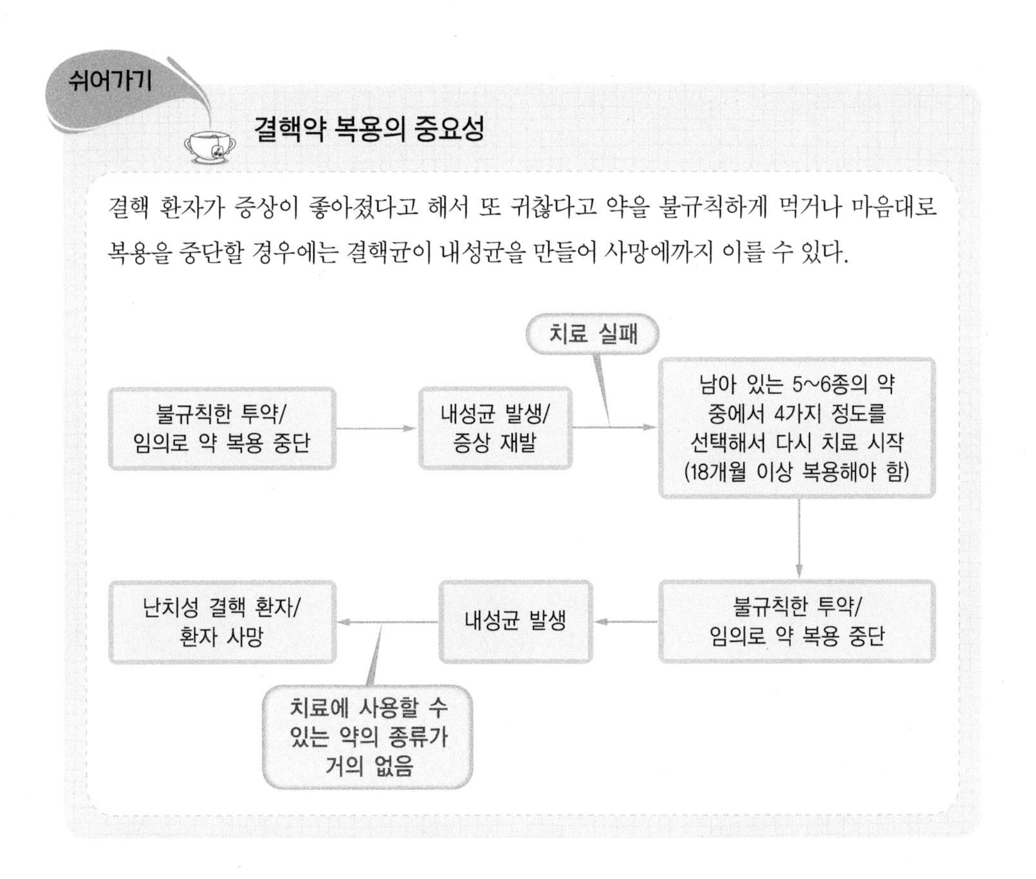

5 만성폐쇄성 폐질환

(1) 원 인

만성폐쇄성 폐질환COPD : Chronic Obstructive Pulmonary Disease은 기도가 폐쇄되어 기류의 속도가 감소하고, 폐기능이 저하되어 호흡곤란이 나타나는 호흡기질환이다. 만성기관지염과 폐기종의 두 가지 형태가 있다 그림 12-2.

만성폐쇄성 폐질환의 주요 위험요소는 흡연이며, 호흡기 감염, 석탄 분진이나 먼지 등 직업성 분진, 염소 가스 · 이산화질소 · 황산 가스 등 화학 물질, 실내 · 외 대기오염도 관련이 있다.

(2) 증 상

만성기관지염 만성기관지염은 과량의 점액 물질이 공기의 통로인 세기관지를 막아 발생하며, 주 증상은 만성적인 기침과 가래, 운동 시의 호흡곤란이다. 질병이 진행되면 점차 가래의 양이 많아지고 점도가 높아져 약간의 활동에도 호흡곤란을 겪게 된다.

폐기종 폐기종은 폐에 해부학적 변화가 일어나 세기관지의 공기 공간이 파괴되어 비정상적 · 영구적으로 말초기도 및 폐포가 확장되어 폐에 공기가 축적되고 호흡곤란상태가 된다. 주요 증상은 호흡곤란으로 초기에는 운동 시에만 발생하나 질환이 진행되면 안정 시에도 발생한다. 그 외 숨쉴 때 쌕쌕거리는 천명음과 흉부 압박감이 나타날 수 있고, 체중이 급속히 감소한다.

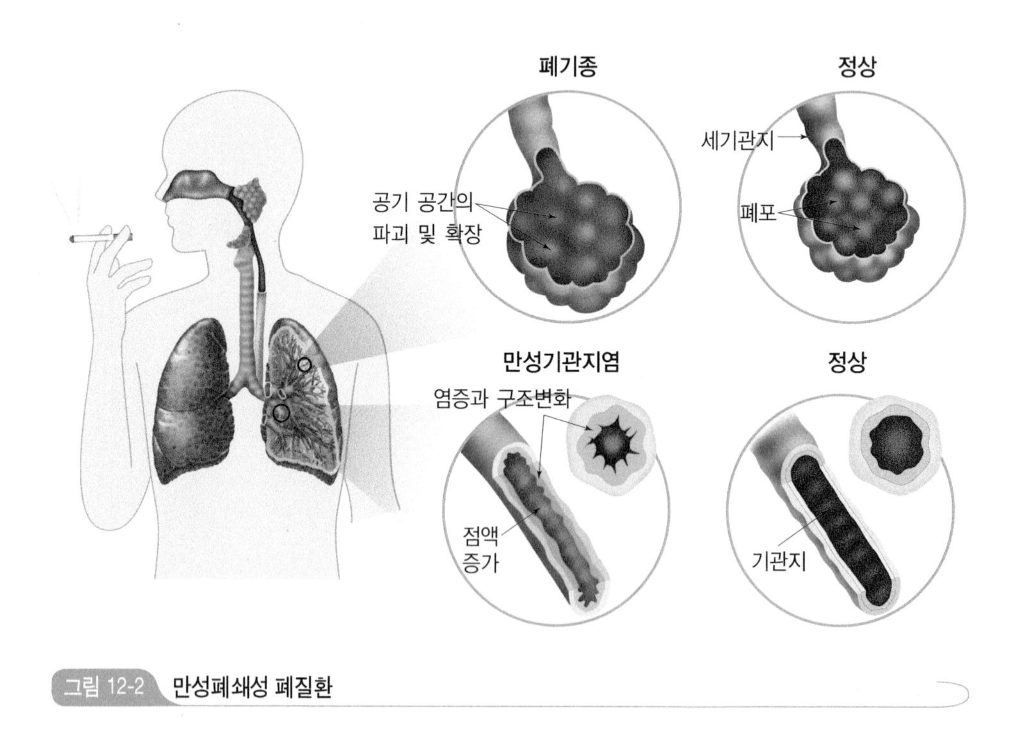

그림 12-2 만성폐쇄성 폐질환

(3) 치 료

만성폐쇄성 폐질환의 치료는 우선 흡연을 중지해야 하며, 호흡기 감염을 예방하고 감염이 되면 안정을 취하여 악화되는 것을 막아야 한다. 항생제, 기관지 확장제, 점액 용해제 등을 투여한다.

(4) 식사요법

영양 손실을 보충하고 적절한 영양상태를 유지해야 폐기능이 유지되고 감염을 방지할 수 있다. 그러나 과식하면 이산화탄소가 과량 생성되어 폐에 부담을 주기 때문에 해롭다. 심한 영양불량 환자는 경관급식이나 정맥영양을 실시한다.

영양관리는 호흡계수RQ : Respiratory Quotient, 즉 소비된 산소량에 대한 생성된 이산화탄소량의 비율에 기초하여야 한다.

지 방　탄수화물의 호흡계수가 1.0인 것에 비해 지방의 호흡계수는 0.7이므로 다른 치료식과 달리 만성폐쇄성 폐질환에서 지방은 좋은 에너지원이 된다.

탄수화물　탄수화물 섭취량이 많으면 산소 소모량과 이산화탄소 생성 및 보유량이 증가하므로 적게 섭취하도록 한다.

단백질　영양불량과 질병의 스트레스에 의해 체단백질 분해가 증가하므로 단백질을 충분히 공급한다.

에너지　단백질-에너지 영양불량이나 근육이 손실될 경우 충분한 에너지 섭취가 필요하다. 그러나 호흡기능이 좋지 못한 환자에게 과잉의 에너지 섭취는 이산화탄소 배출량을 증가시켜 폐에 부담을 주므로 주의해야 한다.

기 타　호흡곤란을 줄이기 위해서는 식사 전 30분간은 휴식을 취하고 식후 한 시간 내에는 운동을 하지 않는다. 소량씩 식사하는 것이 좋고, 음료는 식사 사이에 섭취한다.

3. 수술과 영양

(1) 수술 전의 식사요법

수술 전에 환자의 영양상태를 양호하게 유지하는 것이 중요하다. 영양이 좋은 환자는 영양불량 환자에 비해 수술 후의 회복 경과가 좋으며, 수술 전 혈장 알부민수준은 수술 후의 사망률과 밀접한 상관관계를 보인다.

환자는 수술하기 전에 적절한 체중과 최적의 영양상태를 유지하는 것이 이상적이지만 질병과 수술에 대한 스트레스로 인해 현실적으로는 충분한 식사가 어렵다. 또한 수술 전에 여러 가지 진단과 검사를 위해 금식이나 유동식을 해야 하는 경우도 있어 환자의 영양상태에 더욱 부담을 주게 된다.

① 단백질과 에너지

수술 중의 혈액 손실과 수술 후의 조직 분해에 대비하기 위하여 단백질을 충분히 공급한다. 또한 체중이 감소하지 않도록 에너지를 충분히 공급하고, 글리코겐 저장과 단백질 절약작용에 필요한 탄수화물도 충분히 공급한다. 특히, 영양불량 환자는 수술 후에 감염증에 걸리기 쉽고 상처의 회복이 지연되며 사망률이 높아지므로, 수술 전에 고에너지, 고단백식을 공급해야 한다.

② 비타민과 무기질

에너지 대사를 위한 비타민 B 복합체와 상처 회복에 필요한 비타민 C를 보충한다. 빈혈이나 탈수, 산혈증, 알칼리혈증이 있으면 치유해야 한다. 수분과 전해질 균형을 유지하고, 환자의 상태에 따라 비타민과 무기질을 보충한다.

③ 수술 전 음식물 섭취

수술하기 8시간 전부터 구강으로의 음식물 섭취를 금하여 위에 음식물이 남아 있지 않도록 한다. 위 내에 음식물이 남아 있으면 수술하는 동안이나 수술 후 회복될 때 구토가 나거나 폐로 음식물이 흡인될 위험이 있다. 또한 수술 후 위의 이상 정체현상이나 확장 증세가 나타날 위험이 크고 복부 수술과정에 방해가 된다. 복부나 위장관수술 전에는 저잔사식을 시행한다.

(2) 수술 후의 식사요법

① 수 분

수술 후 가장 중요한 영양관리는 수분과 전해질 평형을 유지하는 것이다. 환자는 수술하는 동안 혈액, 수분, 전해질을 손실하였고, 수술 후에는 발열, 상처에서의 체액 손실,

구토, 설사 등으로 많은 수분을 손실할 수 있기 때문이다. 처음에는 정맥으로 수분을 공급하다가 빠른 시일 내에 구강으로 공급한다.

② 단백질

수술 후에는 충분한 단백질 공급이 필요하다. 수술을 하면 체단백질이 분해되어 음의 질소평형이 되고, 용혈, 상처 출혈, 삼출액 등으로 혈장 단백질이 손실된다. 그리고 조직의 염증, 감염, 외상, 에너지 섭취량 저하, 움직이지 못하는 것 등으로 인하여 체단백질 손실이 증가한다. 만일 수술 전에 영양불량이나 만성감염증이 있었다면 환자의 단백질 결핍증은 더욱 심해지고 심각한 합병증이 유발될 수 있다.

단백질이 결핍되면 상처회복 지연, 골절회복 지연, 빈혈, 폐 및 심장기능 저하, 감염에 대한 저항력 저하, 체중감소, 간 손상, 사망 위험률 증가 등 여러 가지 임상문제가 발생한다.

수술 후 단백질 필요량이 증가하는 이유는 다음과 같다.

상처 회복을 위한 조직 합성　조직 단백질은 혈액에 의해 조직으로 운반된 아미노산에 의해서 합성된다. 이들 아미노산은 섭취한 단백질이나 정맥영양으로 공급된다. 조직 단백질 결핍 시에는 구강을 통해 보충하는 것이 가장 바람직하다. 식욕이 없을 때에는 농축 영양액으로 공급한다.

쇼크 방지　혈액 손실로 혈장단백질이 손실되고 순환 혈액량이 감소하면 쇼크의 위험이 있는데, 단백질이 결핍되면 위험이 더 커진다.

부종 방지　혈장 단백질량이 감소하면 부종이 생긴다. 이는 모세혈관과 조직 간에 정상적인 수분 이동을 유지시켜 주는 콜로이드성 삼투압이 상실되기 때문이다. 임상적인 부종이 뚜렷하기 전에도 상당량의 수분이 세포간질에 축적되어 심장과 폐 기능에 영향을 미친다. 수술 부위의 국부적인 부종도 상처 회복을 지연시킨다.

골격 회복　정형외과 수술 시 골격이 회복되어야 하는데, 단백질은 적합한 경질 형성과 석회화에 필수적이다. 골격 조직에 무기질이 침착되기 위해서는 단백질 기질이 있어야 한다.

감염에 대한 저항력　아미노산은 신체 방어기전에 관여하는 항체, 특수 혈액세포, 호르몬, 효소의 구성원이다. 또한 건강한 신체 조직은 그 자체가 감염에 대한 일차 방어선이다.

지질 운반　단백질은 체내 지질 운반체인 지단백질을 형성하는 데 필요하다. 따라서 단백질은 지질 대사의 주요 기관인 간에 지질이 침착되는 것을 막아 간을 보호한다.

③ 에너지

충분한 에너지 섭취는 성공적인 수술에 필수적이다. 조직 합성에 사용될 단백질 절약을 위해 탄수화물을 충분히 공급하고, 지방은 적정량 공급한다.

④ 비타민과 무기질

비타민 C는 상처 회복에 필수적이고, 에너지와 단백질 섭취량이 증가함에 따라 비타민 B 복합체의 필요량도 증가한다. 비타민 K는 혈액응고과정에 필요하다. 조직이 분해될 때 칼륨이 손실되고, 수분이 손실될 때 나트륨과 염소 등 전해질이 손실되므로 보충해 주어야 한다. 혈액 손실로 철 결핍 빈혈이 발생할 수 있으므로 철을 보충해 준다.

⑤ 수술 후의 음식물 섭취

수술 후에 식사는 맑은 유동식부터 시작하여 일반유동식, 연식, 상식의 순서로 이행해 나간다. 수술 후 정맥영양은 단기간 공급하고, 가능한 한 빨리 구강으로의 음식 섭취를 시작하도록 한다. 대체로 장에서 연동운동의 소리가 들리고 가스 배출이 있으면 식사가 가능하다. 복부 팽만, 경련 혹은 다른 이상증세가 있으면 식사 공급을 중단하거나 그 이전의 단계로 돌아가야만 한다. 극심하게 쇠약하거나 영양불량 환자 혹은 장기간 충분량의 식사를 하지 못하는 환자에게는 경장영양이나 정맥영양을 고려한다.

4. 화 상

(1) 화상 환자의 대사

화상은 열에 의해 발생하는 외상이며, 체단백질 분해에 따른 대사 항진이 나타난다. 화상은 피부 조직의 깊이에 따라 표피층만 손상된 1도 화상(표재성 화상), 표피 전층과 진피의 상당 부분이 손상된 2도 화상(부분층 화상), 진피 전층과 피하 조직까지 손상된 3도 화상(전층 화상)으로 분류한다 그림 12-3, 12-4.

화상에 의한 체내 대사는 3단계로 나누어진다. 1단계는 화상 직후부터 1~2일 정도

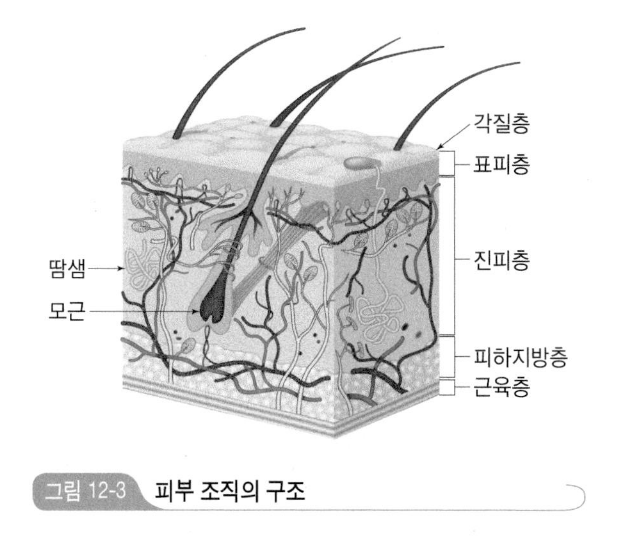

그림 12-3 피부 조직의 구조

지속되는 초기 단계인 감퇴기ebb phase로서 대사율이 감소하고, 산소 소비량, 심박출량, 혈압, 체온 등이 저하된다. 2단계는 유출기flow phase로서 카테콜라민, 글루카곤 등의 이화호르몬의 분비가 증가하고, 대사율이 항진되어 당신생, 지방 분해, 단백질 분해 등 영양소의 분해가 증가한다. 이런 현상은 화상 후 7~12일째 최고조에 달한다. 3단계는 적응과 회복단계로서 상처가 회복되고 피부 조직이 정상화되면서 점차 대사율과 이화작용이 감소한다.

(2) 식사요법

화상 환자의 영양치료 목표는 초기에 경장영양을 공급하며, 체액과 혈액량의 손실로 인한 수분 및 전해질의 불균형을 교정하여 쇼크를 방지하는 것이다. 또한 조속한 상처 회복을 도모하고 감염 위험과 체단백 분해를 최소화하며, 손실된 단백질을 보충하여 영양결핍을 예방해야 한다.

화상 환자의 식사요법은 손상된 체표면적이나 피부 조직의 깊이에 따라 계획한다. 화상 부위가 체표면적BSA : Body Surface Area의 20% 미만인 경우에는 경구 섭취가 가능하나, 화상 부위가 체표면적의 20% 이상이거나 인공호흡기를 사용하면 경관급식을 적용하는 것이 좋다.

화상 환자에게는 충분한 영양공급이 필수적이다. 심한 화상 후에는 대사가 항진되어

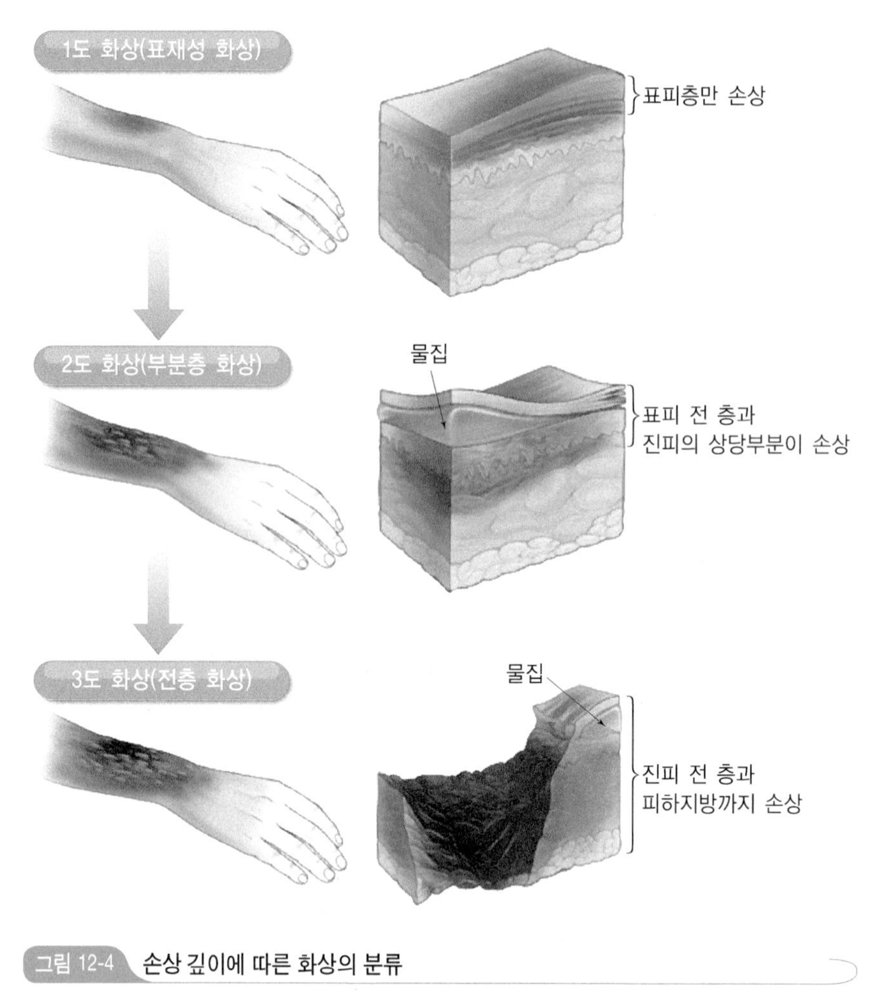

그림 12-4 손상 깊이에 따른 화상의 분류

자료 : 보건복지부 국가건강정보포털(http://health.mw.go.kr)

체단백질이 급격히 손실되고, 생존을 위해 저장 에너지가 모두 사용된다. 화상 부위의 치료를 위해 건강한 피부를 떼어 이식하기도 한다. 그러나 화상 환자는 통증과 화상, 식욕부진으로 인해 음식물을 섭취하기가 어렵고, 또한 활동이나 운동을 할 수 없어 체조직 분해가 가속화된다. 따라서 환자의 영양상태를 지속적으로 평가해 영양지원 여부를 결정해야 한다.

수분과 전해질　수분과 전해질 평형을 유지하는 것이 매우 중요하다. 화상을 입으면 순환계에 심각한 변화가 일어나는데, 혈장단백질(주로 알부민)과 전해질이 모세혈관을 통해 세포간질 및 화상 부위로 유출된다. 화상 부위의 세포간질에 수분이 축적되면 심한 부종이 생기고 이는 혈액 순환을 방해하여 조직이 사멸되고 감염되기 쉬워진다. 중환자의 혈장량은 정상인의 절반 이하로 감소된다. 이때 충분한 수분과 전해질, 알부민을 공급해 주면 혈액량이 유지되면서 쇼크를 방지할 수 있다. 보통 하루에 3~5 L의 수분이 필요하나 10 L의 수분이 필요한 환자도 있다.

에너지　화상 환자는 기초대사율이 2배 정도로 증가하므로 3,000~5,000 kcal의 고에너지가 필요하다. 화상 정도가 비슷하더라도 환자 개인에 따른 에너지 필요량은 서로 다르다. 에너지 필요량은 간접열량계로 측정할 수 있으며, 아래와 같이 간단히 쿠레리 Curreri 공식을 이용하여 산출할 수 있다.

화상 환자의 에너지 필요량 계산법

- **성 인**

  (25 kcal × 화상 전 체중 kg) + (40 kcal × % 화상 체표면적)

- **어린이**

  30~100 kcal(연령에 따른 권장량) × 화상 전 체중 kg + (40 kcal × % 화상 체표면적)

단백질　화상 환자는 질소평형을 유지하기 위해서 성인은 체중 kg당 1.5~3 g의 단백질이 필요하다. 즉, 하루에 200 g 정도의 단백질을 충분히 공급해야 한다. 어린이는 단백질 권장량의 2~3배를 공급한다. 다음 공식에 의해 필요량을 계산하기도 한다.

단백질 필요량 = (1 g/kg × 화상 전 체중 kg) + (3 g × % 화상 체표면적)

비타민과 무기질　화상 환자는 에너지와 단백질 필요량이 증가하므로 비타민과 무기질도 증가시켜야 한다. 조직 재생과 면역기능 향상을 위해 비타민 A와 비타민 C를 충분히 공급하고, 에너지 대사를 위해 비타민 B_1, 비타민 B_2, 니아신을 보충한다. 상처 회복과 단백질, 에너지 대사에 필요한 아연을 보충해 주고, 움직일 수 없는 심한 화상 환자의 경우 칼슘 보충이 필요하다.

정서적 지원 화상 환자는 대부분 입원 기간이 길고 신체가 영원히 손상된 것으로 인한 심리적 작용으로 식욕이 없는 것이 보통이다. 손상된 피부와 조직을 이식해야 하는 화상치료 기간은 통증이 매우 심하고, 또한 화상 부위로 인해 식사하기가 불편한 경우도 있다. 환자가 가능한 한 신속히 병상에서 일어나 걷고 치료를 시작할 수 있도록 격려해 주어야 한다.

주요 용어

- **감염성 질병**(infectious disease) : 바이러스, 세균 등의 미생물이 침입해서 발생하는 질병
- **감퇴기**(ebb phase) : 신체 상해에 대한 초기 반응으로 혈압, 심박동, 체온, 산소소비량이 감소하여 순환혈액량 감소, 조직의 혈류감소, 산독증증세가 나타남
- **글루카곤**(glucagon) : 췌장에서 분비되는 호르몬으로 혈당상승작용이 있음
- **기면**(lethargy) : 자극에 응하는 힘이 약해져서 수면상태에 빠져드는 의식장애
- **류마티스열**(rheumatic fever) : 연쇄구균 감염에 의한 합병증으로 관절과 심장에 영향을 미치는 염증증세
- **만성폐쇄성 폐질환**(COPD : Chronic Obstructive Pulmonary Disease) : 기도가 폐쇄되어 기류의 속도가 감소되는 질환으로 폐기종, 만성기관지염, 기관지 천식증세가 나타남
- **세균성 이질**(bacillary dysentery) : 시겔라균(*Shigella*)에 의한 전염성 질병으로 복통, 고열, 구토, 설사증세가 나타남
- **유출기**(flow phase) : 신체적 스트레스에 대한 신경 내분비계의 반응으로 감퇴기에 이어 일어나며 상처회복과 신경계 손상정비를 위하여 대사 항진, 체액증가, 산소운반 회복이 일어나는 시기로 심박출량과 산소소비량, 열량소비량, 체단백 합성이 증가함
- **이화항진**(hypercatabolism) : 이화작용이 비정상적으로 항진된 상태
- **장티푸스**(typhoid fever) : 살모넬라 티피균(*Salmonella typhi*)에 의한 전염성 질병으로 고열, 복통, 설사, 장출혈증세가 나타남
- **카테콜라민**(catecholamine) : 교감신경 흥분작용을 나타내는 유사 화합물군의 하나로 도파민, 노르에피네프린, 에피네프린이 포함됨
- **콜레라**(cholera) : 비브리오 콜레라균(*Vibrio cholera*)에 의한 전염성 질병으로 심한 설사가 남
- **폐결핵**(pulmonary tuberculosis) : 결핵균이 폐에 만성염증을 일으켜 폐를 파괴하는 질병으로 기침, 혈담, 객혈, 호흡곤란이 나타남
- **폐렴**(pneumonia) : 폐렴구균에 의해 폐에 염증이 생긴 질환으로 고열과 기침이 남

CLINICAL NUTRITION

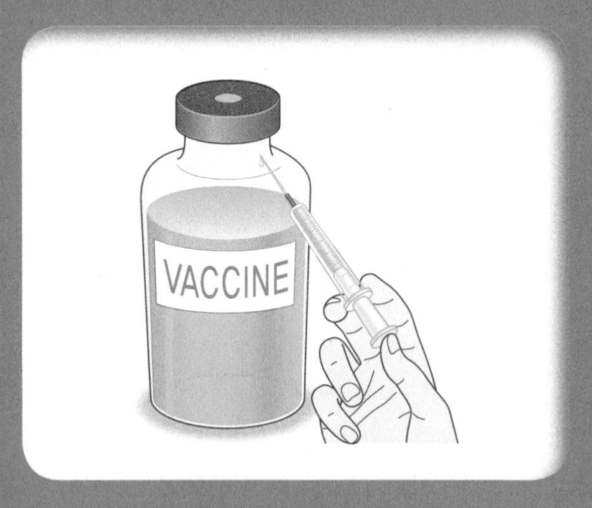

제 13 장

면역질환과 암

면역계는 외부의 해로운 이물질로부터 우리 몸을 보호해 주는 방어기전으로 선천성과 후천성 면역이 있다. 알레르기는 면역반응이 생체에 불리하게 작용하여 장애를 일으키는 것으로 과민 반응이라고 한다. 암은 세포 자체의 조절기능이 손상되어 세포가 과잉 증식하는 것을 말한다. 암 환자는 치료의 효과와 암으로 인한 스트레스에 대한 방어력을 높이고 치료로 인한 부작용을 최소화하기 위하여 좋은 영양상태를 유지해야 한다.

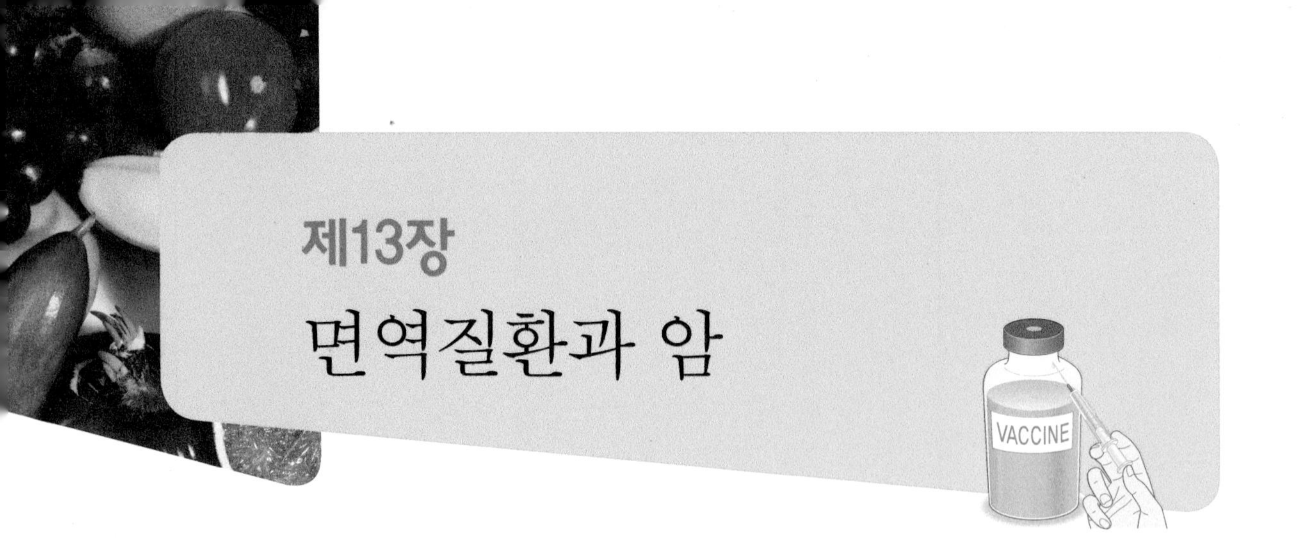

제13장 면역질환과 암

1. 면역질환

1 면역계의 구조

면역계는 면역기능을 담당하는 기관과 세포로 되어 있으며 이들의 기능을 조절하는 여러 가지 면역단백질이 관여한다.

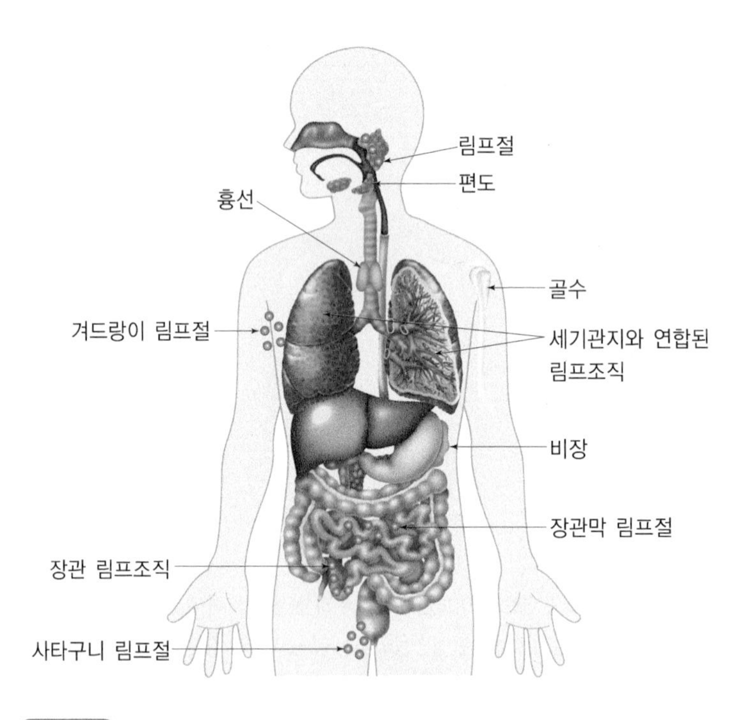

그림 13-1 면역담당 기관과 조직

(1) 면역담당 기관

흉 선 흉선thymus은 가슴뼈의 안쪽에 위치하고 있으며, 어린아이에서는 비교적 크지만 사춘기 이후에 점차 퇴화하여 지방조직으로 바뀐다. 흉선은 면역계를 조절하는 호르몬을 분비한다. 백혈구 중 T세포의 생성 및 분화와 성숙을 촉진하여 세포면역 항체의 생성에 관여하고 있다.

비 장 비장spleen은 횡격막과 왼쪽 신장 사이에 있는 장기로 지라라고도 한다. 혈액순환계 내의 가장 큰 말초 림프조직으로 림프구와 대식세포가 있다.

림프절 림프절lymph node은 치밀하고 불규칙한 결합조직으로 구성된 캡슐로 싸여 있으며 림프구로 채워져 있는 작은 결절이다. 림프액을 걸러 내거나 림프구를 생성하여 외부로부터의 세균, 병원균과 염증 찌꺼기를 여과시켜 우리 몸을 보호하는 장기로 목, 겨드랑이, 사타구니 외 전신에 분포되어 있다.

골 수 골수bone marrow는 적혈구, 백혈구, 혈소판 등 혈액세포를 만드는 조혈조직으로서 림프조직은 아니지만 성인의 경우 T세포나 B세포의 전구세포를 공급한다.

쉬어가기

림프계

림프계(lymphatic system)는 혈관처럼 온몸에 퍼져 있는 기관으로 신체의 액체 균형을 유지한다. 동맥, 정맥과의 압력차에 의해 모세림프관에서 림프액을 흡수하여 림프관 총관에 모인다. 림프순환은 쇄골하정맥에서 연결되어 심장으로 들어가게 된다. 림프절과 흉선, 비장 같은 림프조직은 면역에 관련된 백혈구인 림프구를 생성한다.

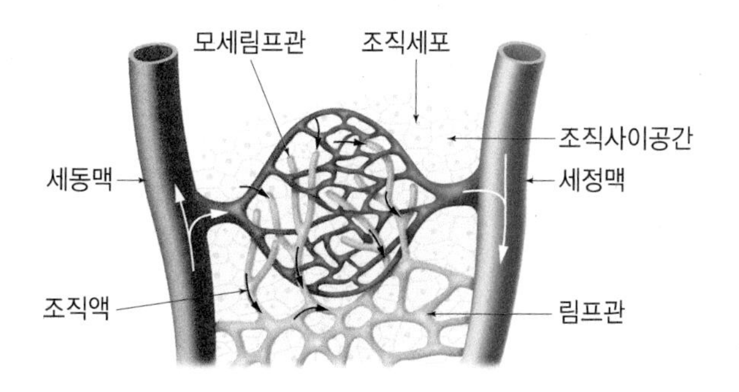

(2) 면역담당 세포

면역담당 세포에는 림프구와 대식세포가 있고, 면역에 직접 관여하지는 않지만 반응에 중요한 역할을 하는 과립백혈구인 호중구, 호염기구, 호산구가 있다.

① 림프구

림프구lymphocyte는 백혈구의 한 종류로 골수 중의 다능성 줄기세포pluripotent stem cell에서 분화하며, 골수 외에 림프절이나 비장에서도 생성된다. 식세포작용뿐만 아니라 항체 생성 등을 담당하여 면역에 관여한다. 림프구는 세포성 면역에 관여하는 T림프구와 체액성 면역에 관여하는 B림프구가 있다.

② 대식세포

대식세포macrophage는 체내의 모든 조직에 분포하며, 이물질, 세균, 바이러스, 노폐물 등을 포식하고 소화하는 대형 아메바상 식세포를 총칭한다. 골수 중의 줄기세포에서 유래하며, 골수 내에서 단아구monoblast를 거쳐 단핵구monocyte로 분화한다. 말초혈액 중에 단핵구의 형태로 존재하며 조직으로 들어가면 대식세포가 된다.

③ 과립백혈구

과립백혈구에는 호중구, 호염기구, 호산구가 있다.

호중구 호중구neutrophil는 사람의 말초혈액 중에서 전체 백혈구의 약 60%를 차지한다. 과립은 리소좀이며 여기에 가수분해효소와 프로테아제가 함유되어 있다. 호중구는 강한 탐식작용이 있으며, 급성염증이 생겼을 때에 수가 급속하게 증가한다.

호염기구 호염기구basophil의 과립에는 헤파린과 히스타민이 다량 함유되어 있다. 총 백혈구의 0.5~1%를 차지하며, 알레르기상태나 골수성 백혈병에서 그 수가 증가한다.

호산구 호산구eosinophil는 말초혈액의 백혈구에 약 2~5% 함유되어 있고, 두드러기나 천식 등의 알레르기 질환, 감염, 자가 면역성 질환에서 비정상적으로 수가 증가하며, 스트레스를 강하게 받을 경우에는 감소한다.

2 면역계의 분류

(1) 선천성 면역

선천성 면역은 태어나면서 갖게 되는 비특이적 면역이다. 주로 항원에 대한 초기방어를 담당하는 것으로 피부, 점막, 보체계, 식세포가 있으며, 항균단백질인 락토페린 lactoferrin, 라이소자임lysozyme 등이 있다.

피부와 점막 피부는 세균을 물리적으로 방어하고, 땀샘과 피지선의 분비물은 pH를 낮춰 세균이 증식하는 것을 막는다. 눈물과 타액에는 라이소자임이 들어 있어 세균을 용해한다. 이와 같은 기전에 의해서 외부로부터 들어온 이물질의 90%가 제거된다.

보체계(complement system)의 기능

- 미생물의 세포막을 용해하여 직접 균을 죽인다(lysis).
- 식균세포를 감염된 장소로 이동시켜 균을 파괴하는 작용을 돕는다(chemotaxis).
- 세균의 표면에 붙어 식균세포가 세균을 인지하는 것을 돕는다(opsonization).

보 체 보체complement는 혈액이나 림프 속의 항원-항체 복합체와 비특이적으로 결합하고 감염, 염증반응, 면역반응 등에 동원되어 여러 생물학적 활성을 나타낸다.

식세포 식세포phagocyte에는 호중구와 대식세포 등이 있다. 호중구는 활발한 운동성과 탐식능력을 가지고 있고, 대식세포는 탐식작용과 항체생성을 촉매하는 기능이 있다.

(2) 후천성 면역

후천성 면역(특이적 면역)은 비자기(이물질)를 인식한 후 특이적으로 결합하는 단백질을 생산하여 세포수준에서 제거하는 방어기전이다. 선천성 면역보다 전문화된 기능을 가지고 있으며, 미생물과 항원을 기억하여 다음에 같은 항원을 접할 때 방어기전이 더욱 효과적으로 작용한다. 후천성 면역은 체액성 면역과 세포매개성 면역으로 나눈다 그림 13-2.

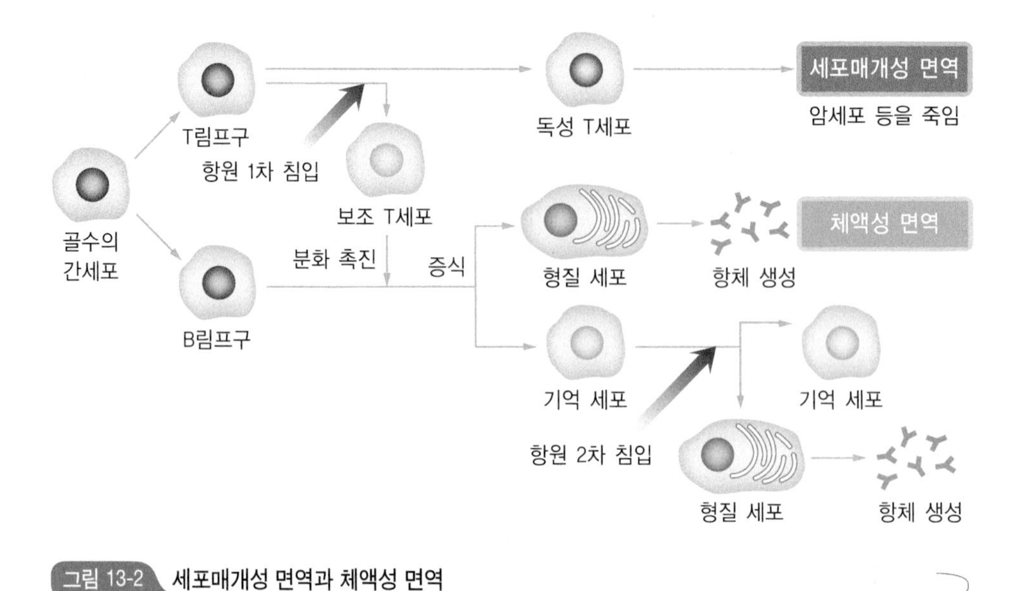

그림 13-2 세포매개성 면역과 체액성 면역

① 체액성 면역

체액성 면역HI : Humoral Immunity은 세균이나 바이러스의 침입에 대해 특이적인 항체를 생성하여 혈액이나 림프액에 방출함으로써 면역작용을 하는 것을 말한다. 체액성 면역은 B림프구가 체내에 침입한 항원에 대해 항체 형성을 유도함으로써 수행된다. 항체는 대식세포에 의해 전달된 항원의 자극을 받아 분화된 형질세포plasma cell에서 생성되며

표 13-1 항체의 종류와 특징

항 체	특 징
IgA	눈물, 콧물, 침, 유즙, 소화기 장액, 호흡기와 비뇨기관의 분비액 등에 포함되어 일명 분비형 IgA라고 부른다. 총 면역 글로불린의 10~20%를 차지하며, 체표면에서 미생물이 체내로 침입하는 것을 막는다.
IgD	총 면역 글로불린의 0.2%를 차지하고, 만성감염증에서 상승하는 경향이며 B세포 표면에 항체 수용체로 존재한다.
IgE	혈청 중에 매우 낮은 농도로 존재하며, 기생충 감염, 페니실린 쇼크, 화상, 각종 자극성 화학 중독 시의 알레르기 반응에 관여한다.
IgG	대부분의 면역혈청에 존재하며 총 면역 글로불린의 80%를 차지하고 있다. 항박테리아 및 항바이러스 작용이 있고 태반을 통과할 수 있는 유일한 면역 글로불린이다.
IgM	총 면역 글로불린의 5~10%를 차지하며, 항원에 감염되면 가장 먼저 증가한다.

체액을 통해 순환된다. B림프구는 골수에서 유래된 세포로서 세포가 항원자극을 받으면 항체를 생성하여 면역반응을 하게 되는데, 이것이 체액성 면역반응의 주도적인 역할을 한다. 항체 생성은 B림프구의 분화를 촉진하는 보조 T세포helper T-cell와 분화를 억제하는 억제 T세포suppressor T-cell의 상호작용에 의해서 조절된다. 항체는 일반적으로 면역 글로불린Ig : Immunoglobulin이라고 부르며 IgA, IgD, IgE, IgG, IgM의 다섯 가지가 있다 표 13-1.

쉬어가기

B림프구와 T림프구

- **B림프구(B세포)** : 조류의 파브리키우스 주머니(bursa of fabricius)에서 처음 발견됐기 때문에 주머니(bursa)의 첫 글자를 따서 B세포라고 명명되었는데, 사람을 포함한 포유류의 경우 골수(bone marrow)의 첫 글자를 따서 B세포라고 부른다. B세포는 스스로 증식하여 항원 특이적인 B세포 수를 증가시키고 항체를 분비하는 형질세포로 분화한다.
- **T림프구(T세포)** : 골수에서 생성되지만 성숙과정은 흉선(thymus)에서 이루어져 흉선의 첫 글자를 따서 T세포로 부른다. T세포는 기능적인 측면에서 아래의 몇 가지로 구분된다.
  - **세포독성 T세포** : 세균이나 바이러스의 감염을 방어하고 장기이식 거부반응과 암에 대한 면역감시를 책임지고 있다.
  - **보조 T세포와 억제 T세포** : B세포와 세포독성 T세포의 반응을 조절함으로써 특정 면역반응에 간접적으로 참여한다.
  - **자연살해 T세포** : 항원 특이성이 없기 때문에 특이적 인식 없이 암세포나 바이러스에 감염된 세포를 죽인다.

② 세포매개성 면역

세포매개성 면역CMI : Cell-Mediated Immunity은 항원 자극에 의해서 활성화된 T림프구가 림포카인lymphokine으로 불리는 단백질성 인자를 방출하여 대식세포를 활성화하는 것을 말한다. T림프구는 골수의 줄기세포에서 생성되고 흉선을 거치면서 분화, 성숙되어 각종 세포성 면역에 관여하게 된다. 항원이 T세포막의 표지marker와 결합하면 T세포는 활성화되어 여러 다른 기능을 하는 세포로 분화한다. 암세포처럼 자신의 세포가 유전자 변형을 일으킨 경우는 면역반응으로 세포를 쉽게 파괴시킬 수 있다. 세포매개성 면역은 장기이식 시에 거부반응을 일으키게 하는 주 원인이다. 장기를 이식하는 경우 이식받은 사람의 면역계는 이식된 장기조직을 항원으로 인식하고 그에 대한 면역반응을 일으킨다. 또한 면역체계에 변화가 생기면 자신의 정상 체세포에 대해서도 면역반응을 일으키는 자가면역질환이 발생한다.

쉬어가기

후천성 면역결핍증

후천성 면역결핍증(AIDS : Acquired Immune Deficiency Syndrome)은 인체면역 결핍 바이러스(HIV : Human Immunodeficiency Virus)의 감염에 의해 면역기능이 현저히 떨어져 각종 감염증이 발생하는 질환이다. HIV 감염자는 혈액 내 보조 T세포의 수가 급격히 떨어지며, 면역기능이 점진적으로 감소하여 감염 후 7~10년 내에 후천성 면역결핍증으로 발전한다. HIV 감염자의 치료가 잘 진행되지 못하면 소화, 흡수, 영양소의 이용 등에 문제가 생겨 단백질과 에너지 부족이 나타난다. HIV 감염자와 후천성 면역결핍증 환자에 대한 영양관리는 필요한 영양소를 공급하고, 질병의 진행에 따른 영양불량상태를 예방하거나 지연시키는 것이다.

3 영양상태와 면역기능

영양불량은 면역기능을 감소시켜 감염률을 높이고, 감염은 식욕저하와 음의 질소평형을 초래한다.

(1) 영양불량

심한 영양불량상태에서는 면역기관의 무게가 감소하고 구조도 변화한다. 영유아기에 에너지와 단백질이 부족하면 면역을 담당하는 기관인 흉선, 비장, 편도선, 맹장 등이 정상아보다 작으며, 흉선이 가장 크게 영향을 받는다. 또한 비특이적 면역기능에 관여하는 보체의 농도가 감소하고, 사이토카인cytokine, 인터루킨interleukin, 인터페론interferon의 농도도 감소한다. 에너지와 단백질이 부족한 경우 세포매개성 면역능력이 저하되어 정상인에 비해 혈액 내 T림프구의 수가 감소한다.

(2) 영양과잉

과다한 에너지 섭취로 비만이 되면 면역기관이 감소하고, T세포가 담당하는 세포매개성 면역반응이 감소한다. 에너지나 지방의 과잉 섭취는 면역기능의 저하를 초래하고, 이러한 면역기능의 감소가 만성퇴행성 질병의 유병률을 높인다. 고지방 섭취 시에는 체액성 면역에는 영향을 미치지 않으나 세포매개성 면역능력은 감소한다.

(3) 영양소와 면역반응

면역반응에 영향을 주는 영양소는 비타민 A, 비타민 C, 비타민 E, 단백질, 지방, 셀레늄, 철, 아연 등이 있다. 단백질과 에너지 결핍은 림프조직을 위축시켜 세포매개성 면역기능을 저하시키고, 장기적으로 체액성 면역도 저하시켜 방어기능을 떨어뜨린다. 영양부족의 정도와 지속기간에 따라 면역능력의 저하 정도가 달라진다.

비타민 A 비타민 A는 상피세포 점막의 표면보호와 점액 합성에 필수적인 영양소로서 T림프구와 B림프구의 반응을 증가시켜 생체 방어기능을 높인다. 비타민 A의 결핍은 피부나 점막의 손상을 초래하여 감염에 대한 저항력을 떨어뜨리고, 어린이에게는 흉선, 비장, 림프조직의 위축을 초래한다.

비타민 C 비타민 C는 항산화제 또는 활성기 제거자free radical scavenger로서 작용하며, 알레르기를 일으키는 원인물질인 히스타민을 해독한다. 비타민 C의 섭취량이 증가할수록 식균세포의 반응성은 증가한다.

비타민 E 비타민 E는 항산화제로서 세포막을 보호하고 생식기능과 노화방지에 효과가 있다. 면역계 세포들은 고농도의 다가 불포화지방산을 가지고 있어 정상적인 세포활동에서도 쉽게 산화되어 그 기능이 손상되기 쉽기 때문에 비타민 E는 면역세포기능에 매우 중요하다.

아 연 아연이 결핍되면 T림프구의 면역응답과 B림프구의 항체 생성능력이 저하된다. 또한 자연살해세포NK : Natural Killer cell의 활성이 저하되고, 대식세포의 항미생물작용과 항암작용이 현저히 저하된다.

철　철은 림프구, 호중구, 자연살해세포에 필수요소로서 체액성 면역에 영향을 미친다. 철의 결핍은 흉선의 위축 및 비장의 비대 등으로 T림프구를 감소시키고, 자연살해세포의 활성을 저하시켜 세포매개성 면역에도 영향을 미친다.

셀레늄　셀레늄은 세포의 항산화에 관여하는 글루타치온 과산화효소GPx : Glutathione Peroxidase의 구성원으로서 호중구를 과산화물의 상해로부터 보호한다. 셀레늄이 결핍되면 체액성 및 세포매개성 면역 저하를 초래한다.

4 알레르기

알레르기allergy는 allos(other)와 ergo(action)의 합성어로서 다른 작용이라는 뜻으로 면역반응이 달라져 과도하게 반응하는 과민반응hypersensitivity을 말한다.

알레르기 반응은 특정 항원에 처음 노출되면 이 알레르겐(항원)에 대한 항체와 함께 B세포의 형질세포와 기억세포가 생긴다. 이러한 상태에서 동일한 알레르겐에 다시 노

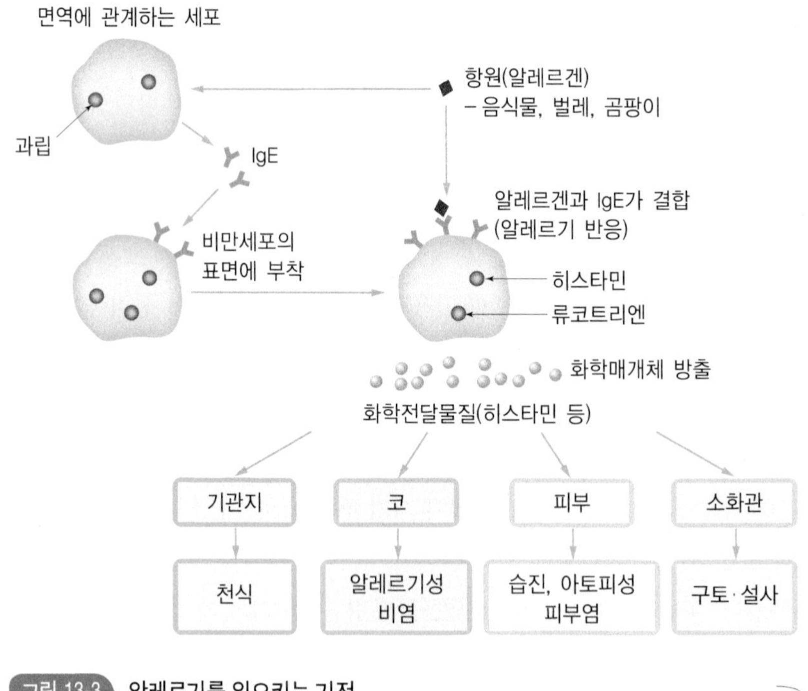

그림 13-3 알레르기를 일으키는 기전

출되면 강력한 항원-항체반응이 일어나게 되는데, 형질세포에서 분비되는 IgE 항체는 혈액을 순환하다가 결합조직의 비만세포에 부착해서 히스타민을 포함한 많은 염증 매개체를 분비하게 된다. 이러한 매개체들은 국부적인 염증반응을 일으킨다 그림 13-3.

(1) 알레르기의 분류

① Ⅰ형 알레르기(아나필락시스형)

I 형 알레르기는 항원-항체반응이 10~20분 사이에 일어나기 때문에 즉시형 또는 아나필락시스anaphylaxis형 알레르기라고 부른다. I 형 알레르기는 IgE 항체와 비만세포에 의해 일어나는 가장 보편적인 알레르기 반응으로서 아토피성 피부염, 천식, 비염 및 식품 알레르기 등이 여기에 속한다.

② Ⅱ형 알레르기(세포독성형)

II 형 알레르기는 세포나 조직에 항체가 결합함으로써 2차적으로 발생하는 조직장애로, IgM 및 IgG 항체가 표적세포에 결합하여 보체계가 활성화되어 세포를 파괴하게 된다. 혈액형이 부적합한 수혈 시 나타나는 용혈현상이 대표적인 예이다.

③ Ⅲ형 알레르기(면역복합체형)

III형 알레르기는 내인성 및 외인성 항원과 IgM 및 IgG 항체와의 면역 복합체에 의해서 조직 상해가 생긴 것으로 사구체신염, 약물 알레르기 등이 있다.

④ Ⅳ형 알레르기(지연형)

IV형 알레르기는 지연형 과민반응으로 세포성 면역반응이다. 항원에 감작된 T림프구에서 염증반응을 일으키는 림포카인을 분비하여 면역반응을 일으키거나 T림프구 자체

표 13-2 알레르기 반응의 분류

분류	항체	관련 질환
체액성 면역반응		
(1) Ⅰ형(아나필락시스형)	IgE	아토피성 피부염, 천식, 알레르기성 비염, 식품 알레르기
(2) Ⅱ형(세포독성형)	IgG, IgM	자가면역 용혈성 빈혈, Rh 인자 부적합 임신
(3) Ⅲ형(면역복합체형)	IgG, IgM	사구체신염, 과민성 폐렴, 만성 류마티스 관절염
세포성 면역반응 (4) Ⅳ형(지연형)	– (T림프구)	접촉성 피부염, 투베르쿨린 반응, 이식 거부반응

지연형 알레르기와 즉시형 알레르기

정제 투베르쿨린 단백을 혈액 내에 주사하면 발적, 경화가 발생할 때까지는 약 24~48시간이 소요된다. 이는 항원제시세포가 항원을 먹고 분해하는 과정이 필요하여 지연형 알레르기라는 별명을 가지고 있다. 그에 비해 즉시형 알레르기는 항원제시과정이 없다.

- 지연형 알레르기(IV형 알레르기) : 24~48시간(투베르쿨린 반응)
- 즉시형 알레르기(I형 알레르기) : 15~30분

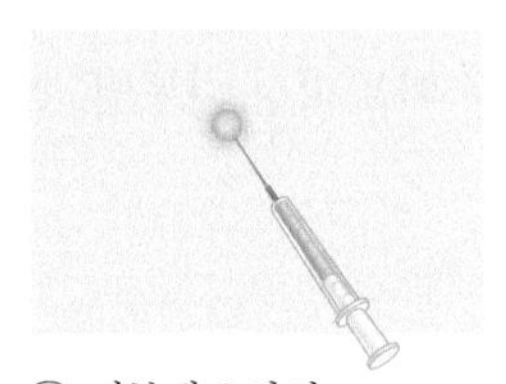

① 피부에 소량의 투베르쿨린을 주사함

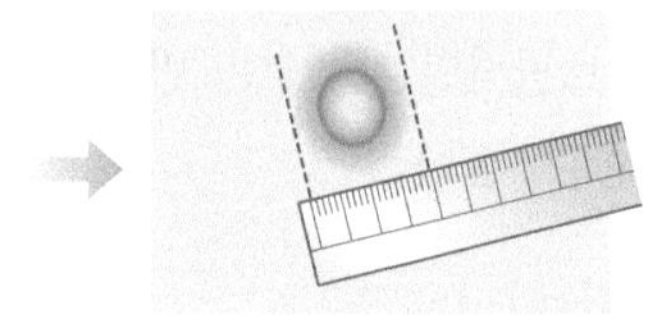

② 48~72시간 후 부어오른 부위의 직경을 측정하여 판독

그림자료 : 국가건강정보포털 http://health.mw.go.kr

가 세포독성을 일으킨다. 접촉성 피부염, 투베르쿨린반응이 이에 해당한다.

(2) 식품 알레르기

식품 알레르기food allergy는 식품이나 식품첨가물을 섭취한 뒤에 나타나는 역반응adverse reaction 중에서 면역학적 기전에 의해 발생하는 경우이며, 체내 면역계와 관계가 없는 반응인 식품불내증food intolerance과는 구별된다 그림 13-4.

① 발생빈도

우리나라의 식품 알레르기 발생빈도는 최근 지속적으로 증가하고 있으며, 성인에서는 1~2%, 영아와 소아에서는 6~8%까지 보고되고 있다. 식품 알레르기는 동물성 식품이 식물성 식품에 비해 2배 정도 알레르기를 많이 일으키며, 원인 식품은 달걀, 돼지고기, 복숭아, 고등어, 닭고기, 우유, 메밀, 게, 밀가루, 토마토 등이다.

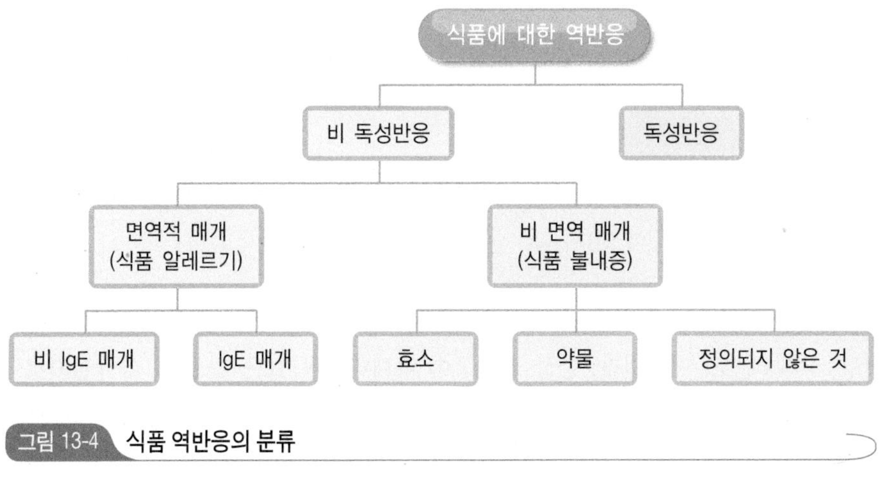

그림 13-4 식품 역반응의 분류

자료 : 이부웅 역(1999), 알레르기와 불내증

② 증 상

식품 알레르기로 인한 증상은 순환기계, 소화기계, 근육골격계, 신경정신계, 호흡기계 및 피부계에 나타난다 표 13-3. 알레르기 반응은 정도의 차이가 크고, 심한 경우 쇼크반응이 일어나 목숨을 잃는 수도 있다. 쇼크는 과량의 IgE 생성과 히스타민 분비로 인하여 말단 혈관이 확장되어 혈류량이 급속히 감소함으로써 발생한다.

③ 발병기전

장관 내 알레르기 반응은 알레르겐 노출에 의한 점막 면역의 과잉반응으로 나타난다. 신생아나 영아기에는 분비형 면역 글로불린 A(sIgA)의 부족, 점막 상피세포의 미숙, 소

표 13-3 알레르기 표적기관과 증상

표적기관	증 상
순환기계	저혈압, 비정상적인 심박동
소화기계	메스꺼움, 구토, 설사, 복통, 경련, 변비
근육골격계	관절염, 관절통, 근육 통증
신경정신계	피로, 두통, 수면장애, 불안
호흡기계	재채기, 코의 충혈, 천식, 만성기침, 비염, 호흡곤란
피부계	가려움증, 발열, 두드러기, 혈관부종, 발열성 발진

화효소의 부족으로 점막 면역계에 식품 항원의 노출이 증가되어 알레르기가 발생하기 쉽다.

④ 진단방법

식품 알레르기 진단방법에는 임상병력과 식사일기, 알레르기 혈청검사, 피부반응검사, 식품제거 및 유발검사 등이 있다.

임상병력과 식사일기 임상병력clinical history이란 알레르기를 일으킬 수 있는 식품의 종류, 섭취량, 증세, 빈도, 지속시간, 양상에 대하여 자세히 알아보는 것으로, 식사일기로 기록해 보는 것이 도움이 된다. 그 외에도 당시의 환경, 심리 및 사회적 상태도 알레르기 유발에 영향을 미치므로 기록한다.

혈청검사 알레르겐과 결합하는 혈중 IgE의 양을 측정하는 방법으로 방사선알레르겐 흡수법RAST : Radioallergosorbent Test, CAP형광효소 면역검사법CAP-FEIA : CAP system Fluorescent Enzyme Immunoassay이 있다. RAST검사는 피부반응검사보다 진단적 가치가 낮고, CAP-FEIA 검사는 피부반응검사 정도의 효과를 가지고 있어서 최근에는 자주 사용된다.

피부반응 검사 피부반응검사skin test는 비만세포로부터 유리되는 히스타민에 기인한 것으로 특이성 IgE에 의하여 감작되면 정량될 수 있다. 환자의 등이나 팔에 검사하고자 하는 다양한 종류의 항원액(알레르겐)을 한 방울씩 떨어뜨리고, 소독한 주삿바늘로 살짝

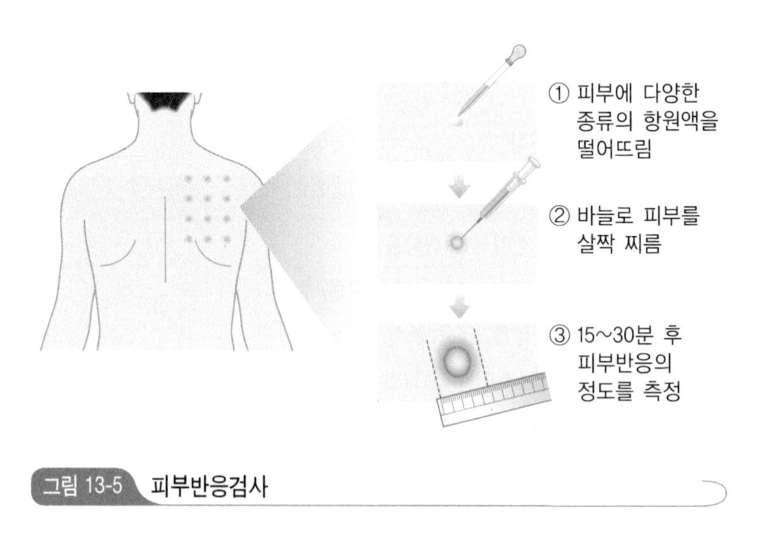

그림 13-5 피부반응검사

찌른 후, 15분에서 30분이 지난 뒤 부푼 정도와 발적을 측정하여 판정한다 그림 13-5.

식품제거와 유발검사 식품제거와 유발검사elimination & provocative test는 알레르겐으로 의심되는 식품을 한 가지씩 식단에서 제거해 나가는 방법으로, 알레르기 증상이 없어지면 그 식품을 알레르겐으로 판단할 수 있다. 식품제거방법으로 알레르기가 완전히 없어진 후에는 식품 도전검사food challenge test를 하여 식품을 하나씩 첨가하면서 알레르기 증세 유무를 관찰한다. 이때 가장 좋은 방법으로 환자나 치료자 양쪽이 무슨 식품을 주는지 모르게 하는 이중맹검 식품유발시험DBPCFC : Double Blind Placebo Controlled Food Challenge이 식품 알레르기 진단을 위한 표준검사법으로 인정되고 있다.

⑤ 치료와 영양관리

식품 알레르기의 치료를 위해서는 원인 단백질을 섭취하지 않는 것이 바람직하다. 모유수유만 하는 영아의 경우 수유부의 식단에서 원인 단백질을 제거해야 한다. 식품 알레르기의 대체식품은 표 13-4와 같으며 이러한 식품을 사용하여 영양기준량에 맞추도록 한다.

어떤 식품에 과민반응이 있다면 그와 같은 계통의 다른 식품에도 과민반응을 나타낼 수 있다. 유아기의 식품 알레르기는 이유시기를 늦춤으로써 예방이 가능하다. 일반적

표 13-4 식품 알레르기의 대체식품

구 분	제한식품	대체식품	주요 영양소
달 걀	달걀, 마요네즈, 케이크, 쿠키, 달걀이 들어간 식품(전, 튀김, 샐러드)	달걀이 들어 있지 않은 제과제품, 스파게티, 쌀	단백질, 지방 비타민 $B_1 \cdot B_{12}$, 셀레늄
우 유	우유, 치즈, 아이스크림, 버터, 화이트소스, 유산균음료, 우유가 함유된 제과제품, 우유와 초콜릿이 함유된 캔디, 푸딩, 과자류	두유, 두부, 곡류빵, 가수분해 조제유	단백질, 칼슘, 인, 비타민 A · B · D
대 두	두부, 된장, 간장, 콩나물, 두유, 참치통조림, 테리야키소스, 대두로 만든 시리얼이나 제품, 마가린	우유, 고기, 생선	단백질, 칼슘, 비타민 $B_1 \cdot B_2$, 엽산
밀	밀가루가 포함된 조리식품(튀김옷), 밀가루제품, 과자, 크래커, 마카로니, 스파게티, 국수, 그레이비소스, 간장, 핫도그, 소시지	쌀로 만든 빵, 떡, 시리얼(옥수수, 보리, 쌀), 오트밀, 옥수수가루, 당면, 쌀, 옥수수제품	비타민 $B_1 \cdot B_2$, 니아신

으로 이유식은 4~6개월 이후에 시작하는데, 이보다 이유식을 일찍 시작하는 것은 식품 알레르기를 유발하는 주요 원인이 될 수 있다. 또한 이유식의 종류를 잘 선택해야 하는데, 이유 초기에는 알레르기를 일으키지 않는 쌀 등의 곡류 위주로 하고, 그 후 과일이나 채소 그리고 육류의 순으로 이유식을 준비한다.

식품 중 알레르기를 가장 많이 일으키는 것은 달걀흰자이고, 그 다음으로는 우유, 콩, 육류의 순이다. 이 외에 땅콩, 메밀, 옥수수, 견과류, 어패류 등이 있으며, 식품 알레르기의 50% 이상이 달걀, 우유, 콩, 견과류에 의한 것이다.

달걀 알레르기　달걀의 경우에 식품과민성을 일으킬 수 있는 알레르기원은 오브알부민ovalbumin, 오보트랜스페린ovotransferrin, 오보뮤코이드ovomucoid로 달걀흰자에 들어 있으며, 달걀노른자의 단백질에 있는 IgE 항체에 의해 상호작용이 이루어지므로 달걀 알레르기가 있는 경우에는 달걀흰자와 노른자 모두 제외시켜야 한다. 달걀은 많은 조리과정에서 이용하므로 조리된 음식을 먹을 때 주의 깊게 살펴보아야 한다.

우유 알레르기　우유 알레르기가 있는 경우에는 우유 단백질의 섭취를 완전히 금하여야 하는데, 우유뿐 아니라 치즈, 버터, 요구르트, 아이스크림의 섭취를 금해야 한다. 우유에는 약 20여 종의 단백질이 함유되어 있으나 그 중 카제인, 알파-락트알부민, 베타-락토글로불린, 소의 혈청 알부민, 알파-글로불린이 알레르기를 일으킨다.

우유 과민반응이 있는 영아는 설사와 점액 분비가 동반되고, 식후 1시간 내에 구토를 한다. 모유영양을 할 수 없는 우유 과민반응 영아는 저알레르기 조제식을 주고, 우유 대체식품을 사용할 때 영양섭취기준에 부족하지 않도록 한다. 대부분의 우유 과민반응 현상은 2세가 되기 전에 사라지는데, 이는 유아의 면역계 혹은 소화기계가 성숙되었기 때문이다. 식품에 대한 과민반응은 나이가 들어감에 따라서 감소한다.

땅콩과 대두 알레르기　두류 알레르기는 대부분 땅콩이나 대두에 의해 발생하는데, 대두에는 항트립신 인자antitrypsin factor라는 단백질이 알레르기를 일으킨다. 대두는 많은 가공식품에 포함되어 있기 때문에 식사에서 대두를 완전히 제거하기가 쉽지 않다. 인스턴트 식품이나 편의식품에는 대두추출물이 많이 포함되어 있고, 식품성분에 '식물성 단백질'로 명시되어 있으므로 대두 알레르기가 있는 경우에는 주의가 필요하다.

땅콩 알레르기가 있는 환자 중에는 호두, 잣, 아몬드에는 알레르기를 일으키지 않는 경우도 있으므로는 조리 시 땅콩 대신에 이러한 식품을 이용할 수 있다. 대부분의 땅콩

기름은 가공과정에서 단백질이 제거되기 때문에 알레르기를 일으키지 않는다.

어패류 알레르기 생선은 성인에게 가장 흔한 알레르기 식품으로 알레르겐 M이라는 단백질이 알레르기를 일으킨다. 생선 알레르기가 있는 경우에는 모든 종류의 뼈 있는 생선을 제외시켜야 한다. 패류 알레르기는 새우, 게, 가재, 대합조개, 굴, 가리비와 같은 갑각류가 원인이 된다. 어패류 알레르기가 있는 경우에는 교차반응에 의해 알레르기원뿐 아니라 모든 어패류를 제외하는 것이 필요하다. 어패류는 단백질의 주요 급원이므로 환자의 영양 섭취가 적절한지 평가해야 한다.

기타 유의사항 단백질은 가열에 의해서 변성이 일어나면 항원이 되지 않는 경우가 있다. 생달걀보다는 가열 조리한 달걀이 알레르기에 안전할 수 있고, 빵에 과민했던 사람이 바싹 구운 토스트에 아무런 반응을 보이지 않는 예도 있다. 찬 우유에 예민한 경우 데우거나 전분질 식품과 함께 크림수프, 푸딩, 케이크 등으로 조리하여 섭취하면 적응이 잘 되기도 한다.

과음이나 과식은 알레르기를 유발하기 쉽고 증세를 더욱 악화시키므로 알코올음료, 단백질과 지방식품을 과식하지 않도록 해야 한다. 지방의 섭취는 오메가-6계열보다 오메가-3계열의 불포화지방산 섭취비율을 증가시키면 알레르기를 완화시킬 수 있다. 알레르기 치료에 비타민 B 복합체와 비타민 C가 유효하므로 신선한 과일과 채소를 충분히 섭취한다.

2. 암과 영양

암cancer은 악성신생물malignant neoplasm이나 악성종양malignant tumor이라고도 하는데, 신체에 해로운 비정상적인 세포가 억제되지 않고 증식하는 것을 말한다. 악성종양은 식사로부터 섭취한 영양소 및 신체 내에 저장된 영양소를 사용하여 증식을 계속하면서 기관이나 조직의 정상적인 기능을 방해한다. 신체 내의 발병 부위에 따라 많은 종류의 암이 있으며 암의 종류에 따라 특성 및 진행과정이 다르다.

암 환자는 질병과 치료과정에서 다른 질환보다 단백질-에너지 영양불량PEM : Protein Energy Malnutrition의 가능성이 매우 높다. 이는 식욕부진, 소화불량, 흡수불량, 저작 및 연하곤란 등으로 인해 발생한다. 영양불량은 조직의 기능과 보수뿐만 아니라 체액과 세포의 면역기능에 영향을 주며 간 기능의 변이로 약물 대사에도 변화를 일으킬 수 있어서 암증세는 더욱 악화되고 치료에 지장을 주게 된다. 따라서 암 환자의 경우 항암치료의 효과와 암으로 인한 스트레스에 대한 방어력을 높이고 치료로 인한 부작용을 최소화하기 위하여 좋은 영양상태를 유지해야 한다.

쉬어가기

우리나라 암 발생률과 사망률

국가암정보센터에서 2013년 발표한 암 발생률은 갑상선암이 가장 많이 발생했으며, 이어서 위암, 대장암, 폐암, 유방암, 간암, 전립선암 순으로 나타났다. 성별로 주로 발생하는 5대 암의 경우 남성은 위암, 대장암, 폐암, 간암, 전립선암 순이었고, 여성은 갑상선암, 유방암, 대장암, 위암, 폐암 순이었다.

암에 의한 사망률(2014년)은 인구 10만 명당 150.9명이고, 폐암(34.4명), 간암(22.8명), 위암(17.6명), 대장암(16.5명)의 순으로 나타났다. 성별로는 남성의 경우 폐암(50.4명), 간암(34.0명), 위암(22.7명), 대장암(18.9명)의 순으로 사망률이 높았고, 여성의 경우 폐암(18.3명), 대장암(14.2명), 위암(12.4명), 간암(11.6명)의 순으로 사망률이 높았다. 남녀 모두 폐암과 대장암의 사망률이 증가하고 있다.

자료 : 국가암정보센터(2014), 암 발생률과 암 종류별 사망률

1 암의 원인

암은 유전과 환경적인 요인에 의하여 유발된다. 건강한 신체의 유전자는 세포분열을 조절함으로써 모세포를 복제하여 새로운 세포를 만드는데, 이 세포는 성장하여 죽은 세포를 대체하고 손상된 세포를 치유한다. 그러나 암은 세포분열을 조절하는 유전자의 변이mutation에 의해 유전자의 화학적 오류를 탐지하는 활동이 방해되어 세포분열을 막는 내재적 억제수단이 없어진다. 이로 인하여 종양이나 신생물이라고 불리는 비정상적인 세포 덩어리가 증식하고, 증식에 필요한 영양 물질을 공급하기 위한 혈관이 형성되며, 결국 종양은 건강한 조직에 침투하여 퍼지게 된다. 암의 발생 원인은 다음과 같다.

(1) 유 전

일부 암은 유전적 소인을 지닌 것으로 보인다. 예를 들어, 유방암의 가족력이 있는 사람은 그렇지 않은 사람보다 유방암이 발생할 위험이 더 크다.

(2) 면 역

건강한 면역계는 암 세포와 같은 비정상적인 세포를 이물질로 인식하고 이를 제거하는 반면, 면역기능이 제대로 작동하지 않으면 종양세포를 제거하지 못해 암세포가 증식하게 된다. 노화에 의해 면역기능이 저하되므로 나이가 들수록 암 발생률이 증가한다. 면역억제제나 면역계에 심한 부담을 주는 다른 장애는 암 발생 위험을 증가시킨다.

(3) 호르몬

빠른 초경과 늦은 폐경, 늦은 연령의 초산 등으로 에스트로겐에 장기간 노출되면 유방암, 난소암, 자궁내막암의 위험이 증가될 수 있다.

(4) 감 염

바이러스 감염은 유전자 손상뿐 아니라 발암과정을 촉진할 수 있다. 간암을 유발하는 간염 바이러스hepatitis virus나 자궁경부암을 유발하는 인체 유두종바이러스human papilloma virus가 그 대표적인 예이다.

(5) 방사선

방사선이나 자외선은 유전자를 손상시켜 암을 유발할 수 있다.

(6) 유해화학물질

PCBPolycarbonate Biphenyl와 같은 화학물질이나 살충제가 토양, 물 또는 사람들이 섭취하는 동·식물 내에 잔류해 있다가 식품 섭취 시 체내에 들어와 쌓이면서 발암 물질이나 종양 촉진제로 작용하게 된다.

(7) 흡 연

담배 연기에는 80여 종의 발암 물질이 들어 있으며, 이들은 서로 다른 기전에 의해 암을 유발할 수 있다. 흡연은 담배 연기 자체 내의 발암 물질 이외에도 체내에 산화 스트레스를 증가시키므로 암이 발생할 수 있다.

(8) 식이인자

식사 성분은 특정 암의 위험 증가와 관련이 있는데, 암 발생을 유발하고 증진시키며 반대로 암 발생에 대한 보호기능도 가지고 있다.

암 발생에 영향을 주는 영양 관련 인자는 표 13-5와 같다.

암 유발인자　심하게 훈증되거나 소금으로 절인 식품을 많이 먹는 지역 사람에게 위암 발생률이 높은데, 이들 식품에는 암 유발인자cancer initiator인 니트로자민nitrosamine이 포함되어 있다. 알코올은 특히 구강과 인두암 발생과 높은 관련이 있다.

암 촉진인자　암을 유발하는 발암 물질과는 달리 일부 식이성분은 이미 발생된 암을 촉

표 13-5 암 발생에 영향을 주는 영양 관련 인자

구 분	영양 관련 인자	암발생 부위
암 발생 증가요인	비만	대장, 신장, 췌장, 식도, 자궁내막, 방광, 유방(폐경기 여성)
	총 지방	대장, 전립선
	붉은색 육류, 가공육	전립선, 대장, 직장
	칼슘(매일 1,500mg 이상 섭취)	전립선
	짠 음식, 염장식품	위
	신체활동량 감소	대장, 전립선, 유방, 자궁내막
암 발생 감소요인	과일과 채소	폐, 식도, 위, 대장, 직장
	토마토 가공품	전립선
	십자화과 채소(브로콜리, 콜리플라워, 아기 양배추)	전립선, 방광, 폐
	알리움 채소(양파, 마늘)	위
	구연산 채소(귤, 파프리카)	폐
	엽산 함유식품과 보충제	대장, 식도, 유방, 백혈병
	칼슘(매일 1,000mg 이내)	대장, 직장
	신체활동 증가	대장, 전립선, 유방, 자궁내막

진cancer promoter할 수 있다. 과도하게 섭취한 특정 식사지방은 부분적으로 비만에 기여함으로써 암을 촉진할 수 있다.

항암인자 식품에는 암 촉진인자 외에 항암인자를 가지고 있다. 과일과 채소를 충분히 섭취할 때 암 발생이 저하되는데, 과일과 채소의 섬유소는 장 속에서 물질의 이동시간을 단축시켜 장벽이 암 유발 물질과 오래 접촉하지 않도록 하여 암을 예방한다. 또한 과일과 채소에 들어 있는 베타-카로틴, 비타민 C, 비타민 E는 항산화제로 작용하여 산소에서 유래하는 자유기free radical를 제거해 조직의 손상을 방지하여 암을 예방한다. 과일과 채소에 존재하는 피토케미컬phytochemical은 발암 물질을 파괴하는 효소를 활성화시킨다.

쉬어가기

피토케미컬

피토케미컬(phytochemical)은 식물 속에 들어 있는 화학 물질로서 식물생리활성 영양소 또는 식물내재 영양소라고도 한다. 식물에는 경쟁식물의 생장을 방해하거나, 각종 미생물과 해충 등으로부터 자신을 보호하는 성분이 들어 있다. 이들 성분은 항산화작용이나 세포 손상을 억제하는 기능이 있어 인체의 건강유지에 도움이 된다.

2 암의 증상과 진단법

암의 종류에 따른 증상과 진단법은 표 13-6과 같다.

표 13-6 암의 증상과 진단법

구 분	증 상	진단법
위 암	구토, 연하곤란, 토혈, 흑변, 설사, 영양불량, 체중감소	상부 위장관 X-선, 위 내시경, 조직검사
간 암	특별한 증상이 나타나지 않고 간경변증의 경우와 유사함	간 초음파 검사, 혈청 알파-페토프로테인 검사
폐 암	기침과 혈담, 흉통, 잦은 폐렴 및 기관지염, 체중감소, 호흡곤란	흉부X-선, 객담 세포검사, 기관지 내시경
대장암과 직장암	체중감소, 복부팽만, 변비 또는 설사, 점액성 혈변	직장 수지검사, 잠혈검사, 결장 X-선, 직장내시경, 대장내시경
췌장암	식욕부진, 체중감소, 상복부와 등의 통증, 황달	초음파 검사, 단층촬영술
자궁암	출혈, 통증	세포검사, 질확대경 진단
유방암	• 유방 내에서 단단한 멍울이 만져지고, 유방 피부가 보조개처럼 들어감 • 유두에 습진과 같은 변화가 있고 가려우며 유두 분비물이 나옴	자가 유방검진법, 유방 뢴트겐 조영법, 유선 초음파 촬영술, 조직검사
후두암	목소리가 거칠고 굵으며 때로는 금속성으로 변해 듣기에 불편함	간접 후두경 검사, 후두 X-선 검사
전립선암과 방광암	빈뇨, 혈뇨 등 비특이적 비뇨기계 증상, 진전되면 배뇨장애, 신기능장애	초음파검사, 방광경검사

3 암의 치료

수 술　수술을 통해 종양을 제거하는 것으로 종양의 부위와 크기에 따라 수술의 부작용이 따른다. 수술 후에는 종양이 성장하지 않도록 방사선치료나 화학요법을 실시한다.

수술에 의해서도 식욕부진, 구토, 메스꺼움 증세가 나타나는데, 수술 부위에 따라 다른 영향도 나타난다. 예를 들어, 혀, 입 안 및 식도, 침샘 근육을 절제하거나 아래턱을 제거하면 씹고 삼키기가 어렵게 된다. 이런 경우에는 경관급식이나 정맥영양을 공급해야 한다.

방사선치료　방사선치료는 새로운 유전자 합성을 파괴하므로 암세포같이 빠르게 분열하면서 새로운 유전자를 합성하는 세포를 파괴한다. 그러나 혈구나 위장관세포와 같이 분열속도가 빠른 정상세포도 함께 파괴된다.

머리와 목 부분에 방사선치료를 하게 되면 미각이 변화되고 미각 감도가 감소되어 식욕이 저하되는데, 특히 육류를 잘 먹지 못하게 된다. 타액생성이 감소되고 턱뼈와 치아도 손상되어 음식물을 씹고 삼키기가 어려워진다. 또한 구강 내 궤양이 생겨 음식물 섭취 시 통증이 온다. 식도에 방사선을 치료하면 식도염이 생기는데, 방사선치료가 끝나면 대부분 회복된다. 그러나 일부 환자의 경우 섬유증fibrosis이나 협착stricture으로 발전되어 평생 연하곤란을 겪게 된다. 누공fistulas이 생길 수도 있는데, 이럴 경우 경관영양이나 정맥영양을 해야 한다.

화학요법 화학요법은 화학 물질이나 약물로 암세포를 제거하는 치료법이다. 수술이나 방사선요법이 암세포가 존재하는 국소 부위에 실시하는 국소요법이라면 화학요법은 전신에 효과를 미치는 전신요법이다. 화학요법에 의해 입 안에 염증이 생겨 구강궤양을 일으켜 씹고 삼키는 데 통증이 온다. 또한 미각이 변화되는데, 특히 육류에 대해 금속성 맛을 호소한다. 복부 통증과 위장관궤양이 발생해 식사하기가 어렵게 된다.

골수이식 유방암, 백혈병, 기타 혈액질환에 실시되고 있는 치료법이다. 이식받기 전에 환자는 고도의 화학요법과 전신 방사선 치료를 받아야 하므로 정상 백혈구도 죽을 수 있고, 치료에 따른 영양문제도 심각하다. 골수이식을 시행한 후에는 이식 후 질환을 겪게 되는데, 식욕부진, 구토, 메스꺼움, 연하곤란, 구강궤양, 미각 변화, 입 안 건조, 식도염이 발생한다. 골수이식 환자는 면역상태가 증진되고 구강 섭취가 가능해질 때까지 정맥영양을 공급받아야 한다.

4 암의 식사요법

(1) 대사의 변화

암에 있어서의 체중감소는 체지방뿐 아니라 광범위하게 근육이 소모되므로 영양소를 충분히 공급해도 체중 및 근육량을 유지하지 못하는 경우가 있다.

에너지 대사 암 환자는 대사의 변화로 인해 에너지 필요량이 많아지거나 에너지 효율이 감소된다. 정상세포는 호기적 대사과정에서 생성된 에너지를 사용한다. 이것은 TCA 회로로서 효율적으로 에너지를 생성하는데, 포도당이나 지방을 대사하여 에너지를 얻는다. 그러나 종양세포는 혐기적 대사과정에서 생성된 에너지를 주로 이용한다. 이것은 해당작용으로서 에너지 효율이 낮을 뿐 아니라 주로 포도당에 의존하고 있다. 화학요법이나 방사선치료는 영양소 손실을 가속화하면서 에너지와 영양소 필요량을 변화시키고, 수술과 감염에 의해 영양소 필요량은 더욱 증가한다.

단백질 대사　에너지 공급을 위해 체내 글리코겐 저장량이 고갈되면 근육세포가 분해되어 에너지와 아미노산을 공급한다. 따라서 암 환자의 근육량은 점진적으로 고갈된다.

탄수화물 대사　많은 암 환자가 인슐린 저항을 보이고 고혈당증이 나타난다. 혈액 내 제한된 양의 포도당과 아미노산은 세포에 이용되지 못해 체조직 단백질이 분해된다.

지질 대사　지질 대사도 변화되는데, 지질 저장량이 고갈되고 고지혈증이 나타난다. 이것은 체지방을 합성하는 효소의 활성에 결함이 생긴 것으로 생각된다. 따라서 지방 저장량이 감소하고 혈중 지질농도가 증가한다.

기 타　화학요법에서 항비타민이 사용되기도 하므로 비타민 결핍증이 유발된다. 여러 비타민의 결핍에 의한 빈혈도 자주 발생한다.

(2) 암 악액질

암 환자는 식욕부진, 식품 섭취 저하, 영양불량, 대사 항진과 소모증으로 건강이 악화되는 고도의 전신쇠약증세를 보이는데, 이를 암 악액질cancer cachexia이라고 하며 암 환자의 2/3 정도에서 나타난다.

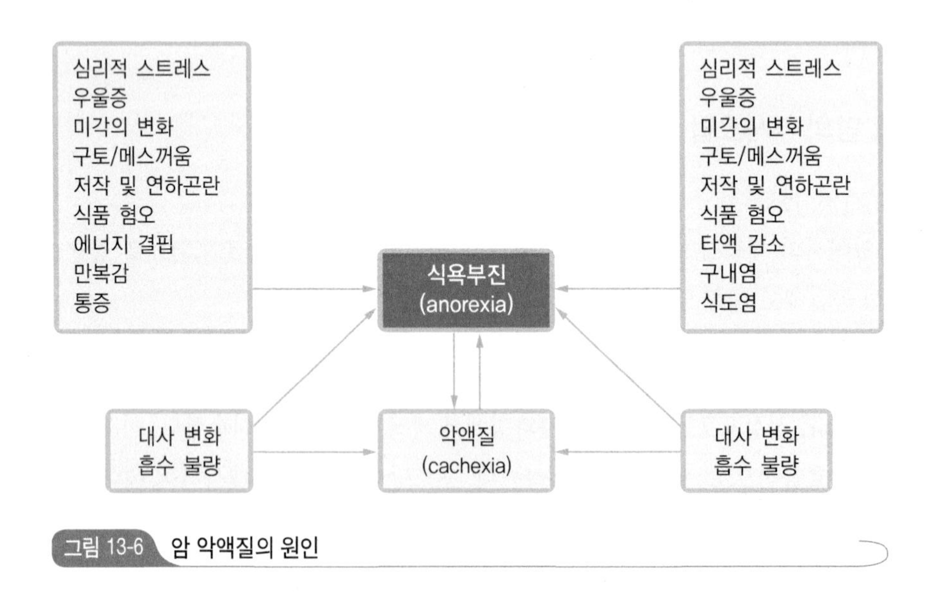

그림 13-6 암 악액질의 원인

악액질이 생기면 영양소 필요량은 증가하나 음식 섭취량은 감소하여 근육이 소모되고 건강상태가 급격히 악화된다. 체내 영양공급이 감소함에 따라 저장 영양소는 빠른 속도로 소모되어 영양불량이 나타나고 삶의 질이 저하되며 일찍 사망하게 된다. 암 환자 중에서 단백질-에너지 영양불량이 흔히 나타나고, 식욕저하, 체중감소, 신체 근육소모, 혈청 단백질 소모 등이 전형적인 악액질로 나타난다. 암 악액질의 원인은 그림 13-6과 같다.

악액질의 발생 기전은 암에서뿐만 아니라 다른 질병에서도 사이토카인이 신체 소모에 중요한 역할을 할 것으로 추측하고 있다.

쉬어가기

사이토카인

사이토카인(cytokine)은 면역계에 의해 분비되는 단백질로서 암 악액질의 매개체로 알려져 있다. 암 악액질의 원인 물질로 밝혀진 몇 가지 사이토카인에는 종양 괴사 인자(TNF-*α* : Tumor Necrosis Factor alpha)를 포함하여 interleukin-1, interleukin-6, interleukin-*α*, 24 K proteoglycan 등이 있다.

(3) 영양관리

영양관리의 목표는 체중감소를 방지하고, 제지방 체중lean body mass의 손실을 최소화하며, 영양 결핍으로 인한 면역기능의 저하를 방지하는 것이다.

에너지 암 환자의 경우 암의 종류나 위치 등에 따라 에너지 요구량이 다르다. 에너지 요구량은 개인차가 크며, 체성분, 영양불량 정도, 암 종류, 진행단계에 따라 달라진다 표 13-7.

단백질 진행된 암인 경우에는 단백질 이화작용이 증가하여 음의 질소평형상태가 된다. 단백질 결핍은 무력감, 피로감, 치료로 인한 부작용, 감염 등의 합병증을 가속화시킬 수 있으므로 충분한 양의 단백질을 보충해야 한다. 그러나 신장이나 간기능에 이상이 있으면 적절한 조정이 필요하다 표 13-8.

비타민과 무기질 암 환자의 비타민과 무기질 필요량은 권장섭취량 기준으로 제공하지

표 13-7 암 환자의 에너지 요구량 산정 기준

구분	에너지 요구량(kcal/kg)
체중증가와 같은 영양개선이 필요한 암 환자	30~35
보행을 하지 않거나, 앉아 있는 암 환자	25~30
대사항진, 심한 스트레스, 흡수불량이 있는 암 환자	35
패혈증이 있는 암 환자	25~30
골수이식	30~35

표 13-8 암 환자의 단백질 요구량

구분	단백질 요구량(g/kg)
정상상태 유지	0.8~1.0
스트레스가 없는 환자	1.0~1.2
대사항진 상태의 암 환자	1.2~1.6
스트레스 상태의 암 환자	1.5~2.5
영양지원이 필요한 암 환자	1.6~2.0
골수이식	1.5~2.0

만 소화관 수술 후 남아 있는 장 부위와 흡수능력 등에 따라 보충 여부가 달라진다. 암 환자의 경우 식욕부진, 암 악액질, 영양불량, 암치료의 영향, 흡수불량, 대사적 변화, 소화기관 변화 등으로 비타민과 무기질이 결핍될 수 있으므로 주기적인 생화학검사를 통하여 보충해 준다.

수분 필요량　수술이나 항암치료 등과 같이 수분상태를 변화시킬 수 있는 경우에는 암 환자의 수분상태를 지속적으로 모니터링하는 것이 중요하다. 가장 간단한 수분 필요량 계산법은 에너지 섭취량을 기초로 한 1 mL/kcal이며, 가장 정확한 방법은 체표면적 넓이를 기초로 한 체표면적 × 1,500 mL이다.

(4) 영양지원

① 경구식사

음식은 암 환자에게 강한 감정적 · 상징적 의미를 부여할 뿐 아니라 자기만족을 줄 수 있기 때문에 경구식사가 가장 바람직하다.

- 환자 개인의 적응과 요구도에 따라 음식의 점도 및 분량을 조절한다.
- 영양보충액을 이용한다.
- 말기 암 환자의 경우에는 음식의 양이나 영양소 함량보다는 식사의 즐거움을 강조한다.
- 과거에 처방되었던 치료식에 대해 재평가를 하여 가능한 식사제한을 완화시키는 것이 바람직하다.

② 경관영양

경구식사가 전혀 불가능할 때 위장관기능이 정상이면 경장영양을 고려한다.

③ 정맥영양

항암치료에 좋은 반응을 보이는 환자가 경구식사나 경장영양을 할 수 없을 때에는 정맥영양TPN을 고려한다. 그러나 말기 암 환자에 있어서 단지 생명을 연장시키는 수단으로는 사용하지 말아야 한다.

항암치료 부작용 시의 식사지침

항암치료로 인한 부작용은 식사 섭취에 영향을 미쳐 영양 결핍상태를 악화시킬 수 있으므로 이들 부작용을 완화시키면서 잘 먹도록 한다.

부작용	식사지침
연하곤란과 흡인 가능성	• 걸쭉한 농후유동식 공급. 묽은 음료와 부스러지는 식품은 피할 것 • 영양요구량의 60% 이하 섭취 시 경관보충 고려
연하통 수술 후 부종	• 통증과 부종이 있으면 촉촉한 식품이나 퓨레식품으로 섭취 • 향이 강하고 시고 자극적인 음식은 피할 것. 영양보충음료 이용
구강건조 미각변화	• 잦은 수분 공급(항상 물병을 가지고 다닐 것) • 부드럽고 촉촉한 음식 선택. 빵, 토스트 등과 같은 마른 식품은 피할 것 • 치아 구강관리. 자주 입 안 헹구기(특히, 식사 전 · 후)
위식도 역류	• 취침 2～3시간 전에는 음식 섭취 제한 • 지방이 많은 음식, 소화가 어려운 음식 제한 • 식후 상체 세우기. 허리가 꽉 죄는 옷은 착용 금지
덤핑증후군	• 고삼투압 음식 제한(단순당 제한). 식사와 간식을 소량씩 자주 섭취 • 식사 전후 30～60분에 물 섭취. 식후 활동 제한하고 휴식을 취함 • 이완된 분위기에서 천천히 식사
식욕부진 조기 만복감	• 소량씩 자주 섭취. 고에너지 고단백질 식품과 에너지 보충액 사용. 규칙적인 운동(가능하면). 명랑한 식사 분위기 • 아침식욕이 최고이므로 아침식사에 중점
맛/냄새 변화	• 향신료 사용. 고기 이외의 단백질원 이용 • 음식에서 금속성 맛이 날 경우 플라스틱이나 나무 수저, 사기그릇 사용 • 짠 냄새 날 경우 설탕 첨가 • 단 냄새 날 경우 소금 첨가
구토, 메스꺼움	• 소량씩 자주 천천히 섭취. 차거나 실온과 비슷한 온도로 섭취 • 위에 부담이 적은 식품 섭취(토스트, 크래커 등)
설 사	• 소량씩 자주 섭취. 충분한 수분 섭취 • 설사로 인해 손실되는 수분, 염분, 칼륨 보충 • 유제품 및 기름이 많은 음식 제한 • 알코올, 카페인 음료, 탄산수, 초콜릿 제한
변 비	• 물을 충분히 마심. 섬유소 섭취 증가 • 규칙적인 운동(가능하면). 적정량의 음식 섭취량 유지 • 완하제 사용. 관장을 하는 경우 담당의사와 상의

주요 용어

- **감작**(sensitization) : 생체 내에 이종 항원을 투여하여 항체를 보유시키는 것
- **교차반응**(cross reaction) : 어떤 항원에 의하여 만들어진 항체가 그 항원과 성질이 비슷한 물질에 대하여 반응하는 것
- **리소자임**(lysozyme) : 눈물, 타액에 존재하는 용균활성을 가진 물질, 리소좀에서 분비하는 효소로서 세균의 세포막에 작용하여 분비함
- **락토페린**(lactoferin) : 혈액, 점액분비물, 눈물 등에 함유된 항바이러스, 항균성 물질. 각종 면역세포와의 병합으로 면역력의 증가와 대식세포의 활성을 높인다.
- **림포카인**(lymphokines) : T세포가 분비하는 화학물질
- **비만세포**(mast cell) : 히스타민을 방출하는 조직세포 혹은 즉시형 알레르기를 일으키는 다른 물질
- **사이토카인**(cytokines) : 대식세포, 단핵구, 림프구 등에 의해 분비되는 면역반응을 조절하는 단백질성 물질로 세포와 세포 사이의 정보를 전달함
- **세포성 면역**(cell mediated immunity) : T 림프구에 의해 매개되는 면역으로, 림포카인이라는 단백질을 생성하거나 직접적으로 세포독성에 의해 일어남
- **아나필락시스**(anaphylaxis) : 즉각적인 과민반응형이며 전신적 증상이 나타나는 심한 과민반응으로 치료하지 않으면 매우 위험함
- **알레르겐**(allergen) : 알레르기 작용이 면역과정의 상호작용에서 원인이 되는 신체에 대한 이물질
- **알레르겐 M**(allergen M) : 파라루부민이라는 생선근육 중의 칼슘결합 단백질
- **이중맹검 위약 조절 식품유발**(DBPCFC : Double Blind Placebo Controlled Food Challenge) : 환자나 치료자 양쪽이 무슨 식품을 주는지 모르게 하여 알레르기를 일으키는 원인식품을 진단하는 방법
- **인터루킨**(interleukine) : 항원 또는 분열 촉진물질 자극에 대한 반응으로 대식세포에서 합성된 단백질의 일종으로 사이토카인의 한 종류
- **인터페론**(interferon) : 숙주세포 내에서 바이러스의 증식을 비특이적으로 억제하는 단백질
- **자가면역**(autoimmune) : 자기 몸에 있는 세포나 분자를 항원으로 인식하여 일어나는 잘못된 면역반응
- **주화성**(chemotaxis) : 화학적 물질의 농도차가 자극이 되어 방향을 결정하여 이동하게 하는 것
- **체액성 면역**(humoral immunity) : B 림프구에 의해 생성된 항체에 의해 매개되는 면역
- **항체**(antibody) : 항원과 알레르겐에 대한 반응으로 생성되는 면역 글로불린

CLINICAL NUTRITION

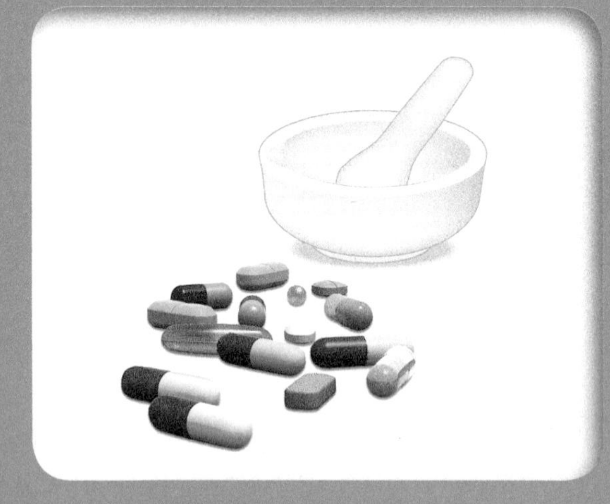

제 14 장

약물과 영양소

1. 약물의 일반 특성 ✻ 2. 약물과 영양소의 상호작용

일생 동안 약물을 사용하지 않고 사는 사람은 없을 것이다. 약물은 먹든지 마시는 경구 복용제, 피부에 붙이는 패취제, 근육이나 혈관에 맞는 주사, 호흡으로 들이마시는 흡입제의 형태가 있다. 약물은 질병을 호전시키지만, 영양 상태를 악화시키기도 한다. 역으로 환자의 영양 상태는 약물의 효과를 감소시키거나 독성을 증가시킬 수 있다. 약물의 부작용으로 식욕이 저하되어 체중이 줄기도 하고, 반대로 식욕이 증진되어 체중이 증가하기도 한다.

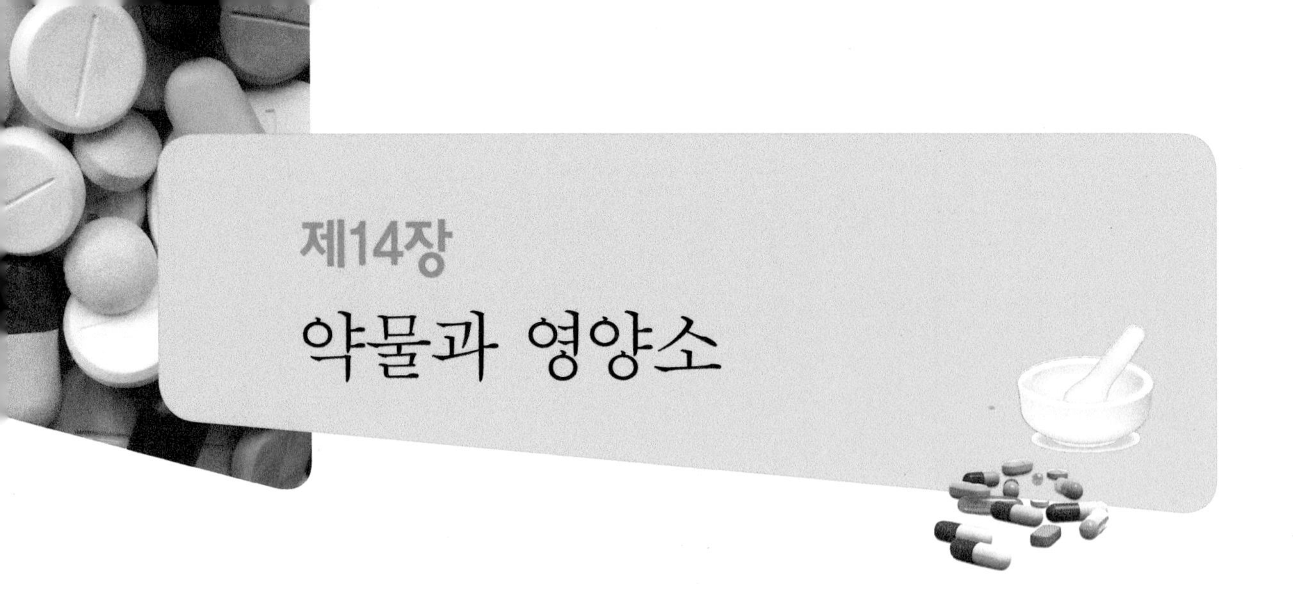

제14장 약물과 영양소

1. 약물의 일반 특성

약물drug은 질병의 예방, 진단, 치료를 위해 사용하는 화학 물질이다. 약물은 약물 자체의 효과뿐 아니라 유해작용도 나타나므로, 유해작용이 적게 나타나도록 해야 한다. 동일 약물을 투여하더라도 약물의 효과는 사람에 따라 다르며, 같은 사람이라도 경우에 따라 다르다.

1 약물 투여방법

약물은 연고, 파우더, 안약과 같이 바르거나 뿌리는 국소 부위용 약물과 투약, 주사와 같은 전신 약물이 있다. 전신 약물의 투여방법은 다음과 같다.

(1) 경구투여

경구투여는 약물 투여의 가장 흔한 방법이며 복용이 편리하다. 그러나 위장 내용물의 종류에 따라 흡수에 차이가 있어 약물의 효과가 일정하지 않다. 약물은 용액이나 현탁액, 캡슐, 알약의 형태로 되어 있다. 위액에 의해 분해되어 약효가 저하될 수 있는 약물은 위에서 녹지 않고 장에서 녹도록 만든 장용피제제enteric coated tablet로 판매되고 있으며, 그 대표적인 예가 소화효소제이다. 장용피제제는 정제와 캡슐을 분할하거나 가루로 복용하지 말아야 한다.

(2) 비경구투여

비경구투여는 피하, 근육, 정맥으로 약물을 투여하는 것이다. 주사는 약물효과가 일정하고 신속하게 나타나는 장점이 있으나, 약효 발현이 빠르기 때문에 위험할 수 있다.

(3) 피부 · 점막투여

피부 · 점막투여는 구강, 설하, 비강, 직장, 결막을 통해 약물을 투여하는 것으로, 약물의 흡수가 용이하며 간장을 통과하지 않기 때문에 분해를 방지할 수 있는 장점이 있다. 피부에 부착하는 패취제로는 차멀미에 사용하는 스코폴라민scopolamine, 유아 천식에 사용하는 툴로부테롤tulobuterol이 있고, 혀 밑에 약을 넣어 녹이는 설하투여제로는 협심증 치료제인 니트로글리세린nitroglycerine이 있으며, 항문, 요도, 질 속에 삽입하는 고형의 외용약으로는 체온에 의해 용해되어 점막으로 흡수되는 좌약인 유아용 해열제 아세트아미노펜acetaminophen이 있다.

(4) 흡 입

흡입은 기체 또는 휘발성 약물을 호흡기를 통하여 투여하는 것으로, 흡입 마취제와 천식에 사용하는 기관지 확장제 등이 있다.

약물의 기능에 따른 분류

- **감염치료 약물** : 감염원을 제거하여 질병치료를 목적으로 사용하는 약물, 염증치료 항생제
- **성분을 보충하는 약물** : 체내에 충분히 들어 있지 않은 성분을 보충하는 약물, 골다공증환자에게 투여하는 에스트로겐, 당뇨병 환자에게 투여하는 인슐린
- **대사 조절 약물** : 체내에서 대사가 원활하게 일어나도록 사용하는 약물, 고혈압 환자에게 투여하는 혈압강하제, 혈당 조절을 위한 혈당강하제

2 약물의 작용과정

약물이 체내에서 이용되기 위해서는 흡수absorption, 분포distribution, 대사metabolism, 배설excretion, 즉 ADME의 4단계 작용과정을 거친다.

(1) 흡 수

흡수는 투여한 약물이 혈액으로 들어가는 것을 말한다. 약물의 흡수는 약물의 투여 경로, 용해성, 위장관의 음식물, 주사 부위에 공급되는 혈액의 양에 따라 달라진다. 지용성 약물은 세포막을 쉽게 통과하므로 흡수 속도가 빠르고, 이온화된 약물은 흡수 속도가 느리다.

강산성, 강알칼리성 약물은 이온화되기 쉬워 지방으로 된 세포막을 잘 통과하지 못하므로 흡수 속도가 느리다. 산성 약물은 산성인 위에서, 알칼리성 약물은 알칼리성인 소장에서 흡수가 일어난다. 근육은 피하보다 혈액 공급이 잘 되므로, 피하 주사보다 근육 주사가 더 빨리 흡수된다.

(2) 분 포

분포는 혈액으로 흡수된 약물이 작용 부위까지 이동하거나 전신에 퍼지는 과정을 말한다. 약물은 일반적으로 혈류와 림프계로 운반되며, 흡수된 약물은 혈장 단백질인 알부민과 결합하거나 또는 유리형으로 존재한다. 단백질과 결합한 약물은 조직으로 이동하기 어렵고, 대사작용을 받지 않아 반감기가 길어진다.

혈장 단백질이 부족하면 유리형 약물의 농도가 증가하기 때문에 약물 독성이 증가될 수 있다. 영양 결핍 환자는 혈장 단백질이 부족하여 약물 독성이 나타나기 쉬우므로 약물을 소량 투여해야 한다. 지용성 약물은 혈장뿐 아니라 지방세포에 축적되므로 비만자는 정상체중자보다 약물작용시간이 더 증가한다.

(3) 대 사

대사는 흡수된 약물이 위장관 점막과 문맥에서 간을 통과할 때 변화가 일어나는 과정이며, 주로 간의 효소에 의해 이루어진다. 간에서의 대사로 불활성화되는 약물은 경구투여가 바람직하지 않다.

약물의 작용기전은 약물과 표적기관의 수용체가 결합하여 약물-수용체 복합체drug-receptor complex를 형성하는 것과 유리상태로 작용하는 것이 있다. 약물이 적절한 수용체가 아닌 다른 물질과 결합하면 부작용이 나타난다. 제산제인 소디움 바이카보네이트sodium bicarbonate는 복합체를 형성하지 않고 위산을 중화시키며, 간과 뇌에 구리가 축적되어 간 증상과 신경학적 증상이 나타나는 유전성 질환인 윌슨병Wilson's disease 치료제인 페니실라민penicillamine은 구리와 직접 결합하여 약효를 낸다.

(4) 배 설

배설은 약물이 땀, 유즙, 타액, 소변을 통해 체외로 나가는 것이며, 약물은 배설되거나 불활성화되면 그 효과가 감소한다. 약물의 활성은 혈장 내 농도가 50%가 되는 기간인 반감기half-life로 측정한다. 식이섬유와 불용성의 대사산물은 장관을 통해 대변으로 배설되는데, 쉽게 용해되는 화학물질은 신장을 통해 소변으로 배설된다. 폐, 피부, 눈물, 타액, 모유를 통해서도 약물이 미량 배설된다.

쉬어가기

임신부와 수유부의 미 식품의약국(FDA) 약물 위험 등급

임신부에게 약물을 투여하면 기형아를 출산할 수 있으며, 특히 임신 3개월 이내에는 각별히 주의하여야 한다. 임신 중 사용하는 약물은 태아에게 위험이 없다고 판정된 카테고리 A, B, C, D와 임신 중 절대 사용할 수 없는 카테고리 X로 분류된다. 수유부에게 약물을 투여하면 모유를 통해 유아에게 이행되므로 독성이나 위험성이 보고된 약물은 수유기간 중 투여하지 말아야 한다. 마약류, 항암제, 경구용 피임제, 경구용 혈당강하제는 대표적인 금기 약물이다.

3 약물의 효과에 영향을 주는 인자

약물은 개인 특성, 질병상태, 약물반응 정도에 따라 효과가 다르게 나타난다.

(1) 개인 특성

여성은 같은 체중의 남성보다 지방이 많고 수분이 적어 약물이 소량 필요하다. 나이가 적을수록 약물효과가 크게 나타나고, 유아는 효소체계가 잘 발달되지 못하여 약효가 오래 지속된다. 체격이 작은 사람은 체격이 큰 사람에 비해 약물 용량이 적게 필요하다.

체중과다와 저체중은 정상체중에 비해 체지방과 체수분 함량이 다르므로 약물의 효과가 다르다. 신장질환과 간질환의 경우에는 약물 배설이 감소되므로 약물의 효과가 오래 지속된다. 부종이 있으면 체내 수분이 증가하여 약물 농도가 감소하므로 약물의 효과가 감소한다.

약물 부작용 주의해야 할 경우

약물과 약물, 음식물과 약물의 상호작용으로 인한 부작용을 방지하기 위해 특히 노력해야 하는 경우는 다음과 같다.

- 여러 가지 약물을 사용하는 환자와 약물을 장기간 사용하는 환자
- 약물 사용으로 인한 영양상의 문제가 자주 발생한 환자
- 어린이, 임신부, 수유부, 노인
- 알코올 남용자, 간기능 이상자, 신장기능 이상자

(2) 약물반응

약물반응으로는 알레르기 반응, 특이 체질, 독성이 나타날 수 있다. 알레르기 반응은 이전에 환자가 그 약물에 노출된 경우에 나타나며 약물의 양에 의해 영향을 받지 않는다. 모든 사람에게 부작용이 나타나면 독성이라고 하고, 다른 사람에게 나타나지 않는 부작용이 나타나면 특이체질이라고 한다.

약물의 양이 증가함에 따라 약효가 커지나, 어느 정도에 이르면 약물-수용체 복합체가 더 이상 형성되지 않아 약효가 더 이상 증가하지 않는다. 약물의 사용량은 독성을 나타내지 않는 수준에서 결정되며, 불활성화가 빨리 일어나 제거율이 빠른 약물은 자주 투여해야 한다.

(3) 약물 상호작용

환자는 대부분 두 가지 이상의 약물을 복용하므로, 약물 간에 상승작용synergism 또는 길항작용antagonism이 나타난다. 약물의 상승작용이란 두 가지 이상의 약물이 같은 대사과정을 거쳐 약물작용이 증가하는 것이다. 예를 들어, 혈당을 높이는 약물 두 가지를 동시에 복용하면 그 효과는 두 가지 약물 각각의 작용을 합한 것보다 많아진다. 약물의 길항

작용이란 두 가지 이상의 약물을 복용할 때 각각의 효과를 합한 것보다 효과가 적게 나타나는 것으로, 약물들의 수용체가 동일한 경우이다.

2. 약물과 영양소의 상호작용

약물 사용은 환자의 영양상태에 영향을 미칠 수 있고, 반대로 환자의 영양상태가 약물 효과에 영향을 미칠 수 있다. 환자가 사용하는 약물과 영양소가 상호작용을 일으킬 수 있는 가능성을 알고 이에 대처하는 것이 필요하다.

- 약물은 식욕 저하로 음식 섭취를 어렵게 하거나, 식욕 촉진으로 체중 증가를 유발한다.
- 약물은 영양소의 흡수 · 대사 · 배설에 영향을 주며, 반대로 음식에 들어 있는 성분이나 영양소가 약물의 흡수 · 대사 · 배설에 영향을 줄 수 있다.
- 음식에 함유된 성분과 약물의 상호작용으로 독성이 유발될 수 있다.

1 약물이 영양소에 미치는 영향

(1) 약물이 음식 섭취에 미치는 영향

암치료에 사용하는 항암제는 미각 수용체에 영향을 주어 입맛을 변하게 하고, 메스꺼움과 구토를 유발하며, 구강 건조와 구강, 위장에 염증과 손상을 일으켜 식욕을 억제한다. 진정제와 같이 졸음을 유발하는 약은 음식 섭취를 어렵게 한다. 장기간 음식 섭취에 어려움이 있으면 영양부족을 초래하게 되므로 메스꺼움 억제제, 구토 방지제 등을 사용하여 환자의 음식 섭취를 도울 수 있다. 암이나 에이즈와 같은 소모성 질환에는 식욕항진제를 처방하기도 한다.

그러나 일부 항우울제와 향정신성 약물, 부신피질호르몬제는 만복감을 저하시키므로 음식 섭취량이 많아져 체중이 증가하기도 한다.

(2) 약물이 영양소 흡수에 미치는 영향

일반적으로 약물은 영양소 흡수를 저해하며, 약물이 영양소 흡수를 저해하는 방법은 다음과 같다.

장의 연동운동 증가 일부 약물은 장의 연동운동을 증가시켜 영양소의 흡수시간이 짧아져 영양소의 흡수가 저해된다. 하제laxatives를 장기간 복용하거나 과량 사용하면 많은 영양소가 손실된다.

위산 분비 감소 일부 약물은 위산 분비를 감소시켜 영양소의 흡수를 저해한다. 제산제는 위산을 중화하고, 위궤양치료제인 프로톤 펌프 저해제PPI : Proton Pump Inhibitor는 위산 분비를 억제하여 위의 산도를 감소시켜 비타민 B_{12}, 엽산, 철의 흡수를 저해한다.

위장 점막 손상 일부 약물은 장점막을 손상시켜 영양소의 흡수를 저해한다. 통풍에 사용하는 항염증제인 콜히친colchicine은 장점막 구조를 변화시켜 락타아제의 활성을 잃게 하여 유당 분해를 저해하며, 나트륨, 칼륨, 지방, 카로틴, 비타민 B_{12}의 흡수를 저해한다. 아스피린은 위와 소장의 점막에 궤양을 일으켜 혈액 손실과 철분 결핍을 초래한다. 항생제인 트리메토프림trimethoprim, 피리메타민pyrimethamine은 엽산 흡수를 저해한다.

약물과 영양소 결합 일부 약물은 영양소와 결합하여 영양소 흡수를 방해한다. 고콜레스테롤혈증 치료제인 콜레스티라민cholestyramine, 담즙 결합체은 지용성 비타민과 결합하여 지용성 비타민의 흡수를 저해한다. 항생제인 테트라사이클린tetracycline, 시프로플록사신ciprofloxacin은 칼슘과 결합하여 칼슘 흡수를 저해한다. 이 외에 철, 마그네슘, 아연과 결합하여 무기질의 흡수를 저해하는 항생제도 있다. 따라서 우유를 마시거나 무기질 보충제를 복용할 때에는 식사 2시간 후가 좋다.

(3) 약물이 영양소 대사에 미치는 영향

약물과 영양소는 효소계를 유사하게 공유하므로 약물은 영양소 대사에 필요한 효소의 활성을 높이거나 저해할 수 있다. 항경련제인 페노바비탈phenobarbital과 페니토인phenytoin은 엽산, 비타민 D, 비타민 K 대사에 필요한 간의 효소수준을 증가시키므로, 항경련제를 복용할 경우 이들 영양소의 보충이 필요하다.

항혈액응고제 쿠마린coumarine은 비타민 K의 길항 물질로 작용하여 비타민 K의 결핍을 초래한다. 항암제, 항염증제로 쓰이는 메토트렉세이트methotrexate는 엽산과 구조가 유사하여 엽산 결핍을 유발한다. 항염증제, 면역 억제제로 사용하는 부신피질호르몬제는 코르티솔 호르몬과 비슷한 효과를 보여 장기간 사용할 경우 체중 증가와 근육 소모가 일어나며, 골 손실로 인한 골다공증과 고혈당증을 유발할 수 있다. 코르티솔은 부신피질에서 분비되는 스테로이드계 호르몬이다.

윌슨병Wilson's disease에 사용하는 페니실라민penicillamine은 구리, 아연과 결합하여 이들 영양소의 부족을 초래한다. 결핵치료제 아이소나이아지드isoniazid는 비타민 B_6의 대사 길항제로 작용하므로, 이 결핵약을 사용할 때에는 비타민 B 복합체를 보충해야 한다. 경구피임약은 엽산, 비타민 B_1, 비타민 B_2, 비타민 C의 결핍을 유발할 수 있으므로 이들 비타민을 보충하여야 한다.

쉬어가기

약을 잘 복용하는 방법

공복에 약을 복용하면 흡수가 빠르다. 따라서 고혈압치료제인 캡토프릴(captopril)은 공복에 복용하고, 빈혈치료제인 철분제제는 위장장애를 일으키기 때문에 음식과 함께 복용하거나 식사 직후에 복용한다. 항생 물질인 테트라사이클린(tetracycline)은 칼슘과 복합체를 형성하여 약효가 감소되므로 우유와 함께 복용하지 말아야 한다. 소염진통제인 비스테로이드성 항염증제는 위장장애를 일으키기 때문에 음식과 함께 복용해야 한다.

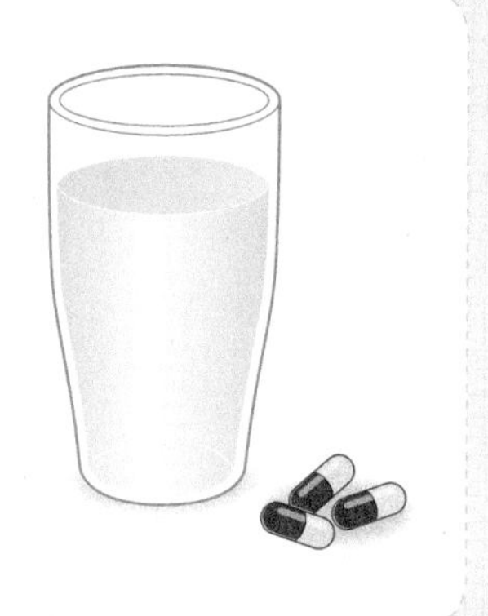

(4) 약물이 영양소 배설에 미치는 영향

스테로이드제, 항고혈압제, 항염증제, 진통제, 에스트로겐호르몬은 체내에 나트륨을 보유하여 수분이 축적되므로, 이들 약제 사용 후에는 수분 배설을 위해 이뇨제를 처방한다.

일부 이뇨제는 신장에서 칼슘, 칼륨, 마그네슘과 같은 무기질의 배설을 촉진한다. 칼륨-고갈성 이뇨제인 푸로세마이드furosemide와 티아자이드thiazide는 칼륨과 마그네슘의 배설을 증가시키므로 이 약물을 사용할 때에는 나트륨 제한식과 함께 칼륨, 마그네슘을 공급하여야 한다. 그러나 칼륨 보존성 이뇨제인 스피로놀락톤spironolactone을 사용할 때에는 칼륨을 보충하지 않는다. 진통제, 항염증제인 아스피린aspirin은 다량 복용 시 비타민 C와 비타민 K가 부족하게 되므로 보충하고, 알코올 섭취를 제한해야 한다.

약물 부작용을 감소시키는 식사법

■ **식욕이 저하될 때**

- 식욕 저하의 원인, 좋아하는 음식, 싫어하는 음식을 환자에게 물어보고, 기호에 맞는 음식을 제공한다.
- 오후에 식욕이 떨어질 수 있으므로 환자에게 아침 식사의 중요성을 알려준다.
- 식사나 간식을 제공할 때 음식의 색, 질감, 온도를 다양하게 공급한다.
- 즐거운 분위기에서 좋아하는 음식을 소량씩 자주 먹도록 한다.
- 다양한 양념을 사용하여 음식의 풍미를 증진시킨다.
- 수분을 충분히 공급한다.
- 과량의 알코올 섭취를 삼간다.

■ **식욕 증진, 체중 증가가 나타날 때**

- 에너지가 적은 음식, 음료, 간식을 제공한다.
- 입 마름 해소를 위해 사용하는 음료수의 칼로리를 확인한다.
- 음식, 음료, 간식의 양을 줄인다.

■ **메스꺼움이 나타날 때**

- 소화하기 쉬운 음식을 소량씩 자주 제공한다.
- 토스트, 마른 빵, 크래커를 먹으면 도움이 되기도 한다.
- 식사할 때 수분을 많이 섭취하지 않으며, 식사와 식사 사이에 마시도록 한다.
- 차고 개운한 음료나 주스를 제공한다.
- 튀김이나 기름지고 느끼한 음식 섭취를 피한다.
- 뜨거운 음식에서 나는 냄새가 메스꺼움을 심하게 할 수 있다.
- 매일 일정한 시간에 메스꺼움을 느끼면 식사시간을 바꾸어 본다.

■ **구강이 건조할 때**

- 건조한 식품은 음료에 담가 촉촉하게 하거나 음료와 함께 제공한다.
- 마른 음식, 소금기 많은 음식, 스낵의 섭취를 줄인다.
- 얼음 조각을 입에 물고 있도록 한다.
- 무설탕 껌을 사용하고, 구강 위생을 유지한다.
- 음식은 차게 제공하거나 셔벗, 얼음, 찬 우유, 아이스크림 등 찬 음식과 곁들여 제공한다.

자료 : 대한영양사협회(2010), 임상영양관리지침서 제3판

쉬어가기

저칼륨혈증이면 무얼 먹을까?

체내에 축적된 수분을 배설하기 위하여 환자에게 이뇨제를 처방하는데, 칼륨 고갈성 이뇨제는 혈중 칼륨수준을 급격히 떨어뜨린다. 이럴 경우에는 칼륨이 많은 머스크 멜론(374 mg/100 mg), 바나나(335 mg/100 mg), 피망(210 mg/100 mg), 오렌지 주스(175 mg/100 mg) 등을 섭취한다.

2 음식물이 약물 대사에 미치는 영향

(1) 음식물이 약물 흡수에 미치는 영향

약물의 흡수 속도는 위장의 음식물 여부, 산도, 식사 성분, 약물의 조성 등이 영향을 미친다.

위장이 비워지는 속도 공복에 약물을 복용하면 소장에 쉽게 도달하여 약물의 효과가 빠르게 나타난다. 위에 음식물이 있으면 약물의 흡수 속도가 저하되어 약물효과가 느리게 나타난다. 따라서 약물은 식사하기 1시간 전이나 식사 2시간 후에 복용하는 것이 좋다. 그러나 아스피린 등 위장장애를 일으키기 쉬운 약물은 음식과 함께 복용하는 것이 좋으므로 식사 직후나 식후 30분에 복용한다.

위 산도 산성에서 더 잘 흡수되는 약물이 있으므로 제산제는 다른 약물의 흡수를 감소시킬 수 있다. 산에 약한 약물은 위장의 산성환경에 노출되지 않도록 코팅제로 복용한다.

식품 성분과의 상호작용 식품의 성분은 약물과 결합하여 약물의 흡수를 저해한다. 고섬유소 식사는 삼환계 항우울제의 흡수를 저해한다. 현미 등 전곡에 들어 있는 피틴산은 심장질환치료제인 디곡신digoxin과 결합하여 약물의 흡수를 저해한다. 칼슘은 일부 항생제와 결합하여 칼슘과 항생제 흡수를 모두 저해한다. 그러나 약물의 흡수를 증가시키는 식품성분도 있는데, 항균제인 그리세오풀빈griseofulvin은 고지방과 같이 사용하면 흡수가 증진된다.

(2) 음식물이 약물 대사에 미치는 영향

일부 식품성분은 약물을 대사하는 효소의 활성을 변화시키거나 약물과 길항작용을 하여 약물 대사에 영향을 준다. 자몽주스에 있는 성분은 약물을 대사하는 효소를 저해하거나 불활성화하여 약물의 혈중 농도를 높인다.

쉬어가기

자몽주스, 카페인 음료, 감귤류 주스와 약물 효과

- 자몽주스와 고혈압약인 펠로디핀(felodipine)을 함께 복용하면 혈압이 과도하게 낮아질 수 있다.
- 커피, 차 등 카페인 음료를 과량 섭취하면 중추신경계를 자극하여 신경이완제의 효능을 저해한다.
- 시트르산을 함유한 감귤류 주스를 과량 섭취하면 신장에서 약물 재흡수가 증가하여 혈중 약물 농도가 증가한다.

3 영양보충제가 약물 대사에 미치는 영향

비타민 K를 많이 섭취하면 항응고제인 와파린warfarin의 효과가 약화될 수 있다. 와파린은 비타민 K와 구조가 비슷하여 비타민 K를 활성화하는 효소를 저해하여 혈액 응고를 저해한다. 와파린 사용 중에는 마늘과 인삼을 제한하여야 한다. 왜냐하면 마늘과 인삼에는 와파린을 활성화할 수 있는 성분이 함유되어 있기 때문이다.

알코올 섭취자가 비타민 A를 과잉 섭취하면 간독성 발생률이 증가한다. 알코올은 약물의 대사 속도를 감소시키므로 약물이 대사되지 못하여 혈액 내 독성이 높아진다. 특히, 해열진통제, 수면제, 신경안정제, 마취제 등을 알코올과 함께 복용하면 약효가 강해져 위험할 수 있다.

쉬어가기

약과 음식 궁합

- **협심증 치료제와 자몽** : 니페디핀 성분을 함유한 협심증 치료제를 복용하는 사람이 식후 자몽을 먹으면, 자몽의 나린진 성분으로 인해 니페디핀의 혈중 농도가 두 배 이상 높아져 약효가 강하게 나타난다. 그 결과 혈압이 위험할 정도로 낮아질 수 있으며, 빈혈과 현기증을 일으킬 수 있다.
- **감기약과 양배추** : 감기에 복용하는 해열진통제인 아세트아미노펜은 감기로 인하여 상승된 체온을 저하시키며, 통증 감각을 둔화시켜 목의 통증을 완화시킨다. 그러나 양배추에 함유된 성분은 아세트아미노펜의 소변 배출을 촉진하여 감기약의 효과가 약화된다.
- **항생제와 기름진 음식** : 항생제 암피실린과 지방이 많이 함유된 튀김, 베이컨 등을 함께 복용하면 지방이 암피실린의 흡수를 저해하여 흡수율이 50% 이하로 떨어져 항생제의 효과가 저해된다.
- **이뇨제와 감초** : 고혈압 환자가 푸로세마이드 성분이 함유된 이뇨제와 감초가 함유된 한약제를 같이 복용하면 감초성분인 글리틸리틴산과 푸로세마이드로 인하여 칼륨 배출이 증가하여 저칼륨혈증을 일으킨다.
- **항우울증 치료제와 티라민** : 항우울증 치료제인 MAO저해제(Mono Amine Oxidase inhibitor)를 복용하는 사람이 과량의 티라민(tyramine)을 섭취하면 노르에피네프린이 급격하게 방출되어 심한 두통, 심장 박동 항진, 혈압 상승을 일으킨다. 티라민이 많이 함유된 식품은 숙성 치즈, 소금과 식초에 절이거나 훈제한 생선, 소시지, 건조육, 치즈가 든 빵과 샐러드 드레싱 등이며, 티라민 함량이 적은 식품은 바나나, 요구르트, 우유, 땅콩이다.

자료 : 최병철 역(2010), 약과 음식의 궁합

주요 용어

- **경구 투여**(oral administration) : 용액이나 현탁액, 캡슐, 알약의 형태로 구강을 통해 약물을 투여하는 것
- **길항작용**(antagonism) : 두 가지 이상의 약물을 복용할 때 각각의 효과를 합한 것보다 효과가 적게 나타나는 것
- **비경구투여**(non-oral administration) : 피하, 근육, 정맥으로 약물을 투여하는 것
- **설하투여제**(sublingual gland administration) : 혀 밑에 넣어 구강 점막을 통해 흡수하도록 약물을 투여하는 것
- **소염진통제** : 염증을 가라앉게 하고 통증을 완화시키는 약물
- **약물**(drug) : 질병의 예방, 진단, 치료를 위해 사용하는 화학 물질
- **약물 위험 등급** : 미국 식품의약국에서 태아의 안전성에 근거하여 임신 중 사용 가능한 약물을 구분한 것
- **약물작용과정** : 약물이 체내에서 이용되기 위해 거치는 흡수(absorption), 분포(distribution), 대사(metabolism), 배설(excretion), 즉 ADME의 4단계의 작용과정
- **윌슨병**(Wilson's disease) : 간과 뇌에 구리가 축적되어 간 증상과 신경학적 증상이 나타나는 유전성 질환
- **장용피제제**(enteric coated tablet) : 소화효소제처럼 위에서 녹지 않고 장에서 녹도록 만든 약물
- **좌약**(suppository) : 항문, 요도, 질 속에 삽입하는 고형의 외용약을 삽입하여 체온에 의해 용해되어 점막으로 흡수되도록 하는 약물
- **코티솔**(cortisol) : 부신피질에서 분비되는 스테로이드계 호르몬
- **패취제**(patch) : 피부에 부착하여 약물을 투여하는 것
- **피부 · 점막투여** : 구강, 설하, 비강, 직장, 결막을 통해 약물을 투여하는 것
- **흡입**(inhalation) : 기체 또는 휘발성 약물을 호흡기를 통하여 약물을 투여하는 것

참고문헌

가미노가와 슈이치 · 안용근(1997). 음식 알레르기. 넥서스.

구재옥 · 손숙미 · 이연숙 · 서정숙 · 권종숙(2012). 식사요법 원리와 실습. 교문사.

국가암정보센터(2014). 암 발생률과 암 종류별 사망률.

국민건강보험공단(2002). 건강한 생활, 아름다운 인생-간장질환.

김기식 · 한성욱(2000). 협심증의 진단. 대한내과학회지, 58(3) : 253~266.

김성래 · 윤건호(2009). 대사증후군 관리 : 치료적 접근. 대한지역사회영양학회 추계학술집 31-36.

김응진 · 민헌기 · 최영길 · 이태희 · 허갑범 · 신순현(1998). 당뇨병. 당뇨병학회.

김인숙 · 주은정 · 이경자 · 박은숙(2006). 임상영양과 식사요법. 도서출판 효일.

김현숙 · 임윤숙(1996). 영양소와 면역능의 상관관계. 숙명여자대학교 생활과학논문집, 153~166.

김혜영 · 고성희 · 권순형 · 김지명 · 김현주 · 라혜복 · 박유신 · 서광희 · 송경희 · 이경자 · 이복희 · 이상업 · 이영남 · 이홍미 · 진효상 · 한경희 · 한정순(2011). 식이요법. 지구문화사.

김화영(1992). 영양상태와 면역능력. 한국영양학회지, 25(4) : 312~320.

김화영 · 조미숙 · 장영애 · 원혜숙 · 이현숙 · 양은주(2012). 임상영양학. 신광출판사.

대한간학회(2008). 간환자들을 위한 길잡이.

대한고혈압학회 진료지침제정위원회(2013). 2013년 고혈압 진료 지침

대한골대사학회 지침서편찬위원회(2015). 골다공증의 진단 및 치료 지침 2015.

대한노인정신의학회(2003). (한국형)치매 평가검사. 학지사.

대한당뇨병학회(2015). 당뇨병 진료지침.

대한당뇨병학회(2010). 당뇨병 식품교 환표 활용지침 제3판.

대한비만학회(2010). 비만, 만병의 바로미터.

대한소화기학회(2003). 췌장염. 대한소화기학회.

대한소화기학회(2007). 간염. 군자출판사.
대한영양사협회(2010). 식사계획을 위한 식품교환표 개정판.
대한영양사협회(2010). 영양사가 알려주는 신장질환식 상차림.
대한영양사협회(2010). 임상영양관리지침서(제3판). I 성인.
대한영양사협회(2010). 임상영양관리지침서(제3판). II 소아 및 청소년기.
대한영양사협회(2011). 국제임상영양 표준용어 지침서.
류병호(1997). 알레르기의 예방과 치료. 도서출판 나라.
박성환(2009). 류마티스 관절염의 새로운 진단법. 대한내과학회지, 76(1) : 7～11.
박영숙 · 이정원 · 서정숙 · 이보경 · 이혜상 · 이수경(2013). 영양교육과 상담. 교문사.
박용현(2006). 간담췌외과학. 의학문학사.
박유경(2009). 대사증후군의 영양적 관리. 대한지역사회영양학회 추계학술집, 22～30.
박인국(2013). 생화학 길라잡이. 라이프사이언스.
박인국(2014). 생리학. 라이프사이언스.
보건복지부(2010). 비만 관리를 위한 바른 식생활 가이드.
보건복지부(2010). 비만 예방 및 관리를 위한 바른 식생활 가이드 북－저열량 레시피.
보건복지부(2010). 비만 예방을 위한 바른 식생활 가이드.
보건복지부(2010). 질환 관리를 위한 바른 식생활 가이드 당뇨병 · 고지혈증 · 고혈압.
보건복지부 · 질병관리본부(2015), 2014 국민건강통계I－국민건강영양조사 제6기 2차년도(2014).
보건복지부 · 질병관리본부(2015). 2014 국민건강통계II · 추이－국민건강영양조사 제6기 2차년도(2014).
생애전환기 2차건강진단 심화교육과정연구회(2008). 생애전환기 건강진단 상담 매뉴얼(심화과정).
서정숙 · 이종현 · 윤진숙 · 조성희 · 최영선(2013). 영양판정 및 실습. 파워북.
손숙미 · 임현숙 · 김정희 · 이종호 · 서정숙 · 손정민(2011). 임상영양학. 교문사.
송경희 · 손정민 · 김희선 · 한성림 · 이애랑 · 김순미 · 김현주 · 홍경희 · 라미용(2012). 식사요법. 파워북.
신태용(2001). 알레르기와 한약. 도서출판 신일상사.
원종임 · 오희철(1999). 뇌졸중에 영향을 미치는 생활습관 요인－흡연, 음주, 비만, 식습관을 중심으로-. 한국전문물리치료학회지, 6(3) : 82~93.
은재순 · 강성용 · 권진 · 김광식 · 김성은 · 김혜자 · 박정숙 · 박훈 · 서용훈 · 송민선 · 원경숙 · 염정열 · 이경아 · 이동희 · 이재혁 · 이택렬 · 전용근 · 전훈 · 채수완(2014). 임상약리학. 현문사.
이기행(2007). 골다공증의 진단. 대한고관절학회지, 19(3) : 260~265.
이미숙 · 이선영 · 김현아 · 정상진 · 김원경 · 김현주(2010). 임상영양학. 파워북.
이부웅 역(1999). 식품알레르기와 불내증. 선진문화사.
이신득 · 최혁중 · 강보승 · 이형중 · 임태호(2007). 급성 허혈성 뇌졸중 증상의 남녀차이에 대한 예비연구. 대한응급의학회지, 18(1) : 26~31.
이연숙 · 구재옥 · 임현숙 · 강영희 · 권종숙(2011). 이해하기 쉬운 인체생리학. 파워북.
이영남 · 노희경 · 임병순 · 김성환 · 이애랑 · 권순형 · 이정실 · 조금호(2008). 개정판 임상영양학. 수학사.
이용찬 역, 촌천유이(2008). Pathophysiology로 이해하는 내과학 1~10. 정담.
이정원 · 이미숙 · 김정희 · 손숙미 · 이보숙 · 이윤나(2016). 영양판정. 교문사.
이채우(2009). 파킨슨병 치매에 대한 고찰. 고령자 · 치매 작업치료학회지, 3(2) : 59~71.
장경자(2007). 건강한 체중조절을 위한 맞춤영양정보. 교문사.
권종숙 · 김경민 · 김혜경 · 장유경 · 조여원 · 한성림(2012). 사례와 함께 하는 임상영양학. 신광출판사
장유경 · 변기원 · 이보경 · 이종현 · 이홍미 · 조영연(2011). 임상영양관리. 도서출판 효일.
최병철 역, 야마모토 히로토저(2010). 약과 음식의 궁합. 넥서스.
최인아 · 홍승재(2009). 통풍관절염 치료의 최신지견. 대한내과학회지, 76(2) : 151~162.
통계청(2015). 2014년 한국인 사망원인 통계 결과.
보건복지부 · 한국영양학회(2015). 2015 한국인 영양소 섭취기준.
한국지질동맥경화학회(2015). 이상지질혈증 치료 지침.

American Diabetes Association(2008). Nutrition recommendation. Diabetes Care. vol 31 : 1.
American Diabetes Association(2010). Standards of medical care in diabetes-2010. Diabetes Care, vol 35 : S11-S61.

American J Clinical Nutrition(2002). International table of glycemic index and glycemic load 76 : 5.

DeBruyne LK, Pinna, Whitney EN(2016). Nutrition & Diet Therapy 9th ed. Cengage Learning.

Kyung-Hoon Kim. Jung-Yup Lee, Shin-Yoon Kim(2009). Diagnosis for Osteoporosis. J Koeran Hip Soc, 21(4) : 307~313.

Mahan LK, Escott-Stump S, Raymond JL(2012). Krause's Food, Nutrition, & Diet Therapy 13th ed. Mahan.

Moe G, Berning J, Byrd-Bredbenner C, Beshgetoor D(2013). Wardlaw's Perspectives in Nutrition, 9th ed. MGH.

R. Armour Forse, Stacey J. Bell, George L. Blackburn, Lynda G. Kabbash(1994). Diet, Nutrition, and Immunity, CRC Press.

Ramón Bataller, David A. Brenner(2005). Liver fibrosis, J Clin Invest. 115(2) : 209~218.

Rolfes SR, Pinna K, Whitney E(2011). Understanding Nomal and Clinical Nutrition 9th ed. Cengage Learning.

Widmaier EP, Raff H, Strang KT(2016). Vander's Human Physiology 14th ed. McGraw Hill.

Young Wook Lim, Yong Sik Kim(2009). The Medical Treatment of Osteoporosis, 21(3) : 211~218.

http://health.mw.go.kr. (국가건강정보포털, 보건복지부)

http://www.cancer.go.kr. (국가암정보센터)

http://www.autoimmunedisease101.com

http://orthopedics.healthanimations.com

찾아보기

ㄱ

ㄴ

ㄷ

ㄹ

ㅅ

A

B

C

S

T

U

V

W

저자 소개

주은정

숙명여자대학교 식품영양학과 학사
숙명여자대학교 대학원 석사(영양학 전공)
숙명여자대학교 대학원 박사(영양학 전공)
미국 캘리포니아주립대학교(Berkeley) Post Doctor
현재 우석대학교 식품영양학과 교수

이경자

서울대학교 식품영양학과 학사
서울대학교 대학원 석사(영양학 전공)
연세대학교 대학원 박사(영양학 전공)
현재 전주기전대학 식품영양과 교수

박은숙

숙명여자대학교 식품영양학과 학사
숙명여자대학교 대학원 석사(영양학 전공)
숙명여자대학교 대학원 박사(영양학 전공)
미국 테네시주립대학교 객원교수
현재 원광대학교 가정교육과 교수

유현희

원광대학교 식품영양학과 학사
원광대학교 대학원 석사(식품영양학 전공)
원광대학교 대학원 박사(영양학 전공)
현재 군산대학교 식품영양학과 교수

2판

질병 관리를 위한 **임상영양학**

2012년 3월 8일 초판 발행 | 2016년 8월 22일 2판 발행

지은이 주은정·이경자·박은숙·유현희 | **펴낸이** 류제동 | **펴낸곳** **교문사**

편집부장 모은영 | **본문편집** 우은영 | **표지디자인** 김경아

제작 김선형 | **홍보** 김미선 | **영업** 이진석·정용섭·진경민 | **출력·인쇄** 삼신인쇄 | **제본** 한진제본

주소 (10881)경기도 파주시 문발로 116 | **전화** 031-955-6111 | **팩스** 031-955-0955

홈페이지 www.gyomoon.com | **E-mail** genie@gyomoon.com

등록 1960. 10. 28. 제406-2006-000035호

ISBN 978-89-363-1592-4(93590) | 값 25,000원

* 저자와의 협의하에 인지를 생략합니다.

* 잘못된 책은 바꿔 드립니다.